计算机

科学与技术丛书·新形态教材

操作系统原理与实践

第2版·微课视频版

张练兴 朱明华 李宏伟 柯胜男 ◎ 编著

清华大学出版社

北京

内 容 简 介

操作系统是计算机系统的核心,是计算机系统软件极其重要的组成部分,是计算机应用人员必备的专业知识。同时,"操作系统"课程也成为计算机相关专业的必修课程。

本书是精品课程的主讲教材,由浅入深,重点突出,系统地阐述了操作系统的基本概念、设计原理和实现技术;书中在论述操作系统经典内容的基础上,介绍了操作系统的新技术以及发展趋势;在主要章节的末尾,附有典型操作系统的案例分析。

经过多年的课程建设和经验积累,作者积累了丰富的课程资源,使得本书具有较强的可读性。本书可作为高校计算机及其相关专业的教材或参考书,也可供从事计算机相关工作的科技人员及各类自学人员参考。

图书在版编目(CIP)数据

操作系统原理与实践:微课视频版/张练兴等编著.—2版.—北京:清华大学出版社,2022.7(2023.8重印)
(计算机科学与技术丛书)
新形态教材
ISBN 978-7-302-60493-8

Ⅰ.①操…　Ⅱ.①张…　Ⅲ.①操作系统—教材　Ⅳ.① TP316

中国版本图书馆 CIP 数据核字(2022)第 054290 号

责任编辑:曾　珊
封面设计:吴　刚
责任校对:胡伟民
责任印制:沈　露

出版发行:清华大学出版社
网　　　址:http://www.tup.com.cn,http://www.wqbook.com
地　　　址:北京清华大学学研大厦 A 座　　邮　　编:100084
社 总 机:010-83470000　　　　　　　　邮　　购:010-62786544
投稿与读者服务:010-62776969,c-service@tup.tsinghua.edu.cn
质量反馈:010-62772015,zhiliang@tup.tsinghua.edu.cn
课件下载:http://www.tup.com.cn,010-83470236
印 装 者:三河市龙大印装有限公司
经　　　销:全国新华书店
开　　　本:185mm×260mm　　印　　张:20.75　　　　字　　数:518千字
版　　　次:2019 年 10 月第 1 版　2022 年 7 月第 2 版　　印　　次:2023 年 8 月第 2 次印刷
印　　　数:1501～2500
定　　　价:69.00 元

产品编号:095917-01

第2版前言

本书第1版自2019年10月出版以来,已重印4次,读者在肯定该书的同时,也提出了一些建议,版本升级方面的建议尤为突出。鉴于此,新版教材增加了鸿蒙操作系统、PV操作经典问题等相关内容;以"纸质教材+电子活页"的形式呈现教学内容,扩展了纸质教材的内涵;微课、思维导图与教材相得益彰,创造性地丰富了新形态教材的形式和内容,更能体现新形态教材的改革精神。

修改内容

(1) 各章新增电子活页内容,优化教学项目,完善操作系统资源管理算法案例。

(2) 根据作者的教学经验,对于读者难以理解的部分,均以实例引出,语言浅显易懂,使读者能够从简单的实例入手,更容易地掌握操作系统的复杂工作原理。

(3) 本书采用了知识点思维导图、微课和算法详细案例的形式辅助教学,使用"纸质教材+电子活页"的模式,增加了丰富的网络数字化资源。

(4) 本书配有大量经过精选的习题,以帮助读者检验和加深对内容的理解,为部分难度特别大的例题和习题配有详细的讲解视频。

主要特点

再版教材最大的特点是为教师和学生提供了一站式课程解决方案和立体化教学资源,助力"易教易学"。

1) 精品课程和线上线下混合式改革课程的配套教材

在使用本书进行教学时需要用到的教学大纲、课件、电子教案、实践教学、授课计划、学习指南、习题解答、补充材料等内容,都能够在精品资源共享课程网站上找到。

2) 提供"教、学、做"一站式课程解决方案

本书提供"微课+学习平台+共享课程+资源库"四位一体教学平台,配有主要知识点的思维导图、微课和实验实训课,精品资源共享课程建有开放共享型资源,提供"教、学、做、考"一站式课程解决方案。

3) 符合"三教"改革精神,创新教材形态

将教材、课堂、教学资源、LEEPEE教学法四者融合,实现线上线下有机结合,为翻转课堂和混合课堂改革奠定了基础,体现了"教、学、做"的完美统一。

4) 采用"纸质教材+电子活页"的形式编写教材

配套丰富的数字资源，包含视频、大纲、课件、思维导图、实训教程、拓展资源等。实现纸质教材三年内修订、电子活页随时增减的目标。

　　本书由张练兴、朱明华、李宏伟、柯胜男编著。其中，第 1、2 章由李宏伟编写，第 3、4 章由柯胜男编写，第 5、6 章由朱明华编写，第 7、8 章由张练兴编写，全书由谢旭升教授主审。在本书的修订过程中，作者听取了诸多授课教师与广大读者的意见和建议，在此谨致谢意！

　　限于个人水平和时间仓促，书中难免存在错误和不足之处，恳请同行和广大读者，特别是使用本书的教师和学生多提宝贵意见。

作　者

2022 年 3 月

第1版前言

随着计算机科学与技术的飞速发展,作为计算机系统核心与灵魂的操作系统也在不断发展中,"操作系统"作为一门计算机专业的必修课程,无论是对于计算机及其相关专业的学生,还是对于一般的计算机应用人员而言都是非常有益而重要的。

本书从计算机资源管理观点来剖析操作系统的概念、原理、设计与实现,阐述了传统操作系统的基本概念、技术与方法,同时还介绍现代操作系统最新技术发展与应用。全书共分8章。第1章介绍了操作系统的基本概念、操作系统的形成与发展、操作系统的功能、操作系统的特征和作用、操作系统的体系结构,并对现代典型操作系统进行介绍;第2章介绍了并发执行的特征以及进程与线程的概念,对进程控制、进程互斥与同步、进程通信等问题进行了分析和讨论;第3章介绍了死锁产生的原因、产生死锁的必要条件以及死锁的处理方法;第4章介绍了中断的概念、系统的三级调度体系、进程调度的目标和方式、进程调度算法的评价标准,并对几种常见的进程调度算法进行了讨论;第5章介绍了存储管理的基本功能,讨论存储管理发展中常见的存储管理技术和虚拟存储管理技术;第6章介绍了I/O系统结构、I/O控制方式和缓冲技术,对设备的分配、磁盘驱动调度算法和虚拟设备技术进行了讨论;第7章介绍了文件及文件系统的概念,对文件目录、文件组织、文件存储、文件操作、文件共享、文件保护与保密的问题进行了分析和讨论;第8章介绍了作业的概念、作业控制方式、批处理作业管理和交互式作业管理、用户接口等,着重讨论了批处理作业调度算法。本书各章都配有一节,以 Linux 为实例对操作系统功能进行介绍。

本书由作者在多年教学工作的基础上参阅相关文献而编写。在介绍操作系统基本理论的同时,除第3章外的各章都配有 Linux 的相关介绍,以帮助读者更好地了解和学习操作系统知识。考虑课时数量有限,我们对内容进行了精选,力求做到概念清晰、表述准确、结构合理、通俗易懂,以使读者达到较好的学习效果。

本书由张练兴、朱明华、李宏伟、柯胜男编写,全书由谢旭升教授主审。由于编者水平有限,书中难免有不尽如人意之处,恳请同行专家和广大读者指正赐教。

编　者

2019 年 3 月

学 习 建 议

本课程的授课对象为计算机、大数据和软件工程等专业的本科生,课程类别属于计算机类。参考学时为64学时(理论教学)。

理论教学以课堂教学为主,部分内容可以通过学生自学加以理解和掌握。

本课程的主要知识点、重点、难点及课时分配见下表。

章	知识单元	知识点	要求	推荐学时
1	操作系统引论	操作系统概念	掌握	4
		操作系统的形成与发展历程	了解	
		操作系统的功能	掌握	
		操作系统的特征和作用	了解	
		操作系统体系结构	了解	
		现代典型操作系统	了解	
2	进程管理	程序的顺序执行和并发执行	了解	8
		进程的概念	掌握	
		进程控制	了解	
		进程互斥	掌握	
		进程同步	掌握	
		经典进程问题	掌握	
		管程	了解	
		进程通信	理解	
		Linux进程管理机制	了解	
3	死锁	死锁的定义和产生原因	掌握	8
		产生死锁的必要条件	理解	
		死锁的处理方法	理解	
		死锁的预防	理解	
		死锁的避免	掌握	
		死锁的检测	掌握	
		死锁的解除	理解	
		死锁的综合处理策略	掌握	
		线程死锁	了解	
4	中断与处理机调度	中断概述	掌握	8
		三级调度体系	理解	
		进程调度目标和调度方式	了解	
		调度算法的评价准则	了解	
		进程调度算法	掌握	
		线程的调度	了解	
		Linux进程的调度	了解	

续表

章	知识单元	知识点	要求	推荐学时
5	存储管理	存储管理概述	理解	10
		程序的装入与链接	了解	
		连续存储管理	掌握	
		页式存储管理	掌握	
		段式存储管理	掌握	
		段页式存储管理	掌握	
		虚拟存储管理方式	掌握	
		Linux 存储管理	了解	
6	设备管理	设备管理概述	理解	8
		I/O 系统	掌握	
		缓冲技术	理解	
		独占设备的分配	掌握	
		磁盘管理	掌握	
		设备处理	理解	
		虚拟设备	掌握	
		Linux 设备管理	了解	
7	文件管理	文件管理概述	理解	8
		文件的组织结构和存取方式	掌握	
		目录管理	掌握	
		辅存空间的管理	掌握	
		文件的使用	理解	
		文件的共享	掌握	
		文件的保护与保密	掌握	
		Linux 文件系统	了解	
8	作业管理与用户接口	作业管理概述	理解	6
		批处理作业的管理	掌握	
		批处理作业调度算法	理解	
		交互式作业的控制与管理	了解	
		操作系统与用户的接口	掌握	
		Linux 系统接口	了解	
总复习、综合练习				2
机动				2
合计				64

微课视频清单

序号	名　　称	位　　置
1	计算机操作系统的发展	1.2.2 节节首
2	操作系统的功能	1.3 节节首
3	操作系统的特征	1.4.1 节节首
4	进程的定义	2.2.1 节节首
5	进程的状态和转换	2.2.2 节节首
6	进程控制块	2.2.3 节节首
7	进程控制	2.2.4 节节首
8	临界区	2.4.2 节节首
9	进程的互斥	2.4.3 节节首
10	进程的同步	2.5.1 节节首
11	生产者—消费者问题	2.6.1 节节首
12	读者—写者问题	2.6.2 节节首
13	理发师问题	2.6.3 节节首
14	独木桥问题	2.6.4 节节首
15	进程通信介绍	2.8 节节首
16	习题 2 部分习题讲解	习题 2 首
17	死锁是什么	3.1 节节首
18	死锁产生的四个必要条件	3.2 节节首
19	死锁的预防	3.4 节节首
20	系统安全状态	3.5.1 节节首
21	银行家算法演示	3.5.2 节节首
22	死锁的检测演示	3.6 节节首
23	习题 3 部分习题讲解	习题 3 首
24	中断是什么	4.1 节节首
25	中断的处理过程	4.1.3 节节首
26	三级调度体系	4.2 节节首
27	先来先服务调度算法演示	4.5.1 节节首
28	短进程优先调度算法演示	4.5.2 节节首
29	最短剩余时间优先调度算法演示	4.5.3 节节首
30	时间片轮转调度算法演示演示	4.5.4 节节首
31	优先级调度算法演示	4.5.5 节节首
32	多级反馈队列调度算法演示	4.5.6 节节首
33	习题 4 部分习题讲解	习题 4 首
34	计算机存储器金字塔结构	5.1.1 节节首
35	程序的装入与链接	5.2.2 节节首
36	固定分区存储管理	5.3.2 节节首

续表

序号	名　称	位　置
37	可变分区存储管理	5.3.3 节节首
38	页式存储管理	5.4 节节首
39	段式存储管理	5.5 节节首
40	段页式存储管理	5.6 节节首
41	请求分页式存储管理	5.7.2 节节首
42	页面置换算法	5.7.2 节内
43	习题 5 部分习题讲解	习题 5 首
44	I/O 系统结构	6.2.1 节节首
45	I/O 控制方式比较	6.2.2 节节首
46	独占设备分配过程	6.4 节节首
47	磁盘结构介绍	6.5.1 节节首
48	驱动调度算法对比和总结	6.5.3 节节首
49	旋转调度介绍	6.5.3 节节尾
50	设备驱动过程介绍	6.6 节节首
51	SPOOLing 工作原理	6.7.2 节节首
52	习题 6 部分习题讲解	习题 6 首
53	文件的逻辑结构	7.2.3 节节首
54	文件的物理结构	7.2.4 节节首
55	记录的成组和分解过程	7.2.5 节节首
56	多级文件目录管理	7.3 节节首
57	空闲块与位示图法比较	7.4.3 节节首
58	成组链接法	7.4.4 节节首
59	文件的基本操作	7.5.2 节节首
60	文件共享方式比较	7.6 节节首
61	习题 7 部分习题讲解	习题 7 首
62	作业状态转换	8.2.2 节节首
63	批处理作业调度过程比较	8.2.2 节节尾
64	单道先来先服务调度算法演示	8.3.1 节 1
65	单道短作业优先算法演示	8.3.1 节 2
66	单道响应比最高者优先算法演示	8.3.1 节 3
67	多道批处理作业综合调度算法演示	8.3.2 节节首
68	多道批处理作业调度过程对比	8.3.2 节节尾
69	操作系统与用户的接口介绍	8.5 节节首
70	习题 8 部分习题讲解	习题 8 首

目 录

引　言

你或许会好奇，当你按下计算机电源按钮后，它能够自动运行，直到等待你的指令和操作。它是如何做到运行应用软件程序(如聊天软件、办公软件等)或者游戏程序的？当编写好的程序源代码被编译为程序，这个程序可以执行，并且能够保存、显示或者打印出计算结果时，你应该会好奇这实现过程中的细节。这一切都是因为操作系统在掌控着计算机系统的运行。你如果想要了解它，就需要学习操作系统！

想要学习和了解操作系统，你首先需要调整认识事物的几个技能。

第一，视角的切换能力，包括全景视角和细节视角、人的视角和机器的视角、客观视角和主观能动视角等。计算机是人类制造的；操纵和管理着计算机系统中软件和硬件的操作系统也是人类制造的。它们不神秘，只是你要学会使用不同视角去观察和理解它。

第二，抽象思维。人们认知世界的重要手段之一就是抽象。将计算机系统中的软件与硬件通过抽象手段识别为适合操作系统管理的对象，例如文件和设备在抽象层次都是数据存储的对象，因而它们具有一些共同的特点，抽象为存取对象后，便于统一管理。

第三，时间和空间的权衡。计算机系统硬件的设计和实现是有条件的，不能提供无限的计算能力和存储能力。因而在一定的条件和范围内，我们需要对计算机程序和实际问题对于这两方面的需求进行权衡。理解为什么有时候需要使用时间换取空间，有时候需要使用空间换取时间。

第四，观察事物发展的动因的能力。客观事物的变化以及人的需求是驱动技术事物发展的主要动力。这就需要我们观察事物发生、发展的本质。计算机系统的发展一直受到人类的需求和技术进步等多方面的驱动。

你会想知道什么是操作系统。Operating System 直译为操作系统，我们应该将其理解为**掌控整个计算机运作的系统**。它要掌控的是整个计算机的各个硬件资源(如显示器、主存、处理器等)和软件资源(如文件、应用软件、编译程序、数据库管理系统等)。就像人类的大脑，它在主宰或指挥着你身体的硬件资源(如手臂)的行为和软件资源(如思维逻辑)来认知世界或思辨。从这个角度来说，操作系统就是计算机的心智或大脑。

你或许会问，为什么要学习操作系统呢？除了前面提到的好奇心之外，还有太多的理由让你去学习这门课程。学习操作系统时，需要掌控各式各样的硬件和软件，这需要开创性地提出一些概念和创造一些非常复杂的技术——且最终需要程序员编写代码来实现这些概念和技术。这些概念和技术又将运用到许多应用领域。如果需要很好地理解一些具体的应用领域中所使用的这些概念和技术，你必须很好地掌握起点。人类在认知事物时，常常使用抽象思维或抽象技巧，操作系统也将运用抽象思维或抽象技巧来认知新旧硬件和软件，并对它们进行管理，特别是对于一些事物抽象，例如缓存、并发等。通过学习操作系统的这些知识，能够使你触类旁通，增强学习能力。更重要的是，在你从事计算机专业工作时，你所编写的程序都需要使用由操作系统管理的计算机的软硬件资源，并确保程序在计算机系统中运行，并获得结果。这时，实现这些工作任务的前提是你对操作系统有深入的了解。换句话说，如果想了解计算机系统是如何运作的,你就必须学习操作系统。

在探究操作系统的过程中,发现有趣的事物,然后你会发现操作系统曾经是多么简单,也会发现它不断克服困难成长的过程——它总在克服困难,挑战一切不可能,又在时间和空间上不断地妥协和权衡。我们期待你通过学习这门课程,成为一个具有好奇心、关注细节、开放看待事物成长的人。

第1章

操作系统引论

如何认识操作系统呢？宏观地看，作为一个掌控计算机软件和硬件的管理者，操作系统在计算机系统中的位置非常独特。它介于计算机硬件和应用软件之间，向下对硬件进行驱动和管理，向上管理软件的运行，提供各种对硬件和软件功能的请求服务。微观地看，操作系统就是一个具有丰富功能的、服务于计算机系统的系统软件。从人的视角来看，它就是一个服务者。人类的需求以及计算机硬件的发展需要使得操作系统变得越来越复杂，同时它能够提供更加友好和便捷的服务。人类可以轻松地操控它，并获取计算的结果。从机器的角度看，它是整个计算机系统的核心和灵魂。它在指挥和协调计算机系统应对运行时所遇到的所有问题，包括硬件上的和软件上的维护、变化、切换、管理等。在处理许多复杂的事物时，操作系统采用抽象的技术，将硬件和软件抽象为不同的组件和服务，向用户提供可交互的接口，并通过接口的命令或操作行为获取用户的意图，执行相应的功能，将结果可视化之后呈现给用户。

为了认知操作系统，了解操作系统。接下来，我们首先介绍操作系统的基本概念。然后，从操作系统的形成过程和发展情况入手，介绍人们从开始使用人工操作计算机硬件，到需要用程序辅助管理计算机硬件，再到认识到需要系统程序协助管理计算机系统，到最后才明白需要操作系统的这一过程。最后，从人的需求和计算机硬件发展的不断推进，了解操作系统不断地从稚嫩到成熟的发展过程。

随着操作系统的发展以及人们对操作系统的认知的深入，操作系统为人们提供了更多的功能，也有着其自己的特征。这些功能和特征也在逐渐地固定下来，并发展出了操作系统的体系结构。

本章首先介绍操作系统的概念。从驱动操作系统发展的主要因素出发，介绍操作系统的形成与发展；介绍操作系统的功能划分、特征和作用；最后，逐一介绍操作系统的主要体系结构和现代典型操作系统。通过本章的学习，需要重点掌握以下要点：

- 了解操作系统的形成与发展历程，了解操作系统的功能；
- 理解操作系统的特征和作用，操作系统的体系结构；
- 掌握驱动操作系统发展的主要因素。

1.1 操作系统概念

任何一个计算机系统都由两部分组成：计算机硬件和计算机软件。计算机硬件通常由中央处理器（运算器和控制器）、存储器、输入设备和输出设备等部件组成，它构成了系统本身和用户作业的物质基础和环境。由这些硬件部件组成的机器称为裸机。

然而，用户最不喜欢裸机这种工作环境，因为裸机上没有任何一种可以协助他们解决问题的手段,只提供最低级的机器语言。为了对硬件的性能加以扩充和完善,为了方便用户使用机器,在裸机外添加了能实现各种功能的软件程序。例如,为了方便用户描述自己的任务而提供了程序设计语言及相应的翻译程序(汇编程序或编译程序);为了方便、有效地解决各类问题,提供了各种服务性程序和实用程序,如系统程序库、编辑程序、连接装配程序等;为了维护系统正常工作,有查错程序、诊断程序和引导程序;另外,还有用户应用程序、数据库管理系统、数据通信系统等。软件又称为软设备,它是程序和数据的集合。这些程序是为了方便用户和充分发挥计算机功能而编制的。在这些软件中,有一个很重要的软件系统,称为操作系统,它管理系统中所有的软硬件资源,并组织控制整个计算机的工作流程。软件一般可以分为以下几类。

(1) 系统软件:操作系统、编译程序、程序设计语言、连接装配程序以及与计算机密切相关的程序。

(2) 应用软件:应用程序、软件包(如数理统计软件包、运筹计算软件包等)。

(3) 工具软件:各种诊断程序、检查程序、引导程序。

硬件是计算机系统的物质基础,没有硬件就不能执行指令和实施最原始、最简单的操作,软件也就失去了效用;而若只有硬件,没有配置相应的软件,计算机就不能发挥它潜在的能力,这些硬件也就没有活力。因此,硬件和软件这二者是互相依赖、互相促进的。可以这样说:没有软件的硬件是一具"僵尸",而没有硬件的软件则是一个"幽灵"。只有软件和硬件有机地结合在一起的系统,才能称得上是一个计算机系统。操作系统将系统中的各种软、硬件资源有机地组合成一个整体,使计算机真正体现了系统的完整性和可利用性。

图 1-1　计算机系统的组成

计算机系统的组成用图 1-1 来描述。从图 1-1 可看出,硬件和软件以及软件各部分之间是层次结构的关系,硬件在最下层,它的外面是操作系统,经过操作系统提供的资源管理功能和方便用户的各种服务手段把硬件改造成为功能更强、使用更为方便的机器,通常称为"虚拟机"。而其他系统软件和应用软件则运行在操作系统之上,它们需要操作系统支撑。

因此,引入操作系统的目的可从两方面来考察。

(1) 从系统管理人员的观点来看,引入操作系统是为了合理地组织计算机工作流程,管理和分配计算机系统硬件及软件资源,使之能被多个用户共享。因此,操作系统是计算机资源的管理者。

(2) 从用户的观点来看,引入操作系统是为了给用户使用计算机提供一个良好的界面,以使用户无须了解许多有关硬件和系统软件的细节,就能方便灵活地使用计算机。

综上所述,可以定义为:操作系统是计算机系统中的一个系统软件,它统一管理计算机的软硬件资源和控制程序的执行,提供人机交互的接口和界面。

操作系统的主要目标可归结为以下 5 个方面。

(1) 方便用户使用:操作系统通过提供用户与计算机之间的友好界面来方便用户使用。

(2) 扩展机器功能:操作系统通过扩充硬件功能和提供新的服务来扩展机器功能。

(3) 管理系统资源:操作系统有效地管理系统中的所有硬件和软件资源,使之得到充分利用。

（4）提高系统效率：操作系统合理组织计算机的工作流程，以改进系统性能和提高系统效率。

（5）构筑开放环境：操作系统遵循国际标准来设计和构造一个开放环境。其含义主要是指：遵循有关国际工业标准和开放系统标准，支持体系结构的可伸缩性和可扩展性；支持应用程序在不同平台上的可移植性和互操作性。

1.2 操作系统的形成与发展历程

我们需要从事物发展的历史出发，去理解一个事物的根本。通过学习计算机操作系统的发展历史，我们可以了解到推动操作系统变化发展的因素是什么？哪些极其重要的概念改变或推动操作系统的发展？为什么操作系统会发展为现在的样子？未来它会发展成什么样子？

我们总结到最主要的因素有：

- 硬件成本不断地下降；
- 对于操作系统的客观需求；
- 计算机操作系统功能的增长和复杂性的提升；
- 安全性的需求等。

硬件成本的下降使得计算机更容易在日常生活中普及和使用开来。人们期待着计算机操作系统实现更多、更复杂的功能，这也使得客观上人们对于计算机操作系统的功能需求在不断地更新。这种发展表现为一种迭代现象，即每一个功能的出现，随之而来的是人们对该功能的扩展，直到人们提出新的功能需求。计算机操作系统功能的增长和复杂性的提升又为操作系统的设计和实现提出了更多的难题，人们在克服这些困难的过程中提出了更多的概念和技术以满足需求的实现。这一迭代的趋势一直没有停止过，因而我们也能预想到，操作系统还会不断地进化下去。还有一个非常重要的因素是安全性，由于计算机系统在人们的日常生活中扮演越来越不可或缺的角色，大量的机密数据，以及大量的控制系统等都在左右着人们的生活。利用和控制计算机系统以达到个人或组织的某些目的成为了一种手段。操作系统管理和控制着整个计算机的硬件和软件资源，因而对于计算机系统的破坏、攻击、获取信息、操控的目标都对准了操作系统。为了防范这些安全问题，操作系统的设计和实现过程中不断地进行改进，一方面使得操作系统变得更加强大、安全和稳定；另一方面也使得实现操作系统的复杂性不断地提升。这一攻、防过程一直在循环往复交替地发展中。

操作系统是由于客观的需要而产生的，它伴随着计算机技术本身及其应用的日益发展而逐渐发展和不断完善。它的功能由弱到强，在计算机系统中的地位不断提高。至今，它已成为计算机系统中的核心，无一计算机系统是不配置操作系统的。

为了更好地理解操作系统的基本概念、功能和特点，让我们首先回顾一下操作系统形成和发展的历史过程是很有意义的。

1.2.1　计算机硬件发展简要介绍

硬件是操作系统发展中非常重要的驱动因素。现代的电子计算机都是依照冯·诺依曼提出的体系结构构造的，其中最为重要的是计算部件也即我们说的中央处理器（Central Processing Unit，CPU），这一硬件的元件工艺发展是电子计算机划分的重要标准。因此，人们通常按照元件工艺的演变把计算机的发展过程分为以下 4 个阶段：

(1) 1946 年—1950 年代末：第一代电子计算机（电子管时代）；

(2) 1950 年代末—1960 年代中期：第二代电子计算机（晶体管时代）；

(3) 1960 年代中期—1970 年代中期：第三代电子计算机（集成电路时代）；

(4) 1970 年代中期至今：第四代电子计算机（大规模集成电路时代）。

为了更容易理解，下面主要列举个人计算机的重要事实以助于大家对电子计算机发展的理解。

1. 第一代电子计算机（电子管时代）

第一台电子计算机于 1946 年问世。此后，电子计算机在其运算速度、存储容量方面急剧上升，而价格、体积、热辐射和功耗却不断下降。

1950 年，第一台并行计算机问世，实现了计算机之父冯·诺依曼的两个设想——采用二进制和存储程序。

2. 第二代计算机（晶体管时代）

1954 年，IBM 公司制造了第一台使用晶体管的计算机（TRADIC），增加了浮点运算，使计算能力有了很大提高。1958 年，IBM 1401 计算机是第二代计算机中的代表，用户当时可以租用。1965 年，DEC 公司推出了 PDP-8 型计算机，这标志着小型机时代的到来，接踵而来的是一系列的 PDP 和 VAX 小型机。

3. 第三代计算机（集成电路时代）

1970 年，IBM S/370 是 IBM 公司的更新换代的重要产品，采用了大规模集成电路代替磁芯存储，小规模集成电路作为逻辑元件，并使用虚拟存储器技术，将硬件和软件分离开来，从而明确了软件的价值。

4. 第四代计算机（大规模集成电路时代）

1975 年 4 月，MITS 制造的 Altair 8800，带有 1KB 存储器。这是世界上第一款微型计算机。1977 年 4 月，Apple Ⅱ（1MHz CPU，4KB RAM，16KB ROM）问世，这是计算机史上第一个带有彩色图形显示器的个人计算机。1981 年 8 月 12 日，IBM 公司发布了 IBM PC，它采用了主频为 4.77MHz 的 Intel 8086/88 CPU（集成电路上的晶体管数目为 2.9～4 万颗），主存 64KB，操作系统是 Microsoft 公司提供的 MS-DOS。1983 年 1 月 19 日，Apple LISA 是第一款使用了鼠标的计算机，以及第一款使用图形用户界面的计算机。1996 年，市面上计算机的基本配置是 Intel 的奔腾（Pentium）或者 Pentium MMX 的 CPU，内部含有的晶体管数量高达 310 万个。Core CPU 第一代为 65 纳米制程，晶体管数量达到 2.91 亿以上，核心尺寸为 143 平方毫米。

现在电子计算机正向着巨型、微型、并行、分布、网络化、智能化几个方向发展。

1.2.2　计算机操作系统的发展

视频讲解

从有计算机器开始，操作机器的相关技术就一直在发展。驱动操作系统形成和发展的主要动力是客观事物的发展和人类的需求。由于技术的不断进步,硬件成本在不断地下降,硬件的质量在提高,同时新型的更可靠的硬件在不断地替代旧硬件;这个时候,计算机的功能和复杂性也就不断地发展,提供这些功能的系统软件——操作系统也在不断地发展。人类对计算机新功能需求的不断提出,促进了计算机系统的发展;为了实现这些功能,操作系统在不断地进化之中。从整个计算机发展史的角度来说,依据操作系统功能可以划分若干个阶段,尽管有些阶段在时间上无法清晰地分割出来,但不影响对操作系统发展的认知。从历史和系统功能的角度看,操作系统可以划分出如下的几个主要发展阶段:

- 第一阶段:手工操作阶段;
- 第二阶段:批处理操作系统;
- 第三阶段:多道批处理操作系统;
- 第四阶段:分时、实时和通用操作系统;
- 第五阶段:现代操作系统;
- 第六阶段:未来操作系统。

现代的电子计算机并非凭空出现的,在电子计算机出现之前,就有许多的理论和技术方面的积累,特别是许多数学理论的创造和众多计算机器的发明和创造。这些计算机器的发明和应用对人类社会的文明发展起着巨大的推动作用。早期的计算机器是在记录信息状态的基础上,由人类设计的一套操控手段来操作这些信息状态以达到计算的基本目的。围绕着这些状态以及实现过程,人们还发明了许多机器和设备,这为计算机的发展打下了坚实的物质基础。早期的计算机器与操控系统是密不可分的。

最为典型的计算机器与状态操作系统的结合体之一是古代中国人刘洪(约公元 129~210)发明的算盘,现代珠算起于元明之间。它常见的形式是 13 位柱的上 2 下 5 珠结构,能够实现自然数的四则运算,配上了一套计算口诀。这套计算口诀就是一个基本的操作系统,通过口诀知道操控哪些算珠及其位置,而珠算的最终位置给出的是计算的结果,人是运行和操控这套口诀的关键。

1623 年,德国科学家契克卡德(W. Schickard)制造了第一台机械计算机。它能够进行 6 位数的加减乘除运算。1933 年,美国数学家 D. N. Lehmer 造出一台电气计算机用来分解所有 1~1000 万的自然数的素数因子。1935 年,IBM 公司制造了 IBM601 穿孔卡片式计算机。它可以实现一秒钟内计算乘法运算。

1946 年 2 月 14 日,美国宾夕法尼亚大学摩尔学院教授莫契利(J. Mauchiy)和埃克特(J. Eckert)共同研制成功了 ENIAC(Electronic Numerical Integrator And Computer)计算机。这是人类历史上真正意义的第一台电子计算机,而现代操作系统却还没有诞生呢!

1. 手工操作阶段

在第一代电子计算机时期,构成计算机的主要元件是电子管,其运算速度慢(只有几千次/秒)。计算机由主机(运控部件、主存)、输入设备(如读卡机)、输出设备(如穿卡机)和控制台组成。当时没有操作系统,甚至没有任何软件。

人们在利用这样的计算机解题时只能采用手工操作方式,而且用户只能轮流地使用计算机。每个用户的使用过程大致如下:先把程序卡片装上读卡机,然后启动读卡机把程序和数据送入计算机,接着通过控制台开关启动程序运行。计算完毕,用户通过穿卡机输出结果。在这个过程中需要人工装卡片、人工控制程序运行、人工卸卡片,这些都是人工操作,即所谓"人工干预"。这种由一道程序独占机器且有人工操作的情况,在计算机速度较慢时是允许的,因为此时的计算时间相对较长,手工操作所占比例还不很大。

20世纪50年代后期,计算机的运行速度有了很大的提高,从每秒几千次、几万次发展到每秒几十万次、上百万次。由于计算机运行速度几十倍、上百倍地提高,手工操作的慢速度和计算机的高速度之间形成了矛盾,即所谓人-机矛盾。随着计算机速度的提高,人-机矛盾已到了不能容忍的地步。为了解决这一矛盾,只有摆脱人的手工干预,实现作业的自动过渡,这样就出现了"成批处理"。

2. 批处理操作系统

这个阶段是操作系统发展到比较完备的一个时期,也是操作系统发展史上的特别重要的分水岭时期,自此以后操作系统脱离了那种分散的监督程序组合以及手工操作的状态。

在计算机发展的早期阶段,用户上机时需要自己建立和运行作业,并做结束处理,并没有任何用于管理的软件,所有的运行管理和具体操作都由用户自己承担。为了缩短作业的建立时间,减少错误操作,尽可能地提高CPU的利用率,采取以下两个措施:(1)配备专门的计算机操作员,程序员不再直接操作机器,减少操作机器的错误;(2)进行批处理,操作员把用户提交的作业分类,把一批中的作业编成一个作业执行序列。每一批作业将有专门编制的监督程序自动依次处理。

1) 联机批处理系统

用户上机前,需向机房的操作员提交程序、数据和一个作业说明书,作业说明书提供了用户标识、用户想使用的编译程序以及所需的系统资源等基本信息。这些资料必须变成穿孔信息,(例如穿成卡片的形式),操作员把各用户提交的一批作业装到输入设备上(若输入设备是读卡机,则该批作业是一叠卡片),然后由监督程序控制送到磁带上。之后,监督程序自动输入第一个作业的说明记录,若系统资源能满足其要求,则将该作业的程序、数据调入主存,并从磁带上调入所需要的编译程序。编译程序将用户源程序翻译成目标代码,然后由连接装配程序把编译后的目标代码及所需的子程序装配成一个可执行的程序,接着启动执行。计算完成后输出该作业的计算结果。一个作业处理完毕后,监督程序又可以自动地调用下一个作业处理。重复上述过程,直到该批作业全部处理完毕。

这种联机处理方式解决了作业自动转换,从而减少了作业建立和人工操作时间。但是在作业的输入和执行结果的输出过程中,主机的CPU仍处于等待状态,CPU时间仍有很大的浪费,于是慢速的输入/输出设备与快速的CPU之间形成了一对矛盾。如果把输入/输出工作直接交给一个价格便宜的专用机去做,就能充分发挥主机的效率,为此出现了脱机批处理系统。

2) 脱机批处理系统

脱机批处理系统由主机和卫星机组成,如图1-2所示。卫星机又称外围计算机,它不与主机直接连接,只与外部设备打交道。卫星机负责把输入机上的作业逐个传输到输入磁带上,当主机需要输入作业时,就把输入带与主机连上。主机从输入带中调入作业并运行,计算完成后,输出结果到输出带上,再由卫星机负责把输出带上的信息进行输出。在这样的系统中,主机和卫星机可以并行操作,二者分工明确,可以充分发挥主机的高速计算能力。因此,和早期联机批处理系统相比,脱机批处理系统大大提高了主机系统的处理能力。

批处理系统出现于20世纪50年代末,这是在解决人-机矛盾以及中央处理器快速度和

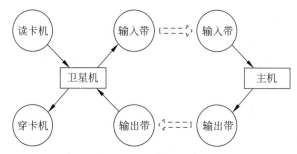

图 1-2　脱机批处理系统

I/O 设备慢速度这对矛盾的过程中发展起来的。它促使了软件的发展,最重要的是它产生了起管理作用的监督程序,该程序完成作业的自动过渡并且负责装入和运行各种语言翻译程序(如汇编程序、编译程序)以及实用程序(如连接装配程序)。在此期间也出现了程序库和程序覆盖等新的程序设计技术。由此,解题操作过程变成了装入→汇编(或编译)→连接装配→执行这四个步骤,从而使上机操作初步自动化。

3) 执行系统

批处理系统实现了作业的自动过渡,它的出现改善了 CPU 和外设的使用情况,从而使整个计算机系统的处理能力得以提高。但也存在着一些缺点,如磁带需人工拆卸,这样既麻烦又容易出错,另一个重要的问题是系统的保护问题。在进行批处理的过程中,所涉及的监督程序、系统程序和用户程序之间是一种互相调用的关系。对于用户程序没有任何检查,若目标程序执行了一条非法停机指令时,机器就会错误地停止运行。此时,只有当操作员进行干预,在控制台上按启动按钮后,程序才会重新启动运行。另一种情况是,如果一个程序进入死循环,系统就会踏步不前,更严重的是,无法防止用户程序破坏监督程序和系统程序。

20 世纪 60 年代初期,硬件获得了两方面的进展,一是通道的引入,二是中断技术的出现,这两项重大成果导致了操作系统进入执行系统阶段。

借助于通道和中断技术,输入/输出工作可在主机控制下完成。这时,原有的监督程序的功能扩大了,它不仅要负责调度作业自动地运行,而且还要提供输入/输出控制功能(用户不能直接使用启动外设的指令,输入/输出请求必须通过系统去执行)。这个"进步"了的监督程序常驻主存,称为执行系统。

执行系统实现的是联机操作,和早期批处理系统不同的是:输入/输出工作是由在主机控制下的通道完成的,主机和通道、主机和外设之间都可以并行操作。在执行系统中,用户程序的输入/输出工作是委托给系统实现的,由系统检查其命令的合法性,以避免由于不合法的输入/输出命令造成对系统的威胁,因此提高了系统的安全性。另外,由于引入了一些新的中断,如算术溢出和非法操作码中断等,克服了错误停机的弊病,且时钟中断可以解决用户程序中出现的死循环现象。

3. 多道批处理操作系统

这个阶段是操作系统提高效率到一定程度,并较为成熟的重要时期。从效率角度的发展来看,比较典型的是多道程序设计。从操作系统的功能角度来看,已经形成了完备的功能集合,例如作业调度管理、处理器管理、存储器管理、外部设备管理、文件系统管理等功能。

1) 多道程序设计

第三阶段的批处理系统因为每次只调用一个用户作业程序进入主存并运行,故称为单道批处理系统。其主要特征如下。

(1) 自动性。在顺利的情况下,在磁带上的一批作业能自动地逐个依次运行,而无须人工干预。

(2) 顺序性。磁带上的各道作业是顺序地进入主存,各道作业完成的顺序与它们进入主存的顺序之间,在正常情况下应当完全相同,即先调入主存的作业先完成。

(3) 单道性。主存中仅有一道程序并使之运行,即监督程序每次从磁带上只调入一道程序进入主存运行,仅当该程序完成或发生异常情况时,才调入其后继程序进入主存运行。

图 1-3 说明单道程序运行时的情况。图中说明用户程序首先在 CPU 上进行计算,当它需要进行 I/O 传输时,向监督程序提出请求,由监督程序提供服务,并帮助启动相应的外部设备进行传输工作,这时 CPU 空闲等待。当外部设备传输结束时,发出中断信号,由监督程序中负责中断处理的程序进行处理,然后把控制权交给用户程序,让其继续计算。

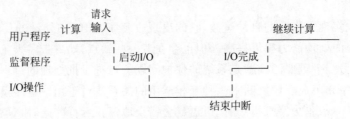

图 1-3　单道程序工作示例

多道程序运行情况由图 1-4 来说明。图中,用户程序 A 首先在处理器上运行,当它需要从输入设备输入新的数据而转入等待时,系统帮助它启动输入设备进行输入工作,并让用户程序 B 开始计算。程序 B 经过一段计算后,需要从输出设备输出一批数据,系统接受请求并帮助启动输出设备工作。如果此时程序 A 的输入尚未结束,也无其他用户程序需要计算,处理器就处于空闲状态,直到程序 A 在输入结束后重新运行。若当程序 B 的输出工作结束时,程序 A 仍在运行,则程序 B 继续等待,直到程序 A 计算结束再次请求 I/O 操作时,程序 B 才能占用处理器。

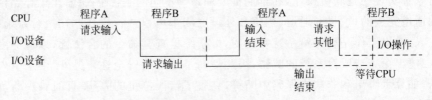

图 1-4　多道程序工作示例

多道程序设计是一种软件技术,该技术使同时进入计算机主存的几个相互独立的程序在管理程序控制之下相互交替地运行。当某道程序因某种原因不能继续运行下去时(如等待外部设备传输数据),管理程序便将另一道程序投入运行。这样可以使中央处理器及各外部设备尽量处于忙碌状态,从而大大提高计算机的使用效率。

引入多道程序设计,可以提高 CPU 的利用率;提高主存和 I/O 设备利用率,增加系统吞吐量。

在单处理器系统中,多道程序运行的特点如下。

(1) 多道:即计算机主存中同时存放几道相互独立的程序。

(2) 宏观上并行:同时进入系统的几道程序都处于运行过程中,即它们先后开始了各自的运行,但都未运行完毕。

(3) 微观上串行:从微观上看,主存中的多道程序轮流地或分时地占用处理器,即多道程序交替执行。

2) 多道批处理系统

在批处理系统中采用多道程序设计技术,就形成了多道批处理系统。在多道批处理方式下,交到机房的许多作业由操作员负责将其由输入设备转存到辅存设备(例如磁盘)上,形成一个作业队列而等待运行。当需要调入作业时,管理程序中有一个名为作业调度程序负责对磁盘上的一批作业进行选择,将其中满足资源条件且符合调度原则(例如按先来后到的顺序进行选择)的几个作业同时调入主存,让它们交替运行。当某个作业完成计算任务时,输出其结果,收回该作业占用的全部资源,然后根据主存和其他资源的情况再调入一个或几个作业。这种处理方式的特点是:在主存中总是同时存有几道程序,系统资源的利用率是比较高的。

要求计算机解决的问题是多种多样的,具有不同的特点。例如,科学计算问题需要使用较多的 CPU 时间,因为它计算量较大;而数据处理问题输入/输出量较大,需较多地使用输入/输出设备。若在调入作业时能注意到不同作业的特点,并能合理搭配(例如,将计算量大的作业和输入/输出量大的作业搭配),系统资源的利用率会进一步提高。

多道批处理系统是一种有效但又十分复杂的系统,为使系统中的多道程序能协调地运行,必须解决以下问题。

(1) 并行运行的程序要共享计算机系统的硬件和软件资源,既有对资源的互斥竞争,但又必须相互同步。因此,同步与互斥机制成为系统设计中的重要问题。

(2) 多道程序的增加,出现了主存不够用的问题,提高主存的使用效率也成为关键。因此出现了诸如覆盖技术、对换技术和虚拟存储技术等主存管理技术。

(3) 多道程序存在于主存,为了保证系统程序存储区和各用户程序存储区的安全可靠,提出了主存保护的要求。

多道批处理系统的出现标志着操作系统进入渐趋成熟的阶段,先后出现了作业调度管理、处理器管理、存储器管理、外部设备管理、文件系统管理等功能。

4. 分时、实时和通用操作系统

通过前面几个阶段的发展,操作系统朝着更加通用的方向发展,并基本形成了操作系统的体系结构和应用格局。这个时期特别具有代表性的操作系统是 UNIX 分时系统以及许多实时系统,并开始研制一些通用型的大型操作系统,特别以 UNIX 操作系统和 IBM 公司的大型机的操作系统为代表。

1) 分时系统

所谓分时技术,就是把处理器的时间分成很短的时间片(如几百毫秒),这些时间片轮流地分配给各联机作业使用。如果某个作业在分配给它的时间片用完之时,计算还未完成,该作业就暂时中断并退出CPU,等待下一轮继续计算,此时处理器让给另一个作业使用。这样,每个用户的各种要求都能得到快速响应,给每个用户的印象是——他独占一台计算机。

采用这种分时技术的系统称为分时系统。在该系统中,一个计算机和许多终端设备连接。每个用户可以通过终端向系统发出各种控制命令,请求完成某项工作,而系统则分析从终端设备发来的命令,完成用户提出的要求,输出一些必要的信息,如:给出提示信息、报告运行情况、输出计算结果等。用户根据系统提供的运行结果,向系统提出下一步请求。重复上述交互会话过程,直到用户完成预计的全部工作为止。

多道批处理系统和分时系统的出现标志着操作系统的初步形成。

2) 实时系统

20世纪60年代中期,计算机进入第三代,计算机的性能和可靠性有了很大提高,造价亦大幅度下降,导致计算机应用越来越广泛。计算机用于工业过程控制、军事实时控制、信息实时处理等形成了各种实时处理系统。针对实时处理的实时操作系统是以在允许的时间范围之内做出响应为特征的。它要求计算机对于外来信息能以足够快的速度进行处理,并在被控对象允许时间范围内做出快速响应,其响应时间要求在秒级、毫秒级、微秒级甚至更小。

实时系统是较少有人为干预的监督和控制系统,仅当计算机系统识别到违反系统规定的限制或本身发生故障时,才需要人为干预。设计实时系统时有两点必须特别注意。

(1) 要求及时响应、快速处理。这里的时间要求不同于分时系统,分时系统中的快速响应只是保证用户满意就行,即便超过一些时间也只是影响用户的满意程度。而实时系统中的时间要求是强制性严格规定的,仅当在限定时间内返回一个正确结果时,才能认为系统的功能是正确的。

(2) 实时系统要求有高可靠性和安全性,不强求系统资源的利用率。

3) 通用操作系统

多道批处理系统和分时系统的不断改进、实时系统的出现及其应用日益广泛,致使操作系统日益完善。在此基础上,出现了通用操作系统。它可以兼有多道批处理、分时、实时处理的功能,或其中两种以上的功能。例如,将实时处理和批处理相结合,构成实时批处理系统。在这样的系统中,它首先保证优先处理实时任务,"插空"进行批作业处理,通常把实时任务称为前台作业,批处理作业称为后台作业。将批处理和分时处理相结合,可构成分时批处理系统。在保证分时用户的前提下,在没有分时用户时,也可进行批作业的处理。同样,分时用户和批处理作业可按前后台方式处理。

从20世纪60年代中期开始,有的国家研制了一些大型的通用操作系统。这些系统试图达到功能齐全、可适应各种应用范围、可适用操作方式变化多端的环境等目标。但是这些系统本身很庞大,不仅付出了巨大的代价,而且由于系统过于复杂和庞大,在解决其可靠性、可维护性和可理解性等方面都遇到很大的困难。相比之下,UNIX操作系统却是一个例外。这是一个通用的多用户、分时、交互型的操作系统。它首先建立的是一个精干的核心,而其功能却足以与许多大型的操作系统相媲美,在核心层以外可以支持庞大的软件系统,它很快得到应用和推广并不断完善,对现代操作系统有着重大的影响。

至此,操作系统的基本概念、功能、基本结构和组成都已形成,并渐趋完善。

5. 现代操作系统

为了满足更多用户类型的计算机使用的需求,特别是个人用户对操作个人计算机的需求,以及网络互联环境下的多个用户操作计算机资源的需求,操作系统的发展朝着更加通用并提供更多特性的方向发展,例如微机操作系统、网络操作系统、分布式操作系统以及嵌入式操作系统。

1) 微机操作系统

随着超大规模集成电路的发展而产生了微机,配置在微机上的操作系统称为微机操作系统。可按微机的字长分成 8 位、16 位、32 位和 64 位微机操作系统。但也可把微机操作系统分为单用户单任务操作系统、单用户多任务操作系统和多用户多任务操作系统。

单用户单任务操作系统的含义是:只允许一个用户上机,且只允许用户程序作为一个任务运行。单用户多任务操作系统的含义是:只允许一个用户上机,但允许将一个用户程序分为若干个任务,使它们并发执行,从而有效地改善系统的性能。多用户多任务操作系统的含义是:允许多个用户通过各自的终端使用同一台主机,共享主机系统中的各类资源,而每个用户程序又可进一步分为几个任务,使它们并发执行,从而可进一步提高资源利用率、增加系统吞吐量。在大、中、小型机中所配置的都是多用户多任务的操作系统;而在 32 位和 64 位微机上,也有不少是配置多用户多任务操作系统。其中,最有代表性的是 UNIX 操作系统。

2) 网络操作系统

计算机网络是通过通信设施将物理上分散的、具有自治功能的多个计算机系统互连起来的,实现信息交换、资源共享、可互操作和协作处理的系统。

在计算机网络中,每个主机都有操作系统,它为用户程序运行提供服务。当某一主机联网使用时,该系统就要同网络中更多的系统和用户交往,这个操作系统的功能就要扩充,以适应网络环境的需要。网络环境下的操作系统既要为本机用户提供简便、有效地使用网络资源的手段,又要为网络用户使用本机资源提供服务。为此,网络操作系统除了具备一般操作系统应具有的功能模块之外,还要增加网络功能模块。

3) 分布式操作系统

在以往的计算机系统中,其处理和控制功能都高度集中在一台主机上,所有的任务都由主机处理,这样的系统称为集中式处理系统。而大量的实际应用要求具有分布处理能力的、完整的一体化系统。如在分布事务处理、分布数据处理、办公自动化系统等实际应用中,用户希望以统一的界面、标准的接口去使用系统的各种资源,去实现所需要的各种操作。这就导致了分布式系统的出现。

一个分布式系统就是若干计算机的集合。这些计算机都有自己的局部存储器和外部设备。它们既可以独立工作(自治性),亦可合作工作。在这个系统中,各计算机可以并行操作且有多个控制中心,即具有并行处理和分布控制的功能。分布式系统是一个一体化的系统,在整个系统中有一个全局的操作系统称为分布式操作系统,它负责全系统的资源分配和调度、任务划分、信息传输、控制协调等工作,并为用户提供一个统一的界面、标准的接口。用户通过这一界面实现所需的操作和使用系统资源。至于操作定在哪一台计算机上执行或使用哪台计算机的资源则是系统的事,用户无须知道,也就是说,系统对于用户是透明的。

分布式系统的基础是计算机网络,因为计算机之间的通信是由网络来完成的。它和常规网络一样,具有模块性、并行性、自治性和通信性等特点。但是,它比常规网络又有进一步的发展。例如,常规网络中的并行性仅仅意味着独立性,而分布系统中的并行性还意味着合作。因为分布式系统已不再仅仅是一个物理上的松散耦合系统,它同时又是一个逻辑上紧密耦合的系统。

分布式系统和计算机网络的区别在于前者具有多机合作和健壮性。多机合作是自动的任务分配和协调。而健壮性表现在,当系统中有一台甚至几台计算机或通路发生故障时,其余部分可自动重构成一个新的系统,该系统可以工作,甚至可以继续其失效部分的部分工作或全部工作,这称为"优美降级"。当故障排除后,系统自动恢复到重构前的状态。这种优美降级和自动恢复就是系统的健壮性。

4) 嵌入式操作系统

嵌入式操作系统与应用环境密切相关。按应用范围划分,可把它分成通用型嵌入式操作系统和专用型嵌入式操作系统。前者适用于多种应用领域,而后者则面向特定的应用场合,至今已有几十种嵌入式操作系统面世。

与一般操作系统相比,嵌入式操作系统有以下特点。

(1) 微型化:硬件平台的局限性表现在可用主存少(1 兆字节以内)、往往不配置外部存储器,微处理器字长短且运算速度有限(8 位、16 位字长居多)、能提供的能源较少(用微小型电池)、外部设备和被控设备千变万化。

(2) 可定制:嵌入式操作系统运行的平台多种多样,应用更是五花八门。从减少成本和缩短研发周期考虑,要求它能运行在不同微处理器平台上,能针对硬件变化进行结构与功能上的配置,以满足不同应用需要。

(3) 实时性:嵌入式操作系统广泛应用于过程控制、数据采集、传输通信、多媒体信息(语音、视频影像处理)及关键领域等要求迅速响应的场合,实时响应要求严格。针对应用的响应时间要求,可设计成硬实时、软实时和非实时不同级别的系统。对于应用在军事武器、航空航天、交通运输等特殊领域有硬实时要求的系统,其中断响应、处理器调度等机制必须严格符合时间要求。

(4) 可靠性:系统构件、模块和体系结构必须达到应有的可靠性,对关键要害应用还要提供容错和防故障措施,进一步改进可靠性。

(5) 易移植性:为了提高系统的易移植性,通常采用硬件抽象层(Hardware Abstraction Level,HAL)和板级支撑包(Board Support Package,BSP)的底层设计技术。HAL 提供了与设备无关的特性,屏蔽硬件平台的细节和差异,向操作系统上层提供统一接口,保证了系统的可移植性。而一般由硬件厂家提供的,按给定的编程规范完成 BSP,保证了嵌入式操作系统可在新推出的微处理器硬件平台上运行。

(6) 开发环境:嵌入式操作系统与其定制或配置工具联系密切,构成了嵌入式操作系统集成开发环境,其中,通常提供了代码编辑器、编译器和链接器、程序调试器、系统配置器和系统仿真器。

6. 未来操作系统

随着用户对操作系统交互的要求越来越高,引入虚拟增强和虚拟现实的技术打造更加友好的操作用户界面是一个重要的发展方向。对于各种训练与培训和各种复杂的操作环境,例如医学培训、医学手术、军警训练、无人设备的操控,乃至普通人的生活日常设备的操控都应当更加友好。

随着计算设备相关部件的计算能力不断提高的同时又在进行着微型化的发展,这些设备开始变得更加方便携带或者说可以穿戴使用,未来更有可能的发展趋势为植入人体。计算机操作系统必然为可穿戴或植入式设备的管理提供支持。

更多新技术的发展,特别是量子技术的发展,将可能出现新型的计算机系统,例如量子计算机系统。为新型计算机系统发展出合适的操作系统是未来的一个重要任务。

1.3 操作系统的功能

视频讲解

从资源管理的观点出发,目前操作系统的功能主要包括处理器管理、存储管理、设备管理、文件管理和作业管理等。

1. 处理器管理的功能

处理器管理的主要任务是对处理器进行分配,并对其运行进行有效的控制和管理。对处理器的管理和调度可归结为对进程和线程的管理和调度。它包括以下几方面功能:

- 进程控制和管理;
- 进程同步和互斥;
- 进程通信;
- 进程死锁;
- 线程控制和管理;
- 处理器调度。

2. 存储管理的功能

存储管理的主要任务是为多道程序的运行提供良好的环境,方便用户使用存储器,提高存储器的利用率,以及能从逻辑上扩充主存。为此,存储管理应具有以下功能:

- 主存空间的分配与回收;
- 地址转换和存储保护;
- 主存的共享与保护;
- 主存扩充。

3. 设备管理的功能

设备管理的主要任务是管理各种外部设备,完成用户提出的 I/O 请求,为用户分配 I/O 设备;提高 CPU 和 I/O 设备的利用率;提高 I/O 速度;方便用户使用 I/O 设备。为实现上述任务,设备管理应具有以下主要功能:

- 设备控制处理;
- 缓冲区管理;
- 设备独立性;
- 独占设备的分配与回收;
- 共享设备的驱动调度;
- 虚拟设备管理。

4. 文件管理的功能

在现代计算机系统中,总是把程序和数据以文件的形式存储在辅助存储器(即"辅存")

上,供所有的或指定的用户使用。为此,在操作系统中必须配置文件管理系统。文件管理的主要任务是对用户文件和系统文件进行有效管理,以方便用户使用,并保证文件的安全性。为此,文件管理应具有以下主要功能:

- 文件的逻辑组织结构;
- 文件的物理组织结构;
- 文件的存取和使用方法;
- 文件的目录管理;
- 文件的共享、保护和保密;
- 文件的存储空间管理。

5. 作业管理的功能

作业管理实现作业的调度和控制作业的执行。作业调度从等待处理的作业中选择可以装入主存储器的作业,然后对已装入主存储器的作业按照用户的意图控制其执行。作业管理有以下主要功能:

- 作业的输入;
- 作业的调度;
- 作业的控制。

1.4　操作系统的特征和作用

经过几十年的发展变化,操作系统已经有非常多的类型和形态。因此,从操作系统的特征和作用的角度去认识操作系统是一个非常有效的途径,接下来将介绍操作系统的特征和作用。

视频讲解

1.4.1　操作系统的特征

虽然不同的操作系统各有自己的特征,如批处理系统具有成批处理的特征,分时系统具有交互特征,实时系统具有实时特征,但它们也都具有以下 4 个基本特征。

1. 并发

并行性和并发性是既相似又有区别的两个概念。并行性是指两个或多个事件在同一时刻同时发生;而并发性是指两个或多个事件在同一时间段内发生。在多道程序环境下,并发性是指宏观上在一段时间内多道程序在同时运行。但在单处理器系统中,每一时刻仅能执行一道程序,故微观上这些程序是在交替执行的。

2. 共享

所谓共享是指系统中的资源可供主存中多个并发执行的进程共同使用。由于资源的属性不同,故多个进程对资源的共享方式也不同,可分为以下两种资源共享方式。

1) 互斥共享方式

系统中的某些资源(如打印机),虽然它们可以提供给多个进程使用,但在一段时间内却只允许一个进程访问该资源。当一个进程正在访问该资源时,其他欲访问该资源的进程必须等待;仅当该进程访问完并释放该资源后,才允许另一进程对该资源进行访问。我们把在一段时间内只允许一个进程访问的资源称为临界资源,许多物理设备以及某些变量、表格都属于临界资源,它们要求互斥地被共享。

2) 同时访问方式

系统中还有另一类资源,允许在一段时间内多个进程同时对它进行访问。这里所谓的"同时"往往是宏观上的。而在微观上,这些进程可能是交替地对该资源进行访问。典型的可供多个进程同时访问的资源是磁盘;一些用可重入代码编写的文件也可同时共享。

并发和共享是操作系统的两个最基本的特征,它们又互为存在条件。一方面,资源共享是以进程(程序)的并发执行为条件;若系统不允许进程并发执行,自然不存在资源共享问题。另一方面,若系统不能对资源共享实施有效管理,也必将影响到进程的并发执行,甚至根本无法并发执行。

3. 虚拟

操作系统中所谓的"虚拟"是指通过某种技术把一个物理实体变成若干个逻辑上的对应物。物理实体(前者)是"实"的,即实际存在的;而后者是"虚"的,是用户感觉上存在的东西。例如,在多道分时系统中,虽然只有一个 CPU,但每个终端用户却都认为是有一个CPU 在专门为他服务,即利用多道程序技术和分时技术可以把一台物理上的 CPU 虚拟为多台逻辑上的 CPU,也称为虚处理器。类似地,也可以把一台物理 I/O 设备虚拟为多台逻辑上的 I/O 设备。

4. 异步性

在多道程序环境下,允许多个进程并发执行,但由于资源等因素的限制,通常进程的执行并非"一气呵成",而是以"走走停停"的方式运行。主存中的每个进程在何时执行、何时暂停、以怎样的速度向前推进、每道程序总共需多少时间才能完成,都是不可预知的。很可能是先进入主存的作业后完成;而后进入主存的作业先完成。或者说,进程是以异步方式运行的。尽管如此,但只要运行环境相同,作业经多次运行,都会获得完全相同的结果,因此,异步运行方式是允许的。此即进程的异步性,它是操作系统的一个重要特征。

1.4.2　操作系统的作用

可以从不同的观点(角度)来观察操作系统的作用。从一般用户的观点来看,可把操作系统看作用户与计算机硬件系统之间的接口;从资源管理观点来看,则可把操作系统视为计算机系统资源的管理者。

1. 作为用户与计算机硬件系统之间的接口

操作系统处于用户与计算机硬件系统之间,用户通过操作系统来使用计算机系统,或者说,用户在操作系统的帮助下能够方便、快捷、安全、可靠地操纵计算机硬件和运行自己的程序。应当注意,操作系统是一个系统软件,因而这种接口是软件接口。

2. 作为计算机系统资源的管理者

在一个计算机系统中,通常都包含了各种各样的硬件和软件资源。归纳起来可将资源分为 4 类——处理器、存储器、I/O 设备以及信息(数据和程序)。相应地,操作系统的主要功能也正是针对这四类资源进行有效的管理。可见,操作系统的确是计算机系统的资源管理者。事实上,当今世界上广为流行的一个关于操作系统作用的观点是把操作系统视为计算机系统的资源管理者。

3. 用作扩充机器

对于一台完全无软件的计算机系统（裸机），即使其功能再强也必定是难于使用的。如果我们在裸机上覆盖上一层 I/O 设备管理软件，用户便可利用它所提供的 I/O 命令来进行数据输入和输出。此时用户所看到的机器，将是一台比裸机功能更强、使用更方便的机器。通常把覆盖了软件的机器称为扩充机器或虚机器。如果我们又在第一层软件上再覆盖上一层文件管理软件，则用户可利用该软件提供的文件存取命令来进行文件的存取。此时，用户所看到的是一台功能更强的虚机器。如果我们又在文件管理软件上再覆盖上一层面向用户的窗口软件，则用户便可在窗口环境下方便地使用计算机，形成一台功能极强的虚机器。

由此可知，每当人们在计算机系统上覆盖上一层软件后，系统功能便增强一级。由于操作系统自身包含了若干层软件，因此，当在裸机上覆盖操作系统后，便可获得一台功能显著增强、使用极为方便多层扩充机器或多层虚机器。

1.5 操作系统体系结构

操作系统是软件，也是一个逻辑产品。理解操作系统的一个途径是从不同的角度看操作系统的体系结构。从用户角度看到的是操作系统提供的各种服务；从开发人员的角度看到的是提供给用户的界面和结果；从设计人员的角度看到的是一些具有联系的功能模块集合，这些联系表现出不同的逻辑结构。经过几十年的发展，操作系统出现过多种逻辑结构，主要是单体内核结构（或称强内核结构）、层次结构、微内核结构等。

1.5.1 单体内核结构

单体内核结构（或称强内核结构），其结构特点主要是由许多紧密耦合的程序模块组合而成，并通过系统调用的方式，对外或为用户程序提供服务，这种服务形式采用了应用程序接口（Application Programming Interface，API）系统调用机制实现。操作系统通过系统调用接口将操作系统上运行的计算机程序划分为用户模式（用户态或目标态）和内核模式（核心态或管态）。应用程序通过系统调用接口，调用操作系统向外提供可以调用的函数或程序，如图 1-5 所示。这种强内核结构将操作系统的主要功能模块都作为一个紧密联系的整体运行在核心态，从而为应用提供高性能的系统服务。因为各管理模块之间共享信息，能有效利用相互之间的有效特性，从而表现为结构简单、性能较高。由于大部分模块均在内核中，所以安全性较高且具有无可比拟的性能优势。相应地，这种结构特点也具有一些明显的缺点：核心组件没有保护，核心模块间关系复杂，可扩展性差。符合这种简单结构系统的最为典型的实现是微软公司的 MS-DOS（微软磁盘操作系统），其结构如图 1-6 所示。

1.5.2 层次结构

随着体系结构的不断发展和应用需求变化，要求操作系统提供更多的服务，这也使得接口的形式越来越复杂。为了处理更多的服务和功能，操作系统的设计规模也急剧增长。单体内核结构系统的弊端阻碍着操作系统的设计目标，因而减少模块之间的紧密耦合和调用关系的一种方式是采用分层设计。为此，操作系统设计人员试图按照复杂性、时间常数、抽象级别等因素，将操作系统内核分成基本进程管理、虚存、I/O 与设备管理、IPC、文件系统

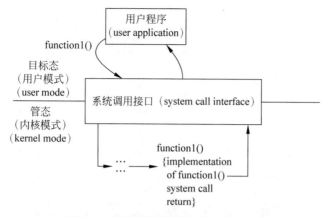

图 1-5 操作系统提供的系统调用接口

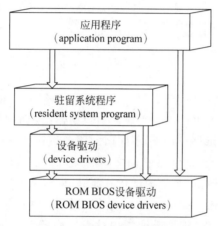

图 1-6 MS-DOS 系统结构

等几个层次,层次之间通过服务请求的形式实现信息交流,这在一定程度上提高了操作系统内核设计上的模块化。

采用层次结构的操作系统内核由若干个层次构成,通常最底层是硬件裸机,中间层是各个重要的功能层次,最高层是应用服务。层与层之间的调用关系严格遵守调用规则,每一层只能访问位于其下层所提供的服务,利用它的下层提供的服务来实现本层功能,并为其上层提供服务,每一层不能访问位于其上层所提供的服务,如图 1-7 所示。这种形式的结构将整体问题局部化,便于系统调用和验证。由于层间的通信通过大量的请求调用服务来实现,从而要求模块之间建立起通信机制,这使得系统花费在通信上的开销较大,系统效率也随之降低。

1.5.3 微内核结构

由于层次之间的交互关系错综复杂,定义清晰的层次间接口非常困难,复杂的交互关系也使得层次之间的界限极其模糊。(特别是系统层间通信具有较大的开销,以及系统运行效率的降低等难题。)为解决层次间的复杂接口、通信开销较大和效率低下、操作系统内核代码难以轻易维护等问题,人们提出了微内核的体系结构。这种体系结构是将内核中最基本的

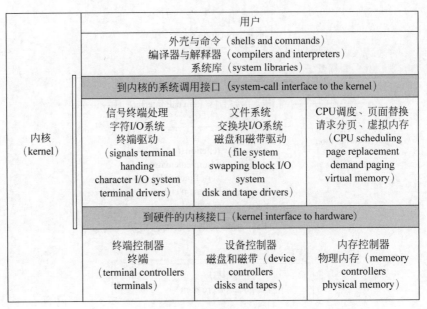

用户		
外壳与命令（shells and commands） 编译器与解释器（compilers and interpreters） 系统库（system libraries）		
到内核的系统调用接口（system-call interface to the kernel）		
信号终端处理 字符I/O系统 终端驱动 （signals terminal handing character I/O system terminal drivers）	文件系统 交换块I/O系统 磁盘和磁带驱动 （file system swapping block I/O system disk and tape drivers）	CPU调度、页面替换 请求分页、虚拟内存 （CPU scheduling page replacement demand paging virtual memory）
到硬件的内核接口（kernel interface to hardware）		
终端控制器 终端 （terminal controllers terminals）	设备控制器 磁盘和磁带（device controllers disks and tapes）	内存控制器 物理内存（memeory controllers physical memory）

图 1-7　层次系统结构

功能(如进程管理等)保留在内核,只留下一个很小的内核,而尽量将那些不需要在核心态执行的功能移到用户态执行,由用户进程实现大多数操作系统的功能。那些移出内核的操作系统代码则根据分层的原则划分为若干不同层的服务程序。它们在执行上相互独立,交互时则借助于微内核实现通信。这使得它们之间的接口更加清晰,维护的代价也大大降低。这种组织方式还使得各部分可以独立地优化和演进,从而保证操作系统的可靠性。这样大大降低了内核的设计复杂性,提高了通信效率。例如为了得到某项服务(如读一文件块),用户进程(即客户机进程)把请求通过内核发给服务器进程,随后服务器进程完成这个操作并通过内核将信息返回给用户进程。

操作系统被分为多个部分,每个部分仅处理一个方面的功能,如文件服务、进程服务或存储器服务等,每个部分易于管理。所有的服务都以用户进程的形式运行,不在内核态下运行,所以不直接访问硬件。因此,微内核系统结构的操作系统有较高的灵活性和可扩展性,适合分布式系统。其结构如图1-8所示。

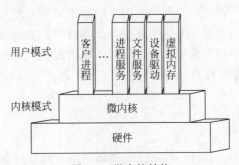

图 1-8　微内核结构

微内核结构的最大问题是性能问题,因为需要频繁地在核心态和用户态之间进行切换,操作系统的执行开销偏大。每次应用程序对服务器的调用都要经过两次内核态和用户态的切换,效率较低。因此,有的操作系统将那些频繁使用的系统服务又移回内核,从而保证系统性能。但体系结构不是引起性能下降的主要因素,体系结构带来的性能提升足以弥补切换开销带来的缺陷。为减少切换开销,也有人提出将系统服务作为运行库链接到用户程序的一种解决方案,这样的体系结构称为库操作系统。

1.6　现代典型操作系统

现代操作系统非常发达,目前主流的操作系统不仅在服务器计算机系统中运行,也大量地在 PC 以及现代生活中不可或缺的智能移动设备上运行。在这些机器和设备上运行着 Windows、UNIX、Linux、Android、Mac OS、iOS、鸿蒙等操作系统。下面将简要介绍这些常用的现代操作系统。

1.6.1　Windows

PC 上占主要地位的是 Windows 系统。微软所开发的微机操作系统,主要分为 MS-DOS、Windows 9x 和 Windows NT 三大系列。目前只有 Windows NT 系列的产品在市场上流行。为讨论和说明 Windows 产品,选择 Windows NT 系统系列,因为现有的和今后的 Windows 产品都是从 Windows NT 发展而来的,其系统架构已经稳定下来,大的框架并没有发生变化。为说明 Windows 产品的各种特性,有必要从其设计目标开始介绍。

1. 设计目标

操作系统的设计目标是操作系统的根本问题,如何解决及解决得好坏是操作系统质量的最重要内容。

1) 操作系统的设计问题

操作系统的设计是一个系统问题,它不同于一般的应用系统设计,要解决好复杂程度高、研制周期长和正确性难以保证等几个关键问题。一般采用良好的操作系统结构、先进的开发方法、工程化的管理方法和高效的开发工具以达到目的。

2) 操作系统的设计目标

操作系统的设计目标有:可靠性(即正确性和健壮性)、高效性、简明性、易维护性、易移植性、安全性、可适应性等。为达到这些目标,微软公司对市场做了大量的调研,并尽可能地提高其技术来实现这些目标。

例如,在 Windows 2000 的设计中,微软公司把握的总原则是用市场需求驱动设计目标,实现这些需求作为设计目标。对具体的需求进行深入的研究,这些需求包括:

- 提供一个真 32 位抢占式可重入的虚拟主存操作系统;
- 能够在多种硬件体系结构和平台上运行;
- 能够在对称多处理系统上运行,并具有良好的可伸缩性;
- 优秀的分布式计算平台,既可作为网络客户,又可作为网络服务器;
- 运行多数现有 16 位 MS-DOS 和 Microsoft Windows 3.1 应用程序;
- 符合政府对 POSIX 1003.1 的要求;
- 符合政府和企业对操作系统安全性的要求;
- 保持 Unicode 信息,适应全球市场的需要;

- 可扩充性；
- 可移植性；
- 可靠性及坚固性；
- 兼容性；
- 性能。

通过对这些需求的分析和实现,微软公司的 Windows 2000 得以成功。

2. 系统模型

当今流行的 Windows 操作系统的内核系统模型结构主要有两大类,即：强内核系统和微内核系统。Windows NT 系列采用的系统结构是在层次型基础上的微内核(客户/服务器)结构。该系统结构非常适宜应用在网络环境下,应用于分布式处理的计算环境中,它由两大部分组成："微"内核和若干服务。这种操作系统的主要特点是机制与策略分离比较彻底、可靠、灵活,适合分布式计算的需求；但也有缺点,即效率较低。Windows 2000 的系统结构如图 1-9 所示,其体系结构是分层的模块系统,主要的层次有硬件抽象层(Hardware Abstract Layer, HAL)、内核和大量的子系统集合等,除了各个子系统都在用户模式下运行外,其他三个都运行在保护模式下。

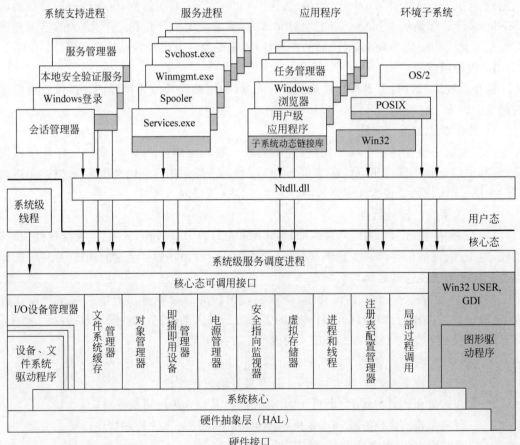

图 1-9 Windows 2000 系统结构

Windows 2000 的内核是由用户态组件和核心态组件构成的。

用户态组件中,系统支持进程(system support process)不是 Windows 2000 的服务,不由服务控制器启动;服务进程(service process)是 Windows 2000 的服务,由服务控制器启动;环境子系统(environment subsystems)向应用程序提供操作系统功能调用接口,包括 Win32、POSIX 和 OS/2 接口;应用程序(user applications)支持 5 类(Win32、Windows 3.1、MS-DOS、POSIX 或 OS/2)应用程序在系统中运行;子系统动态链接库用于调用层转换和映射。

核心态组件中,内核(kernel/核心)包含了最低级的操作系统功能,例如线程调度、中断和异常调度、多处理器同步等。同时,它也提供了执行体(executive)用来实现高级结构的一组例程和基本对象;执行体包含基本的操作系统服务,例如主存管理器、进程和线程管理、安全控制、I/O 以及进程间的通信等。硬件抽象层(Hardware Abstraction Layer,HAL)将内核、设备驱动程序以及执行体同硬件分隔开来,实现硬件映射的功能。设备驱动程序(device drivers)包括文件系统和硬件设备驱动程序等,其中硬件设备驱动程序将用户的 I/O 函数调用转换为对特定硬件设备的 I/O 请求。窗口和图形系统包含了实现图形用户界面(Graphical User Interface,GUI)的基本函数。

Windows 2000 的系统构成如图 1-10 所示。内核是 Windows 2000 真正的中心,可以说,一切围绕着内核。内核中除了向 Windows 2000 执行体提供创建内核对象实例等之外,主要执行以下 4 方面任务:

① 调度线程的执行;

② 在发生中断和异常时,将系统控制交给相应的处理程序;

③ 执行的多处理器同步;

④ 电源故障后,实现系统的恢复过程。

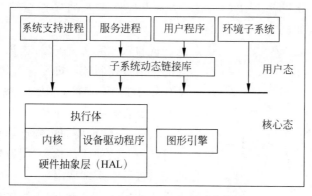

图 1-10　Windows 2000 的系统构成

1.6.2　UNIX

UNIX 操作系统是一个强大的、多用户、多任务的分时操作系统,支持多种处理器架构。国际开放标准组织拥有对 UNIX 的认证权。目前,只有匹配单一 UNIX 规范的 UNIX 系统才能使用 UNIX 这个名称,否则只能称为类 UNIX(UNIX-like)。

由于 UNIX 具有安全可靠、高效强大的特点,它在服务器领域得到了广泛的应用,特别是用于科学计算服务。UNIX 操作系统也成为了大型机、超级计算机等的主流操作系统,并继续应用于对稳定性要求极高的数据中心的计算机系统中。直到 2000 年 GNU/Linux 开始流行起来后,UNIX 才逐渐被替代。

经过几十年的发展,UNIX 变得更加成熟和完善。UNIX 不仅仅是一个操作系统,更是提供了计算机科学的一些设计哲学。这一特性促使大批的开发人员在维护、开发、使用 UNIX 的同时,逐渐地受到 UNIX 独特的设计哲学和美学的影响,使得他们的思维方式和观察世界的角度有了很大的变化。这些设计哲学和美学可以从它的一些重要设计原则中体会到。

UNIX 重要的设计原则:

(1) 简洁至上(KISS 原则);

(2) 提供机制而非策略;

(3) 标准。

1980 年开始制定的开放操作系统标准 POSIX 为操作系统的发展起到了极大的推动作用。后来,IEEE 制定的 POSIX 标准(ISO/IEC 9945)成为了 UNIX 系统的基础部分。

1984 年,Richard Stallman 发起了 GNU 项目,目标是创建一个完全自由且向下兼容 UNIX 的操作系统。这个项目不断发展壮大,包含了越来越多的内容。现在,GNU 项目的产品,如 Emacs、GCC 等已经成为各种其他自由发布的类 UNIX 系统中的核心角色。

1990 年,芬兰人 Linus Torvalds 基于 UNIX 编写了一个初名为 Linus'Minix 的内核,后来改名为 Linux。1991 年,该内核正式发布,当时 GNU 操作系统还未完成。将 GNU 系统软件集与 Linux 内核结合后,GNU 软件构成了这个 POSIX 兼容操作系统 GNU/Linux 的基础。

1994 年,从 GNU 工程中学习到开放的好处后,加州大学伯克利分校的 UNIX 发行版本(BSD)也实行开放操作系统的做法,从而出现许多新的操作系统版本,如 FreeBSD、NetBSD、OpenBSD 和 DragonFlyBSD 等。

图 1-11　UNIX 体系结构

从严格的软件定义角度出发,操作系统就是一种软件。它的作用是控制计算机硬件资源,提供程序运行环境。从如图 1-11 所示的 UNIX 系统结构中可以看到,UNIX 的体系结构从内到外是内核、系统调用、外壳、库函数、应用软件。最重要的控制计算机硬件资源并提供程序运行环境的这种软件称为内核(kernel)。UNIX 的内核的接口被称为系统调用(system call)。公用函数库构建在系统调用接口之上,应用程序既可使用公用函数库,也可使用系统调用。外壳(shell)是一个特殊的应用程序,为运行其他应用程序提供了一个接口,通常提供命令行接口或图形接口。

经过不断的发展,现代 UNIX 系统不仅体系结构发生了较大的变化,还增加了新的处理内容和管理模块。这大大地扩展了系统功能。这些新增的功能主要有:实时进程的处理、进程调度的分类、动态加载数据结构、虚拟存储管理、具有优先权的核心管理等。

1.6.3　Linux

Linux 操作系统是 UNIX 操作系统的一种克隆系统。它诞生于 1991 年 10 月 5 日。借助于 Internet,并经过全世界各地计算机爱好者的共同努力,它现已成为目前世界上使用最多的一种类 UNIX 操作系统,并且使用人数还在迅猛增长。

Linux 操作系统的诞生、发展和成长过程始终依赖着以下 5 个重要支柱：UNIX 操作系统、MINIX 操作系统、GNU 计划、POSIX 标准和 Internet 网络。

1. Linux 的产生及版本

1987 年,由 Andrew S. Tanenbaum 开发了 MINIX 操作系统。MINIX 虽然很好,但只是一个用于教学目的的简单操作系统,而不是一个强有力的实用操作系统。1991 年,芬兰赫尔辛基大学计算机科学系二年级学生 Linus Benedict Torvalds,开始酝酿并着手编制自己的操作系统。

1991 年的 10 月 5 日,Linus 正式向外宣布 Linux 内核系统的诞生(Free MINIX-like kernel sources for 386-AT)。

Linux 有两种版本,一个是内核(kernel)版本,另一个是发行(distribution)版本。

内核版本主要是 Linux 内核,由 Linus 等人在不断地开发和推出新的内核。Linux 内核的官方版本由 Linus Torvalds 本人维护。第一个内核的版本是 0.01。内核版本的序号由三部分数字构成,其形式为："主版本号. 次版本号. 对当前版本的修订次数"。前两者构成当前内核版本号。另外,次版本号为奇数时,表示该版本中加入新内容,但不一定很稳定,相当于测试版本；次版本号为偶数时,表示该版本为一个可以使用的稳定版本。

在 Linux 内核的发展过程中,各种 Linux 发行版推动了 Linux 的应用,从而也让更多的人开始关注 Linux。一些组织或厂家将 Linux 系统的内核与外围实用程序(utilities)软件和文档包装起来,并提供一些系统安装界面和系统配置、设定与管理工具,就构成了一种发行版本(distribution)。第一个正式的发行版本名字是 Slackware。相对于 Linux 操作系统内核版本,发行版本的版本号随着发布者的不同而不同,而 Linux 系统内核的版本号是相对独立的。目前最流行的几个正式版本有：SUSE Linux、RedHat、Fedora、Ubuntu、Turbo Linux、Slackware、Open Linux、Debian。其中 Ubuntu 表现最为稳定。国内的产品有中科红旗 Linux 等。

2. Linux 的特点

Linux 功能强大而全面,目前从 2.4 版本以后的内核源代码就有上百万行之多。如果我们能通读所有的代码,也许可以发现如下相关特点。

(1) 与 UNIX 兼容。这说明 Linux 具有 UNIX 的全部特征,并且是遵循 POSIX 标准的操作系统。具体表现为：UNIX 的所有主要功能都有相应的 Linux 工具和实用程序。

(2) 自由软件和源码公开。Linux 项目从一开始就与 GNU 项目紧密结合,其许多重要组成部分直接来自于 GNU 项目。这样可以激发世界上任何角落的计算机黑客的创造力和开发激情。并且可以通过 Internet 来迅速传播和广泛使用。

(3) 性能高且安全性强。Linux 系统对计算机硬件的要求不是很高,可以实现许多功能；并不像 Windows NT 那样依赖硬件。也正因为 Linux 源代码是公开的,系统的安全性才更有保证,因为一旦任何人发现了漏洞(或称"后门"),都可以修补,并将它发布到

Internet 上,所有用户只需重新编译和更新内核即可。

（4）便于定制和再开发。由于遵从 GPL 版权协议,各部门、企业、单位、个人或者特殊应用领域,都可以根据自己的实际需要和使用环境对 Linux 系统进行裁剪、扩充、修改,或者再开发。

（5）强大的互操作性。Linux 操作系统能以不同方式实现与非 Linux 操作系统的不同层次的互操作。主要表现为：客户/服务器网络、工作站和仿真。

（6）全面的多任务和真正的 32 位及 64 位的操作系统。Linux 操作系统与大多数 UNIX 操作系统一样,是真正的多任务（或称多进程和多线程）的系统。并允许多个用户同时在一个系统上运行多道程序。

3. Linux 系统模型

操作系统内核的结构模式主要可分为层次式的微内核模式和整体式的单内核模式。

微内核设计的一个优点是：在不影响系统其他部分的情况下,用更高效的实现代替现有系统模块的工作。另外一个优点是：不需要的模块将不会被加载到主存中,因此微内核就可以更有效地利用主存。

单内核模式的主要优点是内核代码结构紧凑、执行速度快,不足之处主要是层次结构性不强。Linux 内核基本上是单一的,但是它并不是一个纯粹的集成内核。

1）Linux 内核模式

从结构上看,早期的 Linux 操作系统内核采用单内核模式。由于不断地开发和更新内核,在设计 Linux 的内核模块系统时,将微内核的许多优点引入 Linux 的单内核设计中,所以 Linux 内核是微内核和单一内核的混合产物。

体系结构中的进程和内核的交互方式决定着系统的层次化或模块化的程度。

事实上 Linux 内核既不是严格层次化的,也不是严格模块化的,也不是严格意义上的任何类型,而是以实用为主要依据的混合形态。

Linux 的内核展现出了几个相互关联的设计目标,它们依次是：清晰性（clarity）、兼容性（compatibility）、可移植性（portability）、健壮性（robustness）、安全性（security）和速度（speed）。这些目标有时是互补的,有时则是矛盾的。但是它们被尽可能地保持在相互一致的状态,内核设计和实现的特性通常都要回归到这些问题上来。

2）Linux 内核结构

Linux 内核主要由 5 个模块构成,它们分别是进程调度模块、主存管理模块、文件系统模块、进程间通信模块和网络接口模块。如图 1-12 所示为 Linux 内核 5 个模块之间的依赖关系,图中的实线表示数据流,虚线表示控制或信号流。

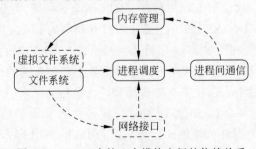

图 1-12　Linux 内核 5 个模块之间的依赖关系

Linux 系统进程控制系统由进程调度模块和进程间通信模块构成,用于进程管理、进程同步、进程通信、进程调度等。

Linux 系统主存管理模块控制主存分配与回收。系统采用交换和请求式分页两种策略管理主存。

Linux 系统的文件系统模块用于管理文件、分配文件空间、管理空闲空间、控制对文件的访问,并且为用户检索数据。进程通过一组特定的系统调用(如 open、close、read、write、chmod 等)与文件系统交互作用。Linux 系统使用了虚拟文件系统(Virtual File System, VFS)来支持多种不同的文件系统,只要每个文件系统都要提供给 VFS 一个相同的接口。这使得所有的文件系统对系统内核和系统中的程序来说都相同,因为它们都只面向 VFS 的接口。通过 VFS 层,允许用户同时在系统中透明地安装多个不同的文件系统。

Linux 系统支持字符设备、块设备和网络设备 3 种类型的硬件设备。其中,字符设备和块设备通常组织为特殊的设备文件,管理、控制和访问时就类似于普通文件。网络设备通过网络接口模块实现控制和访问。Linux 系统和设备驱动程序之间使用标准的交互接口。从而使内核使用同样的方法,使用完全不同的各种设备。

Linux 系统内核结构的详细框图分成用户层、核心层和硬件层三个层次。一般来说,可将操作系统划分为内核和系统程序两部分。系统程序及其他所有的程序都在内核之上运行,它们与内核之间的接口由操作系统提供的系统调用来定义,程序使用系统调用来与内核进行交互。内核之外的所有程序都在用户模式下运行,必须通过系统调用才能进入操作系统内核,调用运行内核程序来为核外程序的请求服务,称为内核模式下运行。为详细说明系统内核的关系,请参考如图 1-13 所示的 Linux 系统内核结构的详细框图。

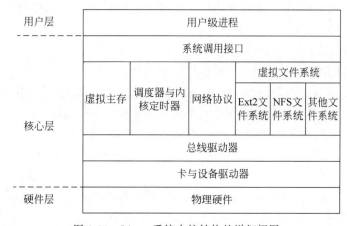

图 1-13 Linux 系统内核结构的详细框图

1.6.4 Android

Android 是一种以 Linux 为基础的开放源码操作系统,Android 被国内用户称为"安卓"。主要应用于便携设备。2003 年 Android 股份有限公司在美国加州成立,并在 2005 年被 Google 收购。Google 于 2007 年 11 月 5 日正式发布基于 Linux 平台的开源手机操作系统——Android,英文的本义指"机器人"。该平台由操作系统、中间件、用户界面和应用软件组成,并号称是首个为移动终端打造的真正开放和完整的移动软件。2010 年年末的数据显示,仅正式推出两年的操作系统的 Android 已经超越称霸十年的诺基亚 Symbian 系统,跃居成为全球最受欢迎的智能手机平台。Android 用甜点作为它们系统版本的代号的命名,从 Android 1.5 发布开始,每个版本采用按照 26 个字母数序的甜品名称命名,如:纸杯蛋糕(Cupcake)、甜甜圈(Donut)、松饼(Eclair)、冻酸奶(Froyo)、姜饼(Gingerbread)、蜂巢(Honeycomb)等。

HTC Dream(G1)是第一款搭载 Android 1.0 系统的智能手机,可以看作是 Android 手机的开端。这款手机搭载 528MHz 的 Qualcomm MSM7201A 处理器,内置 192MB RAM+256MB ROM 主存空间,系统运行速度比较流畅。由于能够支持 Wi-Fi、GPS 导航、microSD 存储卡扩展、立体声蓝牙传输等功能,使得这款手机变得非常流行。另外,内置的播放器支持 AAC、AAC+、AMR-NB、MIDI、MP3、WMA 等音频格式播放以及 WMV、MPEG4、3GP(H.263)等视频格式的全屏播放功能,为智能手机娱乐化提供了支持。这也使得配置了 Android 操作系统的智能移动设备走向了人们日常生活。

Android 是基于 Linux 内核的操作系统。它早期由 Google 开发,后由开放手持设备联盟(Open Handset Alliance)开发。它采用了软件堆层(software stack,又称软件叠层)的架构,主要分为三部分。底层 Linux 内核只提供基本功能;其他的应用软件则由各公司自行开发,部分程序用 Java 语言编写。

1. Android 的主要特点和优势

1) 开放性

由于 Android 完全开源,使得该平台能够便于实现从底层操作系统到上层的用户界面和应用程序的创新。Android 平台开发者队伍变得越来越壮大,他们提供了日益丰富的应用,也吸引了大量的用户,这些都促使 Android 平台变得更加成熟和稳定。但是,目前谷歌已经开始着手尝试对 Android 使用者收费。

2) 厂商支持

目前的厂商阵营基本上依据不同的操作系统来划分。

(1) Android 阵营:华为、中兴、小米、三星、联想、HTC、摩托罗拉、魅族、LG 等数百家手机生产商都推出了基于 Android 操作系统的智能手机或平板电脑。

(2) iOS 阵营:仅有苹果公司支持,主要运行在 iPhone 和 iPad 设备上。

(3) Symbian 阵营:仅有诺基亚公司支持,主要运行在 N 系列、E 系列和 X 系列的手机上。

(4) WebOS 阵营:仅有黑莓公司一家支持,主要的运行设备是 RIM 等手机。

(5) 一个特例——Windows Phone,它起源于 Windows CE。由于不是开源系统,仅有几个手机制造商支持。

3) Dalvik 虚拟机

由于手机设备的特殊性,使用了 Google 重新编写的 Dalvik Java 虚拟机(virtual machine)来执行程序,相对于 Sun VM 来说,对文件做了优化。Dalvik 虚拟机可以有多个实例(instance),每个 Android 应用程序都用一个自属的 Dalvik 虚拟机来运行,让系统在运行程序时可达到优化。Dalvik 虚拟机并非运行 Java 字节码(bytecode),而是运行一种称为.dex 格式的文件。

4）多元化

Android 系统应用在智能手机、平板电脑、智能电视、智能家电、机顶盒、车载电子设备，以及其他的创意智能产品（如电子阅读器、智能音响等）。

5）应用程序间的无界限

Android 打破了应用程序间的界限，开发人员开发的程序可以访问 Android 系统中的软硬件资源，既可以将程序的部分功能分享出去，也可以分享信息到其他应用程序，例如程序、本地的联系人、日历、位置信息等。

6）紧密结合 Google 应用

Google 在 Android 系统中紧密地结合了自己开发的原生应用，实现了 Android 与 Google 服务的无缝集成，用于代替完成 PC（个人计算机）端的许多应用和服务，如 Gmail、谷歌地图、在线翻译。

2. Android 框架

Android 系统架构由四层构成，从上到下分别是应用程序层、应用程序框架层、系统运行库层以及 Linux 内核层，如图 1-14 所示。Android 系统架构还在不断发展中，这里提供的是早期的基本架构信息。

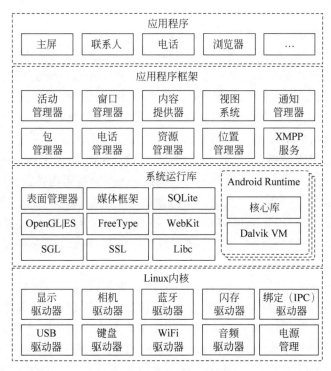

图 1-14　Android 系统架构

1）应用程序层

Android 平台不仅包含了操作系统，也包含了应用程序。这些应用程序处于应用程序层，它们主要是系统原生的一些应用，主要有短消息客户端程序、电话拨号程序、图片浏览器、Web 浏览器等。不同于其他手机操作系统固化在系统内部的系统软件，这些由 Java 编写的应用程序更加灵活和个性化，且这些应用程序可以被开发人员开发的其他应用程序所替换。

2) 应用程序框架层

很多核心应用程序是通过这一层来实现其核心功能的。应用程序框架层是 Android 开发的基础。它简化了组件的重用,为开发人员提供可以直接使用的组件实现快速的应用程序开发,并使开发人员通过继承这些组件拓展了个性化的实现。

在这一层中具有丰富的应用框架实现,如活动管理器(activity manager),用于管理各个应用程序生命周期以及手机应用的导航和回退功能。窗口管理器(Window Manager)用于管理所有的窗口程序;内容提供器(Content Provider)用于在不同应用程序之间实现数据的存取或分享;视图系统(View System)是构建应用程序的基本组件;通知管理器(Notification Manager)容许应用程序实现在状态栏中自定义显示提示信息或消息;包管理器(Package Manager)用于实现 Android 系统内应用程序的安装卸载等程序管理功能;电话管理器(Telephony Manager)用于电话拨号接听功能,也是手机的核心功能之一;资源管理器(Resource Manager)为运行在应用程序层的应用程序提供访问各种资源(如本地化字符串、图片、布局文件、颜色文件等)的功能;位置管理器(Location Manager)为框架内所有的应用以及服务提供位置服务的功能。XMPP 服务(XMPP Service)正是使得 Google 的服务能与 Android 平台紧密结合的例子,这里它为所有应用提供 Google Talk 服务。

3) 系统运行库层

这一层分成两部分:系统库和 Android Runtime(运行时)。

系统库起着非常重要的作用,它一边连接应用程序框架层,另一边连接 Linux 内核层。系统库有不同的主要组成部分。表面管理器(Surface Manager)负责在执行多个应用程序时,管理显示与存取操作间的互动;也负责将 2D 绘图与 3D 绘图的显示合成。媒体框架(Media Framework)是一个多媒体库,实现多种常用的音频、视频格式录制和回放。SQLite用于支持一种灵活简单的小型关系数据库引擎。OpenGL|ES 则是按照 OpenGL|ES 的 API 标准向所有应用服务提供 3D 绘图函数库。另外,SGL 提供了底层的 2D 图形渲染引擎。FreeType 则为点阵字与向量字在手机上的描绘与显示提供支持。WebKit 是浏览器对网页渲染的重要引擎之一,它有利地支持了方便的网页浏览实现。通信实现则由 SSL 提供的通信握手来保证。基于 Linux 内核的 Android 需要通过从 BSD(学院派的 UNIX 版本)继承来的标准 C 系统函数库与 Linux 内核实现程序调用,因此,在继承这些标准 C 语言的系统函数库的基础上,专门为基于嵌入式 Linux 系统的设备定制 C 语言函数库,即 Libc。

Android Runtime 主要由核心库和 Dalvik Java 虚拟机构成。核心库中包括了大多数基于 Java 语言的系统 API,同时也包含了 Android 的一些核心 API。每个 Android 应用程序都有一个专有的进程,因而每个 Android 程序都有一个虚拟机的实例,并在该实例中执行。这需要一种基于寄存器的 Java 虚拟机,而不是传统的基于栈的虚拟机。Dalivik 虚拟机进行了主存资源使用的优化,以及支持多个虚拟机的特点。需要注意的是,Dalivik 运行的 Android 程序在虚拟机中执行的并非编译后的字节码,而是通过转换工具 dx 将 Java 字节码转成 dex 格式的中间码。

4) Linux 内核层

Android 基于 Linux 内核,因此该操作系统的许多核心系统服务都依赖于 Linux 内核,特别是进程管理、主存管理、网路协议支持等。另外,Android 系统支持的大量外部设备的驱动模型也依赖 Linux 内核。

1.6.5 Mac OS

苹果公司(当时名为苹果电脑)于 1984 年 1 月发布了该公司的第一台 PC——麦金塔什个人计算机(Macintosh 128K)。该计算机配置的操作系统当时被简单地称为 System Software(系统软件)。该系统一直发布到 System7 之后,于 7.6 版本更名为 Mac OS。Mac OS 是第一个基于 FreeBSD 的系统,并采用"面向对象操作系统"的操作系统。"面向对象操作系统"是史蒂夫·乔布斯(Steve Jobs)于 1985 年被迫离开苹果公司后成立的 NeXT 公司所开发的。之后,苹果公司收购了 NeXT 公司。由于具有十年历史的 Mac OS 具有很多局限性。其中之一是达到了 PC 单一用户使用的限制。史蒂夫·乔布斯重新担任苹果公司 CEO 之后,苹果公司经过多年的努力,尝试推出合作式多任务(co-operative multitasking)的架构。这使得 Mac 开始使用的 Mac OS 系统得以整合到 NeXT 公司开发的 Openstep 系统上。

在 Mac OS 9 之后,乔布斯带领苹果公司花费了两年重写了麦金塔什的 API,即称为 Carbon 的 UNIX 程序库。这使得 Mac OS 的应用程序可以轻易地移植得到 Carbon 的支持;那些使用旧的 Toolkits(工具集)上编写的应用程序可以使用经典的(classic)Mac OS 9 模拟器来支持。这极大地鼓励了和带动了使用 C、C++、Objective-C、Java 和 Python 等语言的开发者使用新的操作系统。在此期间,这款操作系统的底层(Mach 核心和 BSD 层在其之上)进行了重新封装,并以开源代码的方式推出新的核心——Darwin。Darwin 核心具有非常好的稳定性,并成为具有匹敌其他 UNIX 实现的弹性操作系统。苹果公司利用了这些独立开放源代码项目和开发人员的贡献,不断地改进麦金塔什系统。

1999 年 1 月,苹果公司推出了全新的 Mac OS X Server 1.0。2000 年,发布了 Mac OS X 的公开测试版,直到 2001 年 3 月 24 日发布了官方推出的完整的称为 Cheetah 的 Mac OS X 版本 10.0。2001 年 9 月,推出了称为 Puma 的 10.1 版,直到 2012 年 7 月名为 Mountain Lion 的 10.8 版均命名为猫科动物的名称。2013 年 10 月,OS X 10.9 发布并以新的风景区 "Mavericks(冲浪湾)"命名之后,OS X 系统也迎来最大的改变:后续版本均使用风景区的名字命名,并支持免费升级! 同时苹果公司承诺用户可以免费获得后续更新。这些新版本的系统分别是 OS X v10.10 "Yosemite"、OS X v10.11 "El Capitan"。2016 年 9 月,苹果公司将之后的 OS X 均命名为 Mac OS 操作系统,它们分别是 Mac OS v10.12 "Sierra"、Mac OS v10.13 "High Sierra"、Mac OS v10.14 "Mojave"等。

Mac OS 的基本结构见图 1-15。Darwin 是 Mac OS 的基础部分(或者称为 Core OS),它也是一款开放源代码的类 UNIX 操作系统。它大体由 XNU 内核和 UNIX 工具两部分组成。严格来说,Mac OS 的内核是 XNU。虽然 Mac OS 已经通过 UNIX 认证,然而 XNU 的全称和 GNU 格式一样,是 XNU 不是 UNIX 的意思。

XNU 是 Mac OS 的核心部分。它是一款结合了微内核与宏内核特性的混合内核。它由三个部分构成:Mach、BSD 和 I/O Kit。Mach 原来是一款微内核操作系统的核心,XNU 中的 Mach 来自开发软件基金 Mach 内核(Open Software Foundation Mach kernel)的 OSEMK7.3。它是 Mac OS 内核中最重要的部分,它负责 CPU 调度、主存保护等功能。XNU 中大部分代码来自于它,而且 Mac OS 中的可执行文件也是 mach-o 格式。XNU 中负责进程管理、UNIX 文件权限、网络堆栈、虚拟文件系统、POSIX 兼容的是一个经过修改的 BSD。这也是 Mac OS 符合单一 UNIX 规范的原因,或者说是它通过 UNIX 认证的理由。

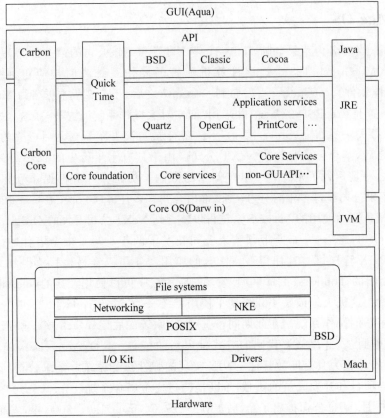

图 1-15　Mac OS 基本结构

I/O Kit 是 XNU 内核中的开源框架，它极大地方便了开发人员为苹果公司的 Mac OS 和 iOS 操作系统编写设备驱动程序代码。I/O Kit 框架是从 NeXT Openstep 的 DriverKit 演化而来的，它不同于 Mac OS 9 或 BSD 的设备驱动程序框架。Darwin 核心还包括一些 UNIX 工具。这些工具来源丰富，一些是苹果公司开发的，另一些则来自第三方，如 FreeBSD Project、GNU Project、Apache 等。

苹果公司开发了 Launchd，它是一款统一服务管理框架，用于启动、停止和管理 Mac OS 中的守护进程、应用程序、进程和脚本。它支持多线程，并比传统的 UNIX 初始化程序 SysVinit 要高效。Launchd 也被移植到 FreeBSD 平台，它的设计思想也被 Linux 发行版中的主流系统初始化程序 systemd 借鉴。Mac OS 和 iOS 中的 Core foundation 是 C 应用程序编程接口（API），是一个低级例程和包装函数的混合库。Quartz 是 Mac OS 这一类 UNIX 操作系统的图形框架。苹果公司为 Mac OS X 创建的原生面向对象的 API 称为 Cocoa。它是 Mac OS X 上五大 API（Cocoa、Carbon、POSIX、X11 和 Java）之一。这个面向对象开发框架用来生成应用程序，它支持的主要开发语言为 Objective-C（苹果公司开发的一个 C 语言的超集）。Mac OS 的桌面环境使用的是 Aqua UI，它类似 Linux 中的 GNOME 桌面。

1.6.6　iOS

iOS 是苹果公司基于 Mac OS X 操作系统开发的移动操作系统，该系统在 2007 年 1 月 9 日的 Macworld 大会上公布。目前这个系统安装在 iPhone、iPod touch、iPad 等产品上。

同年 6 月发布第一版 iOS 操作系统,最初的名称为 iPhone Runs OS X。2008 年 3 月 6 日,苹果公司发布了第一个测试版开发包,并且将 iPhone runs OS X 改名为 iPhone OS。2010年 6 月,苹果公司将 iPhone OS 改名为 iOS,并发布了 iOS 4,同时还获得了思科 iOS 的名称授权。至 2011 年 10 月,在不到 4 年的时间里,开发人员基于开发包在 iOS 平台上开发出了50 万个应用程序。2018 年 9 月,苹果公司秋季新品发布会上,苹果公司 CEO 库克称,搭载苹果 iOS 系统设备已达 20 亿部。目前这款操作系统已经发布到了 iOS 16。这些数据显示了移动设备以及移动设备操作系统所支持的应用的受欢迎程度。iOS 内置了大量的应用程序如 Siri、FaceTime、Safari、Game Center、相机、Airdrop、App Store、iCloud 等,另外系统提供的控制中心、通知中心、多任务处理能力变得越来越强。

这款操作系统在设计上提供内置的安全性。iOS 专门设计了低层级的硬件和固件功能,用以防止恶意软件和病毒;并设计有高层级的 OS 功能,有助于在访问个人信息和企业数据时确保安全性。它支持多语言的特点非常突出。它支持 30 多种语言,并可以轻松地在各种语言之间切换。基于触屏的软件键盘设计,可以支持 50 多种特定语言功能输入。内置词典支持 50 多种语言,VoiceOver 功能可阅读屏幕内容中的 35 种以上语言,语音控制功能可读懂 20 多种语言。

多点触控直接操作的 iOS 用户界面需要操作系统提供复杂有效的各种手势操作的支持,这种交互界面与以往的键盘命令行模式、图形界面上的鼠标模式有巨大的不同。

iOS 体系架构由四个层级构成,如图 1-16 所示,它们是可触摸层(Cocoa Touch Layer)、媒体层(Media Layer)、核心服务层(Core Services Layer)、核心系统层(Core OS Layer)。每个层级提供不同的服务。操作系统的核心基础服务如文件系统、内存管理、I/O 操作等由低层级结构提供。高层级结构则从低层级结构的基础上访问向上提供的具体服务。

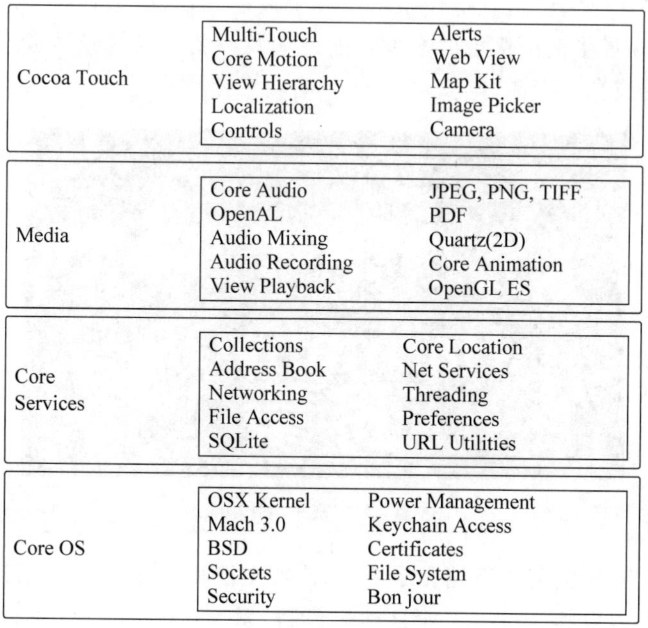

Cocoa Touch	Multi-Touch Core Motion View Hierarchy Localization Controls	Alerts Web View Map Kit Image Picker Camera
Media	Core Audio OpenAL Audio Mixing Audio Recording View Playback	JPEG, PNG, TIFF PDF Quartz(2D) Core Animation OpenGL ES
Core Services	Collections Address Book Networking File Access SQLite	Core Location Net Services Threading Preferences URL Utilities
Core OS	OSX Kernel Mach 3.0 BSD Sockets Security	Power Management Keychain Access Certificates File System Bon jour

图 1-16 iOS 体系架构

可触摸层主要用于提供用户交互相关的服务，如网页访问、相机、界面控件、事件管理、通知中心、地图工具等。这些服务通常由一些框架来实现，主要有 UIKit（界面相关）、EventKit（日历事件提醒等）、Notification Center（通知中心）、MapKit（地图显示）、Address Book（联系人）、iAd（广告）、Message UI（邮件与 SMS 显示）和 PushKit（iOS 8 新 push 机制）。第二层级的媒体层提供了音视频服务，主要有音频引擎（Core Audio、AV Foundation、OpenAL）、图像引擎（Core Graphics、Core Image、Core Animation、OpenGL ES）和视频引擎（AV Foundation、Core Media）。处于第三层级的核心服务层提供了许多基础服务功能，例如网络访问、浏览器引擎、定位、文件访问、数据库访问等。实现这些服务功能的框架主要有 Foundation（基础功能如 NSString）、CFNetwork（网络访问）、JavaScript（JavaScript 引擎）、Webkit（浏览器引擎）、Core Location（定位功能）、Core Motion（重力加速度、陀螺仪）、Core Data（数据存储）等。最底层的核心系统层是操作系统的核心，向上提供各种操作系统的最基础的服务，这些服务有操作系统内核服务（BSD sockets、I/O 访问、内存申请、文件系统、数学计算等）、本地认证（指纹识别验证等）、安全（提供管理证书、公钥、密钥等的接口）、加速（执行数学、大数字以及 DSP 运算，这些接口与 iOS 设备硬件相匹配）等。

1.6.7　鸿蒙

2012 年，华为公司开始规划自有操作系统"鸿蒙"；2018 年 8 月 24 日，华为公司申请"华为鸿蒙"商标。2019 年 8 月 9 日，华为公司在华为开发者大会（HDC 2019）上正式发布华为鸿蒙系统（HUAWEI HarmonyOS），并实行开源。华为公司耗时 10 年，投入 4000 多名研发人员开发的华为鸿蒙系统是一款全新的基于微内核面向 5G 物联网、面向全场景的分布式操作系统。这款操作系统将人、设备、场景等通过创造性的超级虚拟终端互联能力，将世界有机地联系在一起。这款操作系统实现了极速发现、极速连接、硬件互助、资源共享等，为消费者在全场景生活中接触的多种智能终端及设备提供场景体验。华为鸿蒙系统不是安卓系统的分支或套壳产品，与安卓、iOS 具有较大差异。

图 1-17　鸿蒙系统 LOGO

它通过分布式架构实现跨终端无缝协同，能够支持和运行在各类智能终端及设备上，包括手机、计算机、平板电脑、电视、工业自动化控制、无人驾驶、车机设备、智能穿戴等；软件上能兼容全部安卓应用的所有 Web 应用；在华为鸿蒙系统上，使用方舟编译器对安卓应用重新编译后，运行性能至少提升 60%；在软件架构上实现了面向下一代技术的支持；其系统微内核的代码量只有 Linux 宏内核的千分之一。系统支持智能硬件开发者实现硬件创新,以融入华为全场景的大生态;系统的透明化硬件复杂性以支持应用开发者实现较小投入使用封装好的分布式技术 API,专注开发出各种全场景新体验。

开放原子开源基金会是致力于推动全球开源产业发展的非营利机构,由阿里巴巴、百度、华为、浪潮、360、腾讯、招商银行等多家龙头科技企业联合发起,于 2020 年 6 月登记成立,"立足中国,面向世界",是我国在开源领域的首个基金会。华为公司已于 2020 年、2021 年分两次把鸿蒙操作系统的基础能力全部捐献给开放原子开源基金会。

开放原子开源基金会于 2020 年 9 月接受华为捐赠的智能终端操作系统基础能力相关代码,随后进行开源,并根据命名规则将该开源项目命名为 OpenAtom OpenHarmony(简称"OpenHarmony")。2020 年 12 月,华为、中科院软件所、中软国际、京东、润和、亿咖通、博泰等七家单位在开放原子开源基金会的组织下成立了 OpenHarmony 项目群工作委员会,开始对 OpenHarmony 项目进行开源社区治理。各家单位对 OpenHarmony 开源项目持续投入和贡献。OpenHarmony 是由开放原子开源基金会孵化及运营的开源项目,由基金会的 OpenHarmony 项目群工作委员会负责运作,遵循 Apache 2.0 等开源协议,目标是面向全场景、全连接、全智能时代,基于开源的方式,搭建一个智能终端设备操作系统的框架和平台。

OpenHarmony 用户应用程序是一种基于服务原子化概念定义的新型应用。与传统终端用户应用程序不同,OpenHarmony 用户应用程序支持在 OpenHarmony 设备间跨端迁移、多端协同,一次开发多端部署,实现可分可合可流转。OpenHarmony 不兼容安卓。众多开发合作伙伴以开源社区为中心,分阶段快速迭代,不断完善系统能力,逐步构建起面向万物互联时代的 OpenHarmony 生态。

开放原子开源基金会是孵化开源项目的大本营,除了 OpenHarmony 以外,还有百度公司捐赠的超级链,腾讯公司捐赠的物联网终端操作系统 TencentOS tiny 和企业级容器服务平台 TKEStack,浪潮公司捐赠的云溪数据库和低代码开发语言 UBML,360 公司捐赠的类 Redis 存储系统项目 Pika,以及阿里巴巴集团的物联网嵌入式操作系统 AliOS Things 等。

HarmonyOS 是华为公司基于开源项目 OpenHarmony 开发的面向多种全场景智能设备的商用版本。2021 年 9 月 23 日,鸿蒙系统用户突破 1.2 亿,成为全球用户增长速度最快的移动操作系统。2021 年 10 月 27 日,Eclipse 基金会推出基于开源鸿蒙 OpenHarmony 的操作系统 Oniro。2021 年 12 月 23 日,搭载 HarmonyOS 的设备数突破 2.2 亿。2022 年 1 月 12 日,HarmonyOS 服务开放平台正式发布。

2019 年 8 月 9 日发布的 HarmonyOS 1.0 是一款全场景分布式操作系统,主要用于物联网,特点是低时延。它有三层架构:第一层是内核,第二层是基础服务,第三层是程序框架。它实现了模块化耦合,对应不同设备可弹性部署,可按需扩展,实现更广泛的系统安全。

2020 年 9 月 10 日发布的 2.0 版本,是华为基于开源项目 OpenHarmony 2.0 开发的面向多种全场景智能设备的商用版本。在关键的分布式软总线、分布式数据管理、分布式安全等分布式能力上进行了全面升级,为开发者提供了完整的分布式设备与应用开发生态。

2021 年 10 月,HarmonyOS 3.0 开发版优化了控制中心的界面显示,新增提升游戏的流畅度的 GameServiceKit,系统安全得到了进一步的增强;重新设计通知栏,优化了免打扰功能,系统的稳定性也得到了增强。

2022 年 1 月,华为鸿蒙官方宣布,支持原子化服务独立上架,HarmonyOS 服务开放平台正式发布。

迅猛发展的人工智能对科技行业和传统行业构筑起智能化的必然趋势。但是,当前需要智能互联的机器种类众多,这就要求操作系统能适应多种设备多种终端,并保持分布式的互联互通的能力;新系统从架构设计上能实现通过一套系统,对 OS 实现模块化解耦,对应不同设备不同硬件平台上可以弹性部署,服务于不同硬件能力的一套操作系统。同时适配丰富的万物互联时代 IoT 时代能力的操作系统。

鸿蒙具有分布架构、天生流畅、内核安全、生态共享四大特点。

(1) 分布式架构(见图 1-18)首次用于终端 OS,实现跨终端无缝协同体验。

在系统架构和应用软件支撑上,鸿蒙采用的"分布式 OS 架构"和"分布式软总线技术"具有公共通信平台、分布式数据管理、分布式能力调度和虚拟外设等能力;运用这些能力对于应用开发者屏蔽了分布式应用的底层技术实现难度,使开发者聚焦于应用的业务逻辑开发,开发跨终端分布式应用如同开发同一终端的应用一样容易。同时,使终端消费者享受到无缝体验各使用场景的强大的跨终端业务协同能力。

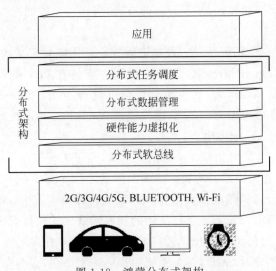

图 1-18　鸿蒙分布式架构

(2) 确定时延引擎和高性能 IPC 技术实现系统天生流畅。

针对硬件能力的强弱差异,为解决现有系统性能不足的问题。鸿蒙系统的确定时延引擎灵活地实现调度处理,可在任务执行前对系统中任务分配执行优先级及时限进行调度处理,优先保障调度优先级高的任务资源。鸿蒙微内核结构小巧的特性使 IPC(进程间通信)性能效率是现有系统的 6 倍。

(3) 基于微内核架构重塑终端设备可信安全。

鸿蒙采用微内核设计的基本思想是简化内核功能,在内核之外的用户态尽可能多地实现系统服务,同时加入相互之间的安全保护。这一全新的微内核设计使得鸿蒙拥有更强的安全特性和低时延等特点。

此外,鸿蒙将这一微内核技术应用于可信执行环境(TEE),通过利用数学方法从源头验证系统正确以及无漏洞的形式化方法这一有效手段,对可信安全进行重塑。传统验证方法如功能验证、模拟攻击等只能在选择的有限场景中进行验证,而形式化方法可通过数据模型验证所有软件运行路径。鸿蒙形式化方法首次用于终端 TEE,显著提升安全等级;同时因鸿蒙微内核的代码量只有 Linux 宏内核的千分之一,其受攻击的概率也大幅降低。

(4) 通过统一 IDE 支撑一次开发,多端部署,实现跨终端生态共享。

在多终端开发 IDE 的支持下,分布式架构 Kit 提供屏幕布局控件以及交互的自动适配,支持控件拖拽,面向预览的可视化编程,实现鸿蒙系统 API 的访问,在首个取代 Android 虚拟机模式的静态编译器——华为方舟编译器的支持下,可供开发者在开发环境中一次性将高级语言编译为机器码,方舟编译器支持多语言统一编译,可大幅提高开发效率;这使开发者可以基于同一工程高效构建多端自动运行 App,实现真正的一次开发、多端部署,在跨设备之间实现共享生态。

鸿蒙的三大核心能力是:分布式软总线、分布式数据管理和分布式安全。分布式软总线让多设备融合为一个设备,带来设备内和设备间高吞吐、低时延、高可靠的流畅连接体验。分布式数据管理让跨设备数据访问如同访问本地,大大提升跨设备数据远程读写和检索性能等。分布式安全确保正确的人用正确的设备正确地使用数据。

鸿蒙系统诞生的意义非凡。首先,中国可以打造技术先进的具有自主生态的操作系统;这也是我们国家广大科技工作者的共同夙愿。其次,它将拉开永久性改变操作系统全球格局的序幕。再次,鸿蒙问世时恰逢中国整个软件业亟需补足短板,鸿蒙给国产软件的全面崛起产生战略性带动和刺激。中国软件行业枝繁叶茂,但没有根,华为要从鸿蒙开始,构建中国基础软件的根。此外,在后智能机时代,智能机的功能和角色会分散到其他硬件产品上,实现智能机的操作和任务无缝承接到这些硬件产品的各种场景需求,需要一款去中心化的新型操作系统。最后,美国打压中国高科技技术发展以及高科技企业已经成了常态,我们只有掌握核心技术才不会被打压和压迫,因此,在中国全社会具有独立发展本国核心技术的决心的时代下,鸿蒙是划时代的时代产物,代表了中国高科技必须开展的一次战略突围,是中国解决诸多卡脖子问题的一个带动点。

1.7　本章小结

操作系统是计算机系统中的一个系统软件,它统一管理计算机的软硬件资源和控制程序的执行。操作系统的主要目标是方便用户使用、扩展机器功能、管理系统资源、提高系统效率、构筑开放环境。操作系统是由于客观的需要而产生的,它伴随着计算机技术本身及其应用的日益发展而逐渐发展和不断完善,它主要经历了手工操作、批处理系统、分时系统、实时系统、微机操作系统、网络操作系统、分布式操作系统、嵌入式操作系统等阶段。从资源管理的观点出发,操作系统的功能应包括处理器管理、作业管理、存储管理、设备管理和文件管理。现代操作系统都具有并发、共享、虚拟、异步性这 4 个基本特征。操作系统是用户与计算机硬件系统之间的接口,是计算机系统资源的管理者,可用于扩充机器功能。

习　题　1

(1) 设计操作系统的主要目的是什么?

(2) 操作系统的作用可表现在哪几个方面?

(3) 试叙述脱机批处理和联机批处理工作过程。

(4) 分时系统的特征是什么?

(5) 何谓多道程序设计? 叙述它的主要特征和优点。

(6) 实现多道程序应解决哪些问题?

(7) 试比较单道与多道批处理系统的特点及优缺点。

(8) 为什么要引入实时操作系统?

(9) 操作系统具有哪几大特征?

(10) 主存管理的主要任务是什么? 有哪些主要功能?

(11) 处理器管理的主要任务是什么? 有哪些主要功能?

(12) 设备管理的主要任务是什么? 有哪些主要功能?

(13) 文件管理的主要任务是什么? 有哪些主要功能?

(14) 试在交互性、及时性和可靠性方面,将分时系统与实时系统进行比较。

(15) 操作系统具有异步性特征的原因是什么?

(16) 试说明网络操作系统的主要功能。

(17) 试比较网络操作系统与分布式操作系统。

(18) 试比较分时操作系统和实时操作系统。

(19) 什么是微内核操作系统?

(20) 试说明传统操作系统演变为现代操作系统的主要因素是什么?

(21) 在多道程序技术的 OS 环境下的资源共享与一般情况下的资源共享有何不同? 试给出你的理解。

(22) 微内核操作系统具有哪些特点?

(23) 在微内核操作系统中,为什么还会有客户/服务器模式?

(24) 按照操作系统的发展历程,试提出你的划分方法。

(25) 为什么典型的分时系统没有作业的概念?

(26) 在设计通用操作系统时,面临的困难主要是什么?

(27) 什么是操作系统? 请用一句话描述你对操作系统的理解。

(28) 你对操作系统和用户程序之间的关系有何看法? 请阐述你的观点。

(29) 请列出你曾经使用过的所有操作系统。你觉得哪个操作系统最好? 为什么?

(30) Windows 操作系统的主要设计目标有哪些?

(31) UNIX 操作系统的重要设计原则有哪些?

(32) Linux 操作系统的特点有哪些? 其内核结构的主要组成模块有哪些?

(33) Android 操作系统的主要特点和优势有哪些?

(34) Mac OS 的基本结构组成有哪些?

(35) iOS 操作系统的系统结构由哪四层构成?

(36) 鸿蒙操作系统四大特点是什么?

(37) 鸿蒙操作系统诞生的意义是什么?

第 2 章

进程管理

现代操作系统在管理处理器资源时,是以进程为执行层面的基本单位。为此,本章首先从程序的执行过程引入进程概念;然后围绕进程生命周期内状态的转换过程,逐步说明进程的控制、组织与通信,并简单介绍线程的基本知识;接着重点阐述了临界区、PV 操作和管程机制,以此来保证并发进程之间正确的同步与互斥关系;最后概述 Linux 进程管理机制。通过本章的学习,需要重点掌握以下要点:

- 了解进程通信、Linux 的进程描述;
- 理解程序的顺序执行和并发执行、进程状态转换、线程状态转换、临界区概念,以及两个经典进程问题——生产者-消费者问题和读者-写者问题;
- 掌握进程概念、进程的基本状态、进程的控制、线程概念、进程互斥和同步。

2.1　程序的顺序执行和并发执行

程序是一组有序指令集合,这些指令可以在计算机系统中运行,多个计算机程序执行后,它们在计算机系统中是如何运行的? 带着这个疑问,我们先了解一下程序的顺序执行和并发执行这两个常见的具体执行过程。

2.1.1　程序的顺序执行

人们在和计算机打交道时,总是用"程序"这个概念。程序是指令的有序集合,是在时间上按严格次序前后相继的操作序列,仅当前一操作执行完后,才能执行后继操作,它是一个静态的概念。程序体现了编程人员要求计算机完成的功能所应该采取的顺序步骤。显然,一个程序只有经过执行才能得到最终结果,且一般用户在编写程序时不考虑在自己的程序执行过程中还有其他用户程序存在这一事实。

例如,在进行计算工作时,总是首先输入用户的数据,然后进行计算,最后将所得的结果打印出来。显然,输入、计算、打印这三个程序段的执行只能是一个一个地顺序执行,若用结点代表各个程序段的操作,用 I 代表输入操作,C 代表计算操作,P 代表打印操作,箭头表示程序段执行的先后次序。上述程序段的执行过程如图 2-1 所示。

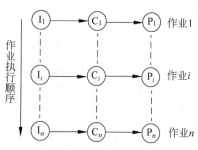

图 2-1　程序的顺序执行

由于每一个操作可对应一个程序段的执行,而整个计算工作可对应为一个程序的执行,因此,一个程序由若干个程序段组成,而这些程序段的执行必须是顺序的,这个程序被称为顺序程序。

程序的顺序执行具有如下特点。

1. 顺序性

处理器的操作严格按照程序规定的顺序执行,即只有前一操作结束后,才能执行后继操作。

2. 封闭性

程序是在封闭的环境下运行的,即程序在运行时,它独占整个计算机的资源,因而只有程序本身才能改变机器内各资源的状态(除初始状态外)。一旦程序开始运行,其执行结果不受外界因素的影响。

3. 可再现性

程序执行的结果与它的执行速度无关(即与时间无关),只与初始条件有关。只要给定相同的输入条件,程序重复执行一定会得到相同的结果。

程序顺序执行时的特性,为程序员检测和校正程序的错误带来极大的方便。

2.1.2 程序的并发执行

并发执行是为了增强计算机系统的处理能力和提高资源利用率所采取的一种同时操作技术。多道程序系统的程序执行环境的变化可以引起多道程序的并发执行。如图 2-1 所示的输入操作、计算操作和打印操作这三者必须顺序执行,因为这是一个作业的三个处理步骤,从逻辑上要求它们顺序执行。虽然系统具有输入机、中央处理器和打印机这三个物理部件,且它们实际上是可以同时操作的,但由于作业本身的特点,这三个操作还是只能顺序执行。但是,当有一批作业要求处理时,情况会不一样。例如,现有作业 1、作业 2、……、作业 n 要求处理,对每个作业的处理都有相应的三个步骤,它们是:

对作业 1 的处理:I_1, C_1, P_1;

对作业 2 的处理:I_2, C_2, P_2;

$\vdots$

对作业 n 的处理:I_n, C_n, P_n。

当系统中存在着大量的操作时,就可以进行并发处理。例如,在输入了作业 1 的数据后,即可进行该作业的计算工作;与此同时,可输入作业 2 的数据,这就使作业 1 的计算操作和作业 2 的输入操作同时进行。图 2-2 说明了系统对一批作业进行处理时,各程序段执行的先后次序。

(1)有的程序段执行是有先后次序的。如 I_1 先于 I_2 和 C_1,C_1 先于 P_1 和 C_2,P_1 先于 P_2,I_2 先于 I_3 和 C_3 等。

(2)有的程序段可以并发执行。如 I_2 和 C_1;I_3、C_2 和 P_1;I_4、C_3 和 P_2 等。

I_2 和 C_1 重叠表示输入作业 1 的程序和数据后,在对第一个作业进行计算的同时,又输入第二个作业的程序。I_3、C_2 和 P_1 的重叠表示作业 1 计算完后,在输出打印的同时,若作业 2 已输入完毕,则立即对它进行计算,并对作业 3 进行输入。

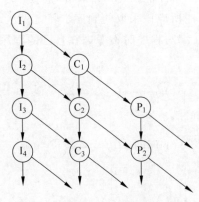

图 2-2 程序段执行的先后次序

第二种并发执行是在某道程序的几个程序段中,包含着一部分可以同时执行或顺序颠倒执行的代码。例如语句:

```
read(a);
write(b);
```

它们既可以同时执行,也可颠倒次序执行。也就是说,对于这样的语句,同时执行不会改变顺序程序所具有的逻辑性质。因此,可以采用并发执行来充分利用系统资源以提高计算机的处理能力。

综上所述,程序的并发执行可总结为:一组在逻辑上互相独立的程序或程序段在执行过程中其执行时间在客观上互相重叠,即一个程序段的执行尚未结束,另一个程序段的执行已经开始的执行方式。

程序的并发执行不同于程序的并行执行,程序的并行执行是指一组程序按独立的、异步的速度执行。并行执行不等于时间上的重叠。

我们可以将并发执行过程描述为:

```
So
cobegin
P1;P2;…;Pn;
coend
Sn
```

这里,So、Sn 分别表示并发程序段 P_1、P_2、$\cdots$、P_n 开始执行前和并发执行结束后的语句。即:先执行 So,再并发执行 P_1、P_2、$\cdots$、P_n;当 P_1、P_2、$\cdots$、P_n 全部执行完毕后,再执行 Sn。

虽然程序的并发执行提高了系统吞吐量,但也产生了下述一些与顺序执行不同的新特征。

1. 间断性

程序在并发执行时,由于它们共享资源或为完成同一项任务而相互合作,致使在并发程序之间形成了相互制约的关系。例如,在图 2-2 中的 I、C 和 P 是三个相互合作的程序段。当计算程序完成 C_{i-1} 的计算后,如果输入程序 I 尚未完成 I_i 的处理,则计算程序就无法进行 C_i 处理,致使计算程序暂停运行。又如,打印程序完成了 P_i 的打印后,若计算程序尚未完成对 C_{i+1} 的计算,则打印程序就无法对 C_{i+1} 的处理结果进行打印。一旦使某程序暂停的因素消失,则程序便可恢复执行。简言之,相互制约将导致并发程序具有"执行-暂停-执行"这种间断性的活动规律。

2. 失去封闭性

程序在并发执行时,多个程序共享系统中的各种资源,因此,这些资源的状态将由多个程序来改变,致使程序的运行失去了封闭性。这样,某程序在执行时,必然会受到其他程序的影响。例如,当处理器资源被其他程序占有时,某程序必须等待。

3. 不可再现性

程序在并发执行时,由于失去了封闭性,也将导致失去其可再现性。例如,有两个循环程序 A 和 B,它们共享一个变量 N。程序 A 每执行一次时,都要做 N=N+1 的操作;程序 B 每执行一次时,都要执行 print(N)操作,然后再将 N 置成"0";程序 A 和 B 以不同的速度运行。这样,可能出现下述三种情况(假定某时刻变量 N 的值为 n)。

(1) N=N+1。在 print(N)和 N=0 之前,此时得到的 N 值分别为 $n+1,n+1,0$。

(2) N=N+1。在 print(N)和 N=0 之后,此时得到的 N 值分别为 $n,0,1$。

(3) N=N+1。在 print(N)和 N=0 之间,此时得到的 N 值分别为 $n,n+1,0$。

上述情况说明,程序在并发执行时,由于失去了封闭性,其计算结果已与并发程序的执行速度有关,从而使程序失去了可再现性,即程序经过多次执行后,虽然其执行时的环境和初始条件都相同,但得到的结果却可能不相同。

2.2　进程的概念

计算机源代码是静态的文本。使用编译软件对源代码进行编译后,得到由指令组成的有序集合的可执行程序。这些程序在计算机系统中的执行表现为:在同一个时段有多个程序处于运行状态中,这些运行对象指令集合可以是来自相同程序,也可以是来自不同的程序。程序的每一次执行的动态过程都不一样,那么在计算机系统中是如何描述和管理程序的每一次执行的呢?

2.2.1　进程的定义

视频讲解

由于并发程序之间的相互制约关系,当并发程序在执行中出现等待事件时,只得处于暂停状态,而当等待事件结束后,程序又可以恢复执行。可见,并发程序的执行就是这样"停停走走"地向前推进的。换言之,由于程序并发执行时的直接或间接的相互制约关系,将导致并发程序具有"执行—暂停—执行"的活动规律,即与外界发生了密切的联系,从而失去了封闭性。在这种情况下,如果仍然使用"程序"这个概念,只能对它进行静止的、孤立的研究,它不能深刻地反映活动的规律和状态变化。因此,人们引入了新的概念——进程,以便从变化的角度,动态地分析研究并发程序的活动。例如,在多道程序设计的系统中,要同时处理多个用户的计算问题。每个用户都为自己的问题编制了源程序,进入系统后,首先要调用"编译程序"把源程序翻译成目标程序。于是,在多道程序并行工作时,编译程序就要同时为若干个用户的源程序进行编译。一个编译程序怎样为多个用户服务呢? 假定编译程序 P 从 A 点开始工作,现在正在编译程序甲,当工作到 B 点时需要把中间结果记录在磁盘上,于是编译程序 P 在 B 点等待磁盘传输信息,处理器空闲。为了提高效率,这时可以利用处理器的空闲时间让编译程序 P 为源程序乙进行编译,编译程序仍从 A 点开始工作。现在的问题是怎样描述编译程序 P 的状态。称它为在 B 点等待磁盘传输,还是称它在 A 点开始执行? 所以,从程序的角度已无法正确描述程序执行时的状态。

虽然编译程序 P 只有一个,但加工对象有甲、乙两个源程序。把编译程序 P 与服务对象联系起来,编译程序 P 为甲服务就构成了进程 $P_甲$,编译程序 P 为乙服务就构成进程 $P_乙$。如图 2-3 所示。

现在可以认为进程 $P_甲$ 在 B 点处于等待传输状态,进程 $P_乙$ 正在从 A 点开始执行。这两个进程虽然执行同一个编译程序 P,但从进程的角度来看,进程 $P_甲$ 和 $P_乙$ 能各自独立地同时执行,正确反映了编译程序 P 执行时的活动规律和状态变化。

所以,在操作系统中,尤其是采用多道程序设计技术的系统中,引入"进程"是非常必要的。

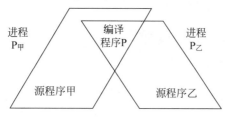

图 2-3　进程的构成

进程的概念是 20 世纪 60 年代初期首先在 MIT 的 Multics 系统和 IBM 的 TSS/360 系统中引用的。以后,人们对进程有过各式各样的定义。现列举其中几种:

(1) 进程是可以并发执行的计算部分(S. E. Madnick,J. T. Donovan);

(2) 进程是一个独立的、可以调度的活动(E. Cohen,D. Jofferson);

(3) 进程是一个抽象实体,当它执行某个任务时,将要分配和释放各种资源(P. Denning);

(4) 行为的规则叫程序,程序在处理器上执行时的活动称为进程(E. W. Dijkstra);

(5) 一个进程是一系列逐一执行的操作,而操作的确切含义则有赖于我们以何种详尽程度来描述进程(Brinch Hansen)。

尽管以上进程的定义各有侧重,但它们在本质上是相同的。即主要注意进程是一个动态的执行过程这一概念。据此,我们可以把进程定义为:可并发执行的程序在一个数据集上的一次执行过程,它是系统进行资源分配的基本单位。

进程和程序是两个截然不同的概念。进程具有以下 5 个基本特征。

1. 动态性

既然进程是进程实体的执行过程,因此,动态性是其最基本的特性。动态性还表现为:"它由创建而产生,由调度而执行,因得不到资源而暂停执行,以及由撤销而消亡"。可见,进程有一定的生命期。而程序只是一组有序指令的集合,并存放在某种介质上,本身并无运动的含义。因此,程序是一个静态实体。

2. 并发性

并发性是指多个进程实体同存于主存中,能在一段时间内同时运行。并发性是进程的重要特征,同时也成为操作系统的重要特征。引入进程的目的也正是使其程序能和其他进程的程序并发执行,而程序是不能并发执行的。

3. 独立性

独立性是指进程实体是一个能独立运行的基本单位,同时也是系统中独立获得资源和独立调度的基本单位。凡未建立进程的程序,都不能作为一个独立的单位参加运行。进程与程序并非是一一对应的,一个程序运行在不同的数据集上就构成不同的进程。

4. 异步性

这是指进程按各自独立的、不可预知的速度向前推进;或者说,进程按异步方式运行。正是这一特征导致了程序执行的不可再现性。因此,在操作系统中,必须采取某种措施来保证各程序之间能协调运行。

5. 结构特征

从结构上看,进程实体是由程序段、数据段及进程控制块三部分组成,有人把这三部分统称为"进程映像"。

2.2.2 进程的基本状态和转换

前面已介绍过,进程有着"执行-暂停-执行"的活动规律。一般说来,一个进程并不是自始至终运行到底的,它与并发执行中的其他进程相互制约。它有时处于运行状态,有时又由于某种原因而暂停执行,处于等待状态。当使它暂停的原因消失后,它又可准备执行了。所以,在一个进程的活动期间至少具备 3 种基本状态:就绪状态、运行状态和等待状态。

(1) 就绪状态。

当进程已分配到除处理器以外的所有必要的资源后,只要能再获得处理器,便可立即执行,这时的进程状态称为就绪状态。在一个系统中,可以有多个进程同时处于就绪状态,通常把这些进程排成一个或多个队列,这些队列称为就绪队列。

(2) 运行状态。

运行状态是指进程已获得处理器,其程序正在执行。在单处理器系统中,只能有一个进程处于运行状态。在多处理器系统中,则可能有多个进程处于运行状态。

(3) 等待状态。

进程因发生某事件(如请求 I/O、申请缓冲空间等)而暂停执行时的状态,称为等待状态。通常将处于等待状态的进程排成一个队列,称为等待队列。在有的系统中,按等待原因的不同而将处于等待状态的进程排成多个队列。

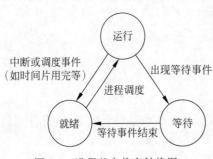

图 2-4　进程基本状态转换图

进程的状态反映进程执行过程的变化。这些状态随着进程的执行和外界条件的变化而转换。进程在执行期间,可以在 3 种基本状态之间进行多次转换。图 2-4 给出了进程的基本状态转换图。

(1) 就绪→运行状态。

处于就绪状态的进程,当进程调度程序为之分配了处理器后,该进程便由就绪状态转换为运行状态。正在执行的进程也称为当前进程。

(2) 运行→等待状态。

正在执行的进程因出现某事件而无法执行时,就释放处理器转换为等待状态。例如,进程请求访问临界资源,而该资源正被其他进程访问,则请求该资源的进程将由运行状态转变为等待状态。

(3) 运行→就绪状态。

在分时系统中,正在执行的进程,如因时间片用完而被暂停执行,该进程便由运行状态转变为就绪状态。又如,在抢占调度方式中,一个优先权高的进程到来后,可以抢占一个正在执行的优先权低的进程的处理器,这时,该低优先权进程也将由运行状态转换为就绪状态。

(4) 等待→就绪状态。

处于等待状态的进程在等待事件结束后就转换成就绪状态,等待处理器的分配。

在有些操作系统中,又增加了两种基本状态——新状态和终止状态。新状态是指一个进程刚刚建立,但还未将它送入就绪队列时的状态。而终止状态是指一个进程已正常结束或异常结束,但尚未将它撤销时的状态。其状态转换如图 2-5 所示。

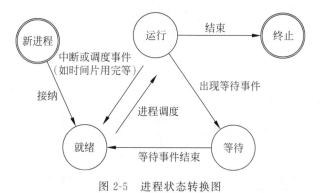

图 2-5　进程状态转换图

在进程管理中,新状态和终止状态是非常有用的。操作系统在建立一个新进程时,通常分为两步:第一步是为新登录的用户程序(分时系统)创建进程,并为它分配资源,此时进程即处于新状态;第二步是把新创建的进程送入就绪队列,一旦进程进入就绪队列,它便由新状态转变为就绪状态。

类似地,一个已经结束了的进程,让它处于终止状态,系统并不立即撤销它,而是将它暂时留在系统中,以便其他进程去收集该进程的有关信息。例如,由记账进程去了解该进程用了多少 CPU 时间、使用了哪些类型的资源,以便记账。

2.2.3　进程控制块

每一个进程都有一个也只有一个进程控制块(Process Control Block,PCB),进程控制块是操作系统用于记录和刻画进程状态及有关信息的数据结构,也是操作系统控制和管理进程的主要依据,它包括了进程执行时的情况,以及进程让出处理器后所处的状态、断点等信息。进程控制块的作用,是使一个在多道程序环境下不能独立运行的程序(含数据),成为一个能独立运行的基本单位、一个能与其他进程并发执行的进程。或者说,操作系统是根据 PCB 来对并发执行的进程进行控制和管理的。例如,当操作系统要调度某进程执行时,要从该进程的 PCB 中,查出其现行状态及优先级;在调度到某进程后,要根据 PCB 中所保存的处理器状态信息,去设置该进程恢复运行的现场,并根据其 PCB 中的程序和数据的主存始址,找到其程序和数据;进程在执行过程中,当需要和与之合作的进程实现同步、通信或访问文件时,也都需要访问 PCB;当进程因某种原因而暂停执行时,又须将其断点的处理器环境保存在 PCB 中。可见,在进程的整个生命周期中,系统总是通过其 PCB 对进程进行控制的,即,系统是根据进程的 PCB 而感知到该进程的存在,所以说,PCB 是进程存在的唯一标志。

视频讲解

当系统创建一个新进程时,就为它建立一个 PCB;进程结束时又回收其 PCB,进程于是也随之消亡。PCB 可以被操作系统中的多个模块读或修改,如被调度程序、资源分配程序、中断处理程序以及监督和分析程序等读或修改。因为 PCB 经常被系统访问,尤其是被运行频率很高的进程调度程序访问,故 PCB 应常驻主存。系统将所有的 PCB 组织成若干个链表(或队列),存放在操作系统中专门开辟的 PCB 区内。

对于不同的操作系统来说,进程控制块记录信息的内容与数量是不相同的。操作系统

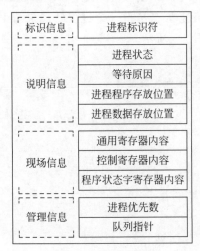

图 2-6　进程控制块

的功能越强,进程控制块中的信息也就越多。在一般情况下,进程控制块应包含 4 类信息,如图 2-6 所示。

1. 标识信息

每个进程都要有一个唯一的标识符,用以标识进程的存在和区分各个进程。标识符可以用字符或编号表示。

2. 说明信息

用于说明本进程的情况,其中"进程状态"是指进程的当前状态,若是等待状态,则进一步说明具体的等待原因;"进程程序存放位置"指出该进程所对应的程序存放在哪里;"进程数据存放位置"指出进程执行时的工作区,用来存放处理的数据集和处理结果。

3. 现场信息

当进程由于某种原因让出处理器时,把与处理器有关的各种现场信息保留下来,以便该进程在重新获得处理器后能把保留的现场信息重新置入处理器的相关寄存器中继续执行。通常被保留的现场信息有通用寄存器内容、控制寄存器内容以及程序状态字寄存器内容等。

4. 管理信息

管理信息是指对进程进行管理和调度的信息。例如,通常用"进程优先数"指出进程可以占用处理器的优先次序;用"队列指针"指出处于同一状态的另一个进程的进程控制块地址,这样就可把具有相同状态的进程链接起来,便于对进程实施管理。

2.2.4　进程队列

视频讲解

在多道程序设计的系统中,往往会同时创建多个进程。在单处理器的情况下,每次只能执行一个进程,其他进程处于就绪状态或等待状态。为了便于管理,通常把处于相同状态的进程链接在一起,称为"进程队列"。若干个等待执行的进程(就绪进程)按一定的次序链接起来的队列称"就绪队列"。把等待资源或等待某些事件的进程也排成队列,称为"等待队列"。有时可以把等待队列按等待的原因分成若干个相应的等待队列。

由于进程控制块能标识进程的存在,并动态刻画进程的特性,因此,进程队列可以用进程控制块的链接来形成。链接的方式有两种:单向链接和双向链接,如图 2-7 所示。

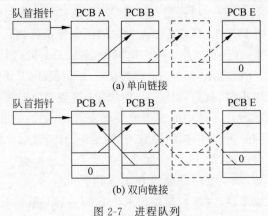

图 2-7　进程队列

同一队列中的进程,通过进程控制块中的队列指针联系起来,前一进程的进程控制块中的指针值为下一个进程的进程控制块的地址,队列中最后一个进程的进程控制块中的指针值置为 0。在双向链接中可设置两个指针,称为前向指针和后向指针,分别指出它在队列中的前一个和后一个进程的进程控制块地址。另外,系统还为每个队列设置一个队首指针,指出该队列的第一个进程和最后一个进程的进程控制块地址,以便双向搜索,提高检索效率。

一个刚被创建的进程,它的初始状态是"就绪态"。因此,它应该置于就绪队列中。当一个进程能被选中占用处理器时,就从就绪队列中退出成为"执行态"。进程在执行过程中,可能要求读磁盘上的信息而成为等待磁盘传输信息的状态,便进入等待队列。当磁盘的传输操作结束后,进程就要退出等待队列而进入就绪队列。可见,进程在执行过程中,随着状态的变化经常要从一个队列退出后再进入另一个队列,直至进程工作结束。一个进程从所在的队列中退出称为"出队";一个进程进入指定的队列中称为"入队";系统中负责进程入队和出队的工作称"队列管理"。

进程队列除了可以用链接方式来形成,也可以用索引方式来形成。系统根据所有进程的状态,建立几张索引表,如就绪索引表、等待索引表等,并把各索引表在主存的首地址记录于主存中的一些专用单元中。在每个索引表的表目中,记录具有相应状态的某个进程的 PCB 在 PCB 表中的地址。图 2-8 给出了按索引方式组织 PCB 的示意图。

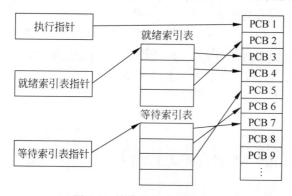

图 2-8　按索引方式组织 PCB

2.2.5　线程

自从 20 世纪 60 年代提出"进程"概念后,进程一直作为现代操作系统设计的一个核心,操作系统运行的基本单位就是进程。进程的引入使多道程序可以并发执行,同时提高了资源的利用率。直到 80 年代中期,人们又提出了比进程更小的、能独立运行的基本单位——线程,以进一步提高程序并发执行的程度,降低并发执行的时空开销。因此,线程的引入可以看作是操作系统的又一大进步。近年来,线程概念已得到广泛应用,不仅在新推出的操作系统中,大多数操作系统都已引入了线程的概念,而且在新推出的数据库管理系统和其他应用软件中,也都纷纷引入了线程,来改善系统的性能。

1. 线程的引入

进程是实现系统并发运行的一种实体。创建进程时,需要申请必要的系统资源,在运行过程中,根据需要还将申请更多资源。当然,其间也会释放已经使用完毕的资源。当进程获得处理器资源时,称为进程调度。可见,进程既是资源申请及拥有的实体,同时也是调度的实体。另一方面,系统因为创建进程、调度进程、管理进程等将付出很大的额外开销。为了保持系统的并发性,同时降低系统为此付出的额外开销,现代操作系统将传统意义的进程进行分离,即将资源申请与调度执行分开,进程作为资源的申请与拥有单位,线程作为调度的基本单位。

在引入线程的操作系统中,线程是进程中的一个实体,是被系统独立调度的基本单位。线程本身基本上不拥有系统资源,只拥有一点在运行中必不可少的资源(如程序计数器、一组寄存器和栈),但它可与同属一个进程的其他线程共享进程所拥有的全部资源。一个线程可以创建另一个线程;同一进程中的多个线程之间可以并发执行。由于线程之间的相互制约,致使线程在运行中也呈现出间断性。相应地,线程也同样有就绪、等待和执行三种基本状态,在有的系统中,线程还有终止状态等。

传统的操作系统一般只支持单线程(结构)进程,如 MS-DOS 支持单用户进程,进程是单线程的;传统 UNIX 支持多用户进程,进程也是单线程的。目前,很多操作系统都支持多线程(结构)进程,如 Solaris、Mach、SVR4、OS/390、OS/2、Windows NT、CHORUS 等;Java 的运行引擎则是单进程多线程的例子。许多计算机公司都推出自己的线程接口规范,如 Solaris 线程接口规范、OS/2 线程接口规范、Windows NT 线程接口规范等,IEEE 也推出 UNIX 类操作系统的多线程程序设计标准 POSIX 1003.4a。

2. 线程的定义

线程(thread)是进程中的一个实体,是可独立参与调度的基本单位。一个进程可以有一个或多个线程,它们共享所属进程所拥有的资源。

线程具有如下属性。

(1) 多个线程可以并发执行。

(2) 一个线程可以创建另一个线程。

(3) 线程具有动态性。一个线程被创建后便开始了它的生命周期,可能处于不同的状态,直至衰亡。

(4) 每个线程同样有自己的数据结构,即线程控制块(Thread Controlling Block,TCB),其中记录了该线程的标识符、线程执行时的寄存器和栈等现场状态信息。

(5) 在同一进程内,各线程共享同一地址空间(即所属进程的存储空间)。

(6) 一个进程中的线程在另一进程中是不可见的。

(7) 同一进程内的线程间的通信主要是基于全局变量进行的。

3. 线程的状态

与进程类似,线程也有生命周期,因而也存在各种状态。线程的状态有运行、就绪和等待,线程的状态转换也与进程类似。由于线程不是资源的拥有单位,挂起状态对于线程是没有意义的。如果进程在挂起后被交换出主存,它的所有线程因共享地址空间也必须全部交换出去。可见,由挂起操作所引起的状态是进程级状态,不是线程级状态。类似地,进程的终止将导致进程中所有线程的终止。

进程中可能有多个线程,当处于运行态的线程在执行过程中要求系统服务,如执行 I/O 请求而转换为等待态时,那么,多线程进程中是否要阻塞整个进程,对于某些线程实现机制,所在进程也转换为等待态;对于另外一些线程实现机制,如果存在另一个处于就绪态的线程,则调度此线程运行,否则进程才会转换为等待态。显然前一种做法欠妥,丧失了多线程机制的优越性,降低了系统的灵活性。对于多线程进程的进程状态,由于进程不是调度单位,不必将其划分成过细的状态,如 Windows 操作系统中,仅把进程分成可运行态和不可运行态,挂起状态属于不可运行态。

4. 线程的特征

线程具有许多类似于进程的特征,有时称线程为轻量级进程。从以下几个方面来比较线程与进程,可以更清楚地看出线程具有的特征。

1) 所拥有的资源

不管是在以进程为基本单位的操作系统,还是在引入线程的操作系统中,进程都是独立拥有资源的一个基本单位。它可以申请并拥有自己的资源,也可以访问其所属进程的资源。而线程只拥有那些在运行中必须的资源,如程序计数器、寄存器和栈。当然,它可以访问其所属进程的资源(注意:资源仍然是分给进程的)。

2) 调度方面

在引入线程的操作系统中,进程作为独立拥有资源的基本单位,而线程是独立参与调度的基本单位。引入线程的操作系统中存在着两级调度:同一进程内线程之间的调度、不同进程之间的调度(由分属于不同进程的线程之间的调度引起)。同一个进程内的线程切换不会引起进程切换;而在由一个进程内的线程切换到另一进程内的线程时,将引起进程切换。

3) 并发性方面

在引入线程的操作系统中,不仅不同进程的线程之间可以并发执行,而且在同一个进程的多个线程间亦可并发执行,因而使系统具有更好的并发性。

4) 系统开销方面

相比于没有引入线程的操作系统,如果引入线程,系统开销将显著降低。例如,在创建或撤销线程时,系统只需分配与回收很少的资源,而无须像进程创建或撤销那样,花费开销来分配或回收如内存空间、I/O 设备等资源。又如,在线程切换时,只需保存和设置少量的寄存器的内容,而无须像进程切换那样,花费开销来保存和设置很多的现场信息。另外,由于同一个进程内线程之间的通信将共享所属进程的存储空间,因此线程比进程通信更加容易。

5. 线程的分类

多线程的实现分为三类:内核级线程(Kernel Level Thread,KLT)、用户级线程(User Level Thread,ULT)、混合式线程(即同时支持 ULT 和 KLT 两种线程)。

1) 内核级线程

内核级线程是指线程的管理工作由内核完成,由内核所提供的线程 API 来使用线程。当任务提交给操作系统执行时,内核为其创建进程和一个基线程,线程在执行过程中可通过内核的创建线程原语来创建其他线程,应用程序的所有线程均在一个进程中获得支持。内核需要为进程及进程中的单个线程维护现场信息,所以,应在内核空间中建立和维护进程控制块(PCB)及线程控制块(TCB),内核的调度在线程的基础上进行。

内核级线程的主要优点是:(1)在多处理器上,内核能够同时调度同一进程中的多个线程并行执行;(2)若进程中的一个线程被阻塞,内核能够调度同一进程的其他线程占有处理器运行,也可以运行其他进程中的线程;(3)由于内核级线程只有很小的数据结构和堆栈,其切换速度比较快,内核自身也可用多线程技术实现,从而提高系统的执行效率。内核级线程的主要缺点是:线程在用户态运行,而线程的调度和管理在内核实现,在同一进程中,控制权从一个线程传送到另一个线程时需要用户态-核心态-用户态的模式切换,系统开销较大。

2) 用户级线程

用户级线程是指线程的管理由应用程序完成,在用户空间中实现,内核无须感知线程的存在。用户级多线程由用户空间中的线程库来完成,应用程序通过线程库进行设计,再与线程库连接、运行以实现多线程。线程库是由用户级线程管理的例行程序包,在这种情况下,线程库是线程运行的支撑环境。

用户级线程有许多优点:线程切换无须使用内核特权方式,所有线程管理的数据结构均在进程的用户空间中,管理线程切换的线程库也在用户空间中运行,这样可以节省模式切换的开销和内核的宝贵资源;允许进程按照应用的特定需要选择调度算法,且线程库的线程调度算法与操作系统的低级调度算法无关;能够运行在任何操作系统上,内核无须做任何改变。用户级线程的明显缺点是:由于大多数系统调用是阻塞型的,因此,一个用户级线程的阻塞将引起整个进程的阻塞;用户级线程不能利用多重处理的优点,进程由内核分配到 CPU 上,仅有一个用户级线程可以执行。因此,不可能得益于多线程的并发执行。

3) 混合式线程

某些操作系统既支持用户级线程,又支持内核级线程,Solaris 便是一个例子。线程的实现分为两个层次:用户层和内核层。用户层线程在用户线程库中实现;内核层线程在操作系统内核中实现,处于两个层次的线程分别称为用户级线程和内核级线程。在混合式线程系统中,内核必须支持内核级多线程的建立、调度和管理,同时也允许应用程序建立、调度和管理用户级线程。

在混合式线程中,一个应用程序中的多个用户级线程能分配和对应于一个或多个内核级线程,内核级线程可同时在多处理器上并行执行,且在阻塞一个用户级线程时,内核可以调度另一个线程执行,使其在宏观上和微观上都具有很好的并行性。例如,窗口系统是典型的逻辑并行性程度较高的应用,用一组用户级线程来表达多个窗口,用一个内核级线程来支持这一组用户级线程,这样,屏幕上同时出现多个窗口(对应于多个用户级线程),窗口之间的切换很频繁,但在某一时刻只有一个窗口(对应于内核级线程)处于活跃状态,系统开销小,窗口系统执行效率高。又如,大规模并行计算是对物理并行性要求较高的应用,可以把数组按行或列划分给不同的用户级线程处理,同时,让每个用户级线程与一个内核级线程绑定,每个内核级线程占用一个 CPU 并行执行,减少了线程切换的次数,通过并行计算提高系统效率。

6. 线程与进程结构

引入线程后,一个进程包括一个或多个线程。如果一个进程只包括一个线程,则该进程除了包括本线程的 PCB、拥有的存储空间和栈以外,还有对应线程的 TCB。如图 2-9 所示。而如果一个进程包含了多个线程,该进程也包括本线程的 PCB、拥有的存储空间、栈以及各个线程的 TCB,但是每一线程将拥有栈区,这些栈区都属于该进程的栈。如图 2-10 所示(一个进程包括 3 个线程)。

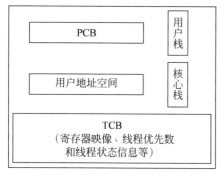

图 2-9 单线程进程结构

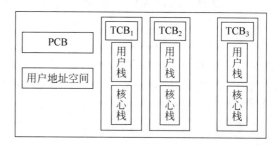

图 2-10 多线程进程结构

2.3 进 程 控 制

为了防止操作系统及关键数据受到用户程序有意或无意的破坏,通常将处理器的运行状态分成核心态和用户态两种。

(1) 核心态,又称为管态。它具有较高的特权,能执行一切指令,并访问所有寄存器和存储区。

(2) 用户态,又称为目态。这是具有较低特权的运行状态,它只能执行规定的指令,访问指定的寄存器和存储区。

处理器管理的一个重要任务是进程控制。所谓进程控制,就是系统使用一些具有特定功能的程序段来创建、撤销进程以及完成进程各状态之间的转换,从而达到多进程、高效率的并发执行和协调,实现资源共享的目的。一般来说,在核心态下执行的某些具有特定功能的程序段称为原语,其特点是在执行期间不允许中断,是一个不可分割的基本单位。原语的执行是顺序的而不是并发的,系统对于进程的控制使用原语来实现。一般用于进程控制的原语有:进程创建、进程撤销、进程阻塞与唤醒、进程挂起与激活。

2.3.1 进程创建

进程控制的基本功能之一是创建各种新的进程,这些新进程是一个与现有进程不同的实体。在系统生成时,要创建一些必须的、承担系统资源分配和管理工作的系统进程。对于用户作业,每当调入系统时,由操作系统的作业调度程序为它创建相应的进程。在层次结构的系统中,允许一个进程创建一些附属进程,以完成一些可以并行的工作。创建者称为父进程,被创建者称为子进程,创建父进程的进程称为祖父进程。这样就构成了一个进程家族。但用户不能直接创建进程,而只能通过系统请求方式向操作系统申请。

无论是系统或是用户创建进程都必须调用创建原语来实现。创建原语的主要功能是创建一个指定标识符的进程,主要任务是形成该进程的 PCB,所以,调用者必须提供形成 PCB 的有关参数,以便在创建时填入。对于较复杂的 PCB 结构,还需提供资源清单等。创建原语的实现过程如图 2-11 所示。

2.3.2 进程撤销

操作系统通常提供各种撤销(或称终止)进程的方法。一个进程可能因为它完成了所指派的工作而正常终止,或由于一个错误而非正常终止,它也可能由于其祖先进程的要求被终止。当一个进程要撤销其他进程时可采用不同的方式,既可撤销具有指定标识符的进程,又可撤销一个优先级中的所有进程。当一个进程被撤销时,它必须从系统队列中移出,释放并归还所有系统资源,同时还要审查该进程是否有子孙进程,若有的话,一起予以撤销。这样处理是因为在层次结构的系统中,允许进程创建子进程,而当父进程被撤销后,它的子孙进程与进程家族便隔离开来了,这是不允许的。所以,撤销一个进程时一定要将它的子孙进程一起撤销。撤销原语的实现过程如图 2-12 所示。

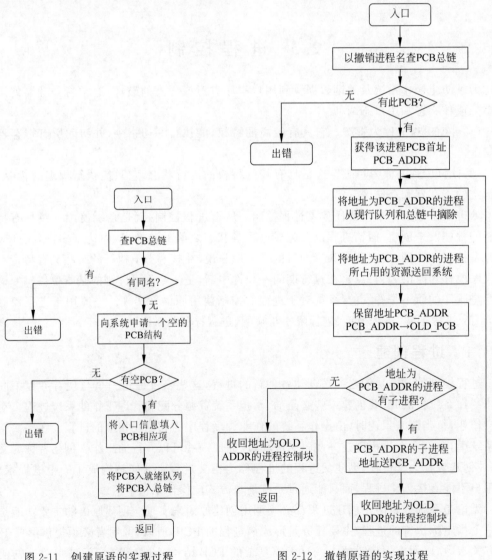

图 2-11 创建原语的实现过程   图 2-12 撤销原语的实现过程

2.3.3 进程阻塞与唤醒

有了创建原语和撤销原语,虽然进程可以从无到有、从存在到消亡而变化,但还不能完成进程各种状态之间的转换。例如,由"执行"转换为"等待",由"等待"转换为"就绪",需要通过进程之间的同步或通信机构来实现,但也可直接使用"阻塞原语"和"唤醒原语"来实现。

1)进程阻塞

当一个进程出现等待事件时,该进程调用阻塞原语将自己阻塞。阻塞原语的功能是:由于进程正处于运行状态,故应中断处理器,把 CPU 现场送至该进程的现场保护区,置该进程的状态为"等待",并插入到相应的等待队列中,然后转到进程调度程序,另选一个进程投入运行。阻塞原语的实现过程如图 2-13 所示。

2)进程唤醒

进程由执行转换为等待状态是由于进程发生了等待事件,所以处于等待状态的进程绝对不可能唤醒自己。例如,某进程正在等待输入/输出操作完成或等待别的进程发消息给它,只有当该进程所期待的事件出现时,才由"发现者"进程用唤醒原语叫醒它。一般说来,发现者进程和被唤醒进程是合作的并发进程。

唤醒原语的功能是唤醒处于某一等待队列中的进程,入口信息为唤醒进程名,其实现过程如图 2-14 所示。

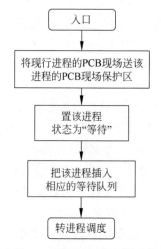

图 2-13 阻塞原语的实现过程

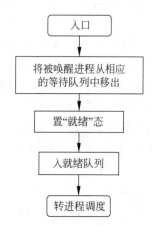

图 2-14 唤醒原语的实现过程

2.3.4 进程挂起与激活

由于输入/输出的速度比处理机的运算速度更慢,经常会出现处理机等待输入/输出的情况。这时操作系统需要将主存中的进程对换至外存或称辅存(如磁盘交换区等)。因此,为了能够刻画这时候的进程状态,需要在进程状态中新增一个称为"挂起"(suspend)的状态。特别地,当内存中所有进程阻塞时,所有进程都是等待态,处理机空闲;操作系统可将其中的一个或一些进程置为挂起状态,并将它们交换到外存的交换区。这时,主存中空出了进程执行所需的资源,操作系统调用激活(active)原语激活进程,即先将处于挂起状态的进程从外存调入主存中使用空出的资源,修改这个进程的状态为就绪态。接着,根据调度策略,检查就绪队列进行重新调度,选取就绪队列中的可以执行的进程进行执行。这个过程称为"进程激活"。这时操作系统中进程控制的状态转换可以使用图2-15来描述。

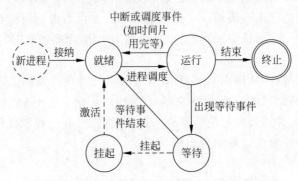

图 2-15　具有挂起状态的进程控制状态转换图

2.4　进程互斥

　　我们把系统中可并发执行的进程称为"并发进程"。并发进程相互之间可能是无关的,也可能是有交往的。如果一个进程的执行不影响其他进程的执行,且与其他进程的进展情况无关,即它们是各自独立的,则认为这些并发进程相互之间是无关的。显然,无关的并发进程一定没有共享的变量,它们分别在各自的数据集合上操作。例如,为两个不同源程序进行编译的两个进程,它们可以是并发执行的,但它们之间却是无关的。因为这两个进程分别在不同的数据集合上为不同的源程序进行编译,虽然这两个进程可交叉地占用处理器为各自的源程序进行编译,但是,任何一个进程都不依赖于另一个进程。甚至当一个进程发现被编译的源程序有错误时,也不会影响另一个进程继续对自己的源程序进行编译,它们是各自独立的。然而,如果一个进程的执行依赖于其他进程的进展情况,或者说,一个进程的执行可能影响其他进程的执行结果,则认为这些并发进程相互之间是有交往的、是有关的。例如,有3个进程——即读进程、处理进程和打印进程,其中读进程每次启动外围设备读一批信息并把读出的信息存放到缓冲区,处理进程对存放在缓冲区中的信息加工处理,打印进程把加工处理后的信息打印输出。这3个进程中的每一个进程的执行都依赖另一个进程的进展情况,只有当读进程把一批信息读出并存入缓冲区后,处理进程才能对它进行加工处理,打印进程要等信息加工处理之后才能把它打印输出。也只有当缓冲区中的信息被打印进程取走后,读进程才能把读出的第二批信息再存入缓冲区供加工处理。如此循环,直至所有的信息都被处理且打印输出。可见,这3个进程相互依赖、相互合作,它们是一组有交往的并发进程。有交往的并发进程一定共享某些资源。从外围设备读入的信息、经加工处理后的信息、存放信息的缓冲区等都是这组并发进程的共享资源。

2.4.1　与时间有关的错误

　　一个进程在运行时,由于自身或外界的原因而可能被中断,且断点是不固定的。一个进程被中断后,哪个进程可以运行? 被中断的进程什么时候再去占用处理器? 这是与进程调度算法有关的。所以,进程执行的速度不能由自己来控制,对于有交往的并发进程来说,可能有若干并发进程同时使用共享资源,即一个进程一次使用未结束,另一进程已开始使用,形成交替使用共享资源的现象。如果对这种情况不加控制的话,就可能出现与时间有关的错误,在共享资源(变量)时就会出错,就会得到不正确的结果。请观察下面的例子。

【例1】 火车票售票问题。

假设一个火车订票系统有两个终端,分别运行进程 T1 和 T2。该系统的公共数据区中的一些单元 $A_j (j=1,2,\cdots)$ 分别存放某月某日某次航班的余票数,而 x1 和 x2 分别表示进程 T1 和 T2 执行时所用的工作单元。火车票售票程序如下:

```
void Ti(int i) {        //i = 1,2, …           Aj = xi;
int xi;                                        [输出一张票];
[按旅客订票要求找到 Aj];                           }
xi = Aj;                                     else
if (xi >= 1){                                   [输出信息"票已售完"];
  xi = xi - 1;                               }
```

由于 T1 和 T2 是两个可同时执行的并发进程,它们在同一个计算机系统中运行,共享同一批票源数据,因此,可能出现如下所示的运行情况(设 $A_j = m$)。

```
T1: x1 = Aj;        即   x1 = m(m > 0)
T2: x2 = Aj;        即   x2 = m
T2: x2 = x2 - 1; Aj = x2; [输出一张票];     即 Aj = m - 1
T1: x1 = x1 - 1; Aj = x1; [输出一张票];     即 Aj = m - 1
```

显然,此时出现了把同一张票卖给了两个旅客的情况,两个旅客都买到一张同天同车次的火车票,可是,A_j 的值实际上只减去了1,造成余票数的不正确。特别地,当某车次只有一张余票时,就可能把这一张票同时售给了两位旅客,这是不能允许的。

【例2】 主存管理问题。

假定有两个并发进程 borrow 和 return 分别负责申请和归还主存资源,算法描述中,x表示现有空闲主存总量,B表示申请或归还的主存量。并发进程算法描述如下:

```
int x = 1000;                          }
cobegin                                void return (int B)
void borrow (int B){                   { x = x + B;
if (B > x)                             [修改主存分配表];
  [申请进程进入等待队列等主存资源];        [释放等主存资源的进程];
else {                                 }
  x = x - B;                           coend;
  [修改主存分配表,申请进程获得主存资源];}
```

由于 borrow 和 return 共享了表示主存物理资源的临界变量 x,对并发执行不加限制会导致错误。例如,一个进程调用 borrow 申请主存,在执行了比较 B 和 x 的指令后,发现 B>x,但在执行[申请进程进入等待队列等主存资源]前,另一个进程调用 return 抢先执行,归还了全部所借主存资源。这时,由于前一个进程还未成为等待状态,return 中的[释放等主存资源的进程]相当于空操作。以后当调用 borrow 的进程被置成等主存资源时,可能已经没有其他进程来归还主存资源了,从而,申请资源的进程永远处于等待状态。

【例 3】 自动计算问题。

某交通路口设置了一个自动计数系统,该系统由"观察者"进程和"报告者"进程组成。观察者进程能识别卡车,并对通过的卡车计数;报告者进程定时(可设为每隔一小时,整点时)将观察者的计数值打印输出,每次打印后把计数值清 0。两个进程的并发执行可完成对每小时中卡车流量的统计,这两个进程的算法描述如下:

```
int count = 0;
cobegin
void observer() {
while(1){
  [observe a lorry];
  count = count + 1;
  }
```

```
}
void reporter(){
printf(" % d", count);
count = 0;
}
coend;
```

进程 observer 和 reporter 并发执行时可能发生如下两种情况。

(1) 报告者进程执行时无卡车通过。这种情况下,报告者进程把上一小时通过的卡车数打印输出后将计数器清 0,完成了一次自己承担的任务。此后,有卡车通过时,观察者进程重新开始对一个新时间段内的流量进行统计。在两个进程的配合下,能正确统计出每小时通过的卡车数量。

(2) 报告者进程执行时有卡车通过。当准点时,报告者进程工作,它启动了打印机,在等待打印机打印输出时,恰好有一辆卡车通过,这时,观察者进程占用处理器,把计数器 count 的值又增加了 1。之后,报告者进程在打印输出后继续执行 count = 0。于是,报告者进程在把已打印的 count 值清 0 时,同时把观察者进程在 count 上新增加的 1 也清除了。如果在报告者打印期间连续有车辆通过,虽然观察者都把它们记录到计数器中,但都因报告者执行 count = 0 而把计数值丢失了,使统计结果严重失实。

从以上例子可以看出,由于并发进程执行的随机性,一个进程对另一个进程的影响是不可预测的。由于它们共享了资源(变量),当在不同时刻交替访问资源(变量)时就可能造成结果的不正确。造成不正确的因素是与进程占用处理器的时间、执行的速度以及外界的影响有关。这些因素都与时间有关,所以称为"与时间有关的错误"。

2.4.2 临界区

视频讲解

有交往的并发进程执行时出现与时间有关的错误,其根本原因是对共享资源(变量)的使用不加限制,当进程交叉使用了共享资源(变量)就可能造成错误。为了使并发进程能正确地执行,必须对共享变量的使用加以限制。

并发进程中与共享变量有关的程序段称为"临界区"。共享变量所代表的资源称为"临界资源"。多个并发进程中涉及相同共享变量的那些程序段称为"相关临界区"。例如,在火车票售票系统中:

进程 T1 的临界区为:

```
x1 = Aj;
if (x1 > = 1) {
    x1 = x1 - 1;
    Aj = x1;
    [输出一张票];
} else
    [输出信息"票已售完"];
```

进程 T2 的临界区为:

```
x2 = Aj;
if (x2 > = 1) {
    x2 = x2 - 1;
    Aj = x2;
    [输出一张票];
} else
    [输出信息"票已售完"];
```

这两个临界区都要使用共享变量 Aj,故属于相关临界区。而在自动计数系统中,观察者进程的临界区是:

count = count + 1;

而报告者进程的临界区是:

printf(" % d", count);
count = 0;

这两个临界区都要使用共享变量 count,也属于相关临界区。

如果有进程在相关临界区执行时,不让另一个进程进入相关临界区执行,就不会形成多个进程对相同共享变量的交叉访问,于是就可避免出现与时间有关的错误。例如,观察者和报告者并发执行时,当报告者启动打印机后,在执行 count=0 之前,虽然观察者发现有卡车通过,应该限制它进入相关临界区(即暂不执行 count=count+1),直到报告者执行了 count =0 退出临界区。当报告者退出临界区后,观察者再进入临界区执行,这样就不会交替地修改 count 值,观察到的卡车数被统计在下一个时间段内,不会出现数据丢失。可见,只要对涉及共享变量的若干进程的相关临界区互斥执行,就不会出现与时间有关的错误。因而,对若干进程共享某一资源(变量)的相关临界区的管理应满足如下 3 个要求。

(1) 一次最多让一个进程在临界区执行,当有进程在临界区执行时,其他想进入临界区执行的进程必须等待。

(2) 任何一个进入临界区执行的进程必须在有限的时间内退出临界区,即任何一个进程都不应该无限期地逗留在临界区中。

(3) 不能强迫一个进程无限期地等待进入它的临界区,即有进程退出临界区时,应让一个等待进入临界区的进程进入它的临界区。

2.4.3 进程的互斥

视频讲解

进程的互斥是指当有若干进程都要使用某一共享资源时,任何时刻最多只允许一个进程去使用,其他要使用该资源的进程必须等待,直到占用资源者释放该资源。

实际上,共享资源的互斥使用就是限定并发进程互斥地进入相关临界区。如果能提供一种方法来实现对相关临界区的管理,则就可实现进程的互斥。实现对相关临界区管理的方法有多种,例如可采用标志方式、上锁开锁方式、PV 操作方式和管程方式等。在这里,我们先介绍怎样用 PV 操作来管理相关临界区,即用 PV 操作实现进程的互斥。

1. 信号量与 PV 操作

信号量的概念和 PV 操作是荷兰科学家 E. W. Dijkstra 提出来的。信号灯是铁路交通管理中的一种常用设备,交通管理人员利用信号颜色的变化来实现交通管理。在操作系统中,信号量 S 是一整数。在 S 大于或等于零时,代表可供并发进程使用的资源实体数,在 S 小于零时,则用|S|表示正在等待使用资源实体的进程数。建立一个信号量必须说明此信号量所代表的意义并且赋初值。除赋初值外,信号量仅能通过 PV 操作来访问。

信号量按其用途可分为两种。

(1) 公用信号量。联系一组并发进程,相关的进程均可在此信号量上执行 P 操作和 V 操作,初值常常为 1,用于实现进程互斥。

（2）私有信号量。联系一组并发进程,仅允许拥有此信号量的进程执行 P 操作,而其他相关进程可在其上施行 V 操作。初值常常为 0 或正整数,多用于实现进程同步。

PV 操作是由两个操作(即 P 操作和 V 操作)组成。P 操作和 V 操作是两个在信号量上进行操作的过程,假定用 S 表示信号量,则把这两个过程记作 P(S)和 V(S),它们的定义如下:

```
void P(Semaphore S) {
  S = S - 1;
  if (S < 0) W(S); }
```

```
void V(Semaphore S){
  S = S + 1;
  if (S < = 0) R(S); }
```

其中,W(S)表示将调用 P(S)过程的进程置成"等待信号量 S"的状态,且将其排入等待队列,R(S)表示释放一个"等待信号量 S"的进程,使该进程从等待队列退出,并加入就绪队列中。

要用 PV 操作来管理共享资源,首先要确保 PV 操作自身执行的正确性。由于 P(S)和 V(S)都是在同一个信号量 S 上操作,为了使得它们在执行时不发生交叉访问信号量 S 而出现错误,约定 P(S)和 V(S)必须是两个不可被中断的过程,即让它们在屏蔽中断下执行。我们把不可被中断的过程称为"原语",于是,P 操作和 V 操作实际上应该是"P 操作原语"和"V 操作原语"。

P 操作(见图 2-16)的主要动作是:

（1）S 减 1;

（2）若 S 减 1 后仍大于或等于零,则进程继续执行;

（3）若 S 减 1 后小于零,则该进程被阻塞后放入等待该信号量的等待队列中,然后执行权转交系统进程调度。

V 操作(见图 2-17)主要动作是:

（1）S 加 1;

（2）若相加结果大于零,进程继续执行;

（3）若相加结果小于或等于零,则从该信号的等待队列中释放一个等待进程,然后再返回原进程继续执行或执行权转交系统进程调度。

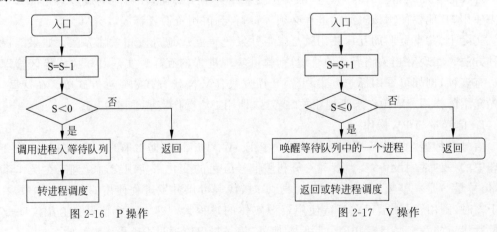

图 2-16 P 操作   图 2-17 V 操作

S 的初值可定义为 0、1 或其他整数,在系统初始化时确定。从信号量和 PV 操作的定义可以获得如下推论。

推论 1：若信号量 S 为正值,则该值等于在阻塞进程之前对信号量 S 可施行的 P 操作数,即等于 S 所代表的实际还可以使用的物理资源数。

推论 2:若信号量 S 为负值,则其绝对值等于登记排列在该信号量 S 队列之中等待的进程数,即恰好等于对信号量 S 实施 P 操作而被阻塞并进入信号量 S 等待队列的进程数。

推论 3:通常,P 操作意味着请求一个资源,V 操作意味着释放一个资源。在一定条件下,P 操作代表阻塞进程操作,而 V 操作代表唤醒被阻塞进程的操作。

2. 用 PV 操作实现进程互斥

用 PV 操作可实现并发进程的互斥,其步骤如下。

(1)设立一个互斥信号量 S 表示临界区,其取值范围为 1,0,−1,…。其中,S=1 表示无并发进程进入 S 临界区;S=0 表示已有一个并发进程进入了 S 临界区;S 等于负数表示已有一个并发进程进入了 S 临界区,且有 |S| 个进程等待进入 S 临界区,S 的初值为 1。

(2)用 PV 操作表示对 S 临界区的申请和释放,在进入临界区之前,通过 P 操作进行申请,在退出临界区之后,通过 V 操作释放。

```
P 进程          Q 进程
…              …
P(S);           P(S);
临界区;          临界区;
V(S);           V(S);
…              …
```

下面请看几个实例。

【例 4】 用 PV 操作管理火车票售票问题。

```
Semaphore S = 1;                          Aj = xi;
cobegin                                   V(S);
void Ti ()      // i = 1, 2 即 T1 和 T2 进程    [输出一张票];
{ int xi;                                 } else
   [按旅客订票要求找到 Aj];                      { V(S);
   p(S);                                      [输出信息"票已售完"];}
   xi = Aj;                               }
   if (xi >= 1)                        coend;
      { xi = xi − 1;
```

【例 5】 用 PV 操作管理主存问题。

```
int x = 1000;                             }
Semaphore S = 1;
                                          void return (int B){
cobegin                                   p(S);
void borrow (int B) {                     x = x + B;
p(S);                                     [修改主存分配表];
if (B > x)                                V(S);
   [申请进程进入等待队列等主存资源];              [释放等主存资源的进程];
x = x − B;                                }
[修改主存分配表,申请进程获得主存资源];          coend;
V(S);
```

【例 6】 用 PV 操作管理自动计数问题。

```
int count = 0;                          void reporter(){
Semaphore S = 1;                            p(S);
                                            printf(" % d", count);
cobegin                                     count = 0;
void observer(){                            V(S);
    while(1) {                              }
    [observer a lorry];                 coend;
    p(S);
    count = count + 1;
    V(S);
}}
```

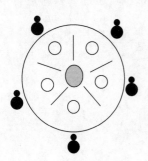

图 2-18　五个哲学家
吃通心面问题

【例 7】 用 PV 操作解决 5 个哲学家吃通心面问题。

有 5 个哲学家围坐在一圆桌旁,桌子中央有一盘通心面,每人面前有一只空盘子,每两人之间放一把叉子。每个哲学家都经历了思考、饥饿,然后吃通心面的过程。为了吃面,每个哲学家必须获得两把叉子,且每人只能直接从自己左边或右边取得叉子(如图 2-18 所示)。

在这道经典题目中,每一把叉子都是必须互斥使用的,因此,应为每把叉子设置一个互斥信号量 $S_i(i=0,1,2,3,4)$,初值均为 1,当一个哲学家吃通心面之前,必须获得自己左边和右边的两把叉子,即执行两个 P 操作;吃完通心面后必须放下叉子,即执行两个 V 操作。

```
Semaphore S_0, S_1, S_2, S_3, S_4;          P(S_i);
S_0 = 1;                                     P((S_{i+1}) % 5);
S_1 = 1; S_2 = 1; S_3 = 1; S_4 = 1;         [吃通心面];
                                            V(S_i);
cobegin                                      V((S_{i+1}) % 5);
void Ki()       //(i = 0, 1, 2, 3, 4)       }
{                                           }
while(1) {                              coend;
[思考];
```

2.5　进 程 同 步

有时候进程之间的执行次序具有一定的同步关系。进程 A 需要等到进程 B 的执行结果作为输入才能执行,它们协作完成一件事情。正如同人们走路时左脚和右脚之间的协作一样,在迈开了左脚之后,只有等到右脚走完,左脚才能再次迈出。本节将详细讨论进程之间的这种执行现象。

视频讲解

2.5.1　进程的同步

利用信号量我们解决了进程的互斥问题,但互斥主要是解决并发进程对临界区的使用问题。这种基于临界区控制的交互作用是比较简单的,只要诸进程对临界区的执行时间互斥,每个进程就可忽略其他进程的存在和作用。此外,还需要解决异步环境下的进程同步问题。所谓异步环境是指:相互合作的一组并发进程,其中每一个进程都以独立的、不可预知的速度向前推进,但它们又需要密切合作,以实现一个共同的任务,即彼此"知道"相互的存在和作用。例如,为了把原始的一批记录加工成当前需要的记录,创建了两个进程,即进程A 和进程 B。进程 A 启动输入设备不断地读记录,每读出一个记录就交给进程 B 去加工,直至所有记录都处理结束。为此,系统设置了一个容量为存放一个记录的缓冲器,进程 A 把读出的记录存入缓冲器,进程 B 从缓冲器中取出记录加工,如图 2-19 所示。

图 2-19　进程协作

进程 A 和进程 B 是两个并发进程,它们共享缓冲器,如果两个进程不相互制约的话就会造成错误。当进程 A 的执行速度超过进程 B 的执行速度时,可能进程 A 把一个记录存入缓冲器后,在进程 B 还没有取走前,进程 A 又把新读出的一个记录存入缓冲器,后一个记录把前一个尚未取走的记录覆盖了,造成记录的丢失。当进程 B 的执行速度超过进程 A 的执行速度时,可能进程 B 从缓冲器取出一个记录并加工后,进程 A 还没有把下一个新记录存入缓冲器,而进程 B 却又从缓冲器中去取记录,造成重复地取同一个记录加工。

用进程互斥的办法不能克服上述两种错误,事实上,虽然进程 A 和进程 B 共享缓冲器,但它们都是在无进程使用缓冲器时才向缓冲器存记录或从缓冲器取记录的。也就是说,它们在互斥使用共享缓冲器的情况下仍会发生错误,引起错误的根本原因是它们之间的相对速度。可以采用互通消息的办法来控制执行速度,使相互协作的进程正确工作。两个进程应如下协作。

(1) 进程 A 把一个记录存入缓冲区后,应向进程 B 发送"缓冲器中有等待处理的记录"的消息。

(2) 进程 B 从缓冲器中取出记录后,应向进程 A 发送"缓冲器中的记录已取走"的消息。

(3) 进程 A 只有在得到进程 B 发送来的"缓冲器中的记录已取走"的消息后,才能把下一个记录再存入缓冲器。否则进程 A 等待,直到消息到达。

(4) 进程 B 只有在得到进程 A 发送来的"缓冲器中有等待处理的记录"的消息后,才能从缓冲器中取出记录并加工。否则进程 B 等待,直到消息到达。

由于每个进程都是在得到对方的消息后才去使用共享的缓冲器,所以不会出现记录的丢失和记录的重复处理。

进程的同步是指并发进程之间存在一种制约关系,一个进程的执行依赖于另一个进程的消息,当没有得到另一个进程的消息时,这个进程应等待,直到消息到达时才被唤醒。

2.5.2　用 PV 操作实现进程的同步

　　要实现进程的同步就必须提供一种机制,该机制能把其他进程需要的消息发送出去,也能测试自己需要的消息是否到达。把能实现进程同步的机制称为同步机制,不同的同步机制实现同步的方法也不同,PV 操作和管程是两种典型的同步机制。这里只介绍怎样用 PV 操作实现进程间的同步。

　　我们已经知道怎样用 PV 操作来实现进程的互斥。事实上,PV 操作不仅是实现进程互斥的有效工具,而且还是一个简单而方便的同步工具。用一个信号量与一个消息联系起来,当信号量的值为"0"时,表示期望的消息尚未产生;当信号量的值为非"0"时,表示期望的消息已经存在。假定用信号量 S 表示某个消息,现在来看看怎样用 PV 操作达到进程同步的目的。

　　1) 调用 P 操作测试消息是否到达

　　任何进程调用 P 操作可测试到自己所期望的消息是否已经到达。若消息尚未产生,则 S=0,调用 P(S)后,P(S)让调用者成为等待信号量 S 的状态,即调用者此时必定等待直到消息到达;若消息已经存在,则 S≠0,调用 P(S)后进程不会成为等待状态而是可以继续执行,即进程测试到自己期望的消息已经存在。

　　2) 调用 V 操作发送消息

　　任何进程要向其他进程发送消息时可调用 V 操作。若调用 V 操作之前,S=0,表示消息尚未产生且无等待消息的进程,这时调用 V(S)后,V(S)执行 S=S+1 使 S≠0,即意味着消息已存在;若调用 V 操作之前 S<0,表示消息未产生前已有进程在等待消息,这时调用 V(S)后将释放一个等待消息者,即表示该进程等待的消息已经到达,可以继续执行。

　　在用 PV 操作实现同步时,一定要根据具体的问题来定义信号量,确定调用 P 操作或 V 操作。一个信号量与一个消息联系在一起,当有多个消息时,必须定义多个信号量;测试不同的消息是否到达或发送不同的消息时,应对不同的信号量调用 P 操作或 V 操作。

2.5.3　时间同步问题

　　前文所述的进程同步问题都属于空间上的同步,其实进程同步还有个时间上的同步问题。当一组有关的并发进程在执行时间上有严格的先后顺序时,就会出现时间上的进程同步问题。例如,有 7 个进程,它们的执行顺序如图 2-20 所示。

　　为了保证这 7 个进程严格按照顺序执行,可定义 6 个信号量,其物理含义分别如下:

- S2：表示进程 P2 能否执行；
- S3：表示进程 P3 能否执行；
- S4：表示进程 P4 能否执行；
- S5：表示进程 P5 能否执行；
- S6：表示进程 P6 能否执行；
- S7：表示进程 P7 能否执行。

图 2-20　7 个进程的执行顺序

　　进程 P1 不需定义信号量,可随时执行。这些信号量的初值都为 0,表示不可执行;而

当大于或等于 1 时,表示可执行。同步工作描述如下:

```
Semaphore S2, S3, S4, S5, S6, S7;          P(S4);
S2 = 0; S3 = 0; S4 = 0; S5 = 0; S6 = 0; S7 = 0;   ...
                                           V(S6);
cobegin                                     }
void P1(){
...                                        void P5(){
V(S2);                                     P(S5);
V(S3);                                     ...
V(S4);                                     V(S6);
}                                           }

void P2(){                                 void P6(){
P(S2);                                     P(S6);
...                                        P(S6);
V(S7);                                     ...
}                                          V(S7);
                                            }
void P3(){
P(S3);                                     void P7(){
...                                        P(S7);
V(S5);                                     P(S7);
}                                          ...
                                            }
void P4(){                                 coend;
```

当 P1 执行完后,由于执行了 V(S2)、V(S3) 和 V(S4) 三个 V 操作,故 P2、P3 和 P4 在 P1 后可并发执行。P3 执行完后,由于执行了 V(S5) 操作,则可启动 P5 执行。而 P6 要等 P4 与 P5 两个进程全部执行完,执行了两个 V(S6) 操作后,才能启动执行;P7 要等 P2 与 P6 两个进程全部执行完,执行了两个 V(S7) 操作后才能启动执行。这样,就可以保证 7 个进程在时间上的同步。

2.6　经典进程问题

2.6.1　生产者-消费者问题

视频讲解

生产者-消费者问题是一个典型的同步例子。假定有一个生产者和一个消费者,它们公用一个缓冲器,生产者不断地生产物品,每生产一件物品就要存入缓冲器。但缓冲器中每次只能存入一件物品,只有当消费者把物品取走后,生产者才能把下一件物品存入缓冲器。同样地,消费者要不断地从缓冲器取出物品消费,当缓冲器中有物品时,他就可以去取,每取走一件物品后,必须等生产者再放一件物品后才能再次取出。

在这个问题中,生产者要向消费者发送"缓冲器中有物品"的消息,而消费者要向生产者发送"可把物品存入缓冲器"的消息。用 PV 操作实现生产者-消费者之间的同步,应该定义两个信号量,分别表示两个消息。这两个信号量分别定义为 SP 和 SG,其含义如下。

(1) SP 表示是否可以把物品存入缓冲器,由于缓冲器中只能放一件物品,系统初始化时应允许放入物品,所以 SP 的初值应为"1"。

（2）SG 表示缓冲器中是否存有物品,显然,系统初始化时缓冲器中应该无物品,所以 SG 的初值应为"0"。

对于生产者来说,生产一件物品后应调用 P(SP),当缓冲器中允许放物品时(这时 SP=1),则在调用 P(SP)后不会成为等待状态(但 SP 的值已经变为"0"),生产者可以继续执行,把物品存入缓冲器。生产者把一件物品存入缓冲器后,又可以继续生产物品,但若消费者尚未取走上一件物品(这时 SP 维持为"0"),而生产者欲把生产的物品再次存入缓冲器时,调用 P(SP)后将成为等待状态,阻止它把物品存入缓冲器。生产者在缓冲器中每存入一件物品后,应调用 V(SG)把缓冲器中有物品的消息告诉消费者(调用 V(SG)后,SG 的值从"0"变为"1")。

对消费者来说,取物品前应查看缓冲器中是否有物品,即调用 P(SG)。若缓冲器中尚无物品(这时 SG 仍为"0"),则调用 P(SG)后消费者等待,不能去取物品,直到生产者存入一件物品后,发送"有物品"的消息时才唤醒消费者。若缓冲器中已有物品(这时 SG 为"1"),则调用 P(SG)后消费者可继续执行,从缓冲器中去取物品。消费者从缓冲器中每取走一件物品后,应调用 V(SP),通知生产者缓冲器中物品已被取走,可以存入一件新的物品。

生产者和消费者并发执行时,用 PV 操作作为同步机制可按如下方式管理:

```
int buffer;
Semaphore SP = 1, SG = 0;

cobegin
void producer(){
while(1){
[Produce a product];
P(SP);
buffer = product;
V(SG);
}
}

void consumer(){
while(1){
P(SG);
[Take a product from buffer];
V(SP);
[Consume];
}
}
coend;
```

注意:生产者生产物品的操作和消费者消费物品的操作是各自独立的,只是在访问公用的缓冲器把物品存入或取出时才要互通消息。所以,测试消息是否到达和发送消息的 P 操作和 V 操作应该分别在访问共享缓冲器之前和之后。

如果一个生产者和一个消费者共享的缓冲器容量为可以存放 n 件物品($n>1$),那么只要把信号量 SP 的初值定为"n",SG 的初值仍为"0"。当缓冲器中没有放满 n 件物品时,生产者调用 P(SP)后都不会成为等待状态而可以把生产出来的物品存入缓冲器。但当缓冲器中已经有 n 件物品时(此时 SP 已经为"0"),生产者再想存入一件物品将被拒绝。生产者每存入一件物品后,由于调用 V(SG)发送消息,故 SG 的值表示缓冲器中可供消费的物品数。只要 SG≠0,消费者调用 P(SG)后总可以去取物品,每取走一件物品后调用 V(SP),便增加了一个可以用来存放物品的位置。

由于缓冲器可存 n 件物品,因此,必须指出缓冲器中什么位置已有物品可供消费,什么位置尚无物品可供生产者存放物品。可以用两个指针 k 和 t 分别指示生产者往缓冲器存物品和消费者从缓冲器取物品的相对位置,它们的初值为"0",生产者和消费者按顺序的位置去存物品和取物品。缓冲器被循环使用,即生产者在缓冲器顺序存放了 n 件物品后,则以后继续生产的物品仍从缓冲器的第一个位置开始存放。于是,一个生产者和一个消费者共享容量为 n 的缓冲器时,可如下同步工作:

```
int B[n];                              }
int k = 0, t = 0;
Semaphore SP = n, SG = 0;          void consumer(){
                                       while(1) {
cobegin                                P(SG);
void producer(){                       [Take a product from B[t]];
    while(1) {                         t = (t + 1) % n;
    [produce a product];               V(SP);
    P(SP);                             [consume];
    B[k] = product;                    }
    k = (k + 1) % n;                   }
    V(SG);
    }                              coend;
```

要注意的是:如果 PV 操作使用不当,仍会出现与时间有关的错误。例如,有 p 个生产者和 q 个消费者,它们共享可存放 n 件物品的缓冲器;为了使它们能协调工作,必须使用一个互斥信号量 S(初值为 1),以限制它们对缓冲器互斥地存取;另外,仍用两个信号量 SP(初值为 n)和 SG(初值为 0)来保证生产者不往满的缓冲器中存放物品,消费者不从空的缓冲器中取出物品。同步工作描述如下:

```
int B[n];                              }
int k = 0, t = 0;                      }
Semaphore SP = n, SG = 0;
Semaphore S = 1;                   void consumerj() {      // j = 1, 2, ···, q
                                       while(1) {
cobegin                                P(SG)
void produceri() {      // i = 1, 2, ···, p    P(S);
    while(1) {                         [Take a product from B[t]];
    [produce a product];               t = (t + 1) % n;
    P(SP);                             V(SP);
    P(S);                              V(S);
    B[k] = product;                    [consume];
    k = (k + 1) % n;                   }
    V(SG);                             }
    V(S);
                                   coend;
```

在这个例子中,P 操作的顺序是很重要的,如果我们把生产者和消费者进程中的两个 P 操作交换顺序,则会导致错误。而 V 操作的顺序却是无关紧要的。一般来说,用于同步的信号量上的 P 操作先执行,而用于互斥的信号量上的 P 操作后执行。

生产者-消费者问题是非常典型的问题,有许多问题可归结为生产者-消费者问题,但要根据实际情况灵活运用。例如,现有四个进程 R1、R2、W1、W2,它们共享可以存放一个数的缓冲器 B。进程 R1 每次把来自键盘的一个数存入缓冲器 B 中,供进程 W1 打印输出;进程 R2 每次从磁盘上读一个数存放到缓冲器 B 中,供进程 W2 打印输出。为防止数据的丢失和重复打印,怎样用 PV 操作来协调这四个进程的并发执行?

先分析这 4 个进程的关系。进程 R1 和进程 R2 相当于两个生产者,接收来自键盘的数或从磁盘上读出的数相当于这两个进程各自生产的物品。两个进程各自生产的不同物品要存入共享的缓冲器 B 中,由于 B 中每次只能存入一个数,因此,进程 R1 和进程 R2 在存数时必须互斥。进程 W1 和进程 W2 相当于两个消费者,它们分别消费进程 R1 和进程 R2 生产的物品。所以,进程 R1(或进程 R2)在把数存入缓冲器 B 后应发送消息通知进程 W1(或进程 W2)。进程 W1(或进程 W2)在取出数之后应发送消息通知进程 R1(或进程 R2)告知缓冲器中又允许放一个新数的消息。显然,进程 R1 与进程 W1 以及进程 R2 与进程 W2 之间要同步。

在分析了进程之间的关系后,应考虑怎样定义信号量。首先,应定义一个是否允许进程 R1 或进程 R2 把数存入缓冲器的信号量 S,其初值为"1",表示允许存放一个数。其次,进程 R1 和进程 R2 分别要向进程 W1 和进程 W2 发送消息,应该要有两个信号量 S1 和 S2 来分别表示相应的消息,初值都应为"0",表示缓冲器中尚未存放一个数。至于进程 W1 或进程 W2 从缓冲器中取出数后要发送"缓冲器中允许放一个新数"的消息,这个消息不应该特定地发给进程 R1 或进程 R2,所以只要调用 V(S)就可达到目的。到底哪个进程可以把数存入缓冲器中,由进程 R1 和进程 R2 调用 P(S)来竞争。因此,不必再增加新的信号量。现定义 3 个信号量,其物理含义如下:

- S:表示能否把数存入缓冲器 B;
- S1:表示缓冲器中是否存有来自键盘的数;
- S2:表示缓冲器中是否存有从磁盘上读入的数。

4 个进程可如下协调工作:

```
int B;
Semaphore S = 1, S1 = 0, S2 = 0;

cobegin
void R1(){
int x;
while(1) {
[接收来自键盘的数];
x = 接收的数;
P(S);
B = x;
V(S1);
}
}

void R2(){
int y;
while(1) {
  [从磁盘上读一个数];
y = 读入的数;
P(S);
B = y;
V(S2);
}
}

void W1(){
int k;
while(1) {
P(S1);
k = B;
V(S);
[打印 k 中数];
}
}

void W2(){
int j;
while(1) {
P(S2);
j = B;
V(S);
[打印 j 中数];
}
}
coend;
```

在这里,进程 R1 和进程 R2 在向缓冲器 B 中存数之前调用了 P(S),这个 P(S)起两个作用。

（1）由于 S 的初值为"1",所以 P(S)限制了每次至多只有一个进程可以向缓冲器中存入一个数,起到了互斥地向缓冲器中存数的作用。

（2）当缓冲器中有数且尚未被取走时,S 的值为"0",当缓冲器中数被取走后,S 的值又为"1",因此 P(S)起到了测试"允许存入一个新数"的消息是否到达的同步作用。

进程 W1 和进程 W2 把需要的数取走后,都调用 V(S)发出可以存放一个新数的消息。可见,在这个问题中信号量 S 既被作为互斥的信号量,又被作为同步的信号量。

在操作系统中进程同步问题是非常重要的,通过对一些例子的分析大家应该学会怎样区别进程的互斥和进程的同步。PV 操作是实现进程互斥和进程同步的有效工具,若使用不得当,则不仅会降低系统效率而且仍会产生错误。希望大家在弄清 PV 操作作用的基础上,体会在各个例子中调用不同信号量上的 P 操作和 V 操作的目的,从而正确掌握对各类问题的解决方法。

2.6.2　读者-写者问题

视频讲解

读者-写者问题也是一个经典的并发程序设计问题。有两组并发进程:读者和写者,它们共享一个文件 F,要求:①允许多个读者可同时对文件执行读操作;②只允许一个写者往文件中写信息;③任一写者在完成写操作之前不允许其他读者或写者工作;④写者执行写操作前,应让已有的写者和读者全部退出。

单纯使用信号量不能解决读者与写者问题,必须引入计数器 rc 对读进程计数,mutex 是用于对计数器 rc 操作的互斥信号量,W 表示是否允许写的信号量,于是管理该文件的同步工作描述如下:

```
int rc = 0;
Semaphore W = 1, mutex = 1;

cobegin
void readi (){        //i = 1, 2, …
  P(mutex);
  rc = rc + 1;
  if (rc == 1) P(W);
  V(mutex);
  [读文件];
  P(mutex);
  rc = rc - 1;
  if (rc == 0) V(W);
  V(mutex);
}

void writej (){       //j = 1, 2, …
  P(W);
  [写文件];
  V(W);
}

coend
```

在上面的方法中,读者是优先的。当存在读者时,写操作将被延迟,并且只要有一个读者在访问文件,随后而来的读者都将被允许访问文件。从而导致了写进程长时间等待,并有可能出现写进程被"饿死"。增加信号量并修改上述程序可以得到写进程具有优先权的解决方案,能保证当一个写进程声明想写时,不允许新的读进程再访问共享文件。

视频讲解

2.6.3　理发师问题

"理发师问题"又称"睡眠的理发师问题",也是一个典型的同步例子。假定有一个理发师,他的店里只有一把理发椅子,以及提供给顾客的 n 把等候椅子;如果没有顾客在等候椅子上,也没有顾客在理发椅子上,理发师就在理发椅子上睡觉。在等待椅子上的顾客若发现理发椅子空闲就会坐上去,如果不空闲,则存在两种情况:第一种情况是理发椅子上已有其他顾客,顾客则继续等待;第二种情况是理发师在理发椅子上睡着了,那么顾客就叫醒理发师,并坐在理发椅子上等;只要理发椅上有顾客,理发师就要为他理发;一旦有新顾客到来,如果等候椅子还有空闲,他会在等候椅子上坐下,否则他离开理发店。

理发师问题中,既有读者-写者问题遇到的困难,也有哲学家进餐问题遇到的困难。读者-写者问题考虑的是临界资源如何互斥,读者写者如何同步;哲学家进餐问题是经典进程同步互斥问题,更多地考虑作为临界资源叉子的互斥以及不同哲学家之间的同步问题。理发师问题既要考虑椅子资源的互斥,又要考虑同步问题。

这里需要考虑初值为 1 的互斥信号量 mutex,用于保护不同进程对 waiting 的访问,以表示等待顾客数量的 waiting 变量的操作;需要同步信号量 barbers 和 customers 表示空闲理发师数量和顾客数量(它们的初值均为 0),其作用是同步顾客进程和理发师进程。具体代码描述如下:

```
int waiting = 0;
Semaphore mutex = 1, barbers = 0, customers
= 0;

cobegin
void barber (){
  while(1)
  {
  P(mutex);
  if(waiting == 0) [睡觉];
  V(mutex);

  P(cutomers);
  P(mutex);
  waiting = waiting - 1;
  V(barbers);
  V(mutex);
  [理发];
  }
}

void customerj(){ //j = 1,2,3, …
  P(mutex);
  if (waiting < n)
  {
  waiting = waiting + 1;
  V(customers);
  V(mutex);
  P(barbers);
  [坐下等待]
  }
  else
  V(mutex); //理发店满员,离开
}

coend;
```

在上面的求解方法中,首先要思考互斥访问的资源有哪些,然后思考同步信号量的设计。

2.6.4 独木桥问题

视频讲解

独木桥问题,假如有一座比较窄的、东西朝向的独木桥。桥头两边的汽车可以通过该桥,但为了保证安全,需要执行如下规则:桥上无车时,允许一侧汽车过桥,待一侧的汽车全部通过完毕之后,才允许另一侧汽车过桥。

独木桥问题是读者-写者问题的一个变种,从中可以衍生出来很多问题,例如,飞机起飞问题等。求解这个问题的基本思路与读者-写者问题中的读者进程类似;可以视为两类读者,一类是从头开始阅读,如同从东向西过桥的车;一类是从后向前阅读,如同从西向东过桥的车。对同一方向的车进行计数,一旦获得了通过权后就占领桥,直到该方向的车都完成过桥后,换另一方向的车过桥。因此,基本思路是:东侧第一辆车先检查桥对面有没有车过来并正在桥上,如果桥上已经有对面来的车,则等待;如果没有,则自己上桥,并占领桥,从而控制信号以阻止西侧的车上桥,但容许同在东侧的车上桥,并通过桥,直到东侧的最后一辆车完成过桥后,控制信号量以表达释放桥。同理,西侧的车也像东侧的车那样。这里,东侧和西侧是平等的;这就要求我们构造两个非常类似的"读者进程"。

这里需要引入 3 个信号量——mutexBrigde、mutexEast、mutexWest,它们的初值均为 1,mutexBrigde 用于独木桥的互斥访问,mutexEast 表示东侧车辆上桥后的东侧车辆之间互斥,mutexWest 表示西侧车辆上桥后的西侧车辆之间互斥。另外,需要设置东侧和西侧车辆在桥上的数量的计数器 eastCount 和 westCount,它们初值均为 0。

```
int eastCount = 0,westCount = 0;
Semaphore mutexBrigde = 1, mutexEast  = 1,
mutexWest = 1;

cobegin
void eastPart (){
  while(1)
  {
  P(mutexEast);
  eastCount++;
  if(eastCount == 1) //第一个,占桥
      P(mutexBrigde);
  V(mutexEast);
  [上桥];
  汽车行进;
  [下桥];
  P(mutexEast);
  eastCount -- ;
  if(eastCount == 0) //最后一个,释放桥
      V(mutexBrigde);
  V(mutexEast);
  }

}

void wesPart (){
  while(1)
  {
  P(mutexWest);
  westCount++;
  if(westCount == 1) //第一个,占桥
      P(mutexBrigde);
  V(mutexWest);
  [上桥];
  汽车行进;
  [下桥];
  P(mutexWest);
  westCount -- ;
  if(westCount == 0) //最后一个,释放桥
      V(mutexBridge);
  V(mutexWest);
  }
}
coend;
```

以上是本章提供的若干经典的同步和互斥的问题,在这些问题的基础上衍生了许多新问题,都不外乎思考哪些资源需要互斥访问,哪些资源需要同步使用。

2.7　管　程 *

信号量机制为实现进程的同步与互斥提供了一种原始、功能强大且灵活的工具,然而在使用信号量和 PV 操作实现进程同步时,对共享资源的管理分散于各进程中,进程能够直接对共享变量进行处理,不利于系统对临界资源的管理,难以防止进程有意或无意地违反同步操作,容易造成程序设计错误。在进程共享主存的前提下,如果能集中和封装针对一个共享资源的所有访问,包括所需的同步操作,即把相关的共享变量及其操作集中在一起统一控制和管理,就可以方便地管理和使用共享资源,使并发进程之间的相互作用更为清晰,更易于编写正确的并发程序。

1. 管程的概念

1973 年,Hansen 和 Hoare 正式提出了管程(monitor)的概念,并对其做了如下的定义——关于共享资源的数据及在其上的操作的一组过程或共享数据结构及其规定的所有操作。管程的引入可以让我们按资源管理的观点,将共享资源和一般资源的管理区分开来,使进程同步机制的操作相对集中。采用这种方法,对共享资源的管理可借助数据结构及其上所实施操作的若干进程来进行;对共享资源的申请和释放通过进程在数据结构上的操作来实现。管程被请求和释放资源的进程调用,管程实质上是把临界区集中到抽象数据类型模板中,可作为程序设计语言的一种结构成分。对于同步问题的解决,管程和信号量具有同等的表达能力。

管程具有如下几个主要的特性。

(1) 模块化:一个管程是一个基本程序单位,可以单独编译。

(2) 抽象数据类型:管程是一种特殊的数据类型,其中不仅有数据,而且有对数据进行操作的代码(即过程)。

(3) 安全性:管程内的数据和过程都局限于管程本身。管程内的数据只能被管程内的过程所访问,管程内的过程也只能访问管程内的数据,管程内部的实现在其外部是不可见的。

(4) 互斥性:在任一时刻,共享资源的进程可以访问管程中管理此资源过程,但最多只有一个调用者能够真正地进入管程,其他调用者必须等待直至管程可用。管程的互斥操作通常由编译程序支持。

可见,管程是由局部于自己的若干公共变量及其说明和所有访问这些公共变量的过程所组成的软件模块,它提供一种互斥机制,进程可互斥地调用这些过程。管程把分散在各个进程中互斥地访问公共变量的那些临界区集中在一起,提供对它们的保护。由于共享变量每次只能被一个进程所访问,把代表共享资源状态的共享变量放置在管程中,那么,管程就可以控制共享资源的使用。管程可作为程序设计语言的一个成分,采用管程作为同步机制便于用高级语言来编写程序,也便于程序正确性验证。

---

* 注:本节为选学内容。

2. 管程的语法描述

管程是由过程、变量及数据结构等组成的集合。典型的管程包括 3 个部分：

（1）对局部于管程的共享数据结构的说明；

（2）对该数据结构进行操作的一组过程；

（3）对该数据结构初始化的语句。

管程有自己的名字,管程中的各个过程可以带有自己的形式参数,与过程调用一样进行参数替换执行。管程本身被作为一种临界区,因此在实现管程时,需要考虑互斥、同步和控制变量等问题。进程可在任何需要的地方调用管程中的过程,但不能在管程外直接访问管程内的数据结构。下面是一个管程的语法描述伪代码。

```
typedef name = monitor    /*管程命名*/          }
int i;                    /*变量说明*/           ...              /*一组过程定义*/
condition c;
                                             void Pn(datatype x){
void P1(datatype x){                           ...
  ...                                        }
}
                                             void main(){
void P2(datatype x){                           ...              /*初始化语句*/
  ...                                        }
```

3. 条件变量

在利用管程实现进程同步时,必须设置两个同步操作原语 wait 和 signal。当某进程通过管程请求临界资源而未能满足时,管程便调用 wait 原语使该进程等待,并将它排在等待队列上。仅当另一进程访问完并释放之后,管程又调用 signal 原语,唤醒等待队列中的队首进程。

通常,等待的原因可有多个,为了区别它们,又引入了条件变量 condition。管程中对每个条件变量都须予以说明,其形式为：condition x,y; 该变量应置于 wait 和 signal 之前,即可表示为 x. wait 和 x. signal。例如,由于共享数据被占用而使调用进程等待,该条件变量的形式为 condition nonbusy,此时,wait 原语应该改为 nonbusy. wait,相应地,signal 应改为 nonbusy. signal。

应当指出,x. signal 操作的作用是重新启动一个被阻塞的进程,如果没有进程被阻塞,则 x. signal 操作不产生任何后果。如果有进程 Q 处于阻塞状态,当进程 P 执行了 x. signal 操作之后,怎样决定由哪个进程执行,哪个进程等待,可采取下述两种方式处理：

• P 等待,直至 Q 离开管程；

• Q 等待,直至 P 离开管程。

无论采用哪种处理方式,当然是各有其道理。但是 Hoare 却采用了第一种处理方式。

4. 利用管程解决生产者-消费者问题

在利用管程方法来解决生产者-消费者问题时,首先便是为它们建立一个管程,并命名为 Producer-Consumer,或简称为 PC。其中,包含两个过程。

1）put(item)过程

生产者利用该过程,将自己生产的消息投放到缓冲区中,并用整型变量 count 来表示在缓冲区中已有的消息数目,当 count≥n 时,表示缓冲区已满,生产者需等待。

2) get()过程

消费者利用该过程从缓冲区中取得一个消息,当 count≤0 时,表示缓冲区中已无可用消息,消费者应等待。

PC 管程可描述如下:

```
Typedef PC = monitor

int in = 0, out = 0, count = 0;
item buffer[n];
condition notfull, notempty;

void put(item nextp){
    if(count >= n) notfull.wait;
    buffer[in] = nextp;
    in = (in + 1) % n;
    count = count + 1;
    if (notempty.queue) notempty.signal;
}

item get(){
    item nextc;
    if (count <= 0) notempty.wait;
    nextc = buffer[out];
    out = (out + 1) % n;
    count = count - 1;
    if (notfull.queue) notfull.signal;
    return nextc;
}

void main(){
    in = out = 0;
    count = 0;
}
```

在利用管程解决生产者-消费者问题时,其中的生产者和消费者可描述为:

```
void producer(){
    while (1) {
        produce an item in nextp;
        PC.put(nextp);
    }
}

void consumer(){
    while (1) {
        nextc = PC.get();
        consume the item in nextc;
    }
}
```

5. 利用管程解决哲学家进餐问题

现在介绍如何用管程来解决哲学家进餐问题。在这里,我们认为哲学家可以处在这样3种状态之一,即进餐、饥饿和思考。相应地,引入描述3种状态的枚举数据类型和状态数据结构:

```
enum PHILO_STATE {thinking = 1, hungry, eating};
enum PHILO_STATE state[4];
```

我们认为,每一位哲学家设置一个条件变量 self[i],每当哲学家饥饿,但又不能获得进餐所需的叉子时,他可以执行 self[i].wait 操作,来推迟自己进餐。条件变量可描述为:

```
condition self[4];
```

在管程中还设置了3个过程。

(1) pickup(i: 0..4)过程。在哲学家进程中,可利用该过程去进餐。如某哲学家处于饥饿状态,且他的左、右两个哲学家都未进餐时,便允许这位哲学家进餐,因为他此时可以拿到左、右两把叉子;但只要其左、右两位哲学家中有一位正在进餐时,便不允许该哲学家进餐,此时将执行 self[i].wait 操作来推迟自己进餐。

（2）putdown(i：0..4)过程。当哲学家进餐完毕,他去看他左、右两边的哲学家,如果他们都处于饥饿状态,且他的左、右两边的哲学家都未进餐时,便可让他们进餐。

（3）test(i：0..4)。该过程为测试过程,用它去测试哲学家是否已具备用餐条件,即 state[(k＋4)％5]≠eating && state[k]＝hungry && state[(k＋1)％5]≠eating 条件为真。若为真,才允许该哲学家进餐。该进餐将被 pickup 和 putdown 两过程所调用。

用于解决哲学家进餐问题的管程描述如下:

```
Typedef dining - philosophers = monitor

enum PHILO _ STATE {thinking = 1,  hungry,
eating};
enum PHILO STATE state[4];
condition self[4];

void pickup(int i)       //i: 0..4;
{state[i] = hungry;
test(i);
if (state[i] != eating) self[i].wait;
}

void putdown(int i)      //i: 0..4;
{state[i] = thinking;
test((i + 4) % 5);

test((i + 1) % 5);
}

void test(int i)      //i: 0..4;
{
if ((state [(k + 4) % 5] != eating) &&
(state [k] == hungry) && (state [(k + 1) %
5] != eating))
{state[k] = eating;
self[k].signal;}
}

void main(){
for (i = 0; i < 4; i++)
   state[i] = thinking;
}
```

2.8　进 程 通 信

视频讲解

在计算机系统中,并发进程之间经常要交换一些信息。例如,并发进程间用 PV 操作交换信息实现进程的同步与互斥,以保证安全地共享资源和协调地完成任务。因此,把 PV 操作看作进程间的一种通信方式,但这种通信只交换了少量的信号,属于一种低级通信方式。有时,进程间要交换大量的信息,这种大量信息的传递要有专门的通信机制来实现,这是一种高级的通信方式。我们把通过专门的通信机制实现进程间交换大量信息的通信方式称为"进程通信"。

2.8.1　进程通信的类型

随着操作系统的发展,进程通信机制也在发展,由早期的低级进程通信机制发展为能传送大量数据的高级通信机制。目前,高级通信机制可归结为三大类:共享存储器系统、消息传递系统以及管道通信系统。

1. 共享存储器系统

在共享存储器系统中,相互通信的进程共享某些数据结构或共享存储区,进程之间能够通过它们进行通信。由此,又可把它们进一步分成两种类型。

1）基于共享数据结构的通信方式

在这种通信方式中,要求各进程公用某些数据结构,进程通过它们交换信息。如在生产者-消费者问题中,就是把有界缓冲区这种数据结构用来实现通信的。这里,公用数据结构的设置及对进程间同步的处理,都是程序员的职责。这无疑增加了程序员的负担,而操作系统却只需提供共享存储器。因此,这种通信方式是低效的,只适于传递少量数据。

2) 基于共享存储区的通信方式

为了传输大量数据,在存储器中划出了一块共享存储区,各进程可通过对共享存储区中的数据进行读或写来实现通信。这种通信方式属于高级通信。在通信前,进程向系统申请共享存储区中的一个分区,并指定该分区的关键字;若系统已经给其他进程分配了这样的分区,则将该分区的描述符返回给申请者。接着,申请者把获得的共享存储分区连接到本进程上;此后,便可像读、写普通存储器一样地读、写公用存储分区。

2. 消息传递系统

在消息传递系统中,进程间的数据交换以消息为单位,程序员直接利用系统提供的一组通信命令(原语)来实现通信。操作系统隐藏了通信的实现细节,这大大简化了通信程序编制的复杂性,因而获得广泛的应用,已成为目前单机系统、多机系统及计算机网络中的主要进程通信方式。消息传递系统的通信方式属于高级通信方式,根据实现方式的不同可分为直接通信方式和间接通信方式两种。

3. 管道通信系统

所谓管道,是指用于连接一个读进程和一个写进程,以实现它们之间通信的共享文件,又称为 pipe 文件。向管道(共享文件)提供输入的发送进程(即写进程),以字符流形式将大量的数据送入管道;而接受管道输出的接收进程(即读进程),可从管道中接收数据。由于发送进程和接收进程是利用管道进行通信的,故又称为管道通信。这种方式首创于 UNIX 系统,因它能传送大量的数据,且很有效,故又被引入到许多其他操作系统中。

为了协调双方的通信,管道通信机制必须提供以下三方面的协调能力。

(1) 互斥。当一个进程正对 pipe 进行读/写操作时,另一进程必须等待。

(2) 同步。当写(输入)进程把一定数量数据写满 pipe 时,应睡眠等待,直到读(输出)进程取走数据后,再把它唤醒。当读进程读一个空 pipe 时,也应睡眠等待,直至写进程将数据写入管道后,才将它唤醒。

(3) 对方是否存在。只有确定对方已存在时,才能进行通信。

2.8.2　直接通信

直接通信是指发送进程利用操作系统所提供的发送命令直接把消息发送给接收进程,而接收进程则利用接收命令直接从发送进程接收消息。在直接通信方式下,企图发送或接收消息的每个进程必须指出信件发给谁或从谁那里接收消息,可用 send 原语和 receive 原语来实现进程之间的通信,这两个原语定义如下:

- send(P,消息):把一个消息发送给进程 P。
- receive(Q,消息):从进程 Q 接收一个消息。

这样,进程 P 和 Q 通过执行这两个操作而自动建立了一种联结,并且这一种联结仅仅发生在这一对进程之间。消息可以有固定长度或可变长度两种。固定长度便于物理实现,但使程序设计增加困难;而消息长度可变使程序设计变得简单,但使消息传递机制的实现复杂化。

我们还可以利用直接进程通信原语,来解决生产者-消费者问题。当生产者生产出一个消息后,便用 send 原语将消息发送给消费者进程;而消费者进程则利用 receive 原语来得到一个消息。如果消息尚未生产出来,消费者必须等待,直到生产者进程将消息发送过来。

2.8.3　间接通信

采用间接通信方式时,进程间发送或接收消息通过一个共享的数据结构——信箱来进行,消息可以被理解成信件,每个信箱有一个唯一的标识符。当两个以上的进程有一个共享的信箱时,它们就能进行通信。间接通信方式解除了发送进程和接收进程之间的直接联系,在消息的使用上灵活性较大。间接通信方式中的“发送”和“接收”原语的形式如下:

- send(A,信件):把一封信件(消息)发送给信箱 A。
- receive(A,信件):从信箱 A 接收一封信件(消息)。

信箱是存放信件的存储区域,每个信箱可以分成信箱头和信箱体两部分。信箱头指出信箱容量、信件格式、存放信件位置的指针等;信箱体用来存放信件,信箱体分成若干个区,每个区可容纳一封信。

“发送”和“接收”两条原语的功能为:

(1) 发送信件。如果指定的信箱未满,则将信件送入信箱中由指针所指示的位置,并释放等待该信箱中信件的等待者;否则,发送信件者被置成等待信箱状态。

(2) 接收信件。如果指定信箱中有信,则取出一封信件,并释放等待信箱的等待者,否则,接收信件者被置成等待信箱中信件的状态。

两个原语的算法描述如下,其中,R()和 W()是让进程入队和出队的两个过程。

```
Typedef box = record                          }

int size;              //{信箱大小}         message receive (box B){

int count;             //{现有信件数}          int i;

message letter[n];     //{信箱}               if (B. count == 0) W(B.s2);

semaphore s1, s2;                             B. count = B. count - 1;

//{等信箱和等信件信号量}                         x = B. letter [1];

                                             if (B. count!= 0)

  void send (box B, message M) {               for (i = 1; i < B. count; i++)

  int i;                                          B. letter [i] = B. letter [i + 1];

  if (B. count == B. size) W(B.s1);          R(B. s1);

  i = B. count + 1;                           return x;

  B. letter [i] = M;                         }

  B. count = i;

  R(B. s2);
```

信箱可由操作系统创建,也可由用户进程创建,创建者是信箱的拥有者。据此,可把信箱分为以下三类。

(1) 私用信箱。用户进程可为自己建立一个新信箱,并作为该进程的一部分。信箱的拥有者有权从信箱中读取信息,其他用户则只能将自己生成的消息发送到该信箱中。这种私用信箱可采用单向通信链路信箱实现。当拥有该信箱的进程结束时,信箱也随之消失。

(2) 公用信箱。它由操作系统创建,并提供给系统中的所有核准进程使用。核准进程既可把消息发送到该信箱中,也可从信箱中取出发送给自己的消息。显然,公用信箱应采用双向通信链路的信箱来实现。通常,公用信箱在系统运行期间始终存在。

(3) 共享信箱。它由某进程创建,在创建时或创建后指明它是可共享的,同时需指出共享进程(用户)的名字。信箱的拥有者和共享者都有权从信箱中取走发送给自己的消息。

在利用信箱通信时,在发送进程和接收进程之间,存在下述的 4 种关系。

(1) 一对一关系。即可以为发送进程和接收进程建立一条专用的通信链路。使它们之间的交互不受其他进程的影响。

(2) 多对一关系。允许提供服务的进程与多个用户进程之间进行交互,也称为客户/服务器交互。

(3) 一对多关系。允许一个发送进程与多个接收进程进行交互,使发送进程可用广播形式,向接收者发送消息。

(4) 多对多关系。允许建立一个公用信箱,让多个进程都能向信箱中投递消息,也可从信箱中取走属于自己的消息。

2.9 Linux 进程管理机制

操作系统的重要任务之一是管理计算机的软、硬件资源。现代操作系统的主要特点在于程序的并发执行,由此引出系统的资源被共享和用户随机使用系统。因而操作系统最为核心的概念就是进程,即正在运行的程序。操作系统借助于进程来管理计算机的软、硬件资源,支持多任务的并发。操作系统的其他内容都是围绕进程展开的。所以进程管理是Linux 操作系统内核的主要内容之一,它对整个操作系统的执行效率至关重要。

Linux 内核和其他 UNIX 变种一样,都是采用了多任务技术;它可以在许多进程之间分配时间片,从而使这些进程看起来在同时运行一样。在给定的时刻,我们可以精确地知道代码的哪一部分正在执行。有时我们希望一个进程同时处理多件事情。对于这个问题的解决方法是引进线程(或称轻量级进程)。

2.9.1 进程的数据结构

Linux 用 task_struct 数据结构来表示每个进程,在 Linux 中任务与进程表示的意义是一样的。系统维护一个名为 task 的数组,task 包含指向系统中所有进程的 task_struct 结构的指针。创建新进程时,Linux 将从系统内存中分配一个 task_struct 结构,并将其加入task 数组。当前运行进程的结构用 current 指针来指示。

Linux 还支持实时进程。这些进程必须对外部事件做出快速反应,系统将区分对待这些进程和其他进程。我们先来看 task_struct 这个数据结构(Linux 早期的内核版本中的定义为:/include/linux/sched.h),它用于描述系统中的进程或任务。

通过对源代码的阅读和分析可以发现,尽管 task_struct 数据结构庞大而复杂,但可以归为如下几类。

(1) 进程的状态信息(state),是指进程在执行过程中会根据环境来改变进程的状态,典型的 Linux 进程有以下状态:

• Running——进程处于运行(它是系统的当前进程)或者准备运行状态(它在等待系

统将 CPU 分配给它）。

- Waiting——进程在等待一个事件或者资源。Linux 将等待进程分成两类,即可中断与不可中断。
- Stopped——进程被停止,通常是通过接收一个信号。正在被调试的进程可以处于停止状态。
- Zombie——这是因为某些原因而被终止的进程,但是在 task 数据中仍然保留 task_struct 结构。它像一个已经死亡的进程。

（2）调度信息（scheduling information）,是指 Linux 调度进程所需要的信息,包括进程的类型（普通或实时）和优先级,计数器中记录允许进程执行的时间量。

（3）进程标识信息（Identifiers）,是系统中每个进程的进程标志。进程标志并不是 task 数组的索引,它仅仅是个数。每个进程还有一个用户与组标志,它们用来控制进程对系统中文件和设备的存取权限。

（4）进程的通信信息（Inter-Process Communication）,在 Linux 中主要有：Linux 支持经典的 UNIX IPC 制,如信号、管道和命名管道以及 System V 中 IPC 制,包括共享内存、信号量和消息队列。

（5）链接信息（Links）,用于描述 Linux 系统中所有进程的相互联系的性质。除了初始化进程外,所有进程都有一个父进程。新进程不是被创建,而是被复制,都是从以前的进程克隆而来。每个进程对应的 task_struct 结构中包含有指向其父进程和兄弟进程（具有相同父进程的进程）以及子进程的指针。

系统中所有进程都用一个双向链表连接起来,而它们的根是 init 进程的 task_struct 数据结构。这个链表被 Linux 内核用来寻找系统中所有进程,它为 ps 或者 kill 命令提供了支持。

（6）时间和定时器信息（Times and Timers）。内核需要记录进程的创建时间以及在其生命期中消耗的 CPU 时间。时钟每跳动一次,内核就要更新保存在 jiffies 变量中,记录进程在系统和用户模式下消耗的时间量。Linux 支持与进程相关的 interval 定时器,进程可以通过系统调用来设定定时器,以便在定时器到时之后向它发送信号。这些定时器可以是一次性的或者周期性的。

（7）有关文件系统的信息（File system）。进程可以自由地打开或关闭文件,进程的 task_struct 结构中包含一个指向每个打开文件描述符的指针以及指向两个 VFS inode 的指针。这两个 VFS inode 中,一个指向进程的根目录,另一个指向其当前目录（pwd）。并包含一个 count 域,当多个进程引用它们时,它的值将增加。这就是为什么你不能删除进程当前目录或者其子目录的原因。

（8）虚拟内存信息（Virtual memory）。多数进程都有一些虚拟内存（内核线程和后台进程没有）,Linux 内核必须跟踪虚拟内存与系统物理内存的映射关系。

（9）进程上下文信息（Processor Specific Context）,可以认为是进程在系统中当前状态的总和。进程运行时,它将使用处理器的寄存器以及堆栈等。进程被挂起时,进程的上下文中所有与 CPU 相关的状态必须保存在它的 task_struct 结构内。当调度器重新调度该进程时,所有上下文被重新设定。

（10）其他信息。Linux 支持 SMP 多 CPU 结构,在 task_struct 中有相应的描述信息。此外还包括资源使用、进程终止信号、描述可执行的文件格式的信息等。

　　另外,在 Linux 系统中,每个进程都有一个系统栈,用来保存中断现场信息和进程进入内核模式后执行子程序(函数)嵌套调用的返回现场信息。每一个进程系统栈的数据结构与 task_struct 数据结构之间存在紧密联系,因而二者在物理存储空间中也连在一起。如图 2-21 所示。内存在为每个进程分配 task_struct 结构的内存空间时,一次就分配两个连续的内存页面(共 8KB),其底部大约 1KB 的空间用于存放 task_struct 结构,而上面的大约7KB 的空间用于存放进程系统空间堆栈。系统空间堆栈的大小是静态确定的,用户空间堆栈可在运行时动态扩展。

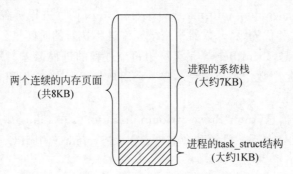

两个连续的内存页面
(共8KB)

进程的系统栈
(大约7KB)

进程的task_struct结构
(大约1KB)

图 2-21　进程系统栈与 task_struct 结构在内存中的位置

2.9.2　进程和线程

　　进程本身就是由于程序的并发执行所引出的概念。程序的并发执行使得一个程序不能从头至尾不间断地执行完,而是处在走走停停的状况,从而使进程有了不同的状态。

　　线程是比进程粒度更细的调度单位,在多 CPU 系统中,同一个任务中的若干个线程是可以并行执行的;而在单 CPU 系统中,线程仍是并发执行的,一个线程也是处在走走停停的不断变化的状态中。

1. 进程状态

　　Linux 系统与 UNIX 系统非常相似,它也有许多种进程的状态。在一个给定的时间内,进程可能处于下面描述的 6 种具体状态中的一种。进程的当前状态被记录在 struct task_struct 结构的 state 成员中。

　　(1) TASK_RUNNING 意味着进程准备好运行了。即使是在 CUP 系统中,也有不止一个任务同时处于 TASK_RUNNING 状态——TASK_RUNNING 并不意味着该进程可以立即获得 CPU(虽然有时候是这样),而仅仅说明只要 CPU 一旦可用,进程就可以立即准备好执行了。

　　(2) TASK_INTERRUPTIBLE 是两种等待状态的一种——这种状态意味着进程在等待特定事件,但是也可以被信号量中断。

　　(3) TASK_UNINTERRUPTIBLE 是另外一种等待状态。这种状态意味着进程在等待硬件条件而且不能被信号量中断。

　　(4) TASK_ZOMBIE 意味着进程已经退出了(或者已经被杀死),但是其相关的 task_struct 结构并没有被删除。即使子孙进程已经退出,也允许祖先进程对已经死去的子孙进程的状态进行查询。

（5）TASK_STOPPED 意味着进程已经停止运行了。一般情况下，这意味着进程已经接收到了 SIGSTOP、SIGSTP、SITTIN 或者 SIGTTOU 信号量中的一个，但是它也可能意味着当前进程正在被跟踪（例如，进程正在调试器下运行，用户正在单步执行代码）。

（6）TASK_SWAPPING 主要用于表明进程正在执行磁盘交换工作。然而，这种状态似乎是没有什么用处的，其值从来没有被赋给进程的 state 成员。这种状态正在被逐渐淘汰。图 2-22 展示了 Linux 系统中进程状态的变化关系。

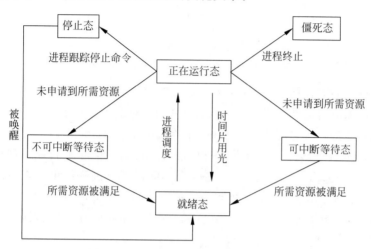

图 2-22　Linux 系统中进程状态的变化

Linux 调度进程所需要的信息，包括进程的类型（普通或实时）和优先级、计数器中记录允许进程执行的时间量。

2. 创建进程

系统启动时总是处于内核模式，此时只有一个进程——初始化进程。像所有进程一样，初始化进程也有一个由堆栈、寄存器等表示的机器状态。在系统初始化的最后，初始化进程启动一个内核线程（init），然后保留在 idle 状态。

init 内核线程（或进程）是系统的第一个真正的进程，所以其标识符为 1。它负责完成系统的一些初始化设置任务（如打开系统控制台与安装根文件系统），以及执行系统初始化程序，如/etc/init、/bin/init 或者/sbin/init，这些初始化程序依赖于具体的系统。init 程序使用/etc/inittab 作为脚本文件来创建系统中的新进程。这些新进程又创建各自的新进程。例如 getty 进程将在用户试图登录时创建一个 login 进程。系统中所有进程都是从 init 内核线程（或进程）中派生出来的。

新进程通过克隆老进程或当前进程来创建。系统调用 fork 或 clone 可以创建新任务，复制发生在内核状态下的内核中。系统从物理内存中分配出来一个新的 task_struct 数据结构，同时还有一个或多个包含被复制进程堆栈（用户与内核）的物理页面。然后创建唯一标记此新任务的进程标识符。新创建的 task_struct 放入 task 数组中，将被复制进程的 task_struct 中的内容页表拷入新的 task_struct 中。

复制完成后，Linux 允许两个进程共享资源而不是复制各自的副本。这些资源包括文件、信号处理过程和虚拟内存。进程对共享资源用各自的 count 来记数。

3. 进程的等待

父进程创建子进程的目的是让子进程替自己完成某项工作。因此,父进程创建子进程之后通常等待子进程运行终止。父进程可用系统调用 wait3()等待它的任何一个子进程终止;也可以用系统调用 wait4()等待某个特定的子进程终止。

对于 wait3 和 wait4 系统调用的功能描述为等待进程改变其状态。wait3 和 wait4 系统调用类似于 waitpid,但会返回关于子进程的资源使用信息。准确地说,wait3 等待任何子进程,wait4 能够被用来等待特定的子进程。看如下定义:

```
pid_t wait3(int * status, int options, struct rusage * rusage);
pid_t wait4(pid_t pid, int * status, int options, struct rusage * rusage);
```

其中,pid 为子进程的进程标识;status 为子进程的返回状态;options 为等待选项;rusage 为死亡进程的资源使用记录。这两个函数的返回值可以参考 waitpid()系统调用。

waitpid()用于等待子进程中断或结束。语句 pid_t waitpid(pid_t pid,int * status,int options);中,waitpid()会暂时停止目前进程的执行,直到有信号来到或子进程结束。如果在调用 wait()时,子进程已经结束,则 wait()会立即返回子进程结束状态值。子进程的结束状态值会由参数 status 返回,而子进程的进程识别码也会同时返回。如果不在意结束状态值,则参数 status 可以设成 NULL。参数 pid 为欲等待的子进程识别码,其他数值意义如下。

- pid<−1 等待进程组识别码为 pid 绝对值的任何子进程。
- pid=−1 等待任何子进程,相当于 wait()。
- pid=0   等待进程组识别码与目前进程相同的任何子进程。
- pid>0   等待任何子进程识别码为 pid 的子进程。

如果执行成功,则返回子进程识别码(PID)。如果有错误发生,则返回,并返回值−1,将失败原因存在 errno 变量中。

4. 进程的终止

在 Linux 系统中,进程主要是作为执行命令的单位运行的,这些命令的代码都以系统文件形式存放。当命令执行完,需要终止自己时,可在其程序末尾使用系统调用 exit()。用户进程也可使用 exit 来终止自己。要说明的是,在许多种情况下都会出现进程终止的现象。

1) 正常终止

程序中调用 exit 函数,或者在 main 函数中返回。

2) 异常终止

程序接收到某些信号,例如 SIGBUS、SIGSEGV、SIGFPE 等,默认的 SIGINT(用户在终端上同时按下了 Ctrl+C 组合键)和 SIGTERM(由 kill 命令发出)处理器会终止进程。或者程序调用 abort 函数可以向自己的进程发送一个 SIGABRT 信号,这会使进程终止并生成一个 core 文件。或者进程接收到 SIGKILL 信号,用于直接立即杀死进程。

可以在自己的源代码中调用 kill 函数(需要先包含< sys/types. h >和< signal. h >两个头文件)来向子进程发送信号。

3) 等待进程结束

wait 系统调用用于调用阻塞到此进程的任何一个子进程终止或者调用出现错误。此调用返回一个整数型(int 型)的指针,可以通过 WEXITSTATUS 宏来获得退出码,可以通过 WIFEXITED 来判断进程是否正常结束(即通过 exit 函数或者在 main 中返回)。如果不是正常结束,可以通过 WTERMSIG 宏来得到导致进程非正常结束的信号值。这里常用的 wait 系统调用有:waitpid 系统调用,指定要等待退出的子进程 ID,而不是等待任何的子进程 ID;wait3 调用,返回退出的子进程的 CPU 使用统计;wait4 调用,允许程序员给出额外的选项以指定要等待退出的进程。

4)僵尸进程(Zombie Process)

当一个进程已经结束,但是没有正确地清理的时候,它就是一个僵尸进程。进程的清理工作要由它的父进程来完成,父进程可以通过 wait 调用来进行清理。wait 调用时,如果没有僵尸子进程,它会阻塞到某个子进程终止,并清理这个子进程;如果有僵尸子进程,wait 立即清理此子进程并返回。

当一个进程结束时,它的子进程即使没有被它清理,也仍然会被 init 进程(最初的、PID 始终是 1 的进程)自动清理。

当子进程终止的时候,Linux 会向其父进程发送一个 SIGCHLD 信号,此信号的默认什么都不做。通过设置自己的信号处理器,可以响应子进程结束的操作。

5. 线程状态及转换

以下介绍线程的基本概念、线程状态的转换。

1)线程的概念及状态

从概念上来说,线程是同一个进程中独立的执行上下文,它们为单一进程提供了一种同时处理多件事情的方法。同一线程组中的线程共享它们的全局变量并有相同的堆(heap),因此,使用 malloc 给线程组中的一个线程分配的内存可以被该线程组中的其他线程读写。但是它们拥有不同的堆栈(它们的局部变量是不共享的),并可以同时在进程代码不同的地方运行。

线程是和进程紧密相关的概念。一般来说,Linux 系统中的进程应具有一段可执行的程序、专用的系统栈空间、私有的"进程控制块"(即 task_struct 数据结构)和独立的存储空间。

线程只是偶然地共享相同的全局内存空间的进程(Linux 内核使用的观点)。这意味着内核无须为线程创建一种全新的机制,否则必然会和现在已经编写完成的进程处理代码造成重复,而且有关进程的讨论绝大多数也都可以应用到线程上。这些说明仅仅适用于内核空间的线程。而实际中也有用户空间的线程,它执行相同的功能,但却是在应用层实现的。和内核空间的线程相比,用户空间的线程有很多优点,也有很多缺点。一部分是由于历史的原因,另一部分是由于 Linux 内核并没有真正区分进程和线程这两者在概念上的不同,在内核代码中进程和线程都使用更通用的名字"任务"来引用。

在引入了线程以后,为了与传统的进程相区分,把具有线程的进程实体称为任务(task)。

线程可以看作进程中指令的不同执行路线。Linux 系统支持内核空间的多线程,但它与大多数操作系统不同。因为大多数操作系统单独定义线程,而 Linux 则把线程定义为进程的"执行上下文"。

一个线程通常可以有以下几种状态:①运行态,主要分为正在运行态 r 和处在就绪队列中的就绪态 R;②挂起态 S,是指不能参与调度,与进程的等待态非常相似;③睡眠态 W,

线程在睡眠队列中,睡眠时,按睡眠事件分为若干个队列,线程按睡眠原因(事件)处在相应的睡眠队列中;④换出态 O,线程在挂起或睡眠时,可能被换出,换出时,线程只释放它所专有的内核栈;⑤换入态 I,正在从交换区中换入到主存的过程中。

2) 线程状态转换

线程在创建时,设置它的状态为挂起态 S,只有对它调用了 resume 函数后,才把它转入就绪态 R 或直接投入运行态 r。接下来,线程运行过程中可以由如下的一组函数根据情况动态调整其状态。

① Thread_suspend(),使指定线程挂起,此函数分两部分,分别称为 suspend1 和 suspend2,第一部分将指定线程的状态转为挂起态 S,第二部分则做具体挂起操作。这两部分分别对被作用线程做加锁操作,当第一部分操作完毕则对该线程解锁,直至运行到第二部分时,再对其加锁。在从第一部分到第二部分这个解锁又加锁的过程中,其状态可被其他运行线程改变,因而该线程状态变化不连续,有必要将该状态函数分成两个不同的状态函数 suspend1 和 suspend2。

② Thread_resume(),用来恢复指定的线程,与挂起操作的功能相反。

③ Assert_wait(),本函数仅作用于当前线程,使其睡眠,即按睡眠事件把当前线程挂入适当的睡眠队列,并在该线程的 wait_event 域中设置睡眠原因用于唤醒查询。

④ Thread_block(),实现线程切换,作用于两种线程,一是从就绪队列中挑选一个优先级最高的线程;二是阻塞当前的运行线程,将其切换到所选的线程。

⑤ Clear_wait()和 Thread_wakeup_prim(),这两个函数均可用于唤醒相应的线程,即把相应线程从睡眠队列提出,使其可能被放到就绪队列中参加调度。它们的功能与睡眠函数的功能相反。

⑥ Thread_swapout(),用于释放指定线程的内核栈,该内核栈用于线程的上下文切换。当线程切换(thread_block)或线程被挂起(thread_suspend)时,可将相应的内核栈释放。

⑦ Thread_swapin(),用于为指定线程分配一个内核栈。

2.10　本章小结

顺序执行是严格按照程序规定的指令顺序去执行,其结果与它的执行速度无关(即与时间无关)。而并发执行是一组在逻辑上互相独立的程序,在执行过程中的执行时间在客观上互相重叠,即一个程序的执行尚未结束,另一个程序的执行已经开始。

并发执行具有间断性、失去封闭性、不可再现性的特征。因此,人们引入了新的概念——进程,以便从变化的角度,动态地分析研究程序的并发执行过程。进程是可并发执行的程序在一个数据集上的一次执行过程,它是系统进行资源分配的基本单位。进程具有动态性、并发性、独立性、异步性、结构性等五个基本特征。进程有就绪、执行和等待三个基本状态,并可以进行转换。每一个进程都有一个进程控制块(PCB),它是操作系统用于记录和刻画进程状态及有关信息的数据结构,也是操作系统控制和管理进程的主要依据,一般含有标识信息、说明信息、现场信息、管理信息这四大类信息。系统使用进程创建、进程撤销、进程阻塞与唤醒原语来完成进程控制。一个处理器在每一时刻只能让一个进程占用,操作系统按照进程调度算法来解决竞争处理器的问题。进程调度算法主要有先来先服务、优先数、时间片轮转、多级反馈队列等。

20 世纪 80 年代中期,人们提出了比进程更小的、能独立运行的基本单位——线程,以进一步提高程序并发执行的程度,降低并发执行的时空开销。现代操作系统将传统意义的进程进行分离,即将资源申请与调度执行分开,进程作为资源的申请与拥有单位,线程作为调度执行的基本单位。一个进程可以有一个或多个线程,它们共享所属进程所拥有的资源。线程分为用户级线程、内核级线程、混合式线程三类。

由于相关并发进程在执行过程中共享了资源,可能会出现与时间有关的错误。我们把并发进程中与共享资源有关的程序段称为"临界区"。多个并发进程中涉及相同共享资源的那些程序段称为"相关临界区"。只要对涉及共享资源的若干并发进程的相关临界区互斥执行,就不会出现与时间有关的错误,可以采用 PV 操作及管程的方法来解决临界区的互斥问题。相互合作的一组并发进程,其中每一个进程都以各自独立的、不可预知的速度向前推进,但它们又需要密切合作,以实现一个共同的任务,就需要解决进程同步问题。我们仍可以采用 PV 操作及管程的方法来解决进程同步问题。各并发进程在执行过程中经常要交换一些信息,通过专门的通信机制实现进程间交换大量信息的通信方式称为"进程通信",有共享存储器系统、消息传递系统以及管道通信系统三大类机制,有直接通信和间接通信两种方式。

习　题　2

视频讲解

（1）解释程序的顺序执行和并发执行。

（2）程序并发执行为什么会产生间断性？程序并发执行为何会失去封闭性和可再现性？

（3）何谓进程？它有哪些基本状态？列举使进程状态发生变化的事件。

（4）试比较进程和程序的区别。

（5）试说明 PCB 的作用？为什么说 PCB 是进程存在的唯一标志？

（6）在进行进程切换时,所要保存的处理器状态信息主要有哪些？

（7）试说明引起进程创建的主要事件。

（8）试说明引起进程撤销的主要事件。

（9）引起进程阻塞或唤醒的主要事件是什么？

（10）在创建一个进程时,需完成的主要工作是什么？

（11）在撤销一个进程时,需完成的主要工作是什么？

（12）在单处理器的计算机系统中,采用多道程序设计技术后,处于运行状态的进程可以有几个？为什么？

（13）何谓线程？为什么要引入线程的概念？

（14）试比较进程和线程的区别。

（15）线程有哪些属性？

（16）试说明线程的分类。

（17）什么是与时间有关的错误？与时间有关的错误表现在哪些方面？请举例说明。

（18）什么是临界区？试举一临界区的例子。

（19）什么是进程的互斥？什么是进程的同步？

（20）若信号量 s 表示一种资源，则对 s 做 PV 操作的直观含义是什么？

（21）在信号量 s 上作 PV 操作时，s 的值发生变化，当 $s>0$、$s=0$、$s<0$ 时，它们的物理意义分别是什么？

（22）有三个并发进程，R 负责从输入设备读入信息并传送给 M，M 将信息加工后并传送给 P，P 把加工后的信息打印输出。现有：

① 一个缓冲区；

② 两个缓冲区；

用 PV 操作写出这三个进程能正确工作的程序。

（23）用 PV 操作解决生产者-消费者问题。假设有一个可以存放一件产品的缓冲器；有 m 个生产者，每个生产者每次生产一件产品放入缓冲器中，有 n 个消费者，每个消费者每次从缓冲器中取出一件产品。

（24）何谓管程？管程的特性有哪些？

（25）试说明管程与 PV 操作的区别。

（26）桌子上有一只盘子，每次只能放一只水果，爸爸专向盘子中放苹果，妈妈专向盘子中放橘子，一个儿子专等吃盘子里的橘子，一个女儿专等吃盘子里的苹果。写出能使爸爸、妈妈、儿子、女儿正确同步工作的管程。

（27）何谓进程通信？通信机制中应设置哪些基本通信原语？

（28）简述两种通信方式。

（29）在公共汽车上，司机和售票员的工作流程如图 2-23 所示。为保证乘客的安全，司机和售票员应密切配合协调工作。请用 PV 操作来实现司机与售票员之间的同步。

（30）如图 2-24 所示的进程流程图中，有 6 个进程合作完成某一任务，试说明这 6 个进程之间的同步关系，并用 PV 操作实现之。

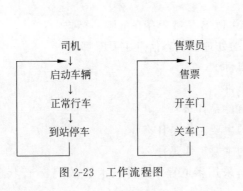

图 2-23　工作流程图

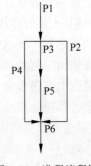

图 2-24　进程流程图

第 3 章

死锁

死锁是多道程序并发执行带来的另一个严重问题,它是操作系统乃至并发程序设计中最难处理的问题之一。进程死锁产生的根本原因有两个:一是竞争资源;二是进程间推进的顺序不合理。死锁处理不好将会导致整个系统运行效率下降,甚至不能正常运行。操作系统设计者必须高度重视死锁现象。死锁普遍存在,对于死锁,不存在完美的、彻底的解决方案,只能在众多可行方案中选择一个折中方案。

本章主要讲解死锁的基本概念、死锁的处理策略、死锁的预防、死锁的避免以及死锁的检测和解除。本章需要重点掌握:

- 了解死锁的基本概念;了解死锁的检测、死锁解除的方法;
- 理解死锁产生的原因;理解死锁预防与死锁避免的区别;
- 掌握死锁产生的 4 个必要条件;掌握系统安全状态及其判别方法;掌握处理死锁的方法;
- 学会银行家算法及其应用。

3.1 死锁的定义和产生原因

视频讲解

3.1.1 死锁的定义

死锁是指一组并发执行的进程彼此等待对方释放资源,而在没有得到对方占有的资源之前不释放自己所占有的资源,导致彼此都不能向前推进,称该组进程发生了死锁。

死锁产生后,若无外力干预,陷入死锁的各个进程都永远不能向前推进,导致这些进程不能正常结束。同时,要求共享使用死锁进程所占资源的其他进程,或者需要与死锁进行某种合作的其他进程也会受到牵连,也不能正常结束。最终可能导致系统瘫痪,给系统和用户带来极大损失。因此,操作系统设计者必须对死锁现象予以充分重视。

死锁问题不仅普遍存在于计算机系统中,在日常生活中也广泛存在。现实生活中交通死锁问题较为常见。例如,某交通路口恰有 4 辆汽车几乎同时到达,并相互交叉停了下来,如图 3-1(a)所示。如果该路口没有采取任何交通管理措施,4 辆车同时驶过十字路口,就会发生如图 3-1(b)所示的场面。最终结果是 4 辆车都在等待对方车辆后退,但谁也不先让,所以都不能通过该路口,出现交通死锁现象。

在该例中,可把每辆汽车行驶过十字路口看作一个进程,系统中共有 4 个这样的进程并发执行。十字路口可看作 4 个临界资源,如图 3-1(a)中标注的 a、b、c 和 d 所示。每个汽车进程在过路口都要依次申请其中的两个资源。1 号汽车申请 a 和 b 资源;2 号汽车申请 b 和 c 资源;3 号汽车申请 c 和 d 资源;4 号汽车申请 d 和 a 资源。出现死锁情况时,1 号汽车占据 a 资源和申请 b 资源;2 号汽车占据 b 资源和申请 c 资源;3 号汽车占据 c 资源和申请

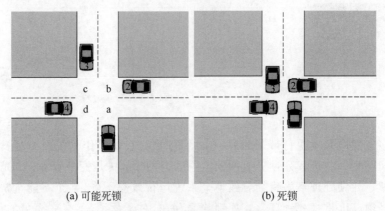

(a) 可能死锁 (b) 死锁

图 3-1 交通阻塞导致死锁示意图

d 资源；4 号汽车占据 d 资源和申请 a 资源。此时，若不采取外力措施干预，如交通警察未赶到现场进行疏导管理，4 辆汽车将永远互相等待。在死锁解除前，如果此后还有其他汽车想通过该十字路口，由于 4 个路口资源都已经分配，故也不能通过，因此造成更多进程阻塞。

在计算机系统中，凡是涉及临界资源（即互斥资源）申请的并发进程间都可能发生死锁。举一个计算机系统中的简单实例，如某系统中有 P_1 和 P_2 两个进程并发执行，P_1 和 P_2 两个进程在执行过程中都需要使用一台打印机和一台 CD-ROM 驱动器。该系统中只有一台打印机和一台 CD-ROM 驱动器，两者均为临界资源。假设进程 P_1 和 P_2 的执行过程如图 3-2 所示。

```
进程P₁                    进程P₂
⋮                         ⋮
申请打印机                 申请CD-ROM驱动器
⋮                         ⋮
申请CD-ROM驱动器           申请打印机
⋮                         ⋮
释放打印机                 释放CD-ROM驱动器
⋮                         ⋮
释放CD-ROM驱动器           释放打印机
⋮                         ⋮
```

图 3-2 两个并发进程的执行情况图

当进程 P_1 申请打印机成功时，恰巧此时进程发生切换，调度程序选中 P_2 执行，P_1 暂时变为就绪态等待调度程序调度。进程 P_2 首先申请 CD-ROM 驱动器，此时该设备处于空闲状态，故系统把它分配给进程 P_2。这时，P_1 和 P_2 两个进程都不能向前继续推进。进程 P_1 申请 CD-ROM 驱动器，但 CD-ROM 驱动器已被 P_2 占用，只能被阻塞，等待进程 P_2 使用完毕后，释放 CD-ROM 驱动器给它；进程 P_2 向前推进时，申请打印机，但打印机此时被进程 P_1 占用，P_2 也只好阻塞，等待进程 P_1 使用完毕后释放。因此 P_1 和 P_2 两个进程都陷入了相互等待的状态，形成了死锁。

通过上面介绍的例子可以发现，死锁具有以下特点。

（1）陷入死锁的进程是系统并发进程中的一部分，且至少要有两个进程，单个进程不会形成死锁。

（2）陷入死锁的进程彼此都在等待对方释放资源,形成一个循环等待链。

（3）死锁形成后,在没有外力干预时,陷入死锁的进程不能自己解除死锁,死锁进程无法正常结束。

（4）如不及时解除死锁,死锁进程占有的资源不能被其他进程所使用,导致系统中更多进程阻塞,造成资源利用率下降。

3.1.2　死锁产生的原因

产生死锁的原因可归结为两点。

（1）竞争资源。当系统中供多个进程所共享的资源不足以同时满足它们的需要时,引起它们对资源的竞争而产生死锁。

（2）进程推进顺序不当。进程在运行过程中,请求和释放资源的顺序不当,导致了进程死锁。

1. 竞争资源

死锁产生的根本原因是资源竞争且分配不当。因为多道程序并发执行,造成多个进程在执行过程中所需要的资源数远远大于系统能提供的资源数。如图 3-2 所示例子中的进程 P_1 和 P_2 两个进程之所以产生死锁,就是因为系统中的打印机和 CD-ROM 驱动器不够用,如果为了防止死锁而配置多台打印机和 CD-ROM 驱动器,从成本角度看是不现实的。由于各个进程对资源的需求量是动态变化的,虽然有多个并发执行的进程,但某个时刻它们对打印机提出的请求可能只有一个,甚至没有,系统配置多台打印机就造成了资源的浪费。

计算机系统中有很多资源,按照占用方式来分,可分为可剥夺资源与不可剥夺资源。

（1）可剥夺资源。某进程在获得这类资源后,即使该进程没有使用完,该类资源也可以被其他进程剥夺使用。例如,优先级高的进程可以抢占优先级低的进程的处理器;如可把一个进程从一个存储区转移到另一个存储区,在主存紧张时,还可将一个进程从主存调出到辅存上,即剥夺该进程在主存的空间。可见,CPU、主存和磁盘均属于可剥夺资源,竞争可剥夺资源不可能出现死锁。

（2）不可剥夺资源。当系统把这类资源分配给某进程后,不能强行收回,只能在进程使用完后自行释放,然后其他进程才能使用。例如,当一个进程已开始刻录光盘时,如果突然将刻录机分配给另一个进程,其结果必然会损坏正在刻录的光盘,因此只能等刻录好光盘后由进程自身释放刻录机。另外,打印机、刻录机和 CD-ROM 驱动器等都属于不可剥夺资源。

2. 进程推进的顺序不当

并发执行的进程在运行中存在异步性,彼此之间相对执行速度不定,存在着多种推进顺序。并发进程间推进顺序不当时会引起死锁。

为了更好地描述进程 P_1 和进程 P_2 的推进顺序,图 3-3 给出了两者的推进顺序示意图。横轴表示进程 P_1 的执行进展,纵轴表示进程 P_2 的执行进展,R_1 和 R_2 表示资源。从原点出发的不同路径分别表示两个进程以不同的速度向前推进。图中给出了 4 种不同的执行路径,表示 4 种不同的进程间推进顺序。

（1）进程 P_1 申请并获得资源 R_1 和资源 R_2,执行结束后释放资源 R_1 和资源 R_2。然后进程 P_2 被调度执行,它也申请并获得资源 R_2 和资源 R_1,执行结束后也释放资源 R_2 和资源

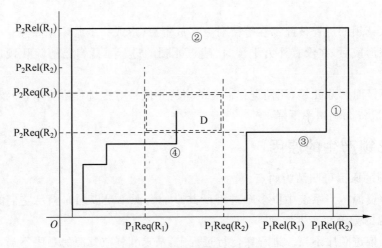

图 3-3　进程推进顺序示意图

R_1。进程 P_1 和进程 P_2 均顺利执行完毕。

（2）进程 P_2 先调度执行，申请并获得资源 R_2 和资源 R_1，执行结束后释放资源 R_2 和资源 R_1。然后进程 P_1 申请并获得资源 R_1 和资源 R_2，执行结束后也释放资源 R_1 和资源 R_2。进程 P_1 和进程 P_2 均顺利执行完毕。

（3）进程 P_1 申请并获得资源 R_1 和资源 R_2，然后进程 P_2 申请资源 R_2，由于资源 R_2 已经分配给进程 P_1，进程 P_2 只能阻塞。进程 P_1 执行结束后释放资源 R_1 和资源 R_2，此时 P_2 进程获得了资源 R_2，由阻塞状态变为就绪状态，然后 P_2 进程又申请资源 R_1 并获得资源 R_1，因此 P_2 进程被调度执行，执行完毕后释放资源 R_2 和资源 R_1，执行完毕。

（4）进程 P_1 申请并获得资源 R_1，进程 P_2 申请并获得资源 R_2，此时，进程 P_1 和进程 P_2 进入到 D 区，无论进程 P_1 还是进程 P_2 被调度选中执行，都会出现阻塞。进程 P_1 因申请资源 R_2 不能获得而阻塞，进程 P_2 因申请资源 R_1 不能获得也阻塞。两个进程相互等待对方释放资源，陷入死锁。

3.2　产生死锁的必要条件

视频讲解

要解决死锁问题，应分析在什么情况下可能发生死锁。Coffman 首先提出死锁产生的四个必要条件——称为 Coffman 条件。由于这四个条件是必要条件，一旦死锁出现，这四个必要条件都必然成立。因此，只要有一个必要条件被系统或用户破坏，就不会出现死锁现象。系统产生死锁的四个必要条件如下。

（1）互斥条件：进程应互斥使用资源，任一时刻一个资源仅为一个进程独占，若另一个进程请求一个已被占用的资源时，它被置成等待状态，直到占用者释放资源。

（2）请求和保持条件：一个进程请求资源得不到满足而等待时，不释放已占有的资源。

（3）不剥夺条件：任一进程不能从另一进程那里抢夺资源，即已被占用的资源，只能由占用进程自身来释放。

（4）循环等待条件：存在一个循环等待链，其中，每一个进程分别等待另一个进程所占有的资源，造成永久等待。

　　这四个条件仅是必要条件而不是充分条件,即只要发生死锁则这四个条件一定会同时成立,但反之则不然。循环等待条件隐含着前三个条件,即只有前三个条件成立,第四个条件才会成立。特别注意的是:环路等待条件只是死锁产生的必要条件,而不是等价定义。死锁一旦产生,则死锁进程间必存在循环等待链,但存在循环等待链不一定产生死锁。例如:某系统中有两个 R_1 资源和一个 R_2 资源。假设系统中有三个进程 P_1、P_2 和 P_3 并发执行,存在一个环路,进程 P_1 等待 P_2 所占有资源 R_1,进程 P_2 等待 P_1 所占有资源 R_2,此时进程 P_3 占有另一个 R_1 资源,显然进程 P_1 和进程 P_2 已陷入死锁。但是,如果进程 P_3 以后的执行过程中没有提出新的关于 R_1 或 R_2 的请求,且顺利执行完毕,释放其占有的资源 R_1 给进程 P_1,则进程 P_1 和 P_2 形成的循环等待链将被打破,死锁解除。

3.3　死锁的处理方法

　　死锁普遍存在于并发执行进程间,处理死锁的方法很多种。其中最简单的处理方法就是忽略死锁。就像鸵鸟遇到无法避免的危险时就把头埋在沙子里那样,对出现的危险不管不顾。操作系统处理死锁的一种策略就是不预防、不避免,对可能出现的死锁采取放任的态度,称作鸵鸟算法。

　　如果从计算机系统的核心目的考虑,鸵鸟算法这样做也是合理的,计算机的核心目的是提高系统的吞吐量,降低开销。因此,下列两个因素决定了操作系统可以采用鸵鸟算法。首先死锁的检测、恢复和预防的算法编写、测试和调试都很复杂。其次,它们在很大程度上了降低了系统的运行速度,开销比较大。因此,对于很少发生死锁的计算机系统而言,采用鸵鸟算法也是合理和有效的。即使进程发生了死锁,也可以重新启动该进程,以重新启动该进程的较小开销避免了死锁处理的大量开销。

　　鸵鸟算法的意义在于,当出现死锁的概率很小,并且出现之后处理死锁会花费很大的代价时,执行死锁避免的开销很大,还不如不做处理。因此,鸵鸟算法是平衡性能和复杂性的一种方法,是目前通用操作系统中采用最多的方法。

　　如果涉及死锁处理的是高可靠性系统或实时控制系统,则不适宜采用鸵鸟算法。因此,要采取各种措施预防和避免死锁,一旦出现死锁,系统要能解除死锁。

　　按照死锁处理的时机划分,可把死锁处理的方法分成四种。

　　(1) 预防死锁。预防死锁是指在系统运行之前就采取相应措施,消除发生死锁的任何可能性。通过消除死锁发生的必要条件可预防死锁。破坏产生死锁的四个必要条件中的一个或几个来预防产生死锁。预防死锁是处理死锁的静态策略,它虽比较保守、资源利用率低,但因简单明了、较易实现,现仍被广泛使用。

　　(2) 避免死锁。避免死锁是为了克服预防死锁的不足而提出的动态策略。避免死锁与预防死锁的策略不同,它并不是事先采取各种限制措施,去破坏产生死锁的四个必要条件,而是在资源动态分配过程中,用某种方法防止系统进入不安全状态,从而可以避免发生死锁。避免死锁的方法虽好,但也存在两个缺点:一是对每个进程申请资源分析计算较为复杂且系统开销较大;二是在进程执行前,很难精确掌握每个进程所需的最大资源数。

　　(3) 检测死锁。这种方法无须事先采取任何限制性措施,允许进程在运行过程中发生死锁。但可通过检测机构及时地检测出死锁的发生,然后采取适当的措施,把进程从死锁中解脱出来。死锁检测不延长进程初始化时间，允许对死锁进行现场处理，其缺点是通过剥夺解除死锁，给系统或用户造成一定的损失。

（4）解除死锁。当检测到系统中已发生死锁时，就采取相应措施，将进程从死锁状态中解脱出来。常用的方法是撤销一些进程，回收它们的资源，将它们分配给已处于阻塞状态的进程，使其能继续运行。在实际执行中，由于并发进程推进顺序的多样性，系统很难做到有效地解除死锁。

上述四种方法对于死锁的防范程度逐渐减弱，但相对应的是资源利用率的提高，以及进程因资源因素而阻塞的频度下降（即并发程度提高）。处理死锁的基本方法的比较如表 3-1 所示。

表 3-1　处理死锁的基本方法比较

方 法	资源分配策略	各种可能模式	主 要 优 点	主 要 缺 点
死锁的预防	保守的；宁可资源闲置	一次性请求所有资源 资源被剥夺 资源按序申请	适用于作突发式处理的进程，不用被剥夺 适用于状态可以保存和恢复的资源 可以在编译时（而不必在运行时）就行检查	效率低；进程初始化时间延长 剥夺次数过多；多次对资源重新启动 不便灵活申请新资源，申请序号很难确定
死锁的避免	在运行时动态地分配资源，判断系统是否是安全状态	寻找安全序列	不会进行剥夺	必须知道将来的资源需求；进程可能会长时间阻塞
死锁的检测和恢复	宽松的；只要允许，就分配资源	定期检查系统是否发生死锁	不延迟进程初始化时间；允许对死锁进程进行现场处理	通过剥夺解除死锁，造成损失

视频讲解

3.4　死锁的预防

预防死锁的方法是通过破坏产生死锁的四个必要条件中的一个或几个，以避免发生死锁。由于互斥条件是非共享设备所必须的，不仅不能改变，还应加以保证，因此主要是破坏产生死锁的后三个条件。

3.4.1　破坏"请求"条件和"保持"条件

破坏这个条件的办法很简单，可采用预分配资源方法。所有进程在运行前，系统一次性地分配其运行所需要的全部资源。进程在运行期间，不会再提出资源要求，从而破坏了"请求"条件。系统在分配资源时，只要有一种资源不能满足进程的要求，即使其他所需的各种资源都空闲也不能分配给该进程，而让该进程等待。由于该进程在等待期间未占有任何资源，于是破坏了"保持"条件，从而可以预防死锁的发生。

这种方法虽然简单、易行且安全，但是系统的资源浪费严重，进程经常会发生饥饿现象。

例如,某进程在开始时从 CD-ROM 驱动器中读入初始数据,然后进行长达数小时的计算,最后几分钟通过打印机把运算结果输出。

3.4.2　破坏"不剥夺"条件

破坏"不剥夺"条件就是采用可剥夺的资源分配方式,即允许对系统资源进行抢占。当一个已经保持了某些不可被抢占资源的进程,提出新的资源请求而不能得到满足时,它必须释放已经保持的所有资源,待以后需要时再重新申请。这就意味着进程已占有的资源会被暂时地释放,或者被抢占了,从而破坏了"不剥夺"条件。

这种方法实现起来比较复杂,并且付出了很大的代价,适用于资源状态易于保留和恢复的环境中,如 CPU 寄存器和主存空间,但一般不能用于打印机和磁带机这类资源。

3.4.3　破坏"循环等待"条件

一个能保证"循环等待"条件不成立的方法是,对系统所有资源类型进行线性排序,并赋予不同的序号,然后按序号进行分配,规定进程不能连续两次申请同类资源,这样一来,进程在申请、占用资源时就不会形成资源申请环路,也就不会产生循环等待。

假设 $R=\{r_1,r_2,\cdots,r_m\}$,表示一组资源类型,定义一组函数 $F:R \rightarrow N$,式中 N 是一组自然数。例如,一组资源包括磁带机、磁盘机和打印机。函数 F 可定义如下:

$$F(磁带机)=1, F(磁盘机)=5, F(打印机)=12$$

为了预防死锁,进行如下约定:所有进程对资源的申请严格按照序号递增的次序进行,即一个进程最初可以申请任何类型的资源,例如,r_i 以后该进程可以申请一个新资源 r_j(当且仅当 $F(r_j) > F(r_i)$)。例如,按上述规定,一个希望同时使用磁带机和打印机的进程,必须首先申请磁带机,然后再申请打印机。

另一种申请办法也很简单:先弃大,再取小。也就是说,无论何时,一个进程申请资源 r_j,它应释放所有满足 $F(r_i) > F(r_j)$ 关系的资源 r_i。

这两种办法都是可行的,不会产生循环等待条件。这种策略使资源利用率和系统吞吐量都有很大的提高,但是限制了进程对资源的请求,同时给系统中所有资源合理编号也较为困难,并且会增加系统开销。为了遵循按序号申请的次序,暂不使用的资源也需要提前申请,从而增加了进程对资源的占用时间。

3.5　死锁的避免

死锁的预防是静态策略,对进程申请资源的活动进行严格限制,以保证死锁不会发生。死锁的避免和死锁的预防不同,系统允许进程动态地申请资源,系统在进行资源分配之前,对进程发出的资源申请进行严格检查,如满足该申请后,系统仍处于安全状态,则分配资源给该进程,否则拒绝此申请。

3.5.1　系统安全状态

所谓安全状态是指系统能够按照某种进程执行序列,如 $< P_1, P_2, P_3, \cdots, P_n >$ 为每个进

视频讲解

程分配所需资源,直至满足每个进程对资源的最大需求,使得每个进程都可顺利地完成。此时,称系统处于系统安全状态,进程执行序列$<P_1,P_2,P_3,\cdots,P_n>$为当前系统的一个安全序列。如果系统无法找到这样一个安全序列,则称当前系统处于不安全状态。

【例 1】 现有 12 个同类资源供 3 个进程共享,进程 P_1 总共需要 9 个资源,但第一次先申请 2 个资源,进程 P_2 总共需要 10 个资源,第一次要求分配 5 个资源,进程 P_3 总共需要 4 个资源,第一次请求 2 个资源。经第一轮的分配后,系统中还有 3 个资源未被分配,现在的分配情况如表 3-2 所示。

表 3-2　资源分配状态

进　　程	已占资源数	最大需求数
P_1	2	9
P_2	5	10
P_3	2	4

这时,系统处于安全状态。因为还剩余 3 个资源,可把其中的 2 个资源再分配给进程 P_3,系统还剩余 1 个资源。进程 P_3 已经得到了所需的全部资源,能执行到结束,且归还所占的 4 个资源。现在系统共有 5 个空闲的资源,可分配给进程 P_2。同样地,进程 P_2 得到了所需的全部资源,执行结束后可归还 10 个资源。最后进程 P_1 也能得到尚需的 7 个资源而执行到结束,然后归还 9 个资源。这样,三个进程都能在有限的时间内得到各自所需的全部资源,执行结束后,系统可收回所有资源。

但是,在第一轮的分配后,若进程 P_1 先提出再分配一个资源的要求,系统从剩余的资源中分配 1 个给进程 P_1 后,尚剩余 2 个资源,现各进程占用资源情况如表 3-3 所示。

表 3-3　资源分配状态

进　　程	已占资源数	最大需求数
P_1	3	9
P_2	5	10
P_3	2	4

虽然剩余的 2 个资源可满足进程 P_3 的需求,但当进程 P_3 得到全部资源且执行结束后,系统最多只有 4 个由进程 P_3 归还的资源,而进程 P_1 和进程 P_2 还分别需要 6 个资源和 5 个资源。显然,系统中的资源已不能满足这两个进程的需求了,也就是说,这两个进程已经不能在有限的时间里得到需要的全部资源。系统已从安全状态转为不安全状态,这是由于资源分配不得当造成的。

应注意的是,"不安全状态"与"死锁"两者并不是等同的,上述的分配情况使系统进入了不安全状态,但死锁尚未发生。如果进程 P_1 提出再申请 5 个资源,则系统不能满足它的要求,从而让进程 P_1 成为等待资源状态。类似地,进程 P_2 请求分配尚需的 6 个资源时,也成为了等待资源状态。此时,进程 P_1 和 P_2 的等待永远结束不了,它们就处于"死锁"状态了。可见,不安全状态隐含着将发生死锁。

只要能保持系统处于安全状态就可避免死锁的发生,故每当有进程提出分配资源的请求时,系统应分析各进程已占资源数、尚需资源数和系统中可以分配的剩余资源数,然后决定是否为当前的申请分配资源。如果能维持系统的安全状态,则可为进程分配资源,否则暂不为申请者分配资源,直到有其他进程归还资源后,再分配给它。

3.5.2　银行家算法

视频讲解

1. 银行家算法的基本思想

最有代表性的避免死锁的算法就是 Dijkstra 的银行家算法。其基本思想是:在资源分配前,判断系统是否处于安全状态,如处于安全状态则把资源分配给申请进程,如处于不安全状态则令申请资源的进程阻塞,不响应其资源申请。

这和现实社会中的银行家很相似,可以用现实生活中的银行贷款实例来类比银行家算法的执行过程。例如,银行家有一笔资金 m 万元,n 个客户需要贷款,他们都和银行签订了贷款协议,每个客户所需的资金不同,且都不超过 m 万元,但客户们的贷款总和远远超过 m 万元。协议中规定,银行根据自身情况向各个客户发放贷款。客户只有在获得全部贷款后,才能在一定的时间内将全部资金归还给银行家。银行家并不一定批准客户每次的贷款请求,在每次发放贷款时,银行家都要考虑发放该笔贷款是否会使得银行无法正常运转。只有在批准贷款请求不会导致银行银根不足时,该贷款请求才被批准。

在此实例中,银行家采用的策略就是死锁的动态避免策略。银行家类似于操作系统中的资源分配程序,m 万元类似于系统中可供分配的空闲资源,每个贷款客户类似于并发执行的进程,贷款金额就是该进程所需的最大资源数。每个进程在执行过程中动态地向系统提出资源请求,只有全部资源请求满足后,才能执行完毕,归还其所占有的全部系统资源。

综上所述,银行家算法的核心理念就是把资源分配给那些最容易执行完成的进程,保证系统中各进程最终都能正常完成。

2. 银行家算法的数据结构

为了实现银行家算法,在系统中必须设置 4 个数据结构,分别用来描述系统中可利用的资源、所有进程对资源的最大需求、系统中的资源分配,以及所有进程还需要多少资源的情况。

(1) 可利用资源向量 Available。这是一个含有 m 个元素的数组,其中每一个元素代表一类可利用的资源数目,其初始值是系统中所配置的该类全部可用资源的数目,其数值随该类资源的分配和回收而动态地改变。如果 Available$[j]=K$,则表示系统中现有 R_j 类资源共 K 个。

(2) 最大需求矩阵 Max。这是一个 $n×m$ 的矩阵,它定义了系统中的 n 个进程中的每一个进程对 m 类资源的最大需求。如果 Max$[i,j]=K$,则表示进程 i 需要 R_j 类资源的最大数目为 K。

(3) 分配矩阵 Allocation。这是一个 $n×m$ 的矩阵,它定义了系统中每一类资源当前已分配给每一进程的资源数。如果 Allocation$[i,j]=K$,则表示进程 i 当前已分得 R_j 类资源的数目为 K。

(4) 需求矩阵 Need。这是一个 $n×m$ 的矩阵,它用以表示每一个进程尚需的各类资源数。如果 Need$[i,j]=K$,则表示进程 i 还需要 K 个 R_j 类资源才能完成其任务。

上述三个矩阵间的关系是：

Need[i,j] = Max[i,j] - Allocation[i,j]

3. 银行家算法

当进程 P_i 申请资源时，向系统提交一个资源申请向量 Request$_i$[j]，如果 Request$_i$[j]=k，表示进程 P_i 申请 k 个 j 类资源。

银行家算法按照下述流程进行检查，判断是否把 k 个 j 类资源分配给进程。

（1）如果 Request$_i$[j]+Allocation[i,j]<=Max[i,j]成立，转向步骤（2）；如不成立，则说明进程的 j 类资源申请超过了其最大需求量，报错中断返回。

（2）如果 Request$_i$[j]<=Available[j]成立，转向步骤（3）；如不成立，则说明系统中现有的 j 类资源不能满足进程 P_i 的资源申请。该请求不能满足，进程 P_i 被阻塞，结束算法返回。

（3）系统试着把资源分配给进程，并修改下面数据结构中的值：

Available[j] = Available[j] - Requesti[j]
Allocation[i,j] = Allocation[i,j] + Requesti[j]
Need[i,j] = Need[i,j] - Requesti[j]

（4）调用系统安全性算法，检查此次资源分配后系统是否处于安全状态。若安全，满足进程 P_i 的资源申请；否则，将本次试探分配作废，恢复原来资源分配状态，不响应进程 P_i 的资源申请，让进程 P_i 等待。

4. 安全性算法

系统所执行的安全性算法可描述如下。

（1）设置两个向量：

① 工作向量 Work，它表示系统可提供给进程继续运行所需的各类资源数目，它含有 m 个元素，在执行安全算法开始时，Work＝Available；

② Finish，它表示系统是否有足够的资源分配给进程，使之运行完成。开始时先做 Finish[i]=false；当有足够资源分配给进程时，再令 Finish[i]=true。

（2）从进程集合中找到一个能满足下述条件的进程：

① Finish[i]=false；

② Need[i,j]<=Work[j]；

若找到，则执行步骤（3）；否则，执行步骤（4）。

（3）当进程 P_i 获得资源后，可顺利执行，直至完成，并释放出分配给它的资源，故应执行：

Work[j]= Work[j]+ Allocation[i,j]；

Finish[i]=true；

Go to step 2；

（4）如果所有进程的 Finish[i]=true 都满足，则表示系统处于安全状态；否则，系统则处于不安全状态。

5. 银行家算法举例

【例2】 假设系统中有五个进程｛P_0、P_1、P_2、P_3、P_4｝和三类资源｛A，B，C｝，各种资源的数量分别为10、5、7，在 T_0 时刻的资源分配情况如表3-4所示。

表 3-4 T_0 时刻的资源分配情况表

资源情况 进程	Max			Allocation			Need			Available		
	A	B	C	A	B	C	A	B	C	A	B	C
P_0	7	5	3	0	1	0	7	4	3	3	3	2
										(2	3	0)
P_1	3	2	2	2	0	0	1	2	2			
				(3	0	2)	(0	2	0)			
P_2	9	0	2	3	0	2	6	0	0			
P_3	2	2	2	2	1	1	0	1	1			
P_4	4	3	3	0	0	2	4	3	1			

（1）T_0 时刻的安全性：利用安全性算法对 T_0 时刻的资源分配情况进行分析，如表 3-5 所知，在 T_0 时刻存在着一个安全序列 $\{P_1,P_3,P_4,P_2,P_0\}$，故系统是安全的。

表 3-5 T_0 时刻的安全序列

资源情况 进程	Work			Need			Allocation			Work＋Allocation			finish
	A	B	C	A	B	C	A	B	C	A	B	C	
P_1	3	3	2	1	2	2	2	0	0	5	3	2	true
P_3	5	3	2	0	1	1	2	1	1	7	4	3	true
P_4	7	4	3	4	3	1	0	0	2	7	4	5	true
P_2	7	4	5	6	0	0	3	0	2	10	4	7	true
P_0	10	4	7	7	4	3	0	1	0	10	5	7	true

（2）P_1 请求资源：P_1 发出请求向量 $Request_1(1,0,2)$，系统按银行家算法进行检查：

① $Request_1(1,0,2) <= Need_1(1,2,2)$；

② $Request_1(1,0,2) <= Available_1(3,3,2)$；

③ 系统先假定可为 P_1 分配资源，并修改 Available、$Allocation_1$ 和 $Need_1$ 向量，由此形成的资源变化情况如表 3-4 中的圆括号所示；

④ 再利用安全性算法检查此时系统是否安全，如表 3-5 所示。

由所进行的安全性检查得知，可以找到一个安全序列 $\{P_1,P_3,P_4,P_0,P_2\}$。因此，系统是安全的，可以立即将 P_1 所申请的资源分配给它，如表 3-6 所示。

表 3-6 P_1 申请资源时的安全性检查

资源情况 进程	Work			Need			Allocation			Work＋Allocation			finish
	A	B	C	A	B	C	A	B	C	A	B	C	
P_1	2	3	0	0	2	0	3	0	2	5	3	2	true
P_3	5	3	2	0	1	1	2	1	1	7	4	3	true
P_4	7	4	3	4	3	1	0	0	2	7	4	5	true
P_0	7	4	5	7	4	3	0	1	0	7	5	5	true
P_2	7	5	5	6	0	0	3	0	2	10	5	7	true

（3）P_4 请求资源：P_4 发出请求向量 $Request_4(3,3,0)$，系统按银行家算法进行检查：

① $Request_4(3,3,0) <= Need_4(4,3,1)$；

② $Request_4(3,3,0) > Available(2,3,0)$，让 P_4 等待。

（4）P_0 请求资源：P_0 发出请求向量 $Request_0(0,2,0)$，系统按银行家算法进行检查：

① $Request_0(0,2,0) <= Need_0(7,4,3)$;

② $Request_0(0,2,0) <= Available(2,3,0)$;

③ 系统暂时假定可为 P_0 分配资源,并修改有关数据,如表3-7所示。

表 3-7　为 P_0 分配资源后的有关资源数据

资源情况 进程	Allocation			Need			Available		
	A	B	C	A	B	C	A	B	C
P_0	0	3	0	7	2	3	2	1	0
P_1	3	0	2	0	2	0			
P_2	3	0	2	6	0	0			
P_3	2	1	1	0	1	1			
P_4	0	0	2	4	3	1			

(5) 进行安全性检查:可用资源 Available(2,1,0)已不能满足任何进程的需要,故系统进入不安全状态,此时系统不分配资源。

通过这个例子可以看到,银行家算法确实能保证系统时时刻刻都处于安全状态,但它要不断检测每个进程对各类资源的占用和申请情况,需花费较多的时间。

视频讲解

3.6　死锁的检测

死锁的静态预防和动态避免都难以完全实现,且都不利于各进程对系统资源的充分共享。在实际中,死锁现象并不是经常在系统中出现,以至于大多数系统都不进行死锁的预防和避免。解决死锁问题的另一途径就是死锁检测和解除。死锁的检测和解除用于系统中定时运行一个"死锁检测"程序,判断系统内是否已出现死锁。一旦出现死锁,采取相应的措施解除它。

3.6.1　资源分配图

操作系统中的每一时刻的系统状态都可以用资源分配图(Resource Allocation Graph)来表示,资源分配图是描述进程和资源间申请及分配关系的一种有向图,用以检测系统是否处于死锁状态。设一个计算机系统中有许多类资源和许多个进程。每一个资源类用一个方框表示,方框中的黑圆点表示该资源类中的各个资源,每个进程用一个圆圈表示,用有向边来表示进程申请资源和资源被分配的情况。约定 $P_i \rightarrow R_j$ 为请求边,表示进程 P_i 申请资源类 R_j 中的一个资源得不到满足而处于等待 R_j 类资源的状态,该有向边从进程开始指到方框的边缘,表示进程 P_i 申请 R_j 类中的一个资源。反之,$R_j \rightarrow P_i$ 为分配边,表示 R_j 类中的一个资源已被进程 P_i 占用,由于已把一个具体的资源分给了进程 P_i,故该有向边从方框内的某个黑圆点出发指向进程。图3-4是进程资源分配图的一个例子,其中共有三个资源类,每个进程的资源占有及申请情况已表示在图中。这个例子中,由于存在占有和等待资源的环路,导致一组进程永远处于等待资源状态,发生了死锁。

进程资源分配图中存在环路,并不一定发生死锁。因为循环等待条件仅是死锁发生的必要条件,而不是充分条件,图3-5便是一个有环路而无死锁的例子。虽然进程 P_1 和进程 P_3 分别占有了一个资源 R_1 和一个资源 R_2,并且等待另一个资源 R_2 和另一个资源 R_1 形成了环路,但进程 P_2 和进程 P_4 分别占有了资源 R_1 和资源 R_2 中的一个,它们申请的资源已得到了全部满足,因而能够在有限时间内归还占有的资源,于是进程 P_1 和进程 P_3 分别能获得另一个所需资源,这时进程资源分配图中减少了两条请求边,环路不再存在,系统中也就不存在死锁了。

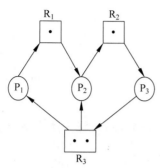

图 3-4 进程资源分配图的一个例子

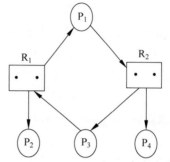

图 3-5 有环路而无死锁的一个例子

3.6.2 死锁定理

可以利用下列步骤运行一个"死锁检测"程序,对进程资源分配图进行分析和简化,以此方法来检测系统是否处于死锁状态。

(1) 如果进程资源分配图中无环路,则此时系统没有发生死锁。

(2) 如果进程资源分配图中有环路,且每个资源类中仅有一个资源,则系统中发生了死锁,此时,环路是系统发生死锁的充分条件,环路中的进程便为死锁进程。

(3) 如果进程资源分配图中有环路,且涉及的资源类中有多个资源,则环路的存在只是产生死锁的必要条件而不是充分条件,系统未必会发生死锁。如果能在进程资源分配图中找出一个既不阻塞又非独立的进程,它在有限的时间内有可能获得所需资源类中的资源继续执行,直到运行结束,再释放其占有的全部资源,在图 3-6(a)中,相当于消除了图中 P_1 的所有请求边和分配边,使之成为孤立结点。在图 3-6(b)中,接着可使进程资源分配图中另一个进程获得前面进程释放的资源继续执行,直到完成又释放出它所占用的所有资源,相当于又消除了图中 P_2 若干请求边和分配边。如此下去,经过一系列简化后,若能消除图中所有边,使所有进程成为孤立结点,形成如图 3-6(c)所示的情况,则该图可完全简化;否则称该图是不可完全简化的。系统为死锁状态的充分条件是:当且仅当该状态的进程资源分配图是不可完全简化的。该充分条件称为死锁定理。

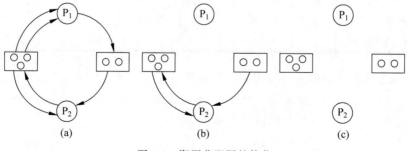

图 3-6 资源分配图的简化

3.6.3 死锁检测算法

当系统中每类资源的实例是多个时，可采用下面介绍的死锁检测算法进行检测。该算法由 Shoshani 和 Coffman 提出，采用了与银行家算法类似的数据结构。

算法中采用的数据结构如下。

(1) 当前可分配的空闲资源向量 Available(1：m)。m 是系统中的资源类型数。Available[i] 表示系统中现有的 i 类资源数量。

(2) 资源分配矩阵 Allocation(1：n, 1：m)。Allocation[i,j] 表示进程 i 已占有的 j 类资源的数量。

(3) 需求矩阵 Request(1：n, 1：m)。Request[i,j] 表示进程 i 还需申请 j 类资源的数量。

死锁检测算法如下。

① 令 Work 和 Finish 分别表示长度为 m 和 n 的向量，初始化 Work＝Available；对于所有 $i=1,\cdots,n$，如果 Allocation[i]≠0，则 Finish[i]＝false，否则 Finish[i]＝true。

② 寻找一个下标 i，它满足条件：Finish[i]＝false 且 Request[i]<=Work，如果找不到这样的 i，则转向步骤④。

③ Work＝Work+Allocation[i]；Finish[i]＝true；转向步骤②。

④ 如果存在 i，$1<=i<=n$，Finish[i]＝false，则系统处于死锁状态。若 Finish[i]＝false，则进程处于死锁环中。

在上面的算法中，如果一个进程所申请的资源能够满足，就假定该进程能得到所需的资源向前推进，直至结束，释放所占有的全部资源。接着查找是否有另外的进程也满足这种条件。如果某进程在以后还要不断申请资源，那么它还可能会被检测出死锁。

【例 3】 设系统中有 3 个资源类{r1, r2, r3} 和 5 个并发进程{P_1, P_2, P_3, P_4, P_5}，其中 r1 有 7 个，r2 有 3 个，r3 有 6 个。在 T_0 时刻各进程分配资源和申请情况表如表 3-8 所示。

表 3-8 T_0 时刻各进程分配资源和申请情况表

资源情况 进程	Allocation			Request			Available		
	r1	r2	r3	r1	r2	r3	r1	r2	r3
P_1	0	1	0	0	0	0	0	1	0
P_2	2	0	0	2	0	2			
P_3	3	0	3	0	0	0			
P_4	2	1	1	1	0	0			
P_5	0	0	0	0	0	2			

根据上面的死锁检测算法可以得到一个进程的安全序列< P_1, P_3, P_2, P_4, P_5 >对于所有的 Finish[i]＝true，所以，此时系统 T_0 时刻不处于死锁状态。假定，进程 P_2 现在申请一个单位为 r3 的资源，则系统资源分配情况表如表 3-9 所示。

表 3-9　满足进程 P_2 申请后的系统资源分配情况

进程 ＼ 资源情况	Allocation			Request		
	r1	r2	r3	r1	r2	r3
P_1	0	1	0	0	0	0
P_2	2	0	0	2	0	2
P_3	3	0	3	0	0	1
P_4	2	1	1	1	1	0
P_5	0	0	2	0	0	2

此时,系统处于死锁状态,参与死锁的进程集合为 $\{P_2,P_3,P_4,P_5\}$。

系统何时进行死锁检测呢? 这取决于死锁进程出现的频率和当死锁出现时所影响进程的数量等因素。若死锁经常出现,检测死锁算法应该经常被调用。一种常用方法是当进程申请资源不能满足,就进行检测。如果死锁检测过于频繁,系统开销就增大;如果检测时间间隔过长,卷入死锁的进程数量又会增多,使得系统的资源和 CPU 的利用率大大下降,一个折中的办法就是定期检测,如每小时检测一次或当 CPU 的利用率低于 40% 时检测。

3.7　死锁的解除

当死锁检测程序检测到死锁存在时,应设法将其解除,让系统从死锁状态中恢复过来,常用的解除死锁的办法有以下几种。

(1) 立即结束所有进程的执行,并重新启动操作系统。这种方法简单,但以前所做的工作全部作废,损失很大。

(2) 撤销涉及死锁的所有进程,解除死锁后继续运行。这种方法能彻底破坏死锁的循环等待条件,但将付出很大代价。例如有些进程可能已经计算了很长时间,由于被撤销而使产生的部分结果也被消除,重新执行时还要再次进行计算。

(3) 逐个撤销涉及死锁的进程,回收其资源,直至死锁解除。但是先撤销哪个死锁进程呢? 可选择符合下面条件(之一)的进程先撤销:消耗的 CPU 时间最少者、产生的输出最少者、预计剩余执行时间最长者、占有资源数最少者或优先级最低者。

死锁解除后,应在适当的时候重新执行被撤销的进程,当重新启动进程时,应从哪一点开始执行呢? 一种最简单的办法是让进程从头开始执行,但这样就要花费较高的代价。有的系统在进程执行过程中设置校验点,当重新启动时,让进程回退到发生死锁之前的那个校验点开始执行。设置校验点的办法对于执行时间长的进程来说是有必要的,但系统要花费较大的代价来记录进程的执行情况以及相应的恢复工作。

(4) 抢夺资源。从涉及死锁的一个或几个进程中抢夺资源,把夺得的资源再分配给涉及死锁的其他进程直到死锁解除。

采用抢夺资源的方法解决死锁问题时应考虑以下三个问题。

(1) 抢夺哪些进程的哪些资源。总是希望能以最小的代价结束死锁,因而必须关注涉及死锁的进程所占有的资源数,以及它们已经执行的时间等因素。

(2) 被抢夺者的恢复。如果一个进程的资源被抢夺了,它就无法继续执行,因而应该让它返回到某个安全状态并记录有关的信息,以便重新启动该进程执行。

（3）进程的"饿死"。如果经常从同一个进程中抢夺资源,那么该进程总是处于资源不足的状态而不能完成所担负的任务,该进程就被"饿死"。所以,一般总是从执行时间短的进程中抢夺资源,以免"饿死"现象的发生。

3.8　死锁的综合处理策略

从表 3-1 各种处理死锁的基本方法的比较中可见,所有解决死锁的方法都各有其优缺点。与其将操作系统机制设计为只采用其中策略,还不如在不同情况下使用不同的策略更有效。于是提出一种综合的死锁策略:把资源分成几组不同的资源类,为预防在资源类之间由于循环等待产生死锁,可使用前面的线性排序策略。在一个资源类中,使用该类资源最适合的算法。作为该技术的一个例子,可以考虑下列资源类。

- 可交换空间:在进程交换中所使用的辅存储器(即"辅存")中的存储块。
- 进程资源:可分配的设备,如磁带设备和文件。
- 主存:可以按页或按段分配给进程。
- 内部资源:例如 I/O 通道。

以上列出的次序表示了资源分配的次序。考虑到一个进程在其生命周期中的步骤顺序,这个序是最合理的。在每一类资源中,可以采用以下策略。

（1）对于可交换空间,通过要求一次性分配所有请求的资源来预防死锁,就像占有且等待预防办法一样。如果知道最大存储需求(一般通常情况下都知道),则这个策略是合理的。死锁避免也是可能的。

（2）对于进程资源,死锁避免的方法通常是有效的,这是因为进程可以事先声明它们将需要的这类资源。采用资源排序的预防策略也是可能的。

（3）对于主存,基于抢占的预防是最适合的策略。当一个进程被抢占后,它仅仅被换到辅存,释放空间以解决死锁。

（4）对于内部资源,可以使用基于资源按序排列的预防策略。

3.9　线　程　死　锁

在支持多线程的操作系统中,除了会发生进程之间的死锁外,还会发生线程之间的死锁。由于不同的线程可以属于同一个进程,也可以属于不同的进程。因此,与进程死锁比较,线程死锁分为属于同一进程的线程死锁和属于不同进程的线程死锁。

1）同一进程的线程死锁

线程的同步工具有互斥锁。由于同一进程的线程共享该进程资源,为了实现线程对进程内变量的同步访问,可以采用互斥锁。假如,L_1 和 L_2 为两个互斥锁,进程内的一个线程先获得 L_1,然后申请获得 L_2,同一进程内的另一个线程先获得 L_2,再申请获得 L_1。这样一来,同一进程内的两个线程陷入死锁。

2）不同进程的线程死锁

如果在进程 P_1 中主存在一组线程 $\{P_{11}, P_{12}, \cdots, P_{1m}\}$,在进程 P_2 中主存在一组线程 $\{P_{21}, P_{22}, \cdots, P_{2m}\}$。在同一时间段内,进程 P_1 内的线程获得资源 R_1,进程 P_2 内的线程获得

资源 R_2。如果进程 P_1 内的某个线程 P_{1i} 请求资源 R_2，由于不能满足而进入阻塞状态；进程 P_2 内某个线程 P_{2j} 请求资源 R_1，由于不能满足而进入阻塞状态。线程 P_{1i} 和线程 P_{2j} 相互等待对方释放资源，这时将出现不同进程线程间的死锁。

当将进程看作为单线程进程时，死锁进程的解决方法同样适用于同一进程的线程死锁和不同进程的线程死锁。

3.10　本 章 小 结

死锁是多个并发进程因竞争资源及进程执行顺序非法而造成的一种状态。系统产生死锁的四个必要条件是互斥条件、占有且等待条件、不剥夺条件和循环等待条件。解决死锁的方法一般有预防、避免、检测和解除等四种。

(1) 预防是采用某种策略，限制并发进程对资源的请求，从而使得死锁的必要条件在系统执行的任何时间都不满足。例如，可以采用静态分配策略、抢占资源和层次分配策略来预防死锁。

(2) 避免则是指系统在分配资源时，根据资源的使用情况提前做出预测，从而避免死锁的发生。例如，可以采用银行家算法来避免死锁。

(3) 检测是指系统设有专门的机构，当死锁发生时，该机构能够检测到死锁发生，并精确地确定与死锁有关的进程和资源，通常可以用进程资源分配图来检测死锁。

(4) 解除是与检测相配套的一种措施，用于将进程从死锁状态下解脱出来。可以采取重启系统、撤销所有涉及死锁进程、逐个撤销涉及死锁的进程、抢夺资源等方法来解除死锁。

所有解决死锁的方法都各有其优缺点。与其将操作系统机制设计为只采用其中策略，还不如在不同情况下使用不同的策略更为有效。

本章最后介绍了线程死锁。与进程死锁比较，线程死锁分为属于同一进程的线程死锁和属于不同进程的线程死锁。当将进程看作为单线程进程时，死锁进程的解决方法同样适用于同一进程的线程死锁和不同进程的线程死锁。

习　题　3

(1) 何谓死锁？产生死锁的原因是什么？

(2) 产生死锁的四个必要条件是什么？

(3) 处理死锁的方法有哪几种？

(4) 死锁的预防的基本思想是什么？

(5) 如何破坏请求和保持条件？

(6) 如何破坏不剥夺条件？

(7) 如何破坏循环等待条件？

(8) 死锁的避免的基本思想是什么？

(9) 简述银行家算法的工作过程。

(10) 什么是进程的安全序列？何谓系统的安全状态？

(11) 在生产者-消费者问题中，如果对调生产者(或消费者)进程的两个 P 操作和两个

视频讲解

V 操作的次序,会发生什么情况? 试说明之。

(12) 一台计算机有 8 台磁带机,它们由 N 个进程竞争使用,每个进程可能需要 3 台磁带机。请问 N 为多少时,系统没有死锁的危险? 并说明原因。

(13) 假定系统有 4 个同类资源和 3 个进程,进程每次只申请或释放 1 个资源。每个进程最大资源需求量为 2。这个系统为什么不会发生死锁?

(14) 若系统有 m 个同类资源,被 n 个进程共享,分别在 $m>n$ 和 $m \leqslant n$ 时,每个进程最多可以请求多少个这类资源,从而使系统一定不会发生死锁?

(15) 设系统中有 3 种类型的资源(A,B,C)和 5 个进程(P1,P2,P3,P4,P5),A 资源的数量为 17,B 资源的数量为 5,C 资源的数量为 20。在 T_0 时刻系统状态表如表 3-10 所示。

表 3-10　T_0 时刻系统状态表

资源情况 进程	最大资源需求量			已分配资源量			剩余资源数		
	A	B	C	A	B	C	A	B	C
P1	5	5	9	2	1	2			
P2	5	3	6	4	0	2			
P3	4	0	11	4	0	5	2	3	3
P4	4	2	5	2	0	4			
P5	4	2	4	3	1	4			

系统采用银行家算法尝试死锁避免策略。

① T_0 时刻是否为安全状态? 若是,请给出安全序列。

② 在 T_0 时刻,若进程 P2 请求资源(0,3,4),是否能实施资源分配? 为什么?

③ 在②的基础上,若进程 P4 请求资源(2,0,1),是否能实施资源分配? 为什么?

④ 在③的基础上,若进程 P1 请求资源(0,2,0),是否能实施资源分配? 为什么?

(16) 在银行家算法中,若出现如表 3-11 所示的资源分配情况:现在系统还剩资源 A 类 2 个,B 类 1 个,C 类 2 个,D 类 0 个。请回答下面问题。

表 3-11　系统资源分配情况表

进　　程	已分配资源数	最大资源需求数
P0	0 0 1 2	0 0 2 2
P1	2 0 0 0	2 7 5 0
P2	0 0 3 4	6 6 5 6
P3	2 3 5 4	4 3 5 6
P4	0 3 3 2	0 6 5 2

① 现在系统是否处于安全状态? 若是,请给出安全序列。

② 若现在进程 P2 请求资源(0,1,0,0),是否能实施资源分配? 为什么?

(17) 有三个进程 P1、P2 和 P3 并发工作。进程 P1 需用资源 R1 和 R3;进程 P2 需用资源 R1 和 R2;进程 P3 需用资源 R2 和 R3。

① 若对资源分配不加限制,会发生什么情况? 为什么?

② 为保证进程正常的工作,应采用怎样的资源分配策略? 为什么?

(18) 假设系统有 5 类独占资源:r1、r2、r3、r4、r5。各类资源分别有 2、2、2、1、1 个单位的资源。系统有 5 个进程：P1、P2、P3、P4、P5，其中 P1 已占有 2 个单位的 r1，且申请 1 个单位的 r2 和 1 个单位的 r4；P2 已占有 1 个单位的 r2，且申请 1 个单位的 r1；P3 已占有 1 个单位的 r2，且申请 1 个单位的 r2 和 1 个单位的 r3；P4 已占有 1 个单位的 r4 和 1 个单位的 r5，且申请 1 个单位的 r3；P5 已占有 1 个单位的 r3，且申请 1 个单位的 r5。

① 试画出该时刻的资源分配图。

② 什么是死锁定理？如何判断①给出的资源分配图中有无死锁？请给出判断过程和结果。

(19) 假设一个多线程应用程序仅使用读写锁来同步。如果使用多个读写锁，根据死锁的四个必要条件，应用程序是否会发生死锁？试说明理由。

(20) 死锁的避免、预防和检测的区别是什么？

第4章

中断与处理机调度

在多道程序环境下,主存中存在着多个进程,其数目往往多于处理机的数目。这就要求系统能够按照某种算法,动态地将处理机分配给处于就绪状态的一个进程,并使之运行。分配处理机的任务是由处理机调度程序完成的。对于大型系统,运行时的性能,如系统的吞吐量、资源利用率、作业周转时间或响应的及时性等,在很大程度上都取决于处理机调度的性能。因而,处理机调度便成为操作系统中至关重要的部分。本章首先介绍中断的基本概念,接着阐述调度的类型与方式,并且重点介绍常用的进程调度算法,最后介绍线程调度和Linux系统下进程的调度。本章需要重点掌握以下要点。

- 了解中断技术的基本概念;了解调度算法的评价准则;了解线程调度的实现方式;了解 Linux 操作系统下进程的调度。
- 理解中断的处理过程;理解进程调度的目标和调度方式。
- 掌握处理机调度的类型与方式;掌握常用线程调度算法及其特点。

4.1 中断概述

视频讲解

中断在操作系统中有着重要的地位,它是多道程序设计得以实现的基础。进程之间的切换是通过中断来完成的,没有中断,就不可能实现多道程序。中断能充分发挥处理机的使用效率,提高系统的实时处理能力。

4.1.1 中断的概念

中断是指 CPU 对系统发生的某个事件作出的一种反应,它使 CPU 暂停正在执行的程序,保留现场后自动执行相应的处理程序,处理该事件后,如被中断进程的优先级最高,则返回断点继续执行被"打断"程序。如图 4-1 所示为中断响应示意图,它表示了中断时 CPU 控制转移的轨迹。

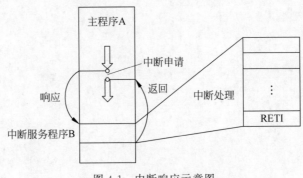

图 4-1　中断响应示意图

引起中断的事件或发出中断请求的来源称为中断源。中断源向 CPU 提出的处理请求称为中断请求。发生中断时,被打断程序的暂停点称为断点。

在现代计算机系统中,I/O 设备发出中断信号后,CPU 暂停正在执行的程序,保留 CPU 环境,自动地转去执行该 I/O 设备的中断处理程序。执行完后,再回到断点,继续执行原来的程序。I/O 设备可以是字符设备,也可以是块设备、通信设备等。由于中断是由外部设备引起的,故又称外中断。

另外还有一种由 CPU 内部事件所引起的中断,例如进程在运算中发生了上溢或下溢,又如程序出错(如非法指令、地址越界,以及电源故障)等。通常把这类中断称为内中断或陷入。与中断类似,若系统发现了有陷入事件,CPU 也将暂停正在执行的程序,转去执行该陷入事件的处理程序。中断和陷入的主要区别是信号的来源,即它是来自 CPU 外部,还是 CPU 内部。

4.1.2　中断优先级和中断屏蔽

1. 中断优先级

如果在用户程序中使用系统调用,就能知道其产生中断请求的时机。除此之外,其他中断往往是随机出现的,可能出现多个中断同时发生的情况。这就存在哪个中断先被响应,哪个中断先被处理的优先次序问题。为使系统能及时响应并处理发生的所有中断,系统根据引起中断事件的重要性和紧迫程度,将中断源分为若干个级别,称作中断优先级。

中断优先级高的中断有优先响应权,可以通过线路排队的方法实现。在不同级别的中断同时到达的情况下,级别最高的中断源优先被响应,同时封锁对其他中断的响应;它被响应之后,解除封锁,再响应次高级的中断,如此下去,级别最低的中断最后被响应。

另外,级别高的中断一般有打断级别低的中断处理程序的权利。也就是说,当级别低的中断处理程序正在执行时,如果发生级别比它高的中断,则立即终止该程序的执行,转去执行高级中断处理程序。后者处理完才返回刚才被终止的断点,继续处理前面那个低级中断。但是,在处理高级中断过程中,不允许低级中断干扰它,通常也不允许后来的中断打断同级中断的处理过程。例如,键盘终端的中断请求紧迫程度不如打印机,而打印机中断请求又不如磁盘等。为此,系统就需要为它们分别规定不同的优先级。一般情况下,优先级的高低顺序依次为:硬件故障中断、自愿中断、程序性中断、外部中断和输入/输出中断。

2. 中断屏蔽

为了防止低优先级的中断事件处理打断优先级高的中断事件的处理,以及防止中断多重嵌套处理,计算机系统采用中断屏蔽技术。中断屏蔽根据是否可以被屏蔽,可将中断分为两大类——不可屏蔽中断(又叫非屏蔽中断)和可屏蔽中断。不可屏蔽中断源一旦提出请求,CPU 必须无条件响应;而对于可屏蔽中断源的请求,CPU 可以响应,也可以不响应。

典型的非屏蔽中断源的例子是电源掉电。一旦出现,必须立即无条件地响应,否则进行其他任何工作都是没有意义的。而可屏蔽中断源的例子是打印机中断,CPU 对打印机中断请求的响应可以快一些,也可以慢一些,因为让打印机等待一会儿是完全可以的。注意,可屏蔽中断和非可屏蔽中断都属于硬件中断(外部中断)。

中断屏蔽方式随机器而异,可以用于整级屏蔽,也可以用于单个屏蔽。例如,在 IBM360/370 系统中,用程序状态字的中断屏蔽位设置标志封锁相应事件的响应。程序员通过特权指令设置或更改屏蔽位信息。在 UNIX 系统中,通常采用提高处理机执行优先级的方式屏蔽中断,即在程序状态寄存器中设置处理机当前的执行优先级,当它的值(例如6)大于或等于后来中断事件的优先级(例如4)时,该中断就被屏蔽了。

3. 对中断的处理方式

对于多中断信号源的情况,当处理机正在处理一个中断时,又发生了一个新的中断请求,这时应如何处理? 例如,一个程序正接收数据并打印结果,当系统正在处理打印机中断时,又收到了优先级更高的磁盘中断信号。对于这种情况,可有两种处理方式:顺序处理方式和嵌套处理方式两种。

1) 顺序处理方式

当处理机正在处理一个中断时,将屏蔽掉所有的中断,即处理机对任何新到的中断请求,都暂时不予理睬,而让它们等待。直到处理机已完成本次中断的处理后,处理机再去检查是否有中断发生。若有,再去处理新到的中断;若无,则返回被中断的程序。在该方法中,所有中断都将按顺序依次处理。如图 4-2(a)所示为顺序中断处理的情况。

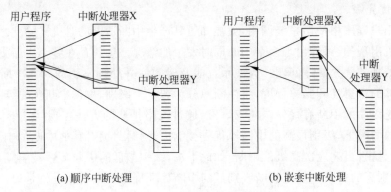

(a) 顺序中断处理　　　　　　　　(b) 嵌套中断处理

图 4-2　对多中断的处理方式

这种方式的优点是实现简单,但没有考虑中断的相对优先级或时间的紧迫程度,因此不能用于对实时性要求较高的中断请求。

2) 嵌套处理方式

在设置了中断优先级的系统中,通常按这样的规则来进行优先级控制:

(1) 当同时有多个不同优先级的中断请求时,处理机优先响应最高优先级的中断请求;

(2) 高优先级的中断请求,可以抢占正在运行的低优先级中断的处理机,该方式类似于基于优先级的抢占式进程调度。

例如,处理机正在处理打印机中断,当有磁盘中断到来时,可暂停对打印机中断的处理,转去处理磁盘中断。如果新到的是键盘中断,由于它的优先级低于打印机的优先级,故处理机继续处理打印机中断。图 4-2(b)给出了嵌套中断处理时的情况。

嵌套中断方式的优点是考虑中断的优先级,缺点是会给程序设计带来困难。在有些系统(例如 Linux)中,当响应中断并进入中断处理程序时,处理机会自动将中断关闭。

4.1.3　中断的处理过程

视频讲解

中断处理一般分为中断响应和中断处理两个过程。中断响应由硬件实施,中断处理主要由软件实施。

中断响应是指处理机每执行一条指令后,硬件的中断装置立即检查有无中断事件发生,如果有中断事件发生,则暂停现行进程的执行,而让操作系统的中断处理程序占用处理机的过程。操作系统的中断处理程序对中断事件进行处理的过程大致分成以下几个步骤。

1) 检测是否有未响应的中断信号

每当设备完成一个字符(或数据块)的读入(或输出),设备控制器便向处理机发送一个中断请求信号。请求处理机将设备已读入的数据传送到主存的缓冲区中(读入),或者请求处理机将要输出的数据(输出)传送给设备控制器。每当程序执行完当前指令后,处理机都要测试是否有未响应的中断信号。若没有,继续执行下一条指令;若有,则停止原有进程的执行,准备转去执行中断处理程序,为把中断处理机的控制特权转交给中断处理程序做准备。

2) 保护被中断进程的 CPU 环境

保护被中断进程的现场环境的目的是在中断处理完之后,可以返回到原来被中断的地方,在原有的运行环境下正确地执行下去。通常由硬件自动将处理机状态字和保存在程序计数器中下一条指令的地址保存起来。中断响应时,硬件处理时间很短(通常是一个指令周期),所以保存现场的环境的工作可由软件来协助硬件完成,并且在进入中断处理程序时就立即去做。当然,两者在不同机器上的分工形式是不统一的。

对中断现场环境信息的保存方式也是多样化的,常用的方式主要有两种。一种是集中式保存,即在主存的系统去设置一个中断现场保存栈,所有的中断现场信息都统一保存在这个栈中。进栈和退栈操作均由系统严格按照"后进先出"的原则实施。如图 4-3 给出了一个栈保护中断现场的示意图。该程序是指令在 N 位置时被中断的,程序计数器中的内容为 $N+1$,所有寄存器的内容都被保留在栈中。

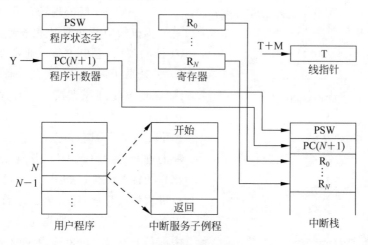

图 4-3　中断现场保护示意图

另一种就是分散式保存,即在每个进程的 PCB 中设置一个核心栈,一旦其程序被中断,它的中断现场环境信息就保存在自己的核心栈中。例如,在 UNIX 系统中,每个进程都有一个核心栈。

3）分析中断原因

对中断处理的主要工作是根据中断源确定中断原因，然后转入相应的处理程序执行。因此，应确定"中断源"或者查证中断发生，识别中断的类型（如时钟中断或者是磁盘读写中断）和中断的设备号（如哪个磁盘引起的中断）。CPU 接到中断后，就从中断控制器的"中断号"（一个地址）中检索中断向量表的位移。中断向量因机器而异，但通常包括相应的中断处理程序入口地址和中断处理时处理机状态字。表 4-1 列出了示意性中断向量表。如果是终端发出的中断，则核心从硬件那里得到的中断号是 2。利用它查找中断向量表，得到终端中断处理程序 ttyintr 的地址。

表 4-1　示意性中断向量表

中断号	中断处理程序	中断号	中断处理程序
0	clockintr	3	devintr
1	diskintr	4	softintr
2	ttyintr	5	otherintr

4）处理中断

对不同的设备，有不同的中断处理程序。该程序首先从设备控制器中读出设备的状态，以判别本次中断是正常完成中断还是异常结束中断。若是前者，中断处理程序便做结束处理。假如这次是字符设备的读操作，则来自输入设备的中断是表明该设备已经读入一个字符的数据，并已放入数据寄存器中。此时中断处理应将该数据传送给 CPU，再将它送入缓冲区中，并修改相应的缓冲区指针，使其指向下一个主存单元。若还有命令，可再向控制器发送新的命令，进行新一轮的数据传送。若是异常结束中断，则根据发生异常的原因做相应的处理。

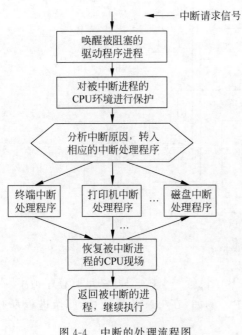

图 4-4　中断的处理流程图

5）恢复 CPU 的现场并退出中断

相应的中断处理程序完成以后，需要恢复 CPU 的现场，退出中断。通常要做两件事情。第一，选取可以立即执行的进程。通常退出中断后，应恢复到原来被中断程序的断点，继续执行下去。如果原来被中断的进程是在核心态下工作，则不进行进程切换。如果原来被中断的进程是用户态进程，并且此时系统中存在比它的优先级更高的进程，则退出中断时要执行进程调度程序，选择最合适的进程运行。第二，恢复工作现场。把先前保存在中断现场区中的信息取出，并装入相应的寄存器中，其中包括该程序下一次要执行的指令地址 $N+1$、处理机状态字 PSW，以及各通用寄存器和段寄存器的内容。当处理机再执行本程序时，便从 $N+1$ 处开始，最终返回到被中断的程序。图 4-4 给出了中断的处理流程图。

4.2　三级调度体系

处理机调度主要是对处理机运行时间进行分配,即按照一定的算法或策略将处理机运行时间分配给各个用户进程,同时要尽量提高处理机的使用效率。调度算法的优劣、调度程序的实现方法直接影响到系统并发执行的整体效率。

一个进程在处理机上运行之前,必须占有一定的系统资源(如主存、I/O 设备等)。为了合理地安排进程以占用这些资源,为进程使用处理机运行做准备,操作系统也需对其他资源进行调度,选择进程占用系统的其他资源。例如:系统选择执行某进程的磁盘 I/O 请求进行磁盘输入/输出,这称为磁盘调度。

现代操作系统中,按照调度所实现的功能来分,通常把处理机分配给进程或线程的调度称为低级调度,除此之外,还有中级调度和高级调度,它们一起构成三级调度体系。其中,低级调度是该体系中不可缺少的最基本调度。

4.2.1　低级调度

低级调度(low-level scheduling)又称为进程调度、短程调度,它决定哪个就绪态进程获得处理机,即选择某个进程从就绪态变为执行态。执行低级调度的原因多是处于执行态的进程由于某种原因而放弃或被剥夺 CPU 执行权。

低级调度是三级调度中的最终调度,又称底层调度。在这级调度中,真正实现了处理机的分配,它是系统不可缺少的最基本调度。在仅具有进程调度的系统中,调度队列模型如图 4-5 所示。

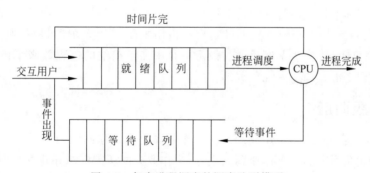

图 4-5　仅有进程调度的调度队列模型

通常出现以下情况时,进程调度程序将被激活。

(1) 新进程创建后,由调度程序决定运行父进程还是子进程。

(2) 运行状态进程正常结束或被强行终止。例如,当执行的进程正常结束后,它向操作系统发出进程结束系统调用,操作系统在处理完进程结束系统调用后,执行进程调度程序,选择一个新的就绪进程运行。

(3) 正在执行的进程由于某种原因被阻塞。例如,运行态进程等待其他进程的通信数据,此时操作系统将该进程变成等待状态,重新进行进程调度。运行中的进程要求进行输入/输出操作时,在输入/输出操作没有完成前,进程处于等待状态,系统需要调度新进程运行。

（4）分配给运行进程的时间片用完。当系统时钟中断发生时,时钟中断处理程序调用有关时间片的处理程序,如发现正在运行进程的时间片已用完,应进行重新调度,以便让下一个轮转进程使用处理机。

（5）抢占调度方式下,一个比正在运行进程的优先级更高的进程申请运行。在支持基于优先级抢占式调度的系统中,任何原因引起的进程优先级变化都应请求重新进程调度。

进程调度的功能主要包括以下两部分。

（1）选择就绪进程。动态地查找就绪进程队列中各进程的优先级和资源使用情况,按照一定的进程调度算法确定处理机的分配对象。

（2）进程切换。进程切换时处理机分配的具体实施过程。正在处理机上执行的进程释放处理机,将调度程序选中的就绪态进程切换到处理机上执行。进程切换中主要完成的工作有:保存当前被切换进程的执行现场;统计当前就绪进程的执行时间、剩余时间片、动态优先级等。调度程序根据进程调度策略选择一个就绪进程,把其状态转换为执行态,并把处理机分配给它。

4.2.2　中级调度

中级调度(middle-level scheduling)又称主存调度,它是进程在主存和辅存之间的对换。引入中级调度的目的是提高主存利用率和系统吞吐量、控制系统并发度、降低系统的开销。当主存空间非常紧张或处理机无法找到一个可执行的就绪进程时,需把某些暂时不能运行的进程换到辅存上去等待,释放出其占用的宝贵主存资源给其他进程使用。换到辅存的进程所处状态为挂起状态。当这些进程重新具备运行条件且主存又有空闲空间时,由中级调度程序决定把辅存上的某些进程重新调入主存,并修改其状态,为占用处理机做好准备。

中级调度实际上是存储管理中的对换功能,它控制进程对主存的使用。在虚拟存储管理系统中,进程只有被中级调度选中,才有资格占用主存。中级调度可以控制进程对主存的使用,从某种意义上讲,中级调度可通过设定主存中能够接纳的进程数来平衡系统负载,在一定时间内起到平滑和调整系统负载的作用。

4.2.3　高级调度

高级调度(high-level scheduling)又称为作业调度或长程调度,它是根据某种算法将辅存处于后备作业队列中的若干作业调入主存,为作业分配所需资源并建立相应进程。

高级调度通常出现在需要进行大量作业处理的批处理系统中,这类系统的设计目标是最大限度地提高系统资源利用率和保持各种系统活动的充分并行。

4.2.4　三级调度关系

在分级调度系统中,各级调度分别在不同的调度时机进行。对于一个用户作业来说,通常要经历高级调度、中级调度和低级调度才能完成整个作业程序的运行。

在系统中,不同状态的进程会加入到不同的队列,以便于调度和管理。作业进入系统时,被加入到作业后备队列。主存中处于就绪状态的进程形成就绪队列,阻塞状态的进程形成阻塞队列。在辅存中处于挂起态的进程形成就绪挂起队列和阻塞挂起队列。具有三级调度的系统中,各级调度的队列、发生时机、切换过程如图4-6所示,即三级调度的系统模型。

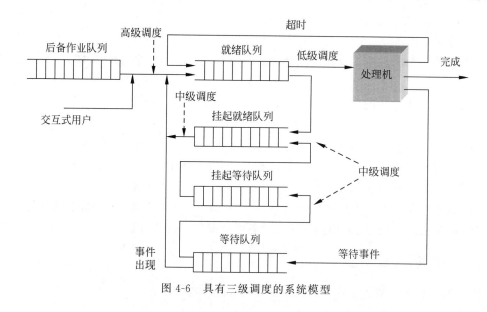

图 4-6 具有三级调度的系统模型

4.3 进程调度目标和调度方式

4.3.1 进程调度目标

进程调度目标是指进程调度需要达到的最终结果或目的。一般而言,有以下几种调度目标。

(1)公平性。保证每个进程得到合理的处理机时机和执行速度。例如,不能由于采用某种调度算法而使得某些进程长时间得不到处理机的执行,出现"饥饿"现象。要在保证某些进程优先权的基础上,最大限度地实现进程执行的公平性。

(2)高效率。保证处理机得到充分利用,不让处理机由于空闲等待而浪费大量时间,力争使处理机的绝大部分时间都在"忙碌"地执行有效指令。其中,处理机的利用率可以用以下方法计算:

$$CPU\ 的利用率 = \frac{CPU\ 有效工作时间}{CPU\ 有效工作时间 + CPU\ 空闲等待时间}$$

(3)平衡性。由于在系统中可能具有多种类型的进程,有的属于计算型作业,有的属于I/O 型。为使系统中的 CPU 和各种外部设备都能经常处于忙碌状态,调度算法应尽可能保持系统资源使用的平衡性。

(4)高吞吐量。要实现系统的高吞吐量,应缩短每个进程的等待时间。

(5)策略强制执行。对所制订的策略(包括安全策略),只要有需要,就必须予以准确地执行,即使会造成某些工作的延迟也要执行。

不同类型的操作系统有不同的调度目标。下面介绍常见的操作系统的调度目标。设计操作系统时,设计者选择哪些调度目标在很大程度上取决于操作系统自身的特点。

(1)多道批处理系统。多道批处理系统强调高效利用系统资源、系统吞吐量大和平均周转时间短。进程提交给处理机后,就不再与外部进行交互,系统按照调度策略安排它们运行,直到诸进程完成为止。

（2）分时操作系统。它更关心多个用户的公平性和及时响应性,不允许某个进程长时间占用处理机。分时系统多采用时间片轮转调度算法或在其基础上改进的其他调度算法。但处理机在各个进程之间的频繁切换会增加系统时空开销,延长各个进程在系统中的存在时间。分时系统最关注的是交互性和各个进程的均衡性,对进程的执行效率和系统开销并不苛刻。

（3）实时操作系统。必须保证实时进程的请求得到及时响应,往往不考虑处理机的使用效率。和其他类型系统采取的调度算法相比,实时系统采取的调度算法有很大不同,其调度算法的最大特点是可抢占性。

（4）通用操作系统。通用操作系统中,对进程调度没有特殊限制和要求,选择进程调度算法时,主要追求处理机的使用公平性以及各类资源使用的均衡性。

4.3.2 进程调度方式

进程调度有两种基本方式：非抢占方式和抢占方式。

1. 非抢占方式（nonpreemptive）

进程一旦获得处理机执行,其他进程就不能中断它的执行,即使当前等待进程中出现了优先级更高的请求进程,也不允许该进程抢占处理机,直到执行态进程完成或发生某个事件主动放弃处理机,才能调度其他进程获得处理机执行。

采用非抢占调度方式时,引起进程调度的常见原因如下。

（1）正在执行的进程执行完毕或因发生某事件而不能再继续执行。

（2）执行中的进程提出I/O请求而暂停执行。例如,等待慢速的I/O设备传输数据等。

（3）在进程通信或同步过程中执行了某种原语操作,如P原语、阻塞原语等。当正在执行的进程所需资源不能得到满足时,该进程通过执行某些原语"主动"放弃处理机的使用权。

这种调度方式的优点是实现简单、系统开销小,适用于大多数批处理系统。但它难以满足实时任务的要求,在要求比较严格的实时操作系统中,一般不宜采用此类调度方式。

2. 抢占方式（preemptive）

抢占方式的调度是指在进程并发执行中,如果就绪进程中某个进程优先级比当前运行进程的优先级还高,无论当前正在运行的进程是否结束,允许高优先级进程抢占当前运行进程的处理机并立即执行。抢占式调度可确保高优先级进程立即得到处理。抢占式调度在实际系统中具有重要意义。为了帮助大家理解抢占式调度的必要性,举例如下。一位有一手好厨艺的母亲有两个孩子,女儿6岁,儿子4岁。这位母亲正在为她的女儿烘制生日蛋糕。她有做生日蛋糕的食谱,厨房里有所需的原料——面粉、鸡蛋、糖、香草汁等。在这个比喻中,做蛋糕的食谱就是程序(即用适当形式描述的算法),这位母亲就是处理机,而做蛋糕的各种原料就是输入的数据。进程就是厨师阅读食谱、取来各种原料以及烘制蛋糕的一系列动作的总和。假设在制作蛋糕过程中,她的儿子跑了进来,说他被一只蜜蜂蜇了。这位母亲就记录下自己照着食谱做到哪儿了(保存进程的当前状态),然后拿出一本急救手册,按照其中的指示处理蜇伤。这里,我们看到处理机从一个进程(做蛋糕)切换到另一个高优先级的进程(实施医疗救治),每个进程都有各自的程序(食谱和急救指示)。当蜜蜂蜇伤处理完之后,恢复做蛋糕现场,继续做下去(继续执行做蛋糕程序)。如果系统不允许抢占调度,那么这位母亲就不能及时终止做蛋糕进程去给儿子进行急救处理包扎伤口,这显然不符合日常逻辑。

在某些计算机系统中,为了实现某种目的,有些进程需要优先执行,只有采用抢占式调度才能满足它们的需求。抢占式调度对提高系统吞吐量、加速系统响应时间都有好处。

"抢占"不是一种任意性行为,必须遵循一定的原则,主要原则如下。

(1) 优先权原则。允许优先级高的新到进程抢占当前进程的处理机,即当有新进程到达时,如果它的优先级比正在执行进程的优先级高,则调度程序将剥夺当前进程的运行,将处理机分配给新到的优先权高的进程。

(2) 短进程优先原则。允许新到的短进程可以抢占当前长进程的处理机,即当新到达的进程比正在执行的进程(尚需运行的时间)明显短时,将处理机分配给新到的短进程。

(3) 时间片原则。各进程按时间片轮转运行时,当正在执行的进程的一个时间片用完后,便停止该进程的执行而重新进行调度。

4.4　调度算法的评价准则

操作系统设计者在设计进程调度算法时,往往有很多种调度算法可供选择,哪种方法更优秀,必须有一个明确的评价准则。通常可以从用户角度、系统角度和调度算法实现角度来考察算法的优劣,经过综合考虑做出最终判断。

在学习具体调度算法前,先详细介绍一下调度算法的评价准则,这有利于各种调度算法的学习和比较。

4.4.1　面向用户的评价准则

用户最希望的是进程能尽快地被调度,快速完成所有指令并尽快给出结果。因此,面向用户的常见调度指标有如下几个。

1. 进程周转时间

从进程的角度来看,一个重要准则是运行这个进程需要多长时间。从进程创建到进程完成的这段时间间隔称为周转时间。进程的周转时间越短越好,它包含所有时间段之和,具体包括等待进入主存就绪队列、进程在就绪队列上等待进程调度的时间、进程在 CPU 上执行的时间和进程等待输入/输出操作完成的时间。进程调度算法并不能影响进程运行和执行 I/O 的时间,它只影响进程在就绪队列中因等待所需要的时间。等待时间为就绪队列中等待所花时间之和。若设 T_{C_i} 为进程的完成时间,T_{S_i} 为进程被创建后进入内存就绪队列的时间,则进程的周转时间定义为 $T_i = T_{C_i} - T_{S_i}$,其值等于等待时间与运行时间之和。

单个进程的周转时间往往具有片面性,不能全面衡量调度算法的优劣,通常采用平均周转时间(T)来评价调度算法。

$$T = \frac{1}{n}\left[\sum_{i=1}^{n} T_i\right]$$

进程的周转时间 T 与系统为它提供服务的时间 T_r 之比,即 $W = T/T_r$,称为带权周转时间,平均带权周转时间可表示为:

$$W = \frac{1}{n}\left[\sum_{i=1}^{n} \frac{T_i}{T_{ri}}\right]$$

2. 响应时间

响应时间是指从进程输入第一个请求到系统给出首次响应的时间间隔。用户请求的响应时间越短，用户的满意度越高。响应时间通常由三部分时间组成：进程请求传送到处理机的时间、处理机对请求信息进行处理的时间、响应信息回送到显示器的时间。其中，第一、三部分时间很难减少，只能通过合理的调度算法缩短第二部分时间。

3. 截止时间

截止时间是指用户或其他系统对运行进程可容忍的最大延迟时间。在实时系统中，通常用该准则衡量一个调度算法是否合格。在实际系统评价中，主要考核开始截止时间和完成截止时间。

4. 优先权准则

在批处理、分时和实时系统中选择调度算法时，为保证某些紧急作业得到及时处理，必须遵循优先权准则。因此，系统对不同进程设立优先级，高优先级进程优先获得处理机的使用权。

4.4.2 面向系统的评价准则

对计算机系统而言，在保证用户请求被高效处理的基础上，尽量使计算机系统中的各类资源得到充分利用。面向系统的调度指标如下。

1. 系统吞吐量

单位时间内处理的进程数目为 CPU 的工作效率，单位时间内完成的进程数目为系统的吞吐量。在处理大而长的进程时，吞吐量可能每小时只有一个；在处理小而短的进程时，吞吐量达到每秒几十个甚至上百个。

系统吞吐量可以考虑一个系统的最大处理能力，它是从系统效率角度评价系统性能的指标参数，它通常是选择批处理作业调度算法的重要依据。

影响系统吞吐量的主要因素有：进程平均服务时间、系统资源利用率、进程调度算法等。进程调度算法同时也影响进程平均周转时间和系统资源利用率。

2. 处理机利用率

处理机利用率为 CPU 有效工作时间与 CPU 总的运行时间之比。CPU 总的运行时间为 CPU 有效工作时间与 CPU 空闲时间之和。

大、中型计算机中都非常重视系统吞吐量，它可以考虑一个系统的最大处理能力，是从系统效率角度评价系统性能的指标参数，它通常是选择批处理作业调度算法的重要依据。在当今的计算机系统中，随着硬件技术的发展，处理机的价格不断下降，但在操作系统的设计中还是要充分重视处理机的利用率，否则将影响整个系统性能。

3. 各类资源均衡利用

在系统处理内部，不仅要使处理机的利用率高，还要能有效地利用其他各类系统资源，例如主存、辅存和输入/输出设备等。系统管理的进程包括多种类型，有些是处理机繁忙型进程，有些是输入/输出繁忙型进程。进程调度要考虑进程对处理机的实际需要，最好让不同类型进程相互搭配运行，使处理机和其他各类资源都能得到均衡利用。

4. 调度算法实现准则

调度算法实现的准则包括两方面：调度算法的有效性和易实现性。

　　调度算法是否能有效地解决实际问题是选择调度算法的根本。如果某个算法不能很好地满足用户或系统的某种特定要求，那么该算法不是一个优秀的调度算法，应考虑采用其他调度算法替换它。

　　调度算法本身是否容易实现——也是操作系统设计者考虑调度算法时的一个重要准则。一个算法再好，如果它不容易实现或实现的系统开销太大，也会影响到调度性能或使调度工作无法进行。实际系统中，容易实现的调度算法往往调度效率较低，而调度效率较高的算法又较为复杂，不容易实现。不同的调度算法可满足不同的要求，要想得到一个满足所有用户和系统要求的算法几乎是不可能的，设计者在考虑一个调度算法时，要统筹兼顾、有所取舍。

4.5　进程调度算法

　　作业调度算法和进程调度算法非常相似，对进程调度算法稍加改动就可以转换为作业调度，本节主要介绍常用的进程调度算法。

　　进程调度的主要问题是采用某种调度算法能合理、有效地把处理机分配给各个进程。进程调度算法很多，这里介绍几种常用的进程调度算法。

4.5.1　先来先服务调度算法

视频讲解

　　先来先服务(First Come First Service，FCFS)算法按照进程进入就绪队列的先后顺序选择可以占用处理机的进程。当有进程就绪时，把该进程排入就绪队列的末尾，而进程调度总是把处理机分配给就绪队列中的第一个进程。一旦一个进程占用了处理机，它就一直执行下去，直到因等待某事件或进程完成了工作，才让出处理机分配给其他进程。

　　FCFS算法的优缺点如下。

　　(1) 有利于长进程，不利于短进程。排在长进程后边的短进程往往等待的时间较长，导致其周转时间过长，没有体现出"短进程优先"的原则。

　　(2) 有利于处理机繁忙的进程，不利于输入/输出繁忙的进程。对于繁忙使用处理机的进程来说，一旦获得了处理机就可以全力投入计算工作而不会有其他干扰；对于输入/输出繁忙型的进程，在获得处理机后不久就会频繁地进行输入/输出操作。在输入/输出操作时，该进程须主动放弃处理机，等待输入/输出操作完成。输入/输出操作完成后，该进程往往不能马上恢复现场执行，而是先转换为就绪状态在就绪队列的队尾排队等待调度。所以，在对输入/输出繁忙型的进程调度时，FCFS算法的执行效率较低。

　　(3) 算法简单，易于实现，系统开销小。

　　下面举例说明采用FCFS调度算法的调度性能。

　　【例1】　系统中有5个进程P_1、P_2、P_3、P_4和P_5并发执行，5个并发进程的创建时间、执行时间、优先级以及时间片个数如表4-2所示。

表 4-2　5 个并发进程的信息表

进 程 名	进程创建时间	要求执行时间	优 先 级	时间片个数
P_1	0	3	3	3
P_2	1	6	5	6

续表

进　程　名	进程创建时间	要求执行时间	优　先　级	时间片个数
P_3	2	1	1	1
P_4	3	4	4	4
P_5	4	2	2	2

从表 4-2 中我们可以看出：

① $t=0$ 时，因为只有 P_1 到达系统，所以把 CPU 分配给 P_1 进行进程调度，这时候等待时间为 0；

② $t=3$ 时，P_1 完成进程调度，而 P_2、P_3、P_4 到达系统进入主存，由于 P_2 是 $t=1$ 时创建的，先于 P_3 的到达时间，所以 P_2 分配 CPU 进程调度；

③ $t=9$ 时，P_2 完成进程调度，而 P_5 到达系统，主存中有 P_3、P_4、P_5，由于 P_3 是最先进入主存，所以 P_3 分配 CPU 进行进程调度；

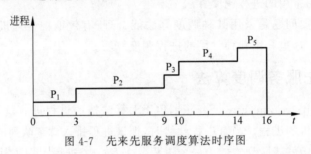

图 4-7　先来先服务调度算法时序图

④ $t=10$ 时，P_3 完成进程调度，主存中只剩下 P_4、P_5，根据到达先后的顺序，P_4 分配 CPU 进行进程调度；

⑤ $t=14$ 时，P_4 完成进程调度，主存中只剩下 P_5，所以 P_5 分配 CPU 进行进程调度；

⑥ $t=16$ 时，P_5 结束，完成进程调度。

因此，采用 FCFS 调度算法，这 5 个并发进程的运行时序图如图 4-7 所示。

采用先来先服务算法，每个进程的完成时间、周转时间和带权周转时间如表 4-3 所示。

表 4-3　先来先服务调度的评价结果（时间单位为 s）

进　　程	创 建 时 间	运 行 时 间	开 始 时 间	完 成 时 间	周 转 时 间	带权周转时间
P_1	0	3	0	3	3	1
P_2	1	6	3	9	8	1.33
P_3	2	1	9	10	8	8
P_4	3	4	10	14	11	2.75
P_5	4	2	14	16	12	6
平均周转时间 $T=8.4$ 平均带权周转时间 $W=3.82$					42	19.08

4.5.2　短进程优先调度算法

短进程优先（Short Process First，SPF）调度算法是从就绪队列中选出一个估计运行时间最短的进程，将处理机分配给它，使它立即执行并一直到进程结束。如进程在执行过程中因某事件而阻塞并放弃处理机时,系统重新调度其他短进程。

短进程优先调度算法最大限度地降低了平均等待时间,但也存在对长进程的不公平性。长进程在此调度算法中可能长时间得不到运行机会,甚至由于"饥饿"时间过长而被系统撤销。

短进程优先调度算法优缺点如下。

(1) 照顾了短进程,缩短了短进程的等待时间,体现了短进程优先原则,提高了系统的总体吞吐量。

(2) 对长进程非常不利,使进程的周转时间明显地增长。更严重的是,该算法忽视了进程的等待时间,可能使长进程等待时间过长,出现"饥饿"现象。

(3) 该算法完全未考虑进程的紧迫程度,因而不能保证紧迫性进程会被及时处理。

(4) 进程的运行时间很难精确估计,进程在运行前不一定能真正做到短进程被优先调度。

(5) 在采用该算法时,人-机无法实现交互。

由于短进程优先调度算法具有以上特点,在实际应用中,通常对其进行部分改造后加以使用。例如:最短剩余时间优先调度算法、最高响应比优先调度算法等。

【例2】　对 FCFS 算法中的实例采用 SJ(P)F 调度算法重新调度。具体分析如下。

$t=0$ 时,因为只有 P_1 到达系统,所以把 CPU 分配给 P_1 进行进程调度,这时候等待时间为 0;

$t=3$ 时,P_1 完成进程调度,而 P_2、P_3、P_4 到达系统进入主存,由于 P_3 的运行时间最短,所以 P_3 分配 CPU 进行进程调度;

$t=4$ 时,P_3 完成进程调度,而 P_5 到达系统,主存中有 P_2、P_4、P_5,由于 P_5 的运行时间最短,所以 P_5 分配 CPU 进行进程调度;

$t=6$ 时,P_5 完成进程调度,主存中只剩下 P_2、P_4,根据运行时间的长短,P_4 要比 P_2 的运行时间更短,所以 P_4 进行进程调度;

$t=10$ 时,P_4 完成进程调度,主存中只剩下 P_2,所以 P_2 进行进程调度;

$t=16$ 时,P_2 结束,完成进程调度。

因此,5 个并发进程的运行时序图如图 4-8 所示。

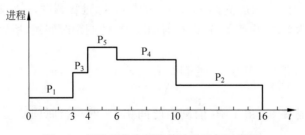

图 4-8　短进程优先调度算法的运行时序图

采用短进程优先调度算法,每个进程的完成时间、周转时间和带权周转时间如表 4-4 所示。

表 4-4　短进程优先调度的评价结果（时间单位为 s）

进　　程	创建时间	运行时间	开始时间	完成时间	周转时间	带权周转时间
P_1	0	3	0	3	3	1
P_2	1	6	10	16	15	2.5
P_3	2	1	3	4	2	2
P_4	3	4	6	10	7	1.75
P_5	4	2	4	6	2	1
平均周转时间 $T=5.8$ 平均带权周转时间 $W=1.65$					29	8.25

与先来先服务算法对比，采用短进程优先调度算法，无论是周转时间还是带权周转时间都明显减小，系统的吞吐量得到了提高。

4.5.3　最短剩余时间优先调度算法

视频讲解

最短剩余时间优先调度算法（Shortest Remaining Time First，SRTF）是短进程优先调度算法的变型，它采用抢占式调度策略。当新进程加入到就绪队列中时，如果它需要的运行时间比当前运行的进程所需的剩余时间短，则执行切换，当前运行进程被强行剥夺 CPU 的使用权，使新进程获得 CPU 并运行。

【例 3】　P_1、P_2、P_3、P_4 四个进程到达系统的时间和运行时间如表 4-5 所示。请采用最短剩余时间优先调度算法求出各进程的执行情况，并计算平均周转时间和平均带权周转时间。

表 4-5　最短剩余时间优先各进程到达时间和运行时间（时间单位为 s）

进　　程	到达时间	运行时间
P_1	0	12
P_2	1	5
P_3	3	7
P_4	5	3

从表 4-5 中可以看出：

$t=0$ 时，因为只有 P_1 到达系统，所以 P_1 分配 CPU 进程调度，这时候等待时间为 0；

$t=1$ 时，P_2 到达系统，由于 P_2 的运行时间比 P_1 的剩余时间短，所以 P_2 分配 CPU 进行进程调度；

$t=3$ 时，P_3 到达系统，但是 P_2 的剩余时间比 P_3 的运行时间要短，所以 P_2 继续进程调度；

$t=5$ 时，P_4 到达系统，由于 P_2 的剩余时间比 P_4 的运行时间要短，所以 P_2 继续进程调度；

$t=6$ 时，P_2 完成进程调度。主存中只剩下 P_1、P_3、P_4，根据运行时间的长短，P_4 运行时间最短，所以 P_4 进行进程调度；

$t=9$ 时，P_4 完成进程调度，主存中只剩下 P_1、P_3，根据运行时间的长短，P_3 运行时间最短，所以 P_3 进行进程调度；

$t=16$ 时，P_3 结束，完成进程调度，主存中只剩下 P_1，所以 P_1 继续分配 CPU 进行进程调度；

$t=27$ 时，P_1 结束，完成进程调度。

因此，4 个并发进程的运行时序图如图 4-9 所示。

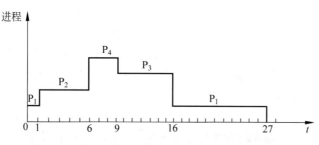

图 4-9　最短剩余时间优先调度算法的运行时序图

采用最短剩余时间优先调度算法，每个进程的周转时间和带权周转时间如表 4-6 所示。

表 4-6　最短剩余时间优先调度的评价结果（时间单位为 s）

进　程	到 达 时 间	运 行 时 间	开 始 时 间	完 成 时 间	周 转 时 间	带权周转时间
P_1	0	12	0	27	27	2.25
P_2	1	5	1	6	5	1
P_3	3	7	9	16	13	1.86
P_4	5	3	6	9	4	1.33
平均周转时间 $T=12.25$ 平均带权周转时间 $W=1.61$					49	1.61

这种算法能保证新的短进程一进入系统就能得到服务。但是，这种算法要不断统计各个进程的剩余时间且进程切换较为频繁，系统开销较大。

4.5.4　时间片轮转调度算法

视频讲解

时间片轮转算法（Round Robin，RR）依据公平服务的原则，将处理机的运行时间划分成等长的时间片，轮转式分配给各个就绪进程使用。采用此算法的系统中，所有就绪进程按照先来先服务的原则排成一个队列，每次调度时将处理机分派给队首进程。如果进程在一个时间片内没执行完，那么调度程序强行将该进程中止，进程由执行态变为就绪态，并把处理机分配给下一个就绪进程。该算法能保证就绪队列中的所有进程在一给定的时间段内均能获得处理机运行。

时间片轮转算法不仅保证了每个进程有均等的运行机会，也保证了短进程有较短的响应时间。从上面的算法执行过程可知，进程的等待时间完全取决于进程所需的服务时间，服务时间越短，等待时间就越短，响应时间也就越短。因此，时间片轮转算法非常适合于交互性较强的处理环境，例如时间片轮转算法被广泛地应用于分时系统。

在时间片轮转调度算法中，应在何时进行进程的切换，可分为以下两种情况。

（1）若一个时间片尚未用完，正在运行的进程便已经完成，就立即激活调度程序，将它从就绪队列中删除，再调度就绪队列中队首的进程运行，并启动一个新的时间片。

（2）在一个时间片用完时，计时器中断处理程序被激活。如果进程尚未运行完毕，调度程序将把它送往就绪队列的末尾。

在时间片轮转调度算法中，时间片的大小对系统的性能有很大的影响。若时间片过长，绝大部分进程在一个时间内都能执行完，这时该算法就退化成了先来先服务调度算法，不能发挥时间片轮转算法的优点，无法满足短进程和交互式用户的需求。反之，若时间片过短，会导致大多数进程都需要使用大量的时间片才能执行完毕，进程切换数量大大增加，系统耗费在进程切换和进程调度上的开销增多。因此，在轮转法中，时间片长度选取非常重要。时间片长度（q）的选择是根据系统对响应时间的要求（R）和就绪队列中所允许的最大进程数（N）确定的。它可表示为：

$$q = R/N$$

【例4】 下面仍然采用FCFS算法中的实例，改用时间片轮转调度算法对其重新调度。5个进程分别需要运行3、6、1、4、2个时间片，5个并发执行进程的运行时序图如图4-9所示。

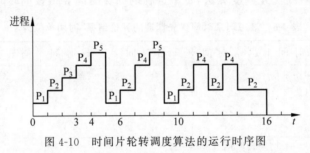

图4-10 时间片轮转调度算法的运行时序图

采用时间片轮转调度算法，每个进程的完成时间、周转时间和带权周转时间如表4-7所示。

表4-7 时间片轮转调度的评价结果（时间单位为s）

进　程	创建时间	运行时间	开始时间	完成时间	周转时间	带权周转时间
P_1	0	3	0	10	10	3.33
P_2	1	6	1	16	15	2.5
P_3	2	1	2	3	1	1
P_4	3	4	3	14	11	2.75
P_5	4	2	4	9	5	2.5
平均周转时间 $T=8.4$ 平均带权周转时间 $W=2.42$					42	12.08

在时间片轮转调度算法中，短进程得到了一定的照顾。例如：短进程 P_3 的带权周转时间为1s。所有进程的平均周转时间和FCFS相比并没有显著地降低，但是每个进程的带权周转时间都比较接近，体现出较好的公平性。

4.5.5 优先级调度算法

视频讲解

优先级调度算法（Priority Scheduling，PS）为每个进程赋予一个整数，表示其优先级。就绪进程按照优先级的大小顺序排队，调度程序选择优先级最高的进程获得CPU。该算法常用于批处理系统中。

优先级调度算法可以是抢占式也可以是非抢占式。抢占式中,一旦就绪进程队列出现了优先级比当前运行进程更高的进程,调度程序就进行一次抢占调度,将 CPU 的使用让给优先级更高的就绪进程;非抢占式中,只有当前进程阻塞、时间片用完或者执行完毕才把 CPU 的使用让给优先级更高的就绪进程。

在采用优先级调度算法的系统中,进程的优先级越高,就越早获得 CPU 执行,周转时间就越短。因此,高优先级进程的运行速度比低优先级进程的运行速度快。

优先级调度总体上又分为静态优先级调度和动态优先级调度两种。

(1) 静态优先级调度。进程的优先级在创建时确定,其在进程的整个运行期间都不改变。此类调度中的优先级往往是一个常数。

通常确定进程优先级的依据为进程类型、进程对资源的需求、用户要求等。

(2) 动态优先级调度。进程在创建时被赋予的优先级可随进程执行或等待时间的增加而改变,这可防止低优先级进程长期得不到运行。

优先级调度算法的主要优缺点如下。

(1) 调度灵活,能适应多种调度需求。优先级的分配决定了进程的等待时间,也影响到系统吞吐量,动态优先级更是增加了系统调度的灵活性。

(2) 进程优先级的划分和确定对于每个进程优先级都比较困难。

(3) 抢占式调度增加了系统的开销。抢占式调度增加了调度程序的执行频率,也增加了进程切换次数,加大了系统的开销。

【例 5】　仍然采用 FCFS 算法中的实例,分别改用不可抢占静态优先级调度算法和可抢占静态优先级调度算法重新调度。对不可抢占静态优先级调度算法具体分析如下:

$t=0$ 时,因为只有 P_1 到达系统,所以把 CPU 分配给 P_1 进行进程调度,这时候等待时间为 0;

$t=3$ 时,P_1 完成进程调度,而 P_2、P_3、P_4 到达系统并进入主存,由于 P_2 的优先级最高,所以 P_2 分配 CPU 进行进程调度;

$t=9$ 时,P_2 完成进程调度,而 P_5 到达系统,主存中有 P_3、P_4、P_5,由于 P_4 的优先级最高,所以 P_4 分配 CPU 进行进程调度;

$t=13$ 时,P_4 完成进程调度,主存中只剩下 P_3、P_5,根据进程优先级的大小,P_5 要比 P_3 的优先级更高,所以 P_5 进行进程调度;

$t=15$ 时,P_5 完成进程调度,主存中只剩下 P_3,所以 P_3 进行进程调度;

$t=16$ 时,P_3 结束,完成进程调度。

因此,不可抢占静态优先级调度算法的运行时序图如图 4-11 所示。

对可抢占静态优先级调度算法具体分析如下:

$t=0$ 时,因为只有 P_1 到达系统,所以把 CPU 分配给 P_1 进行进程调度,这时候等待时间为 0;

$t=1$ 时,P_2 到达系统,由于 P_2 的优先级比 P_1 更高,所以 P_2 抢占 P_1 的 CPU,进行进程调度;

$t=7$ 时,P_2 完成进程调度,主存中有 P_1、P_3、P_4、P_5,由于 P_4 的优先级最高,所以 P_4 分配 CPU 进行进程调度;

$t=11$ 时,P_4 完成进程调度,主存中只剩下 P_1、P_3、P_5,由于 P_1 优先级最高,所以 P_1 继续分配 CPU 进行进程调度;

$t=13$ 时,P_1 完成进程调度,主存中只剩下 P_3、P_5,而 P_5 的优先级高于 P_3,所以 P_5 进行进程调度;

$t=15$ 时,P_5 完成进程调度,主存中只剩下 P_3,所以 P_3 分配 CPU 进行进程调度;

$t=16$ 时,P_3 结束,完成进程调度。

因此,可抢占静态优先级调度算法的运行时序图如图 4-12 所示。

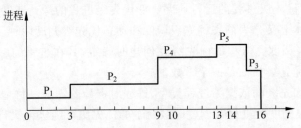

图 4-11　不可抢占的静态优先级调度算法的运行时序图

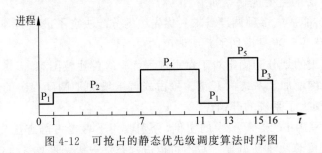

图 4-12　可抢占的静态优先级调度算法时序图

采用不可抢占和可抢占静态优先级调度算法,每个进程的调度结果如表 4-8 所示。

表 4-8　静态优先级调度的评价结果(时间单位为 s)

不可抢占式静态优先级调度算法					
进程	创建时间	运行时间	开始时间	完成时间	周转时间	带权周转时间
P_1	0	3	0	3	3	1
P_2	1	6	3	9	8	1.33
P_3	2	1	15	16	14	14
P_4	3	4	9	13	10	2.5
P_5	4	2	13	15	10	5
平均周转时间 $T=9$ 平均带权周转时间 $W=4.77$					45	23.83
可抢占式静态优先级调度算法					
进程	创建时间	运行时间	开始时间	完成时间	周转时间	带权周转时间
P_1	0	3	0	13	13	4.33
P_2	1	6	1	7	6	1
P_3	2	1	15	16	14	14
P4	3	4	7	11	8	2
P_5	4	2	13	15	11	5.5
平均周转时间 $T=10.4$ 平均带权周转时间 $W=5.37$					52	26.83

在静态优先级调度算法中,优先级高的进程得到了一定的照顾。抢占式调度增加了调度程序的执行频率,也增加了进程切换次数,加大了系统的开销,但系统的吞吐量反而降低。

4.5.6　多级反馈队列调度算法

多级反馈队列调度算法(Multilevel Feedback Queue,MFQ)是综合时间片轮转调度算法和优先级调度算法并加以改进而得到的算法。在采用多级反馈队列调度算法的系统中,首先应设置多个就绪队列,并为各个队列赋予不同的优先权。第一个队列的优先权最高,第二队列次之,其余队列的优先权逐个降低,如图 4-13 所示。

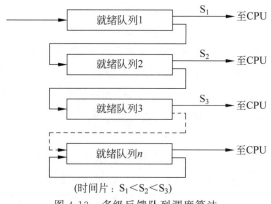

(时间片:$S_1 < S_2 < S_3$)

图 4-13　多级反馈队列调度算法

其次,赋予各个队列中进程执行时间片的大小也各不相同,在优先权愈高的队列中,每个进程的执行时间片就规定得愈小。例如,第一队列的时间片为 8ms,一般地说,第二队列的时间片是第一队列的时间片的两倍……第 $i+1$ 队列的时间片是第 i 队列的两倍。

再次,当一个新进程进入主存后,首先将它放入第一队列的末尾,按 FCFS 原则排队等待调度。当轮到该进程执行时,如能在该时间片内完成,便可准备撤离系统;如果它在一个时间片结束时尚未完成,调度程序便将该进程转入第二队列的末尾,再同样按 FCFS 原则等待调度执行;如果它在第二队列中运行一个时间片后仍未完成,再依法将它转入第三队列。如此下去,当一个长进程从第一队列降到最后的第 n 队列后,在第 n 队列中便采取按时间片轮转的方式运行。

最后,仅当第一队列为空时,调度程序才调度第二队列中的进程运行;仅当第 $1 \sim (i-1)$ 队列都为空时,才会调度第 i 队列中的进程运行。如果处理机正在第 i 队列中为某进程服务时,又有新进程进入优先权较高的队列(第 $1 \sim (i-1)$ 中任何一队列),则此时新进程将抢占正在运行的处理机,即由调度程序把正在运行的进程放回第 i 队列末尾,重新把处理机分配给新进程。

多级反馈队列调度算法的优点如下。

(1) 保证了短进程的优先,可让终端型用户满意。短进程需要的服务时间少,在前几级就绪队列中就能够完成。终端型用户的进程通常所需要的 CPU 服务时间不长,这类进程能够留在高优先级队列中运行。

(2) 满足输入/输出型进程的要求。输入/输出型进程经常因为需要等待输入/输出设备而阻塞,但阻塞的进程仍然处在较高优先级队列中。由于慢速的输入/输出设备经常成为系统的瓶颈，让正在使用输入/输出设备的进程优先执行，可以充分提高设备的利用率，保证输入/输出型用户能及时得到响应。

（3）照顾了计算型长进程的执行。对于计算型的长进程，由于其执行时间长，往往要不断地向优先级低的调度队列转换。但是在该算法中，对于优先级越低的调度队列，其执行的时间片越长，这可以有效地减少长进程的调度次数，保证长进程能够较快执行完毕。

（4）系统开销小。由于不需要动态计算时间片和优先级，进程的优先级和时间片等于它所在调度队列的优先级和时间片。

但是本算法也存在着问题：在这种调度算法中进程的优先级只降不升，不能全面反映进程行为的动态变化。例如：大型科学计算的进程通常由3个部分组成：大量的数据输入、长时间的计算、大量的数据输出。在完成第二部分工作后，进程被降级到最后一级调度队列中。当进程开始第3个处理过程时，进程由于优先级最低而不能快速运行，因而长时间占用输出设备，造成其他想用该输出设备的进程阻塞，从而引发输出设备使用的"瓶颈"现象。为了解决此类问题，当长时间计算后的进程提出输入/输出操作时，可以提高该进程的优先级，放到优先级最高的调度队列中，保证输入/输出型进程优先执行，避免输入/输出设备使用的"瓶颈"现象发生。

多级反馈队列调度算法，不必事先知道各种进程所需的执行时间，仍能基本满足短进程优先和输入/输出频繁的进程优先的需要，因而成为目前公认的一种比较好的进程调度算法。在 UNIX 系统、Windows NT 系统、OS/2 系统中都采用了类似的调度算法。

以下将几种常用的典型调度算法做了简要的比较，如表4-9所示。

表 4-9 典型调度算法比较

名称	先来先服务（FCFS）	时间片轮转（RR）	短进程先（SPF）	最短剩余时间（SRTF）	优先级（PSA）	多级反馈队（MFQ）
调度方式	非抢占式	抢占式	非抢占式	抢占式	非抢占式/抢占式	抢占式
吞吐量	不突出	如时间片太小，可能变低	高	高	低	不突出
响应时间	可能很高，特别在进程执行时间有很大变化时	对于短进程提供良好的响应时间	对于短进程提供良好的响应时间	提供良好的响应时间	对于紧迫性进程提供良好的响应时间	不突出
开销	最小	低	可能高	可能高	可能高	可能高
对进程的作用	有利于长进程和CPU繁忙型进程	公平对待	有利于短进程	有利于短进程	有利于紧迫性进程	有利于短进程和I/O繁忙型进程

4.6 线程的调度

支持线程技术的操作系统中存在两个层面的并发活动——进程并发和线程并发。在这样的系统中，线程是低级调度的基本单位，线程调度与线程实现方式关系密切。前面讲过，线程实现方式分为用户级线程和核心级线程两种,下面分别从这两种实现方式介绍线程的调度。

4.6.1　用户级线程调度

用户级线程是在用户态下创建的,系统内核并不知道线程的存在。此时系统内核和只支持进程的系统内核一样,只为进程服务,从就绪进程队列中选中一个进程并分配给它一个 CPU 时间片。假设该进程为 A,进程 A 内部的线程调度程序决定了该进程中哪个线程运行。假设获得 CPU 时间片的线程为 A_1,由于并发执行的同一进程内的多个线程之间不存在时钟中断,故线程 A_1 执行时不受时钟中断的干扰。如果 A_1 线程用完了该进程 A 的时间片,系统内核就会调度另一个进程执行。当进程 A 再次获得时间片时,线程 A_1 将恢复运行。如此反复,直到 A_1 完成自己的工作。如果线程 A_1 运行时间较短,没用完一个时间片就已结束或被强行终止,线程 A_1 让出 CPU,进程 A 的线程调度程序调度进程 A 的另一个线程运行,例如线程 A_2。

综上所述,进程 A 获得 CPU 的时间片内,其内部可能发生多次线程切换,如图 4-14 所示,同一进程内部的线程间切换有效地避免了进程间的切换。线程切换代价比进程切换的系统代价小得多,多线程技术提高了系统整体的执行效率。

具体线程调度算法跟典型进程调度算法类似,从实用的角度考虑,时间片轮转调度和优先级调度算法更为有效。

用户级线程调度的局限是缺乏时钟中断及时将运行时间过长的线程中断,不能照顾短线程。

4.6.2　核心级线程调度

在核心支持线程技术的系统中,内核直接调度线程。线程调度时,内核不考虑该线程属于哪个进程。被选中的线程获得一个时间片,如果执行时间超过此时间片,该线程被系统强制挂起。如果线程在给定的时间内阻塞,处于内核的线程调度程序调度另一个线程运行。后者和前者可能同属于一个进程,也可能属于不同进程。如图 4-15 所示,假设进程 A 的线程 $A1$ 获得一个长度为 30ms 的时间片,5ms 之后该线程被阻塞,让出 CPU 使用权。此时,内核调度程序把 CPU 分配给其他线程,可能分给进程 A 的线程,也可能分给进程 B 的线程,出现属于不同进程间的线程切换。

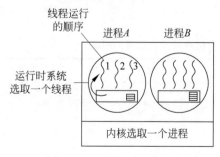

图 4-14　用户级线程调度

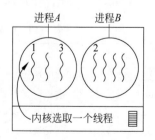

图 4-15　核心级线程调度

用户级线程调度和核心级线程调度的主要区别如下。

(1) 用户级线程间切换只需要少量的机器指令,速度较快;而核心级线程间切换需要完整的进程上下文切换,修改主存映像,高速缓存失效,因而速度慢,系统开销大。

(2) 用户级线程可使用专为某用户态程序定制的线程调度程序,应用定制的线程调度程序能够比内核更好地满足用户态程序需要。核心级线程在内核中完成线程调度,内核不了解每个线程的作用,不能做到这一点。

4.7　Linux 进程的调度

Linux 能让多个进程并发执行,由此必然会产生资源争夺的情况,而 CPU 是系统最重要的资源。进程调度就是进程调度程序按一定的策略,动态地把 CPU 分配给处于就绪队列中的某一个进程,使之执行。进程调度的目的是使处理机资源得到最高效的利用。进程调度的策略要考虑如下原则:

(1) 公平:保证每个进程得到合理的 CPU 时间;

(2) 高效:使 CPU 保持忙碌状态,即总是有进程在 CPU 上运行;

(3) 响应时间:使交互用户的响应时间尽可能短;

(4) 周转时间:使批处理用户等待输出的时间尽可能短;

(5) 吞吐量:使单位时间内处理的进程数量尽可能多。

很显然,这 5 个目标不可能同时达到,所以,不同的操作系统会在这几个方面中做出相应的取舍,从而确定调度算法。针对普通进程,Linux 主要依据 counter 和 priority 进行进程调度。针对实时进程,Linux 采用两种调度策略,即先进先服务调度(FIFO)和时间片轮转调度(RR)。因为实时进程具有一定程度的紧迫性,所以衡量一个实时进程是否应该运行,Linux 采用了一个比较固定的标准。实时进程的 counter 只是用来表示该进程的剩余时钟滴答数,并不作为衡量它是否值得运行的标准,这和普通进程是有区别的。

4.7.1　进程调度的数据结构

Linux 使用基于优先级的简单调度算法来选择下一个运行进程。当选定新进程后,系统必须将当前进程的状态、处理机中的寄存器以及上下文状态保存到 task_struct 结构中。同时,它将重新设置新进程的状态并将系统控制权交给此进程。为了将 CPU 时间合理地分配给系统中每一个可执行进程,调度管理器必须将这些时间信息也保存在 task_struct 中,如表 4-10 task_struct 结构的域名所示。

表 4-10　task_struct 结构中的与调度有关的域

域　　名	含　　义
Need_resched	调度标志
Counter	进程可运行的时间量
Policy	进程调度策略
Nice 和 Priority	优先级
Rt_priority	实时优先级
need_resched	表示该进程是否需要重新调度。在调度时机到来时,检测这个域的值,如果为 1,则调用 schedule()

Linux 系统中常见的调度策略(policy)有普通与实时两种进程。实时进程的优先级要高于其他进程。根据调度策略,Linux 将进程分为以下三种类型。

(1) SCHED_FIFO:先进先出实时进程。只有当前进程执行完毕时,再调度下一优先级最高的进程。

(2) SCHED_RR:循环实时进程。在此策略下,每个进程执行完一个时间片后,会被挂起,然后选择另一具有相同或更高优先级的进程执行。

(3) SCHED_OTHER:普通进程。

优先级(priority)的高低与 nice 的值相关。nice 是在内核外部用户看见的优先级,priority 是调度管理器分配给进程的优先级,用于计算非实时进程调度时的 weight 值和进程(不管是否为实时进程)每次获得 CPU 后可使用的时间量(时间片 jiffies)。nice 值域为 $-20 \sim 20$。在内核内部使用的优先级(priority)是 $1 \sim 40$。二者相对应,-20 对应于 $40,\cdots,$ 0 对应于 $20,\cdots,20$ 对应于 1。在内核内部,40 的优先级最高。系统调用 renice 可以改变进程的优先级。

另外,实时进程的优先级(rt_priority)的值由调度器来决定。Linux 支持实时进程,且它们的优先级要高于非实时进程。调度器使用这个域给每个实时进程一个相对优先级,从 $1 \sim 99$。普通进程的值为 0。同样可以通过系统调用来改变实时进程的优先级。实时进程的优先级在内部和外部是一致的。

当前执行进程剩余时间(counter)的处理方式对实时进程和普通进程有所不同。进程处于运行状态时所剩余的时钟滴答数,其初值由 priority 算出。每次时钟中断到来时,这个值就减 1。当这个域的值变得越来越小,直至为 0 时,就把 need_resched 域置 1,从而引起新一轮调度。普通进程的 counter 值是其优先级权值,而实时进程的则是 counter 加上 1000。

当前进程(Current process)调度是由当调度其他进程占用 CPU 时,根据调度策略对当前进程进行一些处理,修改其状态,并插入相应的队列。

4.7.2　进程调度的时机

在 Linux 中采用的是非剥夺调度的机制,进程一旦运行就不能停止,当前进程必须等待某个系统事件时,它才释放 CPU。例如进程可能需要写数据到某个文件。Linux 的调度程序是一个 Schedule()函数,它存在于内核空间中,由它来决定是否要进行进程的切换,切换到哪个进程等。在以下 4 种情况下,会调用 Schedule()的函数进行进程调度。

(1) 时间片用完。当前进程的时间片用完时(current->counter=0)。

(2) 进程状态转换。进程要调用 sleep()或 exit()等函数进行状态转换,这些函数会主动调用调度程序进行进程调度。

(3) 执行设备驱动程序。当设备驱动程序执行长而重复的任务时,直接调用调度程序。在每次反复循环中,驱动程序都检查 need_resched 的值,如果必要,则调用调度程序 schedule()主动放弃 CPU。

(4) 进程从中断、异常或系统调用返回到用户态,不管是从中断、异常还是系统调用返回,最终都调用 ret_from_sys_call(),由这个函数进行调度标志的检测,如果必要,则调用调度程序。从效率考虑,从系统调用返回意味着要离开内核态而返回到用户态,而状态的转换要花费一定的时间。因此,在返回到用户态前,系统把在内核态该处理的事全部做完。

4.7.3　进程调度的策略

Linux 系统针对不同类别的进程提供了 3 种不同的调度策略,即 SCHED_FIFO、SCHED_RR 及 SCHED_OTHER。其中,SCHED_FIFO 适合于实时进程,它们对时间性要求比较强,而每次运行所需的时间比较短,一旦这种进程被调度开始运行后,就要一直运行到自愿让出 CPU,或者被优先权更高的进程抢占其执行权为止。

SCHED_RR 对应"时间片轮转法",适合于每次运行需要较长时间的实时进程。一个运行进程分配一个时间片(如 200ms),当时间片用完后,CPU 被另外进程抢占,而该进程被送回相同优先级队列的末尾。

SCHED_OTHER 是传统的 UNIX 调度策略,适合于交互式的分时进程。这类进程的优先权取决于两个因素。一个因素是进程剩余时间配额,如果进程用完了配给的时间,则相应优先权为 0;另一个因素是进程的优先数 nice,这是从 UNIX 系统沿袭下来的方法,优先数越小,其优先级越高。

用户可以利用 nice 命令设定进程的 nice 值。但一般用户只能设定正值,从而主动降低其优先级;只有特权用户才能把 nice 的值置为负数。进程的优先权就是以上二者之和。内核动态调整用户态进程的优先级。一个进程从创建到完成任务后终止,需要经历多次反馈循环。当进程被再次调度运行时,它就从上次断点处开始继续执行。

时间配额及 nice 值与实时进程的优先权无关。对于实时进程,其优先权的值是 1000 与设定的正值(优先权值)之和,因此,至少是 1000。所以,实时进程的优先权高于其他类型进程的优先权。如果系统中有实时进程处于就绪状态,则非实时进程就不能被调度运行,直至所有实时进程都完成了,非实时进程才有机会占用 CPU。

4.7.4　Linux 常用调度命令

1. nohup 命令

nohup 命令的功能是以忽略所有挂断信号和退出方式执行的指定的命令。其命令格式如下:

```
nohup Command [ Arg ... ] [ & ]
```

其中,Command 表示要执行的命令,Arg 是指定命令的参数,在命令的尾部添加 &(表示"and"的符号)。

理论上,在退出 Linux 系统时,一般会把所有的程序全部结束掉,包括那些后台程序。但有时候,例如您正在编辑一个很长的程序,但是您下班或是有事需要先退出系统,这时您又不希望系统把您已经编辑那么久的程序结束掉,希望在退出系统后,程序还能继续执行。这时,就可以使用 nohup 命令,使进程在用户退出后仍继续执行。

这些进程一般都是在后台执行,结果则会写到用户目录下的 nohup.out 文件中(也可以使用输出重定向,让它输出到一个特定的文件)。例如:

```
$ nohup sort sales.dat &
```

这条命令告诉 sort 命令忽略用户已退出系统,它应该一直运行,直到进程完成。利用这种方法,可以启动一个要运行几天甚至几周的进程,而且在它运行时,用户不需要去登录。

nohup 命令把一条命令的所有输出和错误信息送到 nohup. out 文件中。若将输出重定向,则只有错误信息放在 nohup. out 文件中。

2. kill 命令

kill 命令是通过向进程发送指定的信号来结束进程的。如果没有指定发送信号,则默认值为 TERM 信号。TERM 信号将终止所有不能捕获该信号的进程。至于那些可以捕获该信号的进程,可能就需要使用 kill(9)信号了,该信号是不能被捕捉的。

kill 命令的语法格式很简单,大致有以下两种方式:

```
kill [ - s 信号 | - p ] [ - a ]进程号…
kill - l [信号]
```

其中,-s 指定需要送出的信号,它既可以是信号名也可以对应数字;-p 指定 kill 命令只是显示进程的 pid,并不真正送出结束信号; -l 显示信号名称列表,这也可以在/usr/include/linux/signal. h 文件中找到。

下面看看该命令的使用。例如:在执行一条 find 指令时由于时间过长,决定终止该进程。首先应该使用 ps 命令来查看该进程对应的 PID,输入 ps,显示如下:

```
PID TTY TIME COMMAND
285 1 00:00:00 - bash
287 3 00:00:00 - bash
289 5 00:00:00 /sbin/mingetty tty5
290 6 00:00:00 /sbin/mingetty tty6
312 3 00:00:00 telnet bbs3
341 4 00:00:00 /sbin/mingetty tty4
345 1 00:00:00 find / - name foxy. jpg
348 1 00:00:00 ps
```

可以看到,该进程对应的 PID 是 345,现在使用 kill 命令来终止该进程。输入:

```
# kill 345
```

再用 ps 命令查看,就可以看到,find 进程已经被终止了。

有时候可能会遇到这样的情况,某个进程已经挂死或闲置,使用 kill 命令却无法终止。这时候就必须发送信号 9,强行关闭此进程。当然,这种"野蛮"的方法很可能会导致打开的文件出现错误或者数据丢失之类的错误。所以,不到万不得已,不要使用强制结束的办法。如果连信号 9 都不响应,恐怕就只有重新启动计算机了。

3. renice 命令

renice 命令允许用户修改一个正在运行进程的优先权。利用 renice 命令可以在命令执行时调整其优先权。其命令格式如下:

```
$ renice - number PID
```

其中,参数 number 与 nice 命令的 number 意义相同。

需要注意的是:

(1) 用户只能对自己所有的进程使用 renice 命令;

(2) root 用户可以在任何进程上使用 renice 命令;

（3）只有 root 用户才能提高进程的优先权。

4.8 本章小结

中断是现代计算机系统中的重要概念之一,它是指 CPU 对系统发生的某个事件做出的处理过程。不同的系统,对中断的分类和处理方式是不完全相同的,但基本原则类似。由于操作系统的并发性的重要特征,它允许多个进程同时在系统中活动。而事实并发的进程是由硬件和软件相结合而成的中断机制。硬件对中断请求做出响应,即中止当前程序的执行、保存断点信息,转到相应的处理程序。软件对中断进行相应的处理,即保存现场环境、分析中断原因、处理中断、中断返回。各中断处理程序是操作系统的重要组成部分,对中断的处理是在核心态下进行的。

操作系统根据进程的执行对三种类型的调度方案做出选择。高级调度又称为作业调度或长程调度,它是根据某种算法将辅存上处于后备作业队列中的若干作业调入主存,为作业分配所需资源。中级调度又称主存调度,它是交换功能的一部分,它确定何时把一个程序的部分或全部取进主存,使得该程序能够执行。低级调度又叫进程调度或短程调度,它确定哪一个就绪进程获得处理机。本章主要介绍了跟进程调度相关的问题。

在设计进程调度时使用了面向用户和面向系统的准则。从用户的角度看,进程周转时间应尽量短,响应时间要快,并且要保证截止时间,还要考虑优先权等。从系统的角度来看,系统的吞吐量和处理机的利用率是最重要,其次要考虑各类资源要均衡利用,最后才是调度算法的实现。为所有就绪进程的典型进程调度算法如下。

（1）先来先服务算法:每次调度是从就绪的进程队列中选择一个最先进入该队列的进程为之分配处理机运行。

（2）短进程优先算法:选择就绪的进程中预期处理时间最短的进程占用处理机,并且不抢占该进程。

（3）最短剩余时间优先算法:选择就绪的进程中预期剩余处理时间最短的进程占用处理机,当另一个进程就绪时,这个进程可能会被抢占。

（4）时间片轮转调度算法:将处理机的运行时间划分为等长的时间片,轮转式分配给各就绪进程使用。

（5）优先级调度算法:把处理机分配给优先级最高的就绪进程。优先级分为静态优先级和动态优先级。基于优先级的调度算法还可以按调度方式分为非抢占式优先级调度算法和抢占式优先级调度算法。

（6）多级反馈队列调度算法:设置多个调度队列,并为各个队列赋予不同的优先级和时间片,按队列优先级调度。每个队列都采用 FCFS 算法。

具体选择调度算法时还要考虑系统的性能和效率。

本章随后介绍了线程的调度,主要包括用户级线程调度和核心级线程调度。最后介绍了 Linux 进程调度的基本概念,包括进程调度的数据结构、进程调度的时机、进程调度的策略以及 Linux 常用的调度命令。

视频讲解

习　题　4

（1）何谓中断？如何确定中断优先级？

（2）中断响应主要做哪些工作？

（3）试描述一般中断的处理过程。

（4）在用户程序执行过程中，CPU 接收到磁盘 I/O 中断。对此，系统（硬件和软件）要进行相应处理，试列出其主要处理过程。

（5）处理机调度的主要目的是什么？

（6）高级调度与低级调度的主要功能是什么？

（7）为什么要引入中级调度？

（8）处理机调度一般分为哪三级调度？其中的哪一级调度是必不可少的？为什么？

（9）在 OS 中，引起进程调度的主要因素是什么？

（10）假定一个处理机正执行两道作业，一道以计算为主，另一道以输入/输出为主，你将怎样赋予它们占有处理机的优先级？为什么？

（11）在选择调度方式和调度算法时，应遵循的准则是什么？

（12）何谓静态优先级和动态优先级？确定静态优先级的依据是什么？

（13）非抢占式和抢占式进程调度的区别是什么？

（14）试比较短进程优先和最短剩余时间优先这两种进程调度算法。

（15）在时间片轮转法中，应如何确定时间片的大小？

（16）简述先来先服务、时间片轮转和优先级调度算法的实现思想。

（17）为什么说多级反馈队列调度算法能较好地满足各方面用户的需要？

（18）有 5 个进程 P_1、P_2、P_3、P_4、P_5，它们各自预计运行的时间分别为 9、6、3、5 和 7 时间单位。假定这个 5 个进程同时达到，并且在一台处理机上按单道方式执行，讨论采用哪种调度算法和哪种运行次序将使平均周转时间最短？平均周转时间为多少？

（19）有 5 个进程 P_1、P_2、P_3、P_4、P_5，它们同时依次进入就绪队列，它们的优先数和需要的处理机时间如表 4-11 所示。

表 4-11　进程情况表

进　　程	处理机时间	优　先　数
P_1	10	3
P_2	1	1
P_3	2	3
P_4	1	4
P_5	5	2

忽略进程调度等所花费的时间，优先数数值越大，优先级越高，请回答下列问题。

① 写出分别采用"先来先服务"和"非抢占式的优先数"调度算法时，选中进程执行的次序；

② 分别计算出在两种算法下各进程在就绪队列中的等待时间以及平均等待时间。

（20）考虑 5 个进程 P_1、P_2、P_3、P_4、P_5，它们的创建时间、运行时间及优先数如表 4-12 所示。进程的优先数越小，优先级越高。试描述在采用下述几种调度算法时各个进程的运行过程，并计算采用每种算法时的进程平均周转时间。假设忽略进程的调度时间。

表 4-12 进程情况表

进 程	创 建 时 间	运 行 时 间（ms）	优 先 数
P_1	0	3	3
P_2	2	6	5
P_3	4	4	1
P_4	6	5	2
P_5	8	2	4

① 先来先服务调度算法；

② 时间片轮转调度算法（时间片为 1ms）；

③ 短进程优先级调度算法；

④ 抢占式优先级调度算法。

（21）有 5 个进程（A、B、C、D、E）几乎同时到达一个计算中心，估计的运行时间分别为 2、4、6、8、10min，它们的优先数分别为 1、2、3、4、5（1 为最低优先级）。对下面的每种调度算法，分别计算进程的平均周转时间。

① 最高优先级；

② 时间片轮转（时间片为 2min）；

③ FCFS（进程到达顺序为 C、D、B、E、A）；

④ 短进程优先。

（22）下面哪些调度算法有可能导致进程饥饿现象？

① 先来先服务；

② 短进程优先；

③ 时间片轮转；

④ 优先级。

（23）用户级线程调度和核心级线程调度的主要区别是什么？

（24）Linux 操作系统下进程调度的主要策略有哪些？

（25）Linux 常用的调度命令有哪些？其主要功能是什么？

第5章

存储管理

本章首先介绍存储器的存储结构和存储管理的基本功能,描述程序的装入与链接方式,根据存储管理的功能讨论了单一连续存储管理、固定分区存储管理、可变分区存储管理、页式存储管理、段式存储管理和段页式存储管理。最后讨论虚拟存储管理方式。本章需要重点掌握以下要点:

- 了解存储管理的主要功能;
- 理解程序的装入与链接方式;
- 掌握连续存储管理方式和非连续分配管理方式(页式存储管理、段式存储管理、段页式存储管理);掌握虚拟存储器的基本概念、请求分页存储管理以及常用的页面置换算法。

5.1　存储管理概述

存储器是冯·诺依曼型计算机的五大功能部件之一,用于存放程序(指令)、操作数(数据)以及操作结果。计算机系统中,存储器一般分为主存储器和辅助存储器两大类。CPU可以直接访问主存储器中的指令和数据,但不能直接访问辅助存储器。在 I/O 控制系统管理下,辅助存储器与主存储器之间可以进行信息传递。

主存储器简称主存,或称为内存。主存可分为系统区和用户区两个区域。当系统初始化启动时,操作系统内核将自己的代码和静态数据结构加载到主存的底端,这部分主存空间将不再释放,也不能被其他程序或数据覆盖,通常称为系统区。在系统初始化结束之后,操作系统内核开始对其余空间进行动态管理,为用户程序和内核服务例程的运行系统动态分配主存,并在执行结束时释放,这部分空间通常称为用户区。

存储管理是对主存中的用户区进行管理,其目的是尽可能地方便用户和提高主存空间的利用率,使主存在成本、速度和规模之间获得较好的平衡。

5.1.1　存储器的存储结构

在现代计算机系统中,存储部件通常采用层次结构来组织,以便在成本、速度和规模等诸因素中获得较好的性能价格比。

现代通用计算机的存储层次至少应具有三级:最高层为 CPU 寄存器,中间层为主存,最底层为辅存。在较高档的计算机中,还可以根据具体的功能分工细化为寄存器、高速缓存、主存储器、磁盘缓存、磁盘、可移动存储介质等。如图 5-1 所示,在越往上的存储层次中,存储介

视频讲解

图 5-1　计算机系统存储器

质的访问速度越快,价格也越高,相对存储容量也较小。对于不同层次的存储介质,由操作系统进行统一的管理。其中,寄存器、高速缓存、主存储器和磁盘缓存均属于操作系统存储管理的管辖范畴,掉电后它们存储的信息不再存在。固定磁盘和可移动存储介质属于设备管理的管辖范畴,它们存储的信息将被长期保存。而磁盘缓存本身并不是一种实际存在的存储介质,它依托于固定磁盘,提供对主存储器存储空间的扩充。

主存储器(简称内存或主存)是计算机系统中的一个主要部件,用于保存进程运行时的程序和数据,也称为可执行存储器,目前其容量一般为数十兆字节到数吉字节,而且容量还在不断增加,而嵌入式计算机系统一般仅有几十千字节到几兆字节。CPU 的控制部件只能从主存中取得指令和数据,数据能够从主存读取并将它们装入到寄存器中,或者从寄存器存入到主存中。CPU 与外围设备之间交换的信息一般也依托于主存地址空间。由于主存的访问速度远远低于 CPU 的执行速度,为缓和这一矛盾,在计算机系统中引入了寄存器和高速缓存。

寄存器访问速度最快,完全能与 CPU 协调工作,但价格昂贵,容量小,一般以字(word)为单位。一个计算机系统可能包括几十个甚至上百个寄存器,而嵌入式计算机系统一般仅有几个到几十个,用于加速存储访问速度,如用寄存器存放操作数,或用作地址寄存器加快地址转换速度。

高速缓存(cache)是现代计算机结构中的一个主要部件,其容量大于寄存器,从几十 KB 到几 MB,访问速度快于主存,将主存中一些经常访问的信息存放在高速缓存中,可以减少访问主存的次数,大幅度提高程序执行速度。通常,运算的程序和数据存放在主存中,使用时,它被临时复制到一个速度较快的高速缓存中。当 CPU 访问一组特定信息时,首先检查它是否在高速缓存中,如果已存在,可直接从中取出使用;否则,要从主存中读出信息。通常认为这批信息被再次使用的概率很高,所以,同时还把主存中读出的信息复制到高速缓存中。在 CPU 的内部寄存器和主存之间建立了一个高速缓存,而由程序员或编译系统实现寄存器的分配或替换算法,以决定信息是保存在寄存器还是在主存中。有一些高速缓存是由硬件实现的,如大多数计算机有指令高速缓存,用来暂存下一条欲执行的指令,如果没有指令高速缓存,CPU 将会空等若干个周期,直到下一条指令从主存中取出。所以,高速缓存的管理是一个重要的设计问题,仔细确定其大小和替换策略,能够使 80%~99% 的所需信息在高速缓存中找到,因而,系统性能极高。由于高速缓存的速度越高价格越贵,故在有的计算机系统中设置了两级或多级高速缓存。紧靠主存的一级高速缓存的速度最高,容量最小,二级高速缓存的容量稍大,速度也稍低。可见,高速缓存是解决主存速度与 CPU 速度不相匹配的一种部件。

由于目前磁盘的 I/O 速度远低于对主存的访问速度,因此将频繁使用的一部分磁盘数据和信息暂时存放在磁盘缓存中,可以减少访问磁盘的次数。磁盘缓存本身并不是一种实际存在的存储介质,它依托于固定磁盘,提供对主存空间的扩充。主存也可以看作是辅存的高速缓存,因为辅存中的数据必须复制到主存中才能使用;反之,数据也必须先存在主存中,才能输出到辅存中。

一个文件的数据可能出现在存储器层次的不同级别中,例如,一个文件数据通常被存储在辅存中(如硬盘),当其需要运行或被访问时,就必须调入主存,也可以暂时存放在主存的磁盘高速缓存中。大容量的辅存常常使用磁盘,磁盘数据经常备份到磁带或可移动磁盘组上,以防止硬盘故障时丢失数据。有些系统自动地把旧文件数据从辅存转储到海量存储器

（如磁带）中，这样做还能降低存储价格。

5.1.2　存储管理的功能

作为一个好的计算机系统，只有一个容量大的、存储速度快的、稳定可靠的主存是不够的，更重要的是在多道程序设计系统中能合理有效地使用空间，提高存储器的利用率，方便用户的使用。具体地说，存储管理的功能如下。

1. 主存空间的分配和去配

要主存空间允许同时容纳各种软件和多个用户作业，就必须解决主存空间的分配问题。当作业装入主存时，必须按规定的方式向操作系统提出申请，由存储管理进行具体分配。由于受到多种因素的影响，不同存储管理方式所采用的主存空间分配策略是不同的。

当主存中某个作业撤离或主动回收主存资源时，存储管理则收回它所占有的全部或部分主存空间。回收存储空间的工作称为空间的去配。

2. 实现地址转换

采用多道程序设计技术后，在主存中往往同时存放多个作业的程序，而这些程序在主存中的位置是不能预知的，所以在用户程序中使用逻辑地址，但 CPU 则是按物理地址访问主存的。为了保证程序的正确执行，存储管理必须配合硬件进行地址映射工作，把一组地址空间中的逻辑地址转换成主存空间中与之对应的物理地址。这种地址转换工作亦称为重定位。

3. 主存空间的共享和保护

主存空间的共享可以提高主存空间的利用率。主存空间的共享有两方面的含义。

（1）共享主存资源。在多道程序的系统中，若干个作业同时装入主存，各自占用了某些主存区域，共同使用同一个主存。

（2）共享主存的某些区域。不同的作业可能有共同的程序段或数据，可以将这些共同的程序段或数据存放在一个存储区域中，各个作业执行时都可以访问它。这个主存区域又称为各个作业的共享区域。

主存中不仅有系统程序，还有若干用户作业的程序。为了防止各作业相互干扰，保护各区域内的信息不受破坏，必须实现存储保护。存储保护的工作由硬件和软件配合实现。操作系统把程序可访问的区域通知硬件，程序执行时由硬件机构检查其物理地址是否在可访问的区域内。若在此范围，则执行，否则产生地址越界中断，由操作系统的中断处理程序进行处理。一般对主存区域的保护可采取如下措施。

（1）程序对属于自己主存区域中的信息，既可读又可写。

（2）程序对于共享区域中的信息或获得授权可使用的其他用户信息，只可读不可修改。

（3）程序对非共享区域或非自己的主存区域中的信息，既不可读也不可写。

4. 主存空间的扩充

由于物理主存的容量有限，难以满足用户的需要，会影响系统的性能。在计算机软、硬件的配合支持下，可把磁盘等辅助存储器作为主存的扩充部分使用，使用户编制程序时不必考虑主存的实际容量，即允许程序的逻辑地址空间大于主存的物理地址空间，使用户感到计算机系统提供了一个容量极大的主存。实际上，这个容量极大的主存空间并不是物理意义上的主存，而是操作系统的一种存储管理方式。这种方式为用户提供的是一个虚拟的存储器。它比实际主存的容量大，起到了扩充主存空间的作用。

5.2 程序的装入与链接

5.2.1 物理地址和逻辑地址

主存的存储单元以字节（每字节为 8 个二进制位）为单位编址，每个存储单元都有一个地址与其相对应。假定主存的容量为 n，则该主存就有 n 个字节的存储空间，其地址编号为 $0,1,2,\cdots,n-1$。这些地址称为主存的物理地址（绝对地址）；由物理地址所对应的主存空间称为物理地址空间。

在多道程序设计系统中，主存中同时存放了多个用户作业。每次调入运行时，操作系统将根据主存的使用情况为用户分配主存空间，每个用户不可能预先知道其作业存放在主存中的具体位置。因此，在用户程序中不能使用主存的物理地址。为了方便程序的编制，每个用户可以认为自己作业的程序和数据存放在一组从 0 地址开始的连续空间中。用户程序中所使用的地址称为逻辑地址，逻辑地址对应的存储空间称为逻辑地址空间。

视频讲解

5.2.2 程序的装入

将一个用户的源程序装入主存中并执行，通常需要经过以下几个步骤：

（1）编译，由编译程序（Compiler）将用户源代码编译成若干个目标模块（Object Module）；

（2）链接，由链接程序（Linker）将编译后形成的一组目标模块以及它们所需要的库函数链接在一起，形成一个完整的装入模块（Load Module）；

（3）装入，由装入程序（Loader）将装入模块装入主存，如图 5-2 所示。

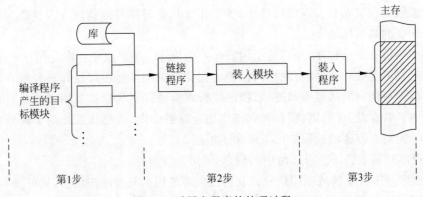

图 5-2 对用户程序的处理过程

将一个装入模块装入主存，可以有绝对装入方式、静态重定位装入方式和动态重定位装入方式。

1. 绝对装入方式

如果在编译时知道程序驻留在主存中的具体位置，则编译程序将产生物理地址的目标代码。绝对装入程序按照装入模块中的地址，将程序和数据装入主存。模块装入后，由于程序中的逻辑地址与实际主存的地址完全相同,所以不需要对程序和数据的地址进行修改。

如果由程序员直接给出程序和数据的物理地址,则不仅要求程序员熟悉主存的使用情况,一旦需要对程序或数据进行修改,或重新装入程序和数据,就可能要改变程序中的所有地址。所以,往往在程序中采用符号地址,在编译或汇编时,将其转换为物理地址。

绝对装入方式只能将目标模块装入到主存事先指定的某位置,只适用于单道程序环境。

2. 静态重定位装入方式

在装入作业时,把该作业中的指令地址和数据地址一次性全部转换成物理地址,这样在作业执行过程中无须再进行地址转换工作,这种地址转换方式称为静态重定位。这种作业装入方式称为静态重定位装入方式。静态重定位装入的过程如图 5-3 所示。

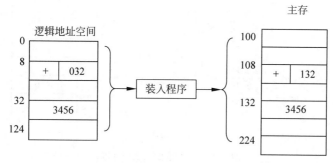

图 5-3 静态重定位装入的过程

在图 5-3 中,假定用户作业的逻辑地址空间为 0~124,其中,8 号单元处有一条加法指令,该指令要求从 32 号单元处取出操作数 3456,然后进行加法操作。如果存储管理为该作业分配的主存区域是从 100 号单元开始,那么,逻辑地址 8 号单元在主存中的对应位置是 108 号单元,32 号单元在主存中的对应位置应该是 132 号单元。如果不修改上述指令的操作数地址,则 CPU 执行该指令时,将从主存的 032 号单元中取操作数,这显然会得到错误的结果。应该把程序中所有逻辑地址(包括指令地址和数据地址)都转换成对应的物理地址。上述加法指令中的操作数地址应转换为 132,这样,在执行指令时可直接从 132 号单元中取得正确的操作数。

3. 动态重定位装入方式

在装入作业时,装入程序直接把作业装入到所分配的主存区域中。在作业执行过程中,随着每条指令或数据的访问,由硬件地址转换机制自动地将指令中的逻辑地址转换成对应的物理地址。这种地址转换的方式是在作业执行过程中动态完成的,故称为动态重定位。这种作业装入的方式称为动态重定位装入方式。如图 5-4 所示为动态重定位装入过程。

动态重定位由软件和硬件相互配合实现。硬件需要有一个地址转换机制,该机制由一个基址寄存器和一个地址转换线路组成。存储管理为作业分配存储区域后,装入程序把作业直接装入所分配的区域中,并把该主存区域的起始地址存入相应进程的 PCB 中。当进程被调度占用 CPU 时,作业所占的主存区域的起始地址也被存放到基址寄存器中。进程执行中,CPU 每执行一条指令时,都会把指令中的逻辑地址与基址寄存器中的值相加,得到相应的物理地址,然后按物理地址访问存储器。

采用动态重定位时,由于装入主存的作业仍保持逻辑地址,所以,必要时可改变作业在

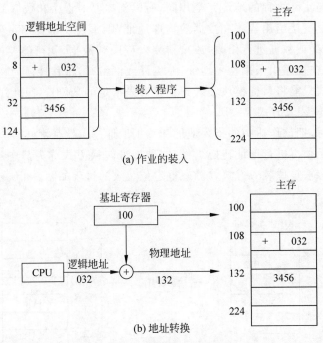

图 5-4　动态重定位装入过程

主存中的存放区域。作业在主存中被移动位置后,只需要用新区域的起始地址代替原来基址寄存器中的地址即可。这样,在执行作业时,硬件地址转换机制将按新区域的起始地址与逻辑地址相加,转换成新的物理地址,使作业仍可正确执行。

若即使改变了存储区域,作业仍能正确执行,则称程序是可浮动的。采用动态重定位的系统支持程序浮动。而采用静态重定位时,由于被装入主存中的作业信息都已转换为物理地址,作业执行过程中,不再进行地址的转换,故作业执行过程中是不能改变存放位置的,即采用静态重定位的系统不支持程序浮动。

5.2.3　程序的链接

源程序经过编译后,得到一组目标模块,再通过链接程序将这组目标模块链接,形成一个完整的装入模块。程序链接如图 5-5 所示,经过编译后得到 3 个目标模块 A、B、C,它们的长度分别为 L、M 和 N。其中,B 和 C 属于外部调用符号。根据链接时间的不同,程序的链接可分成如下 3 种方式。

1. 静态链接

在程序运行之前,首先将各个目标模块以及所需要的库函数链接成一个完整的装入模块,又称为可执行文件,运行时可直接将它装入主存。

经过编译后得到目标模块,每个模块的起始地址都为 0。模块中的地址都是相对于起始地址计算的,在链接成一个装入模块后,程序中被调用模块的起始地址不再是 0,此时必须修改被调用模块的逻辑地址,同时每个模块中使用的外部调用符号也相应地转变为逻辑地址。如图 5-5(b)所示,B 和 C 模块的起始地址分别变更为 L 和 $(L+M)$,而原 B 模块中的所有逻辑地址都要加上 L,原 C 模块中的所有逻辑地址都要加上 $(L+M)$。

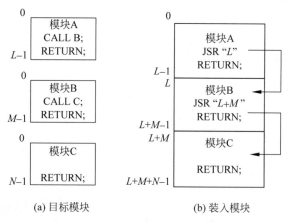

(a) 目标模块　　　　　　　　(b) 装入模块

图 5-5　程序链接示意图

2. 装入时动态链接

用户源程序经编译后得到的一组目标模块,在装入主存时,采用边装入边链接的方式,即在装入一个目标模块时,若需要调用另一个模块,则找出该模块,将它装入主存,并修改目标模块中的逻辑地址。

由于采用动态链接的各个目标模块是分开存放的,操作系统可以方便地将一个目标模块链接到几个应用模块上。所以,采用动态链接方式,可以很容易地实现对目标模块的修改和更新,同时便于实现对目标模块的共享。

3. 运行时动态链接

在很多情况下,由于应用程序每次运行时的条件不同,故需要调用的模块有可能是不相同的。如果将所有目标模块装入主存,并链接在一起,就会得到一个非常大的装入模块,其中某些目标模块可能根本就没有条件运行,这样会引起程序装入在时间上和主存空间上的浪费。运行时动态链接是指在程序执行过程中,当需要该目标模块时,才把该模块装入主存,并进行链接。这样不仅可以加快程序装入的速度,而且可以节省大量的主存空间。

5.3　连续存储管理

连续存储管理是指把主存中的用户区作为一个连续区域或者分成若干个连续区域进行管理。连续存储管理方式可分为单一连续存储管理、固定分区存储管理以及可变分区存储管理方式。

5.3.1　单一连续存储管理

单一连续存储管理又称为单用户连续存储管理,是一种最简单的存储管理方式。在单一连续存储管理方式下,操作系统占用一部分主存空间,其余的主存空间作为一个连续分区全部分配给一个作业使用,即在任何时刻主存中最多只有一个作业。这种存储管理方式适合于单用户、单任务的操作系统,在个人计算机和专用计算机系统中都有采用。如图 5-6所示为单一连续存储管理示意图。

在单一连续存储管理方式下,CPU 中设置一个界限寄存器,用于指出主存中系统区域

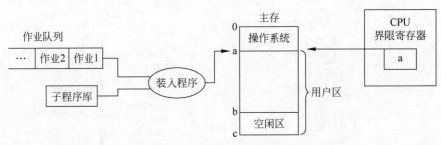

图 5-6　单一连续存储管理示意图

和用户区域的地址界限。

界限寄存器指示用户区域的起始地址。用户作业总是被装入到从该地址开始的一片连续区域中。如果作业的地址空间小于主存中的用户区,则作业占据用户区的一部分,其余部分为空闲区域。

单一连续存储管理每次只允许一个作业装入主存,因此不必考虑作业在主存中的移动问题。当作业被装入主存时,系统一般采用静态重定位方式进行地址转换。程序执行之前由装入程序完成逻辑地址到物理地址的转换工作。当然,也可以采用动态重定位方式进行地址转换。

单一连续存储管理方式下的存储保护比较简单,即判断物理地址是否大于或等于界限地址,并且物理地址是否小于或等于主存最大地址。若条件成立,则可执行;否则有地址错误,形成地址越界程序性中断事件。当采用静态重定位装入方式时,由装入程序检查其物理地址是否超过界限地址。若超过,则可以装入;否则,将产生地址错误,程序不能装入。这样,一个被装入的作业总能保证在用户区中执行,避免破坏系统区中的信息,达到存储保护的目的。

单一连续存储管理方式适用于单道程序系统。在 20 世纪 70 年代,由于小型计算机和微型计算机的主存容量有限,这种管理方式曾得到广泛应用。例如,IBM 7094 FORTRAN监督系统、CP/M 系统、DJS 0520 系统等均采用单一连续存储管理方式,但采用这种管理方式存在几个主要缺点。

(1) CPU 利用率比较低。当正在执行的作业出现某个等待事件时,CPU 便处于空闲状态。

(2) 存储器得不到充分利用。不管用户作业的程序和数据量的多少,都是一个作业独占主存的用户区。

(3) 计算机的外围设备利用率不高。

视频讲解

5.3.2　固定分区存储管理

固定分区存储管理是预先把主存中的用户区分割成若干个连续区域,每一个连续区域称为一个分区,每个分区的大小可以相同,也可以不同。但是,一旦分割完成,主存中分区的个数就固定不变,每个分区的大小也固定不变。每个分区可以装入一个作业,不允许一个作业跨分区存储,也不允许多个作业同时存放在同一个分区中。因此,固定分区存储管理适合多道程序设计系统。如图 5-7 所示为固定分区存储管理方式的示意图。

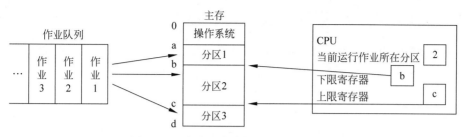

图 5-7　固定分区存储管理方式的示意图

1. 空间的分配和去配

为了管理各分区的分配和使用情况,系统需要设置一张主存分配表,以说明各分区的分配情况。一个系统中主存分配表的长度是固定的,由主存中的分区个数决定。主存分配表中记录了各个分区的起始地址和长度,并为每个分区设立一个状态标志位。当状态标志位为 0 时,表示该分区是空闲分区;当标志位为非 0 时,表示该分区已被占用。如图 5-8 所示,主存被划分成 4 个分区,每个分区的大小并不相同,其中分区 1、分区 3 和分区 4 分别被名为 JOB A、JOB B 和 JOB C 的作业所占用,分区 2 为空闲分区。

分区号	大小/KB	起址/KB	状态
1	12	20	JOB A
2	32	32	0
3	64	64	JOB B
4	128	128	JOB C

(a) 主存分配表

(b) 存储空间分配情况

图 5-8　四个分区的主存分配表示意图

当作业队列中有作业要求装入主存时,存储管理可采用顺序分配算法进行主存空间的分配。分配时,顺序查找主存分配表,选择标志位为 0 的分区,将作业地址空间大小与该分区长度进行比较,如果能容纳该作业,则将此分区分配给该作业,且在此分区的占用标志栏中填入该作业名。如果作业的地址空间大于此空闲分区的长度,则重复上述过程继续查找,查找空闲区长度大于或等于该作业的地址空间且标志位为 0 的空闲分区。若有,则分配,否则,该作业暂时不能装入主存。如图 5-9 所示为固定分区顺序分配算法的流程。

装入后的作业在执行结束后必须归还所占用的分区。存储管理根据作业名查找主存分配表,找到该作业所占用的分区,将该分区的状态标志位重新设置为 0,表示该分区现在是空闲区,可以装入新的作业。

2. 地址转换和存储保护

固定分区存储管理方式下,作业在执行过程中不会被改变存储区域,因此可以采用静态重定位装入方式装入作业。

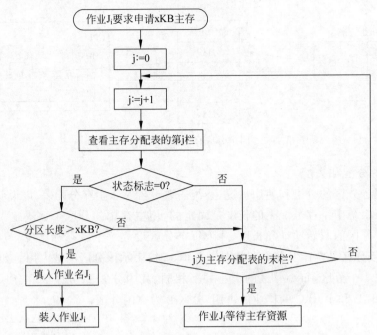

图 5-9　固定分区顺序分配算法流程

由装入程序把作业中的逻辑地址与分区的下限地址相加，得到对应的物理地址。当一个已经被装入主存的作业占有 CPU 运行时，进程调度程序将该作业所在分区的下限地址和上限地址分别存储在 CPU 的下限寄存器和上限寄存器中。CPU 执行该作业指令时必须判断：

$$下限地址 \leqslant 物理地址 < 上限地址$$

如果物理地址在上、下限地址范围内，则可按物理地址访问主存；如果条件不成立，则产生地址越界的中断事件，达到存储保护的目的。

作业运行结束时，调度程序选择另一个可运行的作业，同时修改下限寄存器和上限寄存器的内容，以保证 CPU 能控制该作业的正确执行。

3. 主存空间的利用率

固定分区存储管理方式总是为作业分配一个不小于作业地址空间的分区，因此在分区中产生了一部分空闲区域，影响了主存空间的利用率。但是固定分区存储管理方式简单，适合于程序大小和出现频繁次数已知的情形。例如，IBM 的 OS/MFT 是任务数固定的多道程序设计系统，其主存空间管理就是采用固定分区方式。

为了提高主存空间的利用率，可以采用如下几种方法。

（1）根据经常出现的作业的大小和频率划分分区，尽可能提高各个分区的利用率。

（2）划分分区时按分区大小顺序排列。低地址部分是较小的分区，高地址部分是较大的分区。各分区按从小到大的次序依次登记在主存分配表中。于是，在采用顺序分配算法时，从当前的空闲区中就能方便地找出一个能满足作业要求的最小空闲区分配给作业。一方面使空闲的区域尽可能少，另一方面尽可能地保留较大的空闲区，以便有大作业请求装入时容易得到满足。

（3）按作业对主存空间的需求量排成多个作业队列，规定每个作业队列中的各作业只能依次装入对应的分区中；不同作业队列中的作业分别依次装入不同的分区中，不同的分区可同时装入作业；某作业队列为"空"时，该作业队列对应的分区也不能用来装其他作业队列中的作业。如图 5-10 所示为多个作业队列的固定分区法。

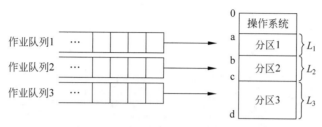

图 5-10　多个作业队列的固定分区法示意图

图中队列 1 中的作业长度小于 L_1，按规定只能装入分区 1；队列 2 中的作业长度大于 L_1，但是小于 L_2，它们按规定只能装入分区 2；队列 3 中的作业长度大于 L_2，但是小于 L_3，队列中的作业只能装入分区 3。

多个作业队列的固定分区法可以有效地防止小作业占用大分区，从而减少了闲置的主存空间量。但是如果分区划分不合适，则会造成某个作业队列经常为空队列，使对应分区经常无作业被装入，反而使分区的利用率降低。所以采用多个作业队列的固定分区法时，要结合作业的大小和出现的频率划分分区，以达到更好的空间利用率。

5.3.3　可变分区存储管理

可变分区存储管理并不是预先将主存中的用户区域划分成若干个固定分区，而是在作业要求装入主存时，根据作业需要的地址空间的大小和当时主存空间的实际使用情况决定是否为该作业分配一个分区。如果有足够的连续空间，则按需要分割一部分空间分区给该作业；否则令其等待主存空间。所以，在可变分区存储管理中，主存中分区的大小是可变的，可根据作业的实际需求进行分区的划分；主存中分区的个数是可变的，随着装入主存的作业数量而变化；主存中的空闲分区个数也随着作业的装入与撤离而发生变化。如图 5-11 所示为可变分区存储管理方式的存储空间分配示意图。

视频讲解

1. 空间的分配和去配

系统初始时，把整个主存中用户区看作一个大的空闲分区。当作业要求装入主存时，系统根据作业对主存空间的实际需求量进行分配。设作业请求的空间大小为 u. size，空闲分区的大小为 m. size。如果 m. size-u. size≤size(size 为系统事先规定的不可再分割的剩余分区的大小)，则将整个空闲分区分配给该作业；否则，从空闲分区中分割出一个分区分配给该作业，其余部分仍然为空闲分区。如果 u. size＞m. size，则该作业暂时不能装入，处于等待主存空间的等待状态。如图 5-11(a)所示为作业装入时主存空间分配的情况。

装入主存中的作业执行结束后，它所占用的分区被收回，成为一个新的空闲区，可以用来装入新的作业。随着作业不断地装入和作业执行完后的撤离，主存区被分成若干分区，其中有的分区被作业占用，有的分区空闲。如图 5-11(b)所示为作业被装入、执行结束后撤离时的主存空间分配情况。

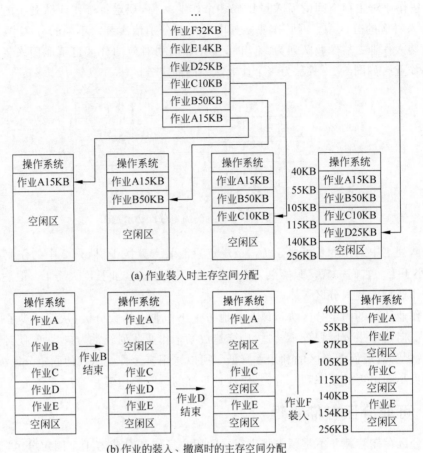

(a) 作业装入时主存空间分配

(b) 作业的装入、撤离时的主存空间分配

图 5-11 可变分区存储管理方式的存储空间分配示意图

1) 可变分区数据结构

可以看出,采用可变分区存储管理方式管理存储空间时,主存中已分配分区和空闲区的数目和大小都是可变的。为了实现可变分区存储管理,系统必须设置相应的数据结构,用来描述空闲分区和已分配分区的情况,为系统空间分配提供依据。常用的数据结构有以下两种形式。

(1) 分区表。系统设置空闲分区表和已分配分区表,用来描述空闲分区和已分配分区的情况,为系统空间分配提供依据。已分配分区表记录已装入的作业在主存空间中占用分区的始址和长度,用标志位指出占用该分区的作业名。空闲分区表记录主存中可供分配的空闲分区的始址和长度,用标志位指出该分区是未分配的空闲分区。由于已占用分区和空闲分区的个数在不断发生变化,因此,两张表格中都应设置适当的空栏目,分别用于登记新装入主存的作业所占用分区和作业撤离后的新空闲区。如图 5-12 的所示为可变分区存储管理方式的主存分配表,表中的内容是按图 5-11(b)中的第 4 种情况填写的。系统按一定的规则组织主存分配表,当作业要求装入时,从空闲分区表查找一个长度大于作业要求的空闲分区。

(2) 分区链。为了实现对空闲分区的分配和链接,在每个分区的起始部分设置一些用于控制分区分配的信息以及用于链接前一个分区的前向指针；在分区尾部则设置一个后向指针，通过前、后向链接指针，可以将所有的空闲分区链接成一个双向链。为了方便检索，在分区尾部重复设置状态位和分区大小表目，如图 5-13 所示。

始址	长度	标志
40K	15KB	作业A
55K	32KB	作业F
105K	10KB	作业C
140K	14KB	作业E
		空
	...	

(a) 已分配分区表

始址	长度	标志
87K	18KB	未分配
115K	25KB	未分配
154K	102KB	未分配
		空
	...	

(b) 空闲分区表

图 5-12　可变分区存储管理方式的主存分配表

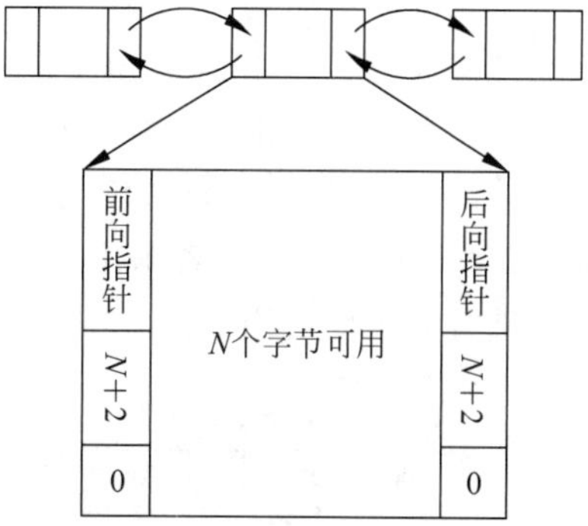

图 5-13　空闲链结构示意图

2) 可变分区分配算法

将一个作业装入主存，必须按照一定的分配算法，从空闲分区表或空闲分区链中选出一个分区分配给该作业。可变分区存储管理常用的空间分配算法有：最先适应分配算法、最优适应分配算法和最坏适应分配算法。以下以空闲分区表为例，说明各种算法的原理。

（1）最先适应分配算法：在主存空间分配时，总是顺序查找空闲分区表，选择第一个满足作业地址空间要求的空闲分区进行分割，一部分分配给作业，而剩余部分仍为空闲分区。

最先适应分配算法实现简单，但是经过若干次作业的装入与撤离后，有可能把较大的主存空间分割成若干个小的、不连续的新空闲分区，这些空闲分区的长度可能比较小，不能满足主存再次分配的需要，从而使主存空间的利用率大大降低，这些空闲分区称为"碎片"。

系统在实现最先适应分配算法的过程中，往往按空闲分区的起始地址从小到大的顺序登记在空闲分区表中。这样，在分配时总是优先分配低地址部分的空闲分区，保留了高地址部分的较大空闲区，有利于大作业的装入。但是，在作业归还主存空间时，则需要按起始地址的顺序插入到空闲分区表的适当位置。

（2）最优适应分配算法：总是选择一个满足作业地址空间要求的最小空闲分区进行分配，这样每次分配后总能保留下较大的分区，使装入大作业时比较容易获得满足。

在实现过程中，空闲分区按其长度以递增顺序登记在空闲分区表中。这样，系统分配时顺序查找空闲分区表，找到的第一个满足作业空间要求的空闲分区一定是能够满足该作业要求的所有分区中的一个最小分区。

采用最优适应分配算法，每次分配后分割的剩余空间总是最小的，这样形成的"碎片"非常零散，往往难以再次分配使用，从而影响了主存空间的利用率。

（3）最坏适应分配算法：与最优适应分配算法相反，总是选择一个满足作业地址空间要求的最大空闲分区进行分割，按作业需要的空间大小分配给作业使用后，剩余部分的空间不至于太小，仍然可以供系统再次分配使用。这种分配算法对中小型作业是有利的。

实现最坏适应分配算法时，空闲分区按其长度以递减顺序登记在空闲分区表中。系统分配时顺序查找空闲分区表，表中的第一个登记项对应着当前主存的最大空闲分区。同样，当作业归还主存空间时,则需要根据分区的大小按递减顺序登记到空闲分区表的适当位置。

　　以上三种算法各有优缺点。最先适应分配算法被认为是最好和最快的;而最优适应分配算法,因为它保证装入的作业大小与所选择的空闲区大小最接近,减少了碎片的大小,但是由于每次分配后剩余的碎片太小,难以满足不断到来的对于存储空间的大多数分配请求,因而性能最差。图 5-14 给出了最先适应、最优适应、最坏适应分配算法的示例。假定现在有一个作业要求分配 13KB 大小的主存空间,按如图 5-14 所示的空闲分区情况,采用最先适应分配算法时,应分割长度为 16KB 的空闲区;若采用最优适应分配算法时,则应分割长度为 14KB 的空闲区;若采用最坏适应分配算法时,则应分割长度为 30KB 的空闲区。图中斜线部分表示已占用的主存空间。

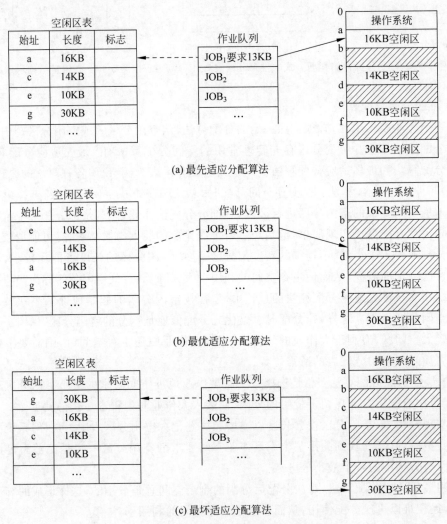

图 5-14　可变分区分配算法示意图

　　3) 空间的回收

　　装入的作业执行结束后,它所占据的分区将被回收,回收后的空闲区登记在空闲区表中,用于装入新的作业。回收空间时,应检查是否存在与回收区相邻的空闲分区,如果有,则将其合并成为一个新的空闲分区进行登记管理。

一个回收区可能存在上邻空闲区，也可能存在下邻空闲区，或二者同时存在，或二者都不存在，如图 5-15 所示。（实际实现时，为了简化算法流程，可先对空闲分区表按始址排好序。）

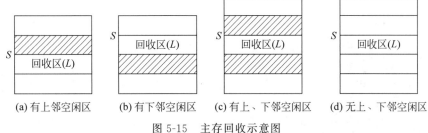

图 5-15　主存回收示意图

假定作业回收的区始址为 S，长度为 L，则有以下几种计算方法。

（1）回收区有下邻空闲区。

如果 $S+L$ 正好等于空闲区表中某个登记栏目（假定为第 j 栏）所示分区的始址，则表明归还区有一个下邻空闲区。这时应将回收区与下邻空闲分区合并，形成新的空闲分区，不必为回收区分配新的空闲分区表项，但需要修改空闲分区表中第 j 栏登记项的内容：始址修改为回收区的始址，长度为二者之和。

始址：$=S$

长度：$=$ 原长度 $+L$

则此时第 j 栏指示的空闲区是回收区与下邻空闲区合并后的一个大空闲区。

（2）回收区有上邻空闲区。

如果空闲区表中第 j 个登记栏中的"始址+长度"正好等于 S，则表明回收区有一个上邻空闲区。这时应将回收区与上邻空闲分区合并，此时，不必为回收区分配新的空闲分区表项，只要修改第 j 栏登记项的内容：始址不变，长度为上邻空闲区长度加上回收区长度 L。于是，归还区便与上邻空闲区合在一起了。

（3）回收区既有上邻空闲区又有下邻空闲区。

如果 S 正好等于第 j 个登记栏中的"始址+长度"，并且 $S+L$ 正好等于空闲区表中某个登记栏目（假定为第 k 栏）所示分区的始址，则表明回收区既有上邻空闲区，又有下邻空闲区，此时不必为回收区分配新的空闲分区表项，应将三个分区合并为一个新的分区。可以进行如下修改：第 j 栏始址不变；第 j 栏长度为三者之和；第 k 栏的标志应修改成"空"状态。于是，第 j 栏中登记的空闲区就是合并后的空闲区，而第 k 栏成为空表目。

（4）回收区既无上邻空闲区又无下邻空闲区。

如果在检查空闲区表时上述三种情况未出现，则表明回收区既无上邻空闲区又无下邻空闲区，这时，应为回收区单独建立一个新表项，查找一个标志为"空"的登记栏，把回收区的始址和长度登记入表，且把该栏目中的标志位修改成"未分配"，表示该登记栏中指示了一个空闲区。

图 5-16 给出了合并下邻/上邻空闲区的回收算法流程。

2. 地址转换和存储保护

在可变分区存储管理方式下，一般均采用动态重定位方式装入作业。为使地址的转换

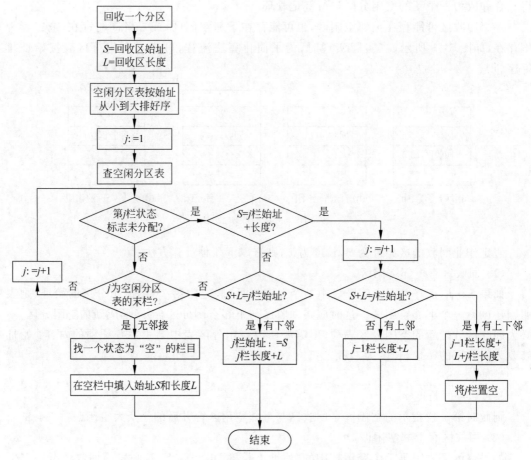

图 5-16　合并下邻/上邻空闲区的回收算法流程

不影响指令的执行速度,必须有硬件地址转换机构的支持。硬件地址转换机构包括两个专用控制寄存器:基址寄存器和限长寄存器,以及一些加法、比较线路等。基址寄存器用来存放作业所占分区的起始地址,限长寄存器用来存放作业所占分区长度。

正在运行的作业所占分区的起始地址和长度被送入基址寄存器和限长寄存器中。执行过程中,CPU 每执行一条指令都要将该指令的逻辑地址与限长寄存器中的值进行比较,当逻辑地址小于限长值时,把逻辑地址与基址寄存器的值相加,就可得到对应的物理地址。当逻辑地址大于限长寄存器中的限长值时,表示欲访问的地址超出了所分配的分区范围,这时形成一个"地址越界"的程序性中断事件,达到存储保护的目的。如图 5-17 所示为可变分区存储管理的地址转换示例。

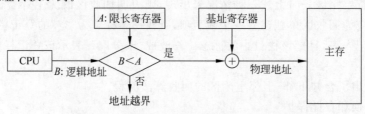

图 5-17　可变分区存储管理地址转换示意图

3. 移动技术

采用可变分区存储管理主存时,可采用移动技术使分散的空闲区集中起来以容纳新的作业,如图 5-18 所示。当主存中各个空闲区的长度都不能满足作业的要求,而主存中空闲区的总大小又大于作业需要的空间时,则可以移动已在主存中的作业,使分散的空闲区连成一片,形成一个较大的空闲区,使主存空间得到充分利用。

移动技术为作业执行过程中扩充主存空间提供方便,一道作业在执行过程中要求增加主存量时,只要适当移动邻近的作业就可增加它所占的分区长度。

图 5-18　移动技术示意图

移动技术可以集中分散的空闲区,提高主存空间的利用率,移动技术也为作业动态扩充主存空间提供了方便。但是,采用移动技术时必须注意以下几点。

(1) 移动会增加系统开销。移动作业时,需要进行作业信息的传送,作业移动后,作业占用的分区及空闲区的位置和长度都发生了变化,需要修改主存分配表和保存在进程控制块中的分区始址和长度,这些都增加了操作系统的工作量,也增加了操作系统占用 CPU 的时间,所以应尽量减少移动。

(2) 移动是有条件的。不是任何作业在任何时候都可以移动的。例如,外围设备与主存之间的信息交换时,通道是按确定了的主存物理地址进行传输的,如果此时移动作业,改变作业的存放地址,作业就得不到从外围设备传送来的信息,或不能将正确的信息传送到外围设备。所以,移动一道作业时,首先需要判断它是否正在与外围设备交换信息。若否,则可以移动该作业;若是,则暂时不能移动该作业,必须等待信息交换结束后才可移动。

于是,采用移动技术时,应该尽量减少移动的作业数和信息量,以降低系统的开销,提高系统的效率。一种办法是通过改变作业装入主存的方式减少移动的作业数和信息量。如图 5-19 所示为作业装入主存的两种不同方式。可见,采用两头装入作业的方式可以减少移动的作业数和信息量。

操作系统
J_1
J_2
J_3
J_4
空闲区

(a) 一头装入

操作系统
J_1
J_3
空闲区
J_4
J_2

(b) 两头装入

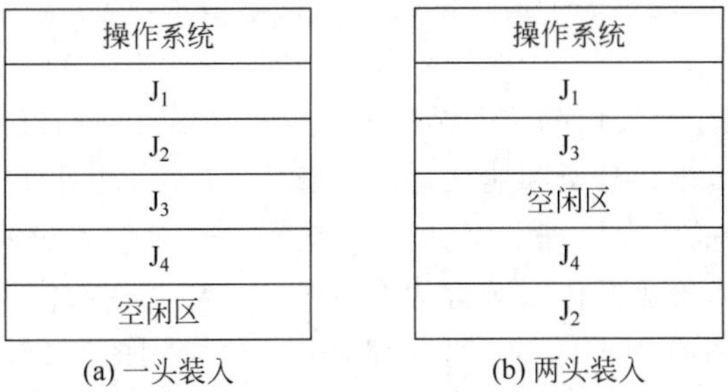

图 5-19　作业装入主存的方式

5.3.4　覆盖与交换技术

覆盖技术和交换技术是在多道环境下用来扩充主存的两种方法,这两种技术都是用来解决主存容量不足及有效利用主存的方法。覆盖技术主要用于早期的操作系统中,而交换技术在现代操作系统中仍有较强的生命力。

单一连续存储管理和分区存储管理对作业的大小都有严格的限制,当作业要求运行时,系统将作业的全部信息一次性装入主存,并一直驻留在主存中,直至运行结束。当作业的大小大于主存可用空间时,该作业就无法运行,这就限制了计算机系统上开发较大程序的可能。覆盖和交换技术是解决大作业与小主存矛盾的两种存储管理技术,它们实质上是对主存进行了逻辑扩充。

覆盖技术的基本思想是一个程序不需要把所有的指令和数据都装入主存。可以把程序划分为若干个功能上相对独立的程序段,让那些不会同时执行的程序段共享一块主存。用户看起来好像主存扩大了,从而达到了主存扩充的目的,如图5-20所示。

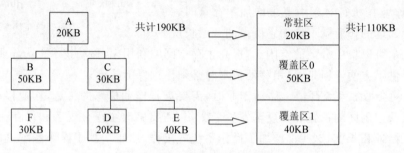

图 5-20　覆盖技术示意图

将程序的必要部分(常用功能)的代码和数据常驻主存；可选部分(不常用功能)在其他程序模块中实现,平时存放在外存中(覆盖文件),在需要用到时才装入到主存；不存在调用关系的模块不必同时装入到主存,从而可以相互覆盖(即不同时用的模块可共用一个分区)。把可以相互覆盖的程序段叫作覆盖,可共享的主存区叫作覆盖区。

为了实现覆盖管理,系统必须提供相应的覆盖管理控制程序。当作业装入运行时,由系统根据用户提供的覆盖结构进行覆盖处理。当程序中引用当前尚未装入覆盖区的覆盖中的例程时,则调用覆盖管理控制程序,请求将所需的覆盖装入覆盖区中,系统响应请求,并自动将所需覆盖装入主存覆盖区中。

覆盖技术要求程序员提供一个清楚的覆盖结构。通常,一个作业的覆盖结构要求编程人员事先给出,即程序员必须把一个程序划分成不同的程序段,并规定好它们的执行和覆盖顺序。操作系统根据程序员提供的覆盖结构来完成程序段之间的覆盖。对于一个规模较大或比较复杂的程序来说,难以分析和建立它的覆盖结构,因为这对程序员的要求较高。覆盖技术主要用于系统程序的主存管理上,如操作系统程序等设计人员清楚地了解虚空间和内部结构的程序中。例如,磁盘操作系统分为两部分：一部分是操作系统中经常用到的基本部分,它们常驻主存且占有固定区域；另一部分是不经常用的部分,它们存放在磁盘中,当调用时才被装入主存覆盖区中运行。

覆盖技术打破了必须将一个作业的全部信息装入主存后才能运行的限制,这在一定程度上解决了小主存运行大作业的矛盾。但是,采用覆盖技术编程时,必须划分程序模块和确定程序模块之间的覆盖关系,这增加了编程复杂度；从外存装入覆盖文件,是以时间延长来换取空间节省。

交换技术最早用在麻省理工学院的兼容分时系统中,其基本思想是把主存中暂时不能运行的进程或暂时不使用的程序和数据换出到外存,以腾出足够的主存空间,把已具备运行条件的进程或进程所需要的程序和数据换入主存。

交换技术并不要求程序员做特殊的工作。整个交换过程完全由操作系统进行,对于进程是透明的。交换的对象可以是整个进程,此时成为“整体交换”或“进程交换”。图 5-21 为作业交换的示意图。

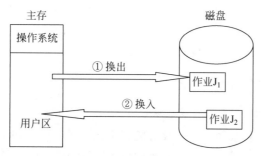

图 5-21　作业交换示意图

实现交换技术需要“后援”存储器,通常是硬盘,它必须具备两个显著的特征:数据传输快,容量足够大。交换技术可以和许多存储管理技术结合使用,如页式存储管理、段式存储管理、请求页式存储管理等。

交换技术主要是在进程或作业之间进行,而覆盖则主要是在同一个作业或进程内进行。另外,覆盖技术只能用于处理相互之间较为独立的程序段。覆盖技术主要用于早期的操作系统,交换技术广泛用于小型分时系统中,交换技术的发展导致了虚拟存储技术的出现。

视频讲解

5.4　页式存储管理

连续分配方式要求作业一次性、连续装入主存空间,对空间的要求较高,而且经过若干个作业的装入与撤销后,有可能形成很多“碎片”,虽然可能通过移动技术将零散的空闲区汇集成可用的大块空间,但需要增加系统的额外开销。如果采用不连续存储的方式把逻辑地址连续的作业分散存放到几个不连续的主存区域中,并能保证作业的正确执行,就既可充分利用主存空间、减少主存的碎片,又可避免移动所带来的额外开销。页式存储管理的出现很好地解决了以上问题。

5.4.1　基本原理

页式存储管理是把主存划分成大小相等的若干区域,每个区域称为一块,并对它们加以顺序编号,如 $0^\#$ 块、$1^\#$ 块等。与此对应,用户程序的逻辑地址空间划分成与块大小相等的若干页,同样为它们加以顺序编号(从 0 开始),如第 0 页、第 1 页等。页的大小与块的大小相等。

分页式存储管理的逻辑地址由两部分组成:页号和页内地址。其格式为:

31	12 11	0
页号 P	页内地址 W	

地址结构确定了主存的分块大小,也就决定了页面的大小。图中的地址长度为 32 位,其中 0～11 位为页内地址;12～31 位为页号。那么块的大小为 $2^{12}=4KB$,逻辑地址有 2^{20} 页,每一页有 4096 个字节,编号为 0～4095。从地址结构来看,逻辑地址是连续的,用户在编制程序时,无须考虑如何分页。

进行存储空间分配时,以块为物理单位进行主存空间分配,即把作业信息按页存放到块中。根据作业的长度可确定它的页面数,一个作业有多少页,在装入主存时就给它分配多少块主存空间,而这些主存块是可以不相邻的。这样避免了为得到连续的存储空间而进行的移动。

5.4.2 存储空间的分配与去配

分页式存储管理把主存空间划分成若干块,以块为单位进行主存空间的分配。由于块的大小是固定的,系统可以采用一张主存分配表来记录已分配的块、尚未分配的块以及当前剩余的空闲块总数。最简单的办法可用一张"位示图"来记录主存的分配情况。位示图需要占据一部分主存空间。例如,一个划分为 1024 块的主存,如果该主存单元字长为 32 位,则位示图要占据 1024/32=32 个字。位示图中的每一位与一个物理块对应,用 0/1(空闲/已占用)表示对应块的占用标志,另用一个字记录当前系统的剩余空闲块总数,如图 5-22 所示。

	0													31
0	0	1	1	0	0	0	1	1	0	1	1	…	1	1
	0	0	0	0	1	1	0	1	0	0	0	…	0	1
	0	1	1	0	0	1	0	1	0	1	0	…	0	0
	0	1	1	1	1	1	0	1	0	0	1	…	1	1
	⋮	⋮	⋮	⋮	⋮	⋮	⋮	⋮	⋮	⋮	⋮	⋮	⋮	⋮
	0	1	0	0	1	1	0	1	0	0	0	…	0	0
31	0	0	1	1	0	1	1	0	1	0	1	…	1	1
32	剩余空闲块数													

图 5-22 页式存储管理位示图示意

进行主存分配时,首先查看剩余空闲块总数是否能够满足作业要求,若不能满足,则不进行分配,作业不能装入主存;若能满足,则从位示图中找出为 0 的位,并且将其占用标志置为 1,从空闲块总数中减去本次占用的块数,按找到的位计算出对应的块号,建立该作业的页表,并把作业装入对应的物理块中。

由于每一块的大小相等,在位示图中查找到一个为 0 的位后,根据它所在的字号、位号,按如下公式计算出对应的块号:

$$\text{块号}=\text{字号}\times\text{字长}+\text{位号}$$

当一个作业执行结束时,则应该收回作业所占的主存块。根据回收的块号计算出该块在位示图中对应的位置,将占用标志修改为 0,同时把回收块数加入到空闲块总数中。假定回收块的块号为 i,则在位示图中对应的位置为:

$$\text{字号}=\left[\frac{i}{\text{字长}}\right],\quad \text{位号}=i\%\text{字长}$$

其中,[]表示对 i 除以字长后取其整数部分;%表示对 i 除以字长后取其余数部分。

5.4.3 页表与地址转换

在分页式存储管理系统中,允许将作业的每
一页离散地存储在主存的物理块中,但系统必须
能够保证作业的正确运行,即能在主存中找到每
个页面所对应的物理块。为此,系统为每个作业
建立了一张页面映像表,简称页表。页表实现了
从页号到主存块号的地址映像。作业中的所有页
($0\sim n$)依次地在页表中记录了相应页在主存中对
应的物理块号,如图 5-23 所示。页表的长度由进
程或作业拥有的页面数决定。

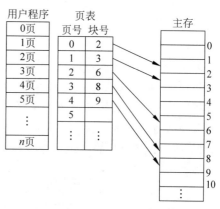

图 5-23 页表示意图

页式存储管理采用动态重定位方式装入作
业,作业执行时通过硬件的地址转换机构实现从
用户空间中的逻辑地址到主存空间中物理地址的
转换工作。由于页内地址和物理块内的地址是一一对应的(例如,对应页面大小是 1KB 的
页内地址是 $0\sim 1023$,其对应的物理块内的地址也是 $0\sim 1023$,无须再进行转换),因此,地址
变换机构的任务实际上是将逻辑地址中的页号转换成为主存中的物理块号。页表是硬件进
行地址转换的依据。

调度程序在选择作业后,将选中作业的页表始址送入硬件设置的页表控制寄存器中。
地址转换时,只要从页表寄存器中就可找到相应的页表。当作业执行时,分页地址变换机构
会自动将逻辑地址分为页号和页内地址两部分,以页号位索引检索页表。如果页表中无此
页号,则产生一个“地址错”的程序性中断事件;如果页表中有此页号,则可得到对应的主存
块号,再按逻辑地址中的页内地址计算出欲访问的主存单元的物理地址。因为块的大小相
等,所以有:

$$物理地址 = 块号 \times 块长 + 页内地址$$

上述地址变换过程全部由硬件地址变换机构自动完成,如图 5-24 所示。

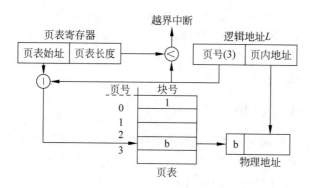

图 5-24 分页系统的硬件地址变换机构示意图

5.4.4　快表

　　由于页表是存放在主存中的,这样取一个数据或指令至少需要访问主存两次以上。第一次是访问主存中的页表,查找到指定页面所对应的物理块号,将块号与页内地址拼接,计算出数据或指令的物理地址。第二次访问主存时,根据第一次得到的物理地址进行数据或指令的存取操作。

　　为了提高存取速度,可以设想把页表存放在一组寄存器中,但寄存器成本太高,数量有限,不可行。通常在地址变换机构中增设一个具有并行查找能力的小容量高速缓冲寄存器,又称相联寄存器。利用高速缓冲寄存器存放页表的一部分,把存放在高速缓冲寄存器中的这部分页表称为快表。快表中登记了当前作业中最常用的页号与主存中块号的对应关系,图5-25所示为具有快表的地址变换机构示例。

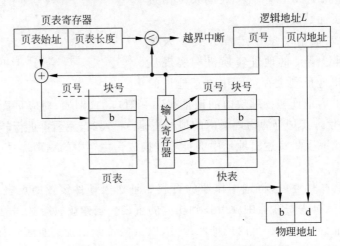

图 5-25　具有快表的地址变换机构示意图

　　快表的查找速度极快,但成本很高,所以一般容量非常小,通常只存放16～512个页表项。由于程序的执行往往具有局部性特征,如果快表中包含了最近常用的页表信息,则可实现快速查找并提高指令执行速度的目的。据统计,从快表中直接查找到所需页表项的概率可达90%以上。

　　整个系统提供一个页表寄存器和一个相联寄存器,只有当前占用CPU的进程才能占用页表寄存器和相联寄存器。在多道程序设计系统中,当某个作业让出CPU时,应同时让出页表寄存器和相联寄存器。由于快表是动态变化的,所以在让出相联寄存器时,应将快表保护好,以便再次执行时使用。

5.4.5　页的共享与保护

　　页式存储管理能方便地实现程序和数据的共享。在多道程序系统中,编译程序、编辑程序、解释程序、公共子程序、公共数据等都是可共享的,这些共享的信息在主存中只需要保留一个副本,这大大提高了主存空间的利用率。

　　在实现共享时,必须区分数据的共享和程序的共享。实现数据共享时,可允许不同的作业对共享的数据页采用不同页号,只需要将各自的有关表目指向共享的数据信息块即可。

而实现程序共享时,由于页式存储结构要求逻辑地址空间是连续的,所以在程序运行前,它们的页号是确定的。假设有一个共享程序 EDIT,其中含有转移指令,转移指令中的转移地址必须指明页号和页内地址,如果是转向本页,则转移地址中的页号应与本页的页号相同。假设有两个作业共享该程序 EDIT,一个作业定义它的页号为 3,另一个作业定义它的页号为 5。既然一个 EDIT 程序要为两个作业以同样的方式服务,那么这个程序一定是可再入程序,转移地址中的页号不能按作业的要求随机地改成 3 或 5,因此对共享程序必须规定一个统一的页号。当共享程序的作业数较多时,规定一个统一的页号就比较困难。如图 5-26 所示为两个作业共享一个程序和一个数据段的情况。

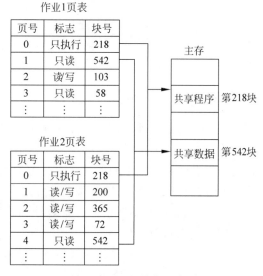

作业1页表

页号	标志	块号
0	只执行	218
1	只读	542
2	读/写	103
3	只读	58
⋮	⋮	⋮

作业2页表

页号	标志	块号
0	只执行	218
1	读/写	200
2	读/写	365
3	读/写	72
4	只读	542
⋮	⋮	⋮

图 5-26　页的共享示意图

页的共享可节省主存空间,但实现程序和数据的共享必须解决共享信息的保护问题。通常,系统可以在页表中增加一些标志位,指出该页的信息可读/写、只读、只执行、不可访问等,CPU 在执行指令时进行核对,如果向只读块执行写入操作,则系统将停止该条指令的执行并产生中断。

5.5　段式存储管理

视频讲解

用户编制的程序是由若干段组成的:一个程序可以由一个主程序、若干子程序、符号表、栈以及数据等若干段组成。每一段都有独立、完整的逻辑意义,每一段程序都可独立编制,且每一段的长度可以不同。

段式存储管理支持用户的分段观点,具有逻辑上的清晰和完整性,它以段为单位进行存储空间的管理。

5.5.1　基本原理

每个作业由若干个相对独立的段组成,每个段都有一个段名。为了实现简单,通常可用段号代替段名,段号从 0 开始,每一段的逻辑地址都从 0 开始编址,段内地址是连续的,而段与段之间的地址是不连续的。

段式存储管理的逻辑地址由段号和段内地址两部分组成,其地址结构如下:

31	16 15	0

段号(S)	段内地址(W)

地址结构一旦确定,允许作业的最多段数及每段的最大长度也就限定了。在上述地址结构中,允许一个作业最多有(2^{16} =)64KB 个段,每个段的最大长度为(2^{16} =)64KB。随着若干次作业的装入与撤离,主存空间被动态地划分为若干个长度不等的区域,这些区域称为

物理段,每个物理段由起始地址和长度确定。

分段方式已得到许多编译程序的支持,编译程序能自动地根据源程序的情况而产生若干个段。例如,Pascal 编译程序可以为全局变量、用于存储相应参数及返回地址的过程调用栈、每个过程或函数的代码部分、每个过程或函数的局部变量等,分别建立各自的段。装入程序将装入所有这些段,并为每个段赋予一个段号。

5.5.2　空间的分配与去配

分段式存储管理是在可变分区存储管理方式的基础上发展而来的。在分段式存储管理方式中,以段为单位进行主存分配,每一个段在主存中占有一个连续空间,但各个段之间可以离散地存放在主存不同的区域中。为了使程序能正常运行,即能从主存中正确地找出每个段所在的分区位置,系统为每个进程建立一张段映射表,简称段表。每个段在表中占有一个表项,记录该段在主存中的起始地址和长度,如图 5-27 所示。段表实现了从逻辑段到主存空间之间的映射。

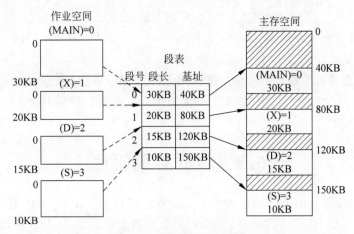

图 5-27　段的装入示意图

如果在装入某段信息时找不到满足该段地址空间大小的空闲区,则可采用移动技术合并分散的空闲区,以利于大作业的装入。

当分段式存储管理的作业执行结束后,它所占据的主存空间将被回收,回收后的主存空间登记在空闲区表中,可以用来装入新的作业。系统在回收空间时,同样需要检查是否存在与回收区相邻的空闲区。如果有,则将其合并成为一个新的空闲区进行登记管理。

段表存放在主存中,在访问一个数据或指令时,至少需要访问主存两次以上。为了提高对于段表的存取速度,通常增设一个相联寄存器,利用高速缓冲寄存器保存最近常用的段表项。

5.5.3　地址转换与存储保护

段式存储管理采用动态重定位方式装入作业。执行作业时,通过硬件的地址转换机构实现从逻辑地址到物理地址的转换工作。段表的表目起到了基址寄存器和限长寄存器的作用,是硬件进行地址转换的依据。

　　调度程序在选择作业后,将选中作业的段表始址和总段数对应的段表长度送入硬件设置的段表控制寄存器中。地址转换时,只要通过段表控制寄存器就可找到相应的段表。每执行一条指令时,将其段号与段表寄存器中的段表长度进行比较,若大于该作业的段表长度,则该地址无效,产生一个"地址越界"的程序性中断;否则,地址转换机构按逻辑地址中的段号查找段表,得到该段在主存中的起始地址,将逻辑地址中的段内地址与段表中的段长进行比较。若小于该段长,则起始地址加上段内地址就得到欲访问的主存物理地址;否则,该逻辑地址无效,产生一个"地址越界"的程序性中断事件。如图 5-28 所示为分段式存储管理的地址变换过程示意图。

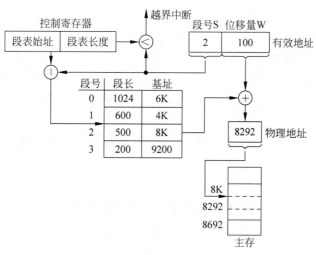

图 5-28　分段式存储管理的地址变换过程示意图

5.5.4　段的共享

　　由于段是按逻辑意义来划分的,可以按段名进行访问。因此分段式存储管理系统的一个突出优点是可以方便地实现段的共享,即允许若干个进程共享一个或多个段。为实现某段代码的共享,在分段式存储管理系统中,各个进程对共享段使用相同的段名,在各自的段表中填入共享段的起始地址,并置以适当的读/写控制权,即可做到共享一个逻辑上完整的主存段信息。例如,一个多用户系统可同时接纳 40 个用户,这些用户都需要执行一个文本编辑程序(Text Editor),如果文本编辑程序有 160KB 的代码和 40KB 的数据区,则总共需要 8MB 的主存空间来支持 40 个用户的访问。如果 160KB 的代码是可重入的,则该代码只需要在主存中保留一份文本编辑程序的副本,此时所需要的主存空间仅为 1760($40 \times 40 + 160$)B,只需要在每个进程的段表中为文本编辑程序设置一个段表项,如图 5-29 所示。

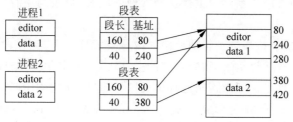

图 5-29　段的共享示意图

在多道程序设计系统中，由于进程的并发执行，一个程序段为多个进程共享时，有可能出现多次同时重复执行该段程序的情况，而该共享程序段的指令和数据在执行过程中是不能被修改的。此外，共享段也有可能被置换出主存。显然，一个正在被某个进程使用或即将被某个进程使用的共享段是不应该置换出主存的。因此，可以在段表中设置共享位来判别该段是否正在被某个进程调用。

5.5.5 分页和分段存储管理的主要区别

分页和分段系统都采用离散分配主存方式，都需要通过地址映射机构来实现地址变换，它们有许多相似之处。但两者又是完全不同的，具体表现如下。

（1）页是信息的物理单位，是系统管理的需要而不是用户的需要；而段则是信息的逻辑单位，它含有一组意义相对完整的信息。分段是为了更好地满足用户的需要。

（2）页的大小固定且由系统决定，因而一个系统只能有一种大小的页面；而段的长度却不固定，由用户所编写的程序决定，通常由编译程序对源程序进行编译时根据信息的性质来划分。

（3）分页式作业的地址空间是一维的，页间的逻辑地址是连续的；而分段式作业的地址空间则是二维的，段间的逻辑地址是不连续的。

5.6 段页式存储管理

视频讲解

段式存储管理支持了用户的观点，但每段必须占据主存的连续区域，有可能需要采用移动技术汇集主存空间。为此，兼用分段和分页的方法，构成可分页的段式存储管理，通常称为段页式存储管理。段页式存储管理兼顾了段式在逻辑上的清晰和页式在管理上方便的优点。

用户对作业采用分段组织，每段独立编程，在分配主存空间时，再把每段分成若干个页面，这样每段不必占据连续的主存空间，可把它按页存放在不连续的主存块中。

段页式存储管理的逻辑地址格式如下：

段号(S)	页号(P)	页内地址(W)

段页式存储管理为每一个装入主存的作业建立一张段表，且对每一段建立一张页表。段表的长度由作业分段的个数决定，段表中的每一个表目指出本段页表的始址和长度。页表的长度则由对应段所划分的页面数所决定，页表中的每一个表目指出本段的逻辑页号与主存物理块号之间的对应关系。段页式存储管理中段表、页表与主存之间的关系如图 5-30 所示。

执行指令时，地址机构根据逻辑地址中的段号查找段表，得到该段的页表始址，然后根据逻辑地址中的页号查找该页表，得到对应的主存块号，由主存块号与逻辑地址中的页内地址形成可访问的物理地址。如果逻辑地址中的段号超出了段表中的最大段号或者页号超出了该段页表中的最大页号，都将形成"地址越界"程序性中断事件。可以看出，由逻辑地址到物理地址的变换过程中，需要访问三次主存。第一次是访问主存中的段表，获得该段对应页

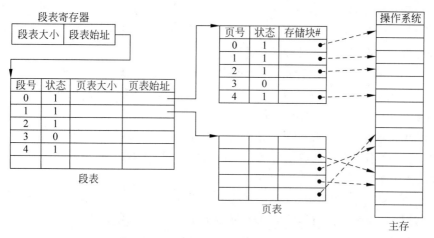

图 5-30 段页式存储管理中段表、页表与主存之间的关系

表的始址;第二次是访问页表,获得指令或数据的物理地址;第三次按物理地址存取信息。段页式存储管理的地址转换机构如图 5-31 所示。

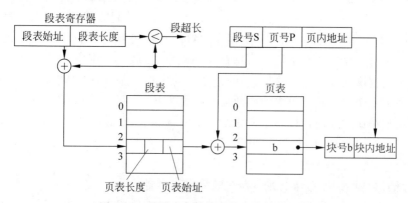

图 5-31 段页式存储管理的地址转换机构

段页式管理是段式管理和页式管理结合而成的,具有二者的优点。但由于管理软件的增加,复杂性和系统开销也随之增加;此外,需要的硬件以及占用的主存空间也有所增加。如果不采用相联寄存器方式提高 CPU 访问主存的速度,就会使得执行速度大大降低。

5.7 虚拟存储管理方式

前面所介绍的各种存储管理方式具有一个共同的特点,即作业必须一次性全部装入主存空间后才能运行,直至作业运行结束后才释放所占有的全部主存资源,这样就会出现以下情况。

(1) 当主存空间不能满足作业地址空间要求时,作业就不能装入主存,无法运行。

(2) 当有大量作业要求运行时,由于主存容量有限,只能将少数作业装入主存运行,而其他作业留在辅存上等待。

然而,许多在程序运行过程中不用或暂时不用的程序(数据)占据了大量的主存空间,使得一些需要运行的作业无法装入运行。在程序运行中可以发现,程序的某些部分是相互排斥的,即在程序的一次运行中,执行了这部分程序就不会执行另一部分程序。例如,程序中的错误处理部分,仅在程序出现错误的情况下才会运行。

早在 1968 年,Denning 就曾指出:程序执行时呈现出局部性特征,即在较短的时间内,程序的执行仅局限于某个部分;而它所访问的存储空间也局限在某个区域中。局限性表现在时间局限性和空间局限性两个方面。

(1) 时间局限性:一旦执行了程序中的某条指令,不久以后该指令可能再次执行;如果某数据被访问,则不久以后该数据可能再次被访问。例如,程序中存在大量的迭代循环、临时变量和子程序调用等。

(2) 空间局限性:一旦程序访问了某个存储单元,不久以后,其附近的存储单元也将被访问,即程序在一段时间内所访问的地址可能集中在一定范围之内。例如,对数组、表或数据堆栈进行操作。

5.7.1　虚拟存储器

基于局部性原理,可以把作业信息保存在磁盘上。当作业请求装入时,只需将当前运行所需要的一部分信息先装入主存。执行作业时,如果所要访问的信息已调入主存,则可继续执行;否则,再将这些信息调入主存,使程序继续执行;如果此时主存已满,无法再装入新的信息,则系统将主存中暂时不用的信息置换到磁盘上,腾出主存空间后,再将所需要的信息调入主存,使程序继续执行。这样,可使一个大的用户程序得以在比较小的主存空间中运行,也可以在主存中同时装入更多的作业使它们并发执行。这不仅使主存空间能充分地被利用,而且用户编制程序时可以不必考虑主存的实际容量,允许用户的逻辑地址空间大于主存的实际容量。从用户的角度来看,好像计算机系统提供了一个容量很大的主存——称为虚拟存储器。

虚拟存储器是指一种实际上并不存在的"虚假"存储器,它是系统为了满足应用对存储器容量的巨大需求而构造的一个非常大的地址空间。它使用户在编程时无须担心存储器的不足,好像有一个无限大的存储器供其使用。

虚拟存储器建立在离散分配的存储管理方式的基础上,它允许将一个作业分多次调入主存。虚拟存储器实际上是为了扩大主容量而采用的一种设计技巧,虚拟存储器的容量由计算机的地址结构和辅助存储器的容量决定,与实际主存的容量无关;其逻辑容量由主存和辅助存储器容量之和决定,运行速度接近于主存的速度,而每位的成本却又接近于辅助存储器。

可见,虚拟存储技术是一种性能非常优越的存储器管理技术。早在 20 世纪 60 年代初期就已出现了虚拟存储器的思想,到 60 年代中期,较完整的虚拟存储器在两个分时系统(MULTICS 和 IBM 系列)中得到实现,到 70 年代初开始推广应用,现在已广泛地应用于大、中、小型计算机和微型计算机中。

虚拟存储器具有离散性、多次性、对换性和虚拟性四大主要特征。

1. 离散性

离散性是虚拟存储器存在的基础。如果进程的主存空间必须分配在连续的物理空间中,则在将进程的某部分换出并将其他进程换入后,将很难保证下次载入时,进程的前后恰好有足够的空闲空间。基于此限制,进程需要的部分往往无法载入主存,进程将无法继续执行下去。相反,如果将进程按照页或者段进行离散化放置,则可以将页或者段单独换出,而不必考虑载入时的位置问题。因此,分页或者分段是虚拟存储器产生的基础。

2. 多次性

多次性是指一个作业被分成多次调入主存运行,亦即在作业运行时没有必要将其全部装入,只需将当前要运行的那部分程序和数据装入主存即可;以后每当要运行到尚未调入的那部分程序时,再将其调入。多次性是虚拟存储器最重要的特征,任何其他存储管理方式都不具备这一特征。

3. 对换性

对换性是指允许在作业的运行过程中进行换进、换出,即在进程运行期间,允许将那些暂时不使用的程序和数据从主存调至外存的对换区,待以后需要时再将它们从外存调至主存;甚至还允许将暂时不运行的进程调至外存,待它们重新具备运行条件时再调入主存。换进和换出能有效地提高主存利用率。可见,虚拟存储器具有对换性的特征。

4. 虚拟性

虚拟性是指能够从逻辑上扩充主存容量,使用户所看到的主存容量远远大于实际的主存容量。这是虚拟存储器所表现出来的最重要的特征,也是实现虚拟存储器的最重要的目标。

虚拟性是以多次性和对换性为基础的,或者说,仅当系统允许将作业分多次调入主存,并能将主存中暂时不运行的程序和数据对换至硬盘中时,才有可能实现虚拟存储器;而多次性和对换性又必须建立在离散分配的基础上。

5.7.2　请求分页式存储管理

视频讲解

虚拟页式存储管理分为请求分页式管理和预调入页式管理。请求分页式管理与预调入页式管理的主要区别在于调入方式。请求分页式管理的调入方式是,当需要执行某条指令而发现它不在主存时或当执行某条指令需要访问其他数据或指令时,这些指令和数据不在主存,从而发生缺页中断,系统将外存中相应的页面调入主存。这种策略的主要优点是确保只有被访问的页面才调入主存,节省主存空间。但是处理缺页中断次数过多和调页的系统开销较大,由于每次仅调入一页,增加了磁盘的 I/O 次数。采用预调入页式管理时,操作系统依据某种算法动态预测进程最可能访问的那些页面,在使用前预先调入主存,尽量做到进程在访问页面之前已经预先调入该页,而且每次可以调入若干页面,能减少磁盘的 I/O 启动次数。但是如果调入的页面多数未被使用,则效率就很低。可见,预调入页式管理建立在预测的基础上,目前所用预调入页面的成功率在 50% 左右。请求分页式管理和预调入页式管理除了在调入方式上有些区别外,其他方面基本相同。下面以请求分页式存储管理为例,介绍虚拟页式存储管理。

请求分页式存储管理是在页式存储管理的基础上,增加了请求分页功能和页面置换功能而实现的虚拟存储系统。请求分页式存储管理允许作业只装入部分页面就启动运行,在执行过程中,如果所要访问的页已调入主存,则进行地址转换,得到欲访问的主存物理地址。如果所要访问的页面不在主存中,则产生一个缺页中断,如果此时主存能容纳新页,则启动磁盘 I/O 将其调入主存;如果主存已满,则通过页面置换功能将当前所需的页面调入。

1. 请求分页式存储的管理

为了实现请求分页和页面置换功能,系统必须提供必要的硬件支持和相应的软件支持。一般需要请求分页的页表机制、缺页中断机构、地址变换机构以及页面置换算法等方面的支持。

1)页表机制

请求分页式存储管理的主要依据就是页表。由于只是将作业的部分页面调入主存,其余部分仍存放在辅存上,因此必须指出哪些页面已在主存,哪些页面还没有装入。为此需要将页表增加若干项,修改后的页表格式如下:

页号	物理块号	状态位	访问字段	修改位	辅存地址

其中,状态位用来指出该页是否已经调入主存,如果某页对应栏的状态位为1,则表示该页已经调入主存,此时"物理块号"指出该页在主存中的占用块;如果状态位为0,则表示该页还未调入主存,此时"辅存地址"中指明了该页在磁盘上的地址,以便系统从辅存中将其调入。"访问字段"用于记录该页在一段时间内被访问的次数,或记录该页最近已有多长时间未被访问。"修改位"则表示该页在调入主存后是否被修改,由于作业在磁盘上保留一份备份,若此次调入主存后未被修改,则在置换该页时不需要再将该页写回磁盘,以减少系统的开销;如果已被修改,则必须将该页回写到磁盘上,以保证信息的更新与完整。

2)缺页中断机构

请求分页式存储管理中,当所要访问的页面不在主存时,则由硬件发出一个缺页中断,操作系统必须处理这个中断,将所需页面调入主存,如图5-32所示为缺页中断处理流程。在处理缺页中断的过程中,同样需要保护现场、分析中断源、转入中断处理程序进行处理、恢复现场等步骤,但缺页中断又与一般的中断有着明显的区别,主要表现在以下两个方面。

(1)在指令执行期间产生和处理中断信号。通常,CPU在一条指令结束后接收中断请求并响应,而缺页中断则是在指令执行期间所要访问的指令或数据不在主存时所产生和处理的。

(2)一条指令在执行期间可能产生多次缺页中断。如图5-33所示,指令 copy A to B 跨越了两个页面,A 和 B 分别是一个数据块并都跨页面存储,那么执行这条指令将可能产生6次缺页中断。所以系统中的硬件机构应该能够保存多次中断时的状态,以保证中断处理后能正确返回并继续执行。

3)地址变换机构

在请求分页式存储管理中,当作业访问某页时,硬件的地址转换机构首先查找快表,若找到,并且其状态位为1,则按指定的物理块号进行地址转换,得到其对应的物理地址;若该页的状态位为0,则由硬件发出一个缺页中断,按照页表中指出的辅存地址,由操作系统将其调入主存,并在页表中填上其分配的物理块号,修改状态位、访问位,对于写指令,置修改位为1,然后按页表中的物理块号和页内地址形成物理地址。如图5-34所示为请求分页式存储管理中的地址变换过程。

如果在快表中未找到该页的页表项,则到主存中查找页表。若该页尚未调入主存,则系统产生缺页中断,请求操作系统将该页面调入,同时将此页表项写入快表。

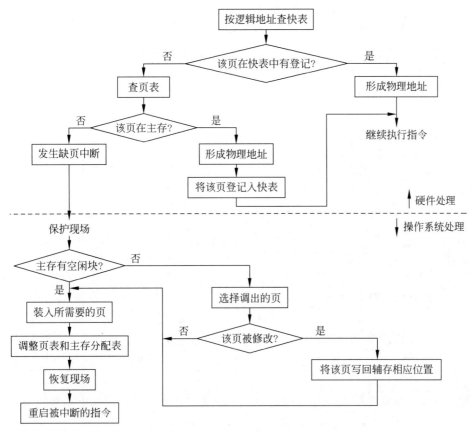

图 5-32　缺页中断处理流程

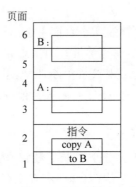

图 5-33　涉及 6 次缺页中断的指令

2．页面置换策略

在请求分页式存储管理中，可采用两种主存分配策略，即固定分配和可变分配策略。在进行页面置换时，也可采用两种策略，即全局置换和局部置换。于是可组合成以下三种适用的策略。

1）固定分配局部置换策略

基于进程的类型（交互型或批处理型等），或根据用户、系统管理员的建议，为每个进程

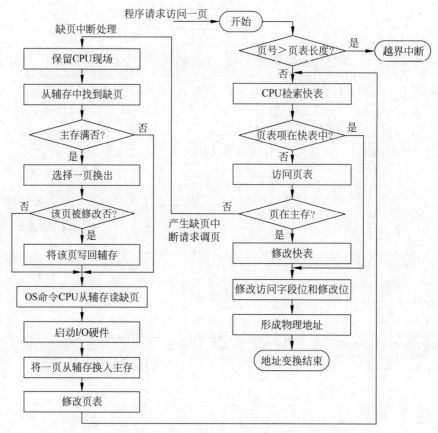

图 5-34　请求分页式存储管理地址变换

分配一定数目的主存物理块,在整个运行期间都不再改变。采用该策略时,如果进程在运行中发生缺页,则只能从该进程在主存的 n 个页面中选出一页换出,然后再调入一页,以保证分配给该进程的主存空间不变。实现这种策略的困难在于,应当为每个进程分配物理块的数量难以确定。若太少,会频繁地出现缺页中断,降低系统的吞吐量;若太多,又必然使主存中驻留的进程数目减少,可能造成 CPU 空闲或其他资源空闲的情况,而且在实现进程对换时,会花费更多的时间。

2) 可变分配局部置换策略

基于进程的类型,或根据用户、系统管理员的建议,为每个进程分配一定数目的主存物理块;但当进程发生缺页中断时,只允许从该进程在主存的页面中选择淘汰页,而不影响其他进程的运行。如果进程在运行中频繁地发生缺页中断,则系统须再为该进程分配若干附加的物理块,直至该进程的缺页率减少到适当程度为止;反之,若一个进程在运行过程中的缺页率特别低,则可适当减少分配给该进程的物理块数,但不应引起其缺页率的明显增加。

3) 可变分配全局置换策略

最易于实现的一种页面分配和置换策略。系统先为每个进程分配一定数目的物理块,而操作系统保持一个空闲块队列。当一个进程发生缺页中断时,系统从空闲块队列中取出一块,分配给该进程。当空闲物理块队列中的物理块用完时,操作系统才能从主存中选择一页面置换,该页可能是系统中任一进程的页。

采用固定分配策略时,可采用以下几种物理块分配方法。

(1) 平均分配算法。将系统中所有可供分配的物理块平均分配给每个进程。

(2) 按比例分配算法。根据进程的大小按比例分配物理块。

(3) 考虑优先权的分配算法。该方法是把主存中可供分配的所有物理块分为两部分,一部分按比例分配给每个进程;另一部分则根据进程的优先权,适当地增加其相应份额后,分配给各进程。

3. 页面置换算法

视频讲解

在作业运行过程中,如果所要访问的页面不在主存中,就需要把它们调入主存。当主存中已没有空闲空间时,为了保证作业的运行,系统必须按一定的算法选择一个已在主存中的页面,将它暂时调出主存,让出主存空间,用来存放所需调入的页面,这个工作称为页面置换。选择换出页面的算法称为页面置换算法。置换算法的好坏将直接影响到系统的性能。如果选用一个不合适的算法,就会出现这样的现象:刚被调出的页面又立即要用,因而又要把它调入,而调入不久又被选中调出,调出不久又被调入……如此反复,使调度非常频繁,以至于大部分时间都花费在来回调度上。这种现象称为"抖动"或称"颠簸"。一个好的置换算法应该尽可能地减少和避免抖动现象的发生。

从理论上讲,应将那些以后不再访问的页面换出,或把那些在今后较长时间不会访问的页面调出。这是一种理想化的算法,具有很好的性能,但实际上却难以实现。常用的页面置换算法有最佳置换算法、先进先出置换算法、最近最少用置换算法和最近最不常用置换算法等,它们都试图接近理论上的目标。

1) 最佳置换算法

最佳(Optimal,OPT)置换算法是由 Belady 于 1966 年提出的一种理论上的算法。该算法选择的被淘汰页面将永远不再使用,或者是在将来最长时间内不再被访问的页面,这样产生的缺页中断次数将会是最少的。采用 OPT 置换算法通常可获得最低的缺页中断率,然而,却需要预测出程序的页面引用串,这是无法预知的,不可能对程序的运行过程做出精确的断言,所以说这是一种理想化的算法,无法实现。但是这个算法可以作为衡量其他算法的标准。

假定某进程共有 8 页,且系统为之分配了 3 个物理块,并产生以下页面调度序列:

$$7,0,1,2,0,3,0,4,2,3,0,3,2,1,2,0,1,7,0,1$$

进程运行时,首先通过缺页中断,把 7、0、1 三个页面顺序装入主存。当进程访问页面 2 时,将会产生缺页中断,操作系统根据 OPT 置换算法,得出:0 号页面的下次访问将是本进程第 5 次被访问的页面,1 号页面的下次访问将是第 14 次被访问的页面,而 7 号页面将要在第 18 次页面访问时才需要调入,所以将选择 7 号页面予以淘汰。接下来访问 0 号页面,由于它已调入主存,不会产生缺页中断,当系统访问 3 号页面时,由于在已调入主存的 1、2、0 这三个页面中,1 号页面将会最迟才被访问,因此将 1 号页面淘汰。如图 5-35 所示为 OPT 置换算法的置换过程。可以看出,采用 OPT 置换算法只发生了 9 次页面置换,缺页中断率为 45%。

2) 先进先出置换算法

先进先出(First-In-First-Out,FIFO)置换算法认为刚被调入的页面在最近的将来被访问的可能性很大,而在主存中驻留时间最长的页面在最近的将来被访问的可能性最小。因此,FIFO 置换算法总是淘汰最先进入主存的页面,即淘汰在主存中驻留时间最长的页面。

FIFO 置换算法只需要把装入主存的页面按调入的先后次序连接成一个队列,并设置

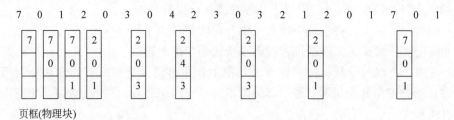

图 5-35　最佳页面置换算法的置换图

一个替换指针,指针始终指向最先装入主存的页面,每次页面置换时,总是选择替换指针所指示的页面调出。如图 5-36 所示为在 OPT 置换算法的例子中采用 FIFO 置换算法时保留在主存中页面变化的情况。进程运行时,通过缺页中断,先将 7、0、1 这 3 个页面顺序装入主存。当进程访问 2 号页面时,系统将产生缺页中断。由于 7 号页面是最先调入主存的,因此将它换出,下面访问 0 号页面。由于它已调入主存,不产生缺页中断。当系统访问 3 号页面时,由于在已调入主存的 1、2、0 三个页面中,0 号页面最早进入主存,因此将 0 号页面换出。从图 5-36 可以看出,采用 FIFO 置换算法一共发生了 15 次页面置换,缺页中断率为 75%,页面淘汰的顺序为 7、0、1、2、3、0、4、2、3、0、1、2。

访问序列：7 0 1 2 0 3 0 4 2 3 0 3 2 1 2 0 1 7 0 1

行																				
最后进入主存的页	7	0	1	2	2	3	0	4	2	3	0	0	0	1	2	2	2	7	0	1
		7	0	1	1	2	3	0	4	2	3	3	3	0	1	1	1	2	7	0
最先进入主存的页			7	0	0	1	2	3	0	4	2	2	2	3	0	0	0	1	2	7
	+	+	+	+		+	+	+	+	+	+			+	+			+	+	+

（注：+ 表示产生一次缺页中断）

图 5-36　FIFO 置换算法主存中页面变化示意图

　　FIFO 置换算法简单,易实现,但效率不高。因为在主存中驻留时间最久的页面未必是在不久的将来最长时间不再被访问的页面,如页面中含有全局变量、常用函数、例程等,如果将它淘汰,可能立即又要使用,必须重新调入,尽管这些页面变"老"了,但它们被访问的概率仍然很高。据估计,采用 FIFO 置换算法产生的缺页中断率约为最佳置换算法的 3 倍。

　　FIFO 置换算法存在一种异常现象。一般来说,对于任何一个作业,系统分配给它的主存物理块数越接近于它所要求的页面数,发生缺页中断的次数会越少。如果一个作业能获得它所要求的全部物理块数,则不会发生缺页中断现象。但是,采用 FIFO 置换算法时,在未给作业分配足够多的它所要求的页面数时,有时会出现这样的奇怪现象:分配的物理块数增多,而缺页中断次数反而增加。这种现象称为 Belady 现象,如图 5-37 所示。

　　下面举例说明 FIFO 置换算法的正常置换页面情况和 Belady 现象。假如某进程共有 8 页,依次访问页面的序列为:7、0、1、2、0、3、0、4、2、3、0、3、2、1、2、0、1。当系统为该进程分配的物理块数 $M=3$ 时,缺页中断次数为 12 次,其缺页中断率为 $12/17=70.5\%$,如图 5-38(a) 所示;而当分配的物理块数 $M=4$ 时,其缺页中断次数为 9 次,其缺页中断率为 $9/17=52.9\%$,如图 5-38(b) 所示。

　　以上是采用 FIFO 置换算法正常置换页面的例子,下面分析另一个示例。某进程共有

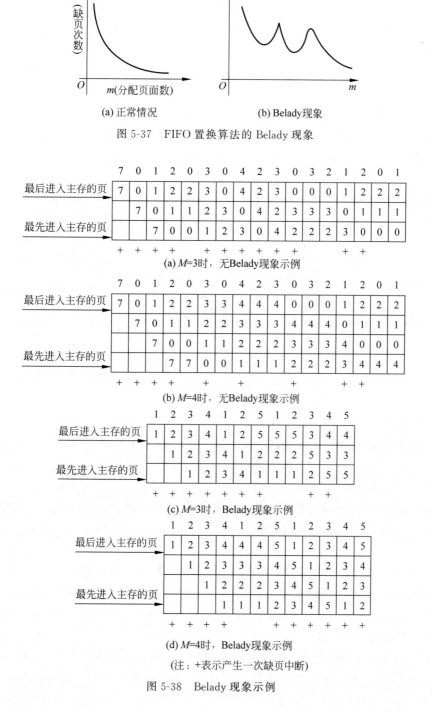

(a) 正常情况　　　　　　　(b) Belady 现象

图 5-37　FIFO 置换算法的 Belady 现象

(a) M=3时，无Belady现象示例

(b) M=4时，无Belady现象示例

(c) M=3时，Belady现象示例

(d) M=4时，Belady现象示例

(注：+表示产生一次缺页中断)

图 5-38　Belady 现象示例

5 页,依次访问页面的序列为:1、2、3、4、1、2、5、1、2、3、4、5。当系统为该进程分配的物理块数 $M=3$ 时,缺页中断次数为 9 次,其缺页中断率为 9/12=75%,如图 5-38(c)所示;但是如果为进程分配的物理块数 $M=4$ 时,缺页中断次数为 10 次,其缺页中断率为 10/12=83.3%,如图 5-38(d)所示。

先进先出算法产生 Belady 现象的原因在于它根本没有考虑程序执行的动态特征。

3) 最近最少用置换算法

最近最少用(Least Recently Used,LRU)置换算法总是选择最近一段时间内最长时间没有被访问过的页面调出。

LRU 置换算法的提出基于程序执行的局部性原理,即认为那些刚被访问的页面可能在最近的将来还会经常访问它们,而那些在较长时间里未被访问的页面,一般在最近的将来再被访问的可能性较小。为了记录页面自上次被访问以来所经过的时间,需要在页表中增加一个引用位标志,在每次被访问后将引用位置 1,重新计时。这样,在发生缺页中断需要调入新的页面时,通过检查页表中各页的引用位,选择将最长时间没有被访问过的页面淘汰,并且把主存中所有页面的引用位全部清零,重新计时。

如图 5-39 所示为在 OPT 置换算法的例子中采用 LRU 置换算法时,保留在主存中页面的变化情况。该进程执行过程中,共产生了 12 次缺页中断,缺页中断率为 60%,页面淘汰的顺序为 7、1、2、3、0、4、0、3、2。

(注: + 表示产生一次缺页中断)

图 5-39　LRU 近似算法主存页面变化示意图

要完全实现 LRU 置换算法是一件非常困难的事情。因为需要对每一页被访问的情况进行实时记录和更新,这显然要花费巨大的系统开销,所以在实际系统中往往使用 LRU 近似算法。

LRU 近似算法[即时钟(clock)置换算法]是在页表中为每一页增加一个引用位信息,当该页被访问时,由硬件将它的引用位信息置为 1,操作系统选择一个时间周期 T,每隔一个周期 T,将页表中所有页面的引用位信息置 0,这样,在时间周期 T 内,被访问过的页面的引用位为 1,而没有被访问过的页面的引用位仍为 0。当产生缺页中断时,可以从引用位为 0 的页面中选择一页调出,同时将所有页面的引用位信息全部重新置 0。这种近似算法的实现比较简单,但关键在于时间周期 T 的确定。如果 T 太大,可能所有的引用位都变成 1,找不出最近最少使用的页面淘汰;如果 T 太小,引用位为 0 的页面可能很多,而无法保证所选择的页面是最近最少使用的。

淘汰一个页面时,如果该页面已被修改过,必须将它重新写回磁盘;但如果淘汰的是未被修改过的页面,就不需要写盘操作了,这样看来,淘汰修改过的页面比淘汰未被修改过的页面的开销要大。如果把页表中的"引用位"和"修改位"结合起来使用,可以改进时钟页面替换算法,它们一共组合成 4 种情况:

① 最近没有被引用,没有被修改($r=0,m=0$);

② 最近被引用,没有被修改($r=1,m=0$);

③ 最近没有被引用,但被修改过($r=0,m=1$);

④ 最近被引用过,也被修改过($r=1,m=1$)。

改进的时钟页面替换算法就是扫描队列中的所有页面,寻找一个既没有被修改且最近又没有被引用过的页面,把这样的页面挑出来作为首选页面淘汰是因为没有被修改过,淘汰时不用把它写回磁盘。如果第一步没有找到这样的页面,算法再次扫描队列,欲寻找一个被修改过但最近没有被引用过的页面;虽然淘汰这种页面需写回磁盘,但依据程序局部性原理,这类页面一般不会马上被再次使用。如果第二步也失败了,则所有页面已被标记为最近未被引用,可进入第三步扫描。Macintosh 的虚存管理采用了这种策略,其主要优点是没有被修改过的页面会被优先选出来,淘汰这种页面时不必写回磁盘,从而节省时间,但查找一个淘汰页面可能会经过多轮扫描,算法实现的开销较大。

4) 最近最不常用置换算法

最近最不常用置换算法(Least Frequently Used,LFU)总是选择被访问次数最少的页面调出,即认为在过去的一段时间里被访问次数多的页面可能经常需要访问。

一种简单的实现方法是为每一页设置一个计数器,页面每次被访问后,其对应的计数器加 1,每隔一定的时间周期 T,将所有计数器全部清 0。这样,在发生缺页中断时,选择计数器值最小的对应页面被淘汰,显然它是最近最不常用的页面,同时把所有计数器清 0。这种算法的实现比较简单,但代价很高,同时有一个关键问题是如何选择一个合适的时间周期 T。

4. 缺页中断率分析

虚拟存储系统解决了有限主存的容量限制问题,能使更多的作业同时多道运行,从而提高了系统的效率,但缺页中断处理需要系统的额外开销,影响了系统效率,因此应尽可能地减少缺页中断的次数,降低缺页中断率。

假定一个作业共有 n 页,系统分配给它的主存块是 m 块(m、n 均为正整数,且 $1\leqslant m\leqslant n$),则该作业最多有 m 页可同时被装入主存。如果作业执行中访问页面的总次数为 A,其中,有 F 次访问的页面尚未装入主存,故产生了 F 次缺页中断。现定义 $f=F/A$,则 f 称为缺页中断率。

显然,缺页中断率与缺页中断的次数有关。因此,影响缺页中断率的因素有以下几点。

1) 分配给作业的主存块数

一般情况下,系统分配给作业的主存块数多,则该作业同时装入主存的页面数就多,那么缺页中断次数就少,缺页中断率就低;反之,缺页中断率就高。

从理论上说,在虚拟存储器的环境下,每个作业只要获得一块主存空间就可以开始执行,这样可以增加在主存中多道程序的道数,但是每个作业将会频繁地发生缺页中断,效率非常低下。但是如果为每个作业分配很多主存块,必然会降低系统的多道程序度,影响系统的吞吐量。图 5-40 给出了 CPU 的利用率与多道程序之间的关系。

进程的缺页中断率和进程占有主存页面数的关系如图 5-41 所示。一个程序面对较少的主存物理块数时,发生的缺页中断次数就多;当分配的主存物理块数量增加时,缺页中断次数就减少。但从图中可以看出,主存物理块数增加到临界值以后,即使再增加较多的物理块,进程的缺页中断次数也不再明显减少。大多数程序都有这样一个特定点,在这个特定点以后再增加主存容量时,缺页中断次数的减少并不明显。

工作集的理论是由 Denning 提出来的。他认为,程序在运行时对页面的访问是不均匀

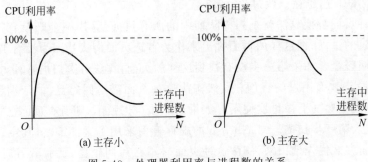

图 5-40　处理器利用率与进程数的关系

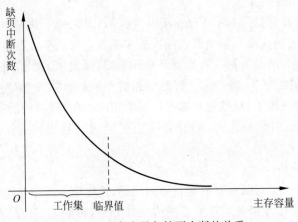

图 5-41　主存容量与缺页中断的关系

的，即往往在某段时间内的访问仅局限于较少的若干页面，如果能够预知程序在某段时间间隔内要访问哪些页面，并能将它们提前调入主存，将会大大地降低缺页率，从而减少置换工作，提高 CPU 的利用率。

对于给定的访问序列选取定长的时间间隔(Δ)，称为工作集窗口，落在工作集窗口中的页面集合称为工作集。工作集是指在某段时间间隔里，进程实际要访问的页面的集合。Denning 认为，虽然程序只需要有少量几页在主存就可以运行，但为了使程序能够有效运行，较少地产生缺页，就必须使程序的工作集全部在主存中。把某进程在时间 t 的工作集记为 $w(t,\Delta)$，把变量 Δ 称为工作集"窗口尺寸"。由于无法预知一个程序在最近的将来会访问哪些页面，所以用最近在 Δ 时间间隔内访问过的页面作为实际工作集的近似。正确选择工作集窗口尺寸的大小对系统性能有很大影响，如果 Δ 过大，甚至把作业地址空间全包括在内，就成了实存管理；如果 Δ 过小，则会引起频繁缺页，降低了系统的效率。图 5-42 给出了不同窗口尺寸的工作集变化示意图，其中列出了进程的引用序列，* 表示这个时间单位里工作集没有发生改变。从图 5-42 中可以看出，工作集窗口尺寸越大，工作集就越大，产生缺页中断的频率越低。

假如有以下页面访问序列，窗口尺寸 $\Delta=9$：

261577751623412344434344441327

|----------|　　　|----------|

Δ　t_1　　　　　Δ　t_2

窗口尺寸

页面访问序列1	2	3	4	5
24	24	24	24	24
15	15 24	15 24	15 24	15 24
18	18 15	18 15 24	18 15 24	18 15 24
23	23 18	23 18 15	23 18 15 24	23 18 15 24
24	24 23	24 23 18	*	*
17	17 24	17 24 23	17 24 23 18	17 24 23 18 15
18	18 17	18 17 24	*	*
24	24 18	*	*	*
18	18 24	*	*	*
17	17 18	*	*	*
17	17	*	*	*
15	15 17	15 17 18	15 17 18 24	*
24	24 15	24 15 17	*	*
17	17 24	*	*	*
24	24 17	*	*	*
18	18 24	18 24 17	*	*

图 5-42　进程工作集

则 t_1 刻的工作集 $w(t_1)=\{1,2,5,6,7\}$；t_2 时刻的工作集 $w(t_2)=\{3,4\}$。

在有些操作系统中(如 Windows),虚拟存储管理程序为每一个进程分配固定数量的物理块,并且这个数目可以进行动态调整。这个数目就是由每个进程的工作集来确定,并且根据主存的负荷和进程的缺页情况动态地调整其工作集。

其具体的做法是:一个进程在创建时就指定了一个最小工作集,该工作集的大小是保证进程运行在主存中应有的最小页面数。但在主存负荷不太大时,虚存管理程序还允许进程拥有尽可能多的页面作为其最大工作集。当主存负荷发生变化时,如空闲页不多了,虚存管理程序就使用"自动调整工作集"的技术来增加主存中可用的自由页面数,方法是检查主存中的每个进程,将当前工作集大小与最小工作集进行比较,如果大于其最小值,则从它们的工作集中移去一些页面作为主存自由页面,可被其他进程使用。若主存自由页面仍然太小,则不断进行检查,直到每个进程的工作集都达到最小值为止。

当每个工作集都已到最小值时,虚存管理程序跟踪进程的缺页数量,根据主存中自由页面数量可以适当增加其工作集的大小。

2) 页面的大小

页面的大小影响页表的长度、页表的检索时间、置换页面的时间、可能的页内零头的大小等,对缺页中断的次数也有一定的影响。如果划分的页面大,则一个作业的页面数就少,页表所占用的主存空间少,且查表速度快,在系统分配相同主存块的情况下,发生缺页中断的次数减少,降低了缺页中断率。但是,一次换页需要的时间延长,可能产生的页内零头所带来的空间浪费较大。反之,所划分的页面小,一次换页需要的时间就短,可能产生的页内零头少,空间利用率提高;但是一个作业的页面数多,页表所占用的主存空间长,且查表速度慢,在系统分配相同主存块的情况下,发生缺页中断的次数增多,增加了缺页中断率。

因此,页面的大小应根据实际情况来确定,对于不同的计算机系统,页面大小有所不同。一般页面大小为 1~4KB。

3) 程序编制方法

不同的程序编制方法对缺页中断的次数也有很大影响。缺页中断率与程序的局部化程度密切相关。一般来说,希望编制的程序能经常集中在几个页面上进行访问,以减少缺页中断次数，降低缺页中断率。

例如，一个程序要将 128×128 数组置初值 0。现假设分配给该程序的主存块数只有一块，页面的大小为每页 128 个字，数组中每一行元素存放在一页中。开始时，第一页已经调入主存。若程序如下编制：

```
int A[128][128];
for (j = 0;j < 128;j++)
  for (i = 0;i < 128;i++)
    A[i][j] = 0;
```

则每执行一次 A[i][j]＝0 就要产生一次缺页中断，总共需要产生（128×128－1）次缺页中断。

如果重新编制这个程序如下：

```
int A[128][128];
for (i = 0;i < 128;i++)
  for (j = 0;j < 128;j++)
    A[i][j] = 0;
```

则总共产生（128－1）次缺页中断。显然，虚拟存储器的效率与程序局部性程度密切相关，局部性程度因程序而异。

4）页面调度算法

页面调度算法对于缺页中断率的影响也很大，如果选择不当，则有可能产生抖动现象。理想的调度算法是当要装入一个新页而必须调出一个页面时，所选择的调出页应该是以后再也不使用的页或者是距离当前最长时间以后才使用的页。算法的优劣影响缺页中断的次数，从而影响缺页中断率。

5.7.3 请求分段式存储管理

请求分段式存储管理以段式存储管理为基础，为用户提供比主存实际容量更大的虚拟空间。请求分段式存储管理把作业的各个分段信息保留在磁盘上，当作业被调度进入主存时，首先把当前需要的一段或几段装入主存，便可启动执行，若所要访问的段已在主存，则将逻辑地址转换成物理地址；如果所要访问的段尚未调入主存，则产生一个缺段中断，请求操作系统将所要访问的段调入。为实现请求分段式存储管理，需要有一定的硬件支持和相应的软件。

请求分段式存储管理所需要的硬件支持有：段表机制、缺段中断机构以及地址变换机构等。

1. 段表机制

在请求分段式存储管理中，段表是进行段调度的主要依据。在段表中需要增设一些标志信息，如段是否在主存，各段在磁盘上的存储位置，已在主存的段需要指出该段在主存中的起始地址和占用主存区的长度等，还可设置该段是否被修改、是否可扩充等。请求分段式存储管理的段表结构如下：

段名	段长	段的基址	存取方式	访问字段 A	修改位 M	状态位 P	扩充位	辅存始址

其中，"存取方式"标识本段的存取属性（只执行或只读或读/写）；"访问字段 A"记录该段被

访问的频繁程度;"修改位 M"表示该段进入主存后是否已被修改,供置换段时参考;"状态位 P"指示本段是否已调入主存,若已调入,则"段的基址"给出该段在主存中的起始地址,否则在"辅存始址"中指示出本段在辅存中的起始地址;"扩充位"是请求分段式存储管理中所特有的字段,表示本段在运行过程中是否有动态增长。

2. 缺段中断机构

在请求分段式存储管理中,当所要访问的段尚未调入主存时,则由缺段中断机构产生一个缺段中断信号,请求操作系统将所要访问的段调入主存。操作系统处理缺段中断的步骤如下。

(1)空间分配。查主存分配表,找出一个足够大的连续区以容纳该分段。如果找不到足够大的连续区,则检查主存中空闲区的总和,若空闲区总和能满足该段要求,则进行适当移动,将分散的空闲区集中;若空闲区总和不能满足该段要求,则可选择将主存中的一段或几段调出,然后把当前要访问的段装入主存。

(2)修改段表。段被移动、调出和装入后,都要对段表中的相应表目进行修改。

(3)新的段被装入后,应让作业重新执行被中断的指令,这时就能在主存中找到所要访问的段,可以继续执行下去。

3. 地址变换机构

请求分段式存储管理方式中的地址变换是在分段式存储管理系统的地址变换机构的基础上增加缺段中段请求及处理等形成的。如图 5-43 所示为请求分段式存储管理系统的地址变换过程。

5.7.4 请求段页式存储管理

请求分段式存储管理以段为单位进行主存空间的分配。整段信息的装入、调出,有时需要主存空间的移动,这些都要增加系统的开销。如果按段页式存储管理方式,则每个作业仍然按逻辑分段,把每一段再分成若干页面。这样,在请求式存储管理中,每一段不必占用连续的存储空间,可按页存放在不连续的主存块中,甚至当主存块不足时,可以将一段中的部分页面装入主存。这种管理方式称为请求段页式存储管理。

采用请求段页式存储管理时,需要对每一个装入主存的作业建立一张段表,对每一段建立一张页表。段表中指出该段对应页表所存放的起始地址及其长度,页表中应指出该段的每一页在磁盘上的位置以及该页是否在主存中。若在主存中,则填上占用的主存

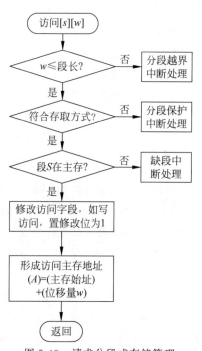

图 5-43　请求分段式存储管理
系统的地址变换过程

块号。作业执行时按段号查找段表,找到相应的页表,再根据页号查找页表,由状态位判定该页是否已在主存中,若在,则进行地址转换,否则进行页面调度。

请求段页式存储管理结合了请求分段式虚拟管理和请求分页式虚拟管理的优点,但增加了设置表格(段表、页表)和查表等开销。目前将实现虚拟所需支持的硬件集成在 CPU 芯片上,例如,Intel 80386 以上的 CPU 芯片都支持请求段页式存储管理。段页式虚拟存储管理一般只在大型计算机系统中采用。

5.8　Linux 存储管理

Linux 支持虚拟主存,使用磁盘作为 RAM 的扩展,使可用主存相应地有效扩大。内核把当前不用的主存块信息调出到硬盘,腾出主存用于其他目的。当调出的内容又需要使用时,再读入主存。这对于用户是透明的:运行于 Linux 的程序只看到大量的可用主存而不关心哪些部分在磁盘上。当然,读写虚拟主存(硬盘部分)比读写主存要慢(差距约为 10^3 量级),所以程序运行较慢。通常用作虚拟主存的这部分硬盘叫交换空间。

5.8.1　Linux 的请求分页存储管理

Linux 系统采用了虚拟主存管理机制,即交换和请求分页存储管理技术。当进程运行时,不必把整个进程的映像都放在主存中,只需在主存中保留当前用到的那一部分页面。当进程访问到某些尚未在主存的页面时,就由内核把这些页面装入主存。

为了实现离散存储,虚拟主存与物理主存都以大小相同的页面来组织。页面模式下的虚拟地址由两部分构成:页面框号和页面内偏移值。在页表的帮助下,它将虚拟页面框号转换成物理页面框号,然后访问物理页面中相应偏移处。

1. 请求分页机制

下面介绍分页存储管理的基本方法。

在一般的分页存储管理方式中,表示地址的结构如下:

31　　　　　　　12	11　　　　　　0
页号 p	页内位移 d

地址由两个部分组成:前一部分表示该地址所在页面的页号 p;后一部分表示页内位移 d,即页内地址。其中 0~11 为页内位移,即每页的大小为 4KB;12~31 位为页号,表示地址空间中最多可容纳 1M 个页面。

系统又为每个进程设立一张页面映像表,简称页表。在进程地址空间内的所有页(0~ $n-1$)依次在页表中有一个页表项,其中记载了相应页面在主存中对应的物理块号、页表项有效标志,以及相应主存块的访问控制属性(如只读、只写、可读写、可执行)。进程执行时,按照逻辑地址中的页号去查找页表中的对应项,可从中找到该页在主存中的物理块号。然后,将物理块号与对应的页内位移拼接起来,形成实际的访问主存地址。所以,页表的作用是实现从页号到物理块号的地址映射。

页表入口包含了访问控制信息,因此可以很方便地使用访问控制信息来判断处理器是否在以其应有的方式来访问主存。

多数通用处理器同时支持物理寻址模式和虚拟寻址模式,物理寻址模式无须页表的参与,且处理器不会进行任何地址转换,Linux 内核直接运行在物理地址空间上。多数处理器至少有两种执行方式——内核态与用户态。任何人都不会允许在用户态下执行内核代码或者在用户态下修改内核数据结构。一般的用户进程只能在限定的空间内访问,若要使用某些内核提供的功能,只有通过系统调用实现。

2. 请求分页的基本思想

请求分页存储管理技术是在简单分页技术的基础上发展起来的，二者的根本区别在于请求分页提供虚拟存储器。

它的基本思想是，当要执行一个程序时才把它换入主存；但并不把全部程序都换入主存，而是用到哪一页时才换它。这样就减少了对换时间和所需主存的数量，允许增加程序的道数。

为了表示一个页面是否已装入主存块，在每一个页表项中增加一个状态位，Y 表示该页对应的主存块可以访问；N 表示该页不对应主存块，即该页尚未装入主存，不能立即进行访问。

如果地址转换机构遇到一个具有 N 状态的页表项时，便产生一个缺页中断，告诉 CPU 当前要访问的这个页面还未装入主存。操作系统必须处理这个中断：它装入所要求的页面，并相应地调整页表的记录，然后重新启动该指令。

由于这种页面是根据请求而被装入的，所以这种存储管理方法称为请求分页存储管理。通常在作业最初投入运行时，仅把它的少量几页装入主存，其他各页是按照请求顺序动态装入的，这样就保证了用不到的页面不会被装入主存。

3. 地址映射

执行进程时，可执行的命令文件被打开，同时其内容被映射到进程的虚拟主存。这时可执行文件实际上并没有调入物理主存，而是仅仅连接到进程的虚拟主存。当程序中其他部分运行时，在引用到这部分的时候才把它们从磁盘上调入主存。将虚拟地址转换成物理地址的过程称为地址映射。

每个进程的虚拟主存用一个 mm_struct 表示。它包含当前执行的映像以及指向 vm_area_struct 的大量指针。每个 vm_area_struct 数据结构描述了虚拟主存的起始与结束的位置、进程对此主存区域的存取权限以及一组主存操作函数。这组主存操作函数都是 Linux 在操纵虚拟主存区域时必须用到的子程序。其中一个负责处理进程试图访问不在当前物理主存中的虚拟主存（通过缺页中断）的情况，此函数叫 nopage。它用于 Linux 试图将可执行映像的页面调入主存时。

可执行程序映射到进程虚拟地址时，将产生一组相应的 vm_area_struct 数据结构。每个 vm_area_struct 数据结构表示可执行程序的一部分，包括可执行代码、初始化数据（变量）、未初始化数据等。

5.8.2 Linux 的多级页表

在 X86 平台的 Linux 系统中，地址码采用 32 位，因而每个进程的虚存空间可达 4GB。Linux 内核将这 4GB 的空间分为两部分：最高地址的 1GB 是"系统空间"，供内核本身使用；而较低地址的 3GB 是各进程的"用户空间"。

系统空间由所有进程共享。虽然理论上每个进程的可用用户空间都是 3GB，但实际的存储空间的大小要受到物理存储器（包括主存及磁盘交换区或交换文件）的限制。进程的虚存空间如图 5-44 所示。

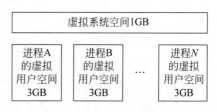

图 5-44　Linux 进程的虚存空间

由于 Linux 系统中页面大小为 4KB,因此进程虚存空间要划分为 1M 个页面。如果直接用页表描述这种映射关系,每个进程的页表就要有 1M 个表项。显然,用大量的主存资源来存放页表的办法是不可取的。为此,Linux 系统采用三级页表的方式,如图 5-45 所示。每个页表通过所包含的下级页表的页框号(Page Frame Number,PFN)来访问。Linux 的三级页表的说明如下:

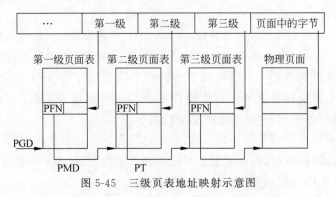

图 5-45　三级页表地址映射示意图

(1) 页目录(PaGe Directory,PGD)(第一级):每个活动进程有一个一页大小的页目录,其中的每一项指向页间目录中的一页。

(2) 页间目录(Page Median Directory,PMD)(第二级):页间目录可以由多个页面组成,其中的每一项指向页表中的一页。

(3) 页表(Page Table,PT)(第三级):页表也可以由多个页面组成,每个页表项指向进程的一个虚页。

Linux 的虚地址由 4 个域组成,页目录是第一级索引,由它找到页间目录的起始位置。第二级索引是根据页间目录的值确定页表的起始位置,它通过页表的值找到物理页面的页框号,再加上最后一个域的页内偏移量,得到页面中数据的地址。

图 5-45 中 PGD 表示页面目录,PMD 表示中间目录,PT 表示页表。一个线性的虚拟地址在逻辑上从高位到低位划分成 4 个位段,分别用作页面目录 PGD 中的下标、页间目录 PMD 中的下标、页表 PT 中的下标和物理页面(即主存块)内的位移。

这样,把一个线性地址映射成物理地址分为以下 4 步。

(1) 以线性地址中最高位段作下标,在 PGD 中找到相应的表项,该表项指向相应的 PMD。

(2) 以线性地址中第二个位段作下标,在 PMD 中找到相应的表项,该表项指向相应的 PT。

(3) 以线性地址中第三个位段作下标,在 PT 中找到相应的表项,该表项指向相应的物理页面(即该物理页面的起始地址)。

(4) 线性地址中的最低位段是物理页面内的相对位移量,将此位移量与该物理页面的起始地址相加,就得到相应的物理地址。

5.8.3　Linux 主存页的缺页中断

由于系统的物理主存是一定的,当有多道进程同时在系统中运行时,物理主存往往会不够用。为了提高物理主存的使用效率,操作系统采用的方法是仅加载那些正在被执行程序使用的虚拟页面。这种仅将要访问的虚拟页面载入的技术称为请求换页。

当进程试图访问当前不在主存中的虚拟地址时,CPU 在页表中无法找到所引用地址的入口,引发一个页面访问失效,操作系统将得到有关无效虚拟地址的信息以及发生页面错误的原因。如果发生页面错误的虚拟地址是无效的,则可能是应用程序出错而引起的。此时操作系统将终止该进程的运行以保护系统中其他进程不受此出错进程的影响。若出错虚拟地址是有效的,但不在主存中,则操作系统必须将此页面从磁盘文件中读入主存。在调入页面时,调度程序会选择一个就绪进程来运行。读取回来的页面将被放在一个空闲的物理页面框中,同时修改页表。最后进程将从发生页面错误的地方重新开始运行。以上过程即为缺页中断。

如果进程需要把一个虚拟页面调入物理主存而正好系统中没有空闲的物理页面,操作系统必须淘汰位于物理主存中的某些页面来为之腾出空间。Linux 使用最近最少使用(Least Recently Used,LRU)页面置换算法来公平地选择将要从系统中抛弃的页面。这种策略为系统中的每个页面设置一个年龄(age),它随页面访问次数而变化。页面被访问的次数越多,则页面年龄越年轻;相反则越衰老。年龄较老的页面是待交换页面的最佳候选者。

5.8.4 Linux 主存空间的分配与回收

1. 数据结构

当一个可执行映像被调入主存时,操作系统必须为其分配页面。当映像执行完毕和卸载时,这些页面必须被释放。虚拟主存子系统中负责页面分配与回收的数据结构用 mem_map_t 结构的链表 mem_map 来描述,这些结构在系统启动时初始化。每个 mem_map_t 描述了一个物理页面,其中几个重要的域如下。

(1) count:记录使用此页面的用户个数。当这个页面在多个进程之间共享时,其值大于 1。

(2) age:此域用于描述页面的年龄,用于选择将适当的页面抛弃或者置换出主存。

(3) map_nr:记录本 mem_map_t 描述的物理页面框号。

系统使用 free_area 数组管理整个缓冲,实现分配和释放页面。free_area 中的每个元素都包含页面块的信息,第 i 个元素描述 $2i$ 个大小的页面。list 域表示一个队列头,它包含指向 mem_map 数组中 page 数据结构的指针。所有的空闲页面都在此队列中。map 域是指向页面组分配情况位图的指针,当页面的第 N 块空闲时,位图的第 N 位被置位。

2. 主存页的分配和释放

Linux 使用 Buddy 算法来有效地分配与回收页面块。页面分配程序每次分配包含一个或者多个物理页面的主存块。页面以 2 的次幂的主存块来分配。这意味着它可以分配 1 个、2 个和 4 个页面的块。只要系统中有足够的空闲页面来满足这个要求(nr_free_pages > min_free_page),主存分配代码将在 free_area 中寻找一个与请求大小相同的空闲块。free_area 中的每个元素保存着一个反映这样大小的已分配与空闲页面的位图。分配算法采用首次适应算法,从 free_area 的 list 域沿链搜索空闲页面,若找到的页面块大于请求的块,则对其进行分割,以使其大小与请求块匹配,剩余的空闲块被放进相应的队列。

当一个进程开始运行时,系统要为其分配一些主存页;而当该进程结束运行时,要释放其所占用的主存页。一般说来,Linux 系统采用位图和链表两种方法来管理主存页。

利用位图可以记录主存单元的使用情况。用一个二进制位（bit）记录一个主存页的使用情况：如果该主存页是空闲的，则对应的位是 1；如果该主存页已经分配出去，则对应的位是 0。例如有 1024KB 的主存，主存页的大小是 4KB，则可以用 32 个字节构成的位图来记录这些主存的使用情况。

分配主存时，检测该位图中的各个位，找到所需个数的连续位值为 1 的位图位置，进而就获得所需的主存空间。

利用链表可以记录已分配的主存单元和空闲的主存单元。采用双向链表结构将主存单元链接起来，从而可以加速空闲主存的查找或链表的处理。

Linux 系统的物理主存页分配采用链表和位图相结合的方法，如图 5-46 所示。在数组 free_area 的每一项描述某一种主存页组（即由相邻的空闲主存页构成的组）的使用状态信息。其中，头一个元素描述孤立出现的单个主存页的信息，第二个元素描述以两个连续主存页为一组的页组的信息，第三个元素描述以 4 个主存页为一组的页组的信息……依此类推，页组中主存页的数量依次按 2 的倍数递增。free_area 数组的每项有两个成分：一个是双向链表 list 的指针，链表中的每个节点包含对应的空闲页组的起始主存页编号；另一个是指向 map 位图的指针，map 中记录相应页组的分配情况。free_area 数组的项 0 中包含一个空闲主存页；而项 2 中包含两个空闲主存页组（该链表中有两个节点），每个页组包括 4 个连续的主存页，第一个页组的起始主存页编号是 4，另一个页组的起始主存页编号是 100。

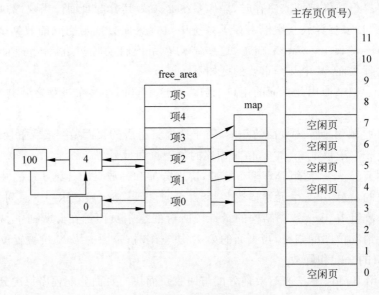

图 5-46　空闲主存的组织示意图

在分配主存页组时，对于分配请求，如果系统有足够的空闲主存页，则 Linux 的页面分配程序首先在 free_area 数组中对于所要求数量的最小页组的信息进行搜索，然后在对应的 list 双向链表中查找空闲页组；如果没有与所需数量相同的空闲主存页组，则继续查找下一个空闲页组（其大小为上一个页组的 2 倍）。

如果找到的页组大于所要求的页数，则把该页组分为两部分：满足所请求的部分，把它返回给调用者；剩余的部分，按其大小插入到相应的空闲页组队列中。

当释放一个页面组时,页面释放程序就会检查其上下是否存在与它邻接的空闲页组。如果有的话,则把该释放的页组与所有邻接的空闲页组合,并成一个大的空闲页组,并修改有关的队列。上述主存页分配算法也称作"伙伴算法"。

当进程运行完毕后,将释放所占用的物理主存,系统将采用主存拼接的方法回收空间。当页面块被释放时,系统将检查是否有相同大小的相邻或者 Buddy 主存块存在。如果有,则将其合并为一个大小为原来两倍的新空闲块,之后系统继续检查和再合并,直到无法合并为止。

5.8.5　Linux 的页面交换机制

Linux 使用 LRU 算法作为其页面交换的核心算法,出于安全性、稳定性、执行效率等多方面的考虑,Linux 所使用的 LRU 交换算法已经交织在其进程管理、文件系统管理等其他机制当中,它们有机地结合成为一个整体。

1. Linux 描述页面的数据结构

在 Linux 当中,代表物理页面的 page 数据结构是在文件 include/linux/mm. h 中定义的。系统维持的物理页面供应量由两个全局量确定——freepages. high(初始化语句位于 mm/swap. c)和 inactive_target(初始化语句位于 include/linux/mm_inline. h),分别为空闲页面的数量以及不活跃页面的数量,二者之和为正常情况下潜在的供应量。

2. 页面淘汰策略

如果在发生缺页的时候才考虑页面交换,并把磁盘上待用的页面写入主存。这种完全消极的页面交换策略有一个缺点:换入换出操作总是在处理器忙碌的时候发生,这将使系统效率降低。Linux 的交换策略是定期地,特别是在系统相对空闲的时候,挑选一些页面预先交换出来,腾出一些主存空间,从而使系统始终维持一定的空闲页面供应量。一般以 LRU 为挑选准则。以上交换策略依然有可能发生系统"抖动"。为了防止"抖动"的发生,Linux 将页面的换出和主存页面的释放分成两步。当系统挑选出若干主存页面准备换出时,将这些页面的内容写入到相应的磁盘中,并且将相应的页面表项的内容设置为指向磁盘页面。

页面表项的数据结构 pte_t 的定义位于 include/asm-i386/page. h 中,它是一个 32 位的整型变量。其中它的第一位 P 用于表示该页面是否在主存中,P 位为 1 时表示在主存中;为 0 时则表示不在主存中。这里需要将换出页面的 P 位置 0,但是所占据的主存页面却并不立即释放,而是将其 page 结构留在一个 cache 队列当中,并使其从"活跃状态"转入"不活跃状态",至于最后释放主存页面的操作就推迟到以后有条件时来进行。这样,如果在一个页面被换出以后立即又被访问而发生缺页异常时,就可以从物理页面的 cache 队列中找到相应的页面,并为之建立映射。由于该页面尚未释放,主存中还保留着原来的内容,就不需要再从磁盘上读入。反之,如果经过一段时间以后,一个不活跃的主存页面还是没有被访问,那就到了最后释放的时候了。如果位于 cache 队列中的页面又受到了访问,那么只需要恢复这个页面在主存中的映射,并使其脱离 cache 队列就可以了。

在 Linux 当中通过一个全局的 address_space 数据结构 swapper_space,把所有可交换的主存页面管理起来,每个可交换主存页面的 page 数据结构都通过其队列头结构 list 链入其中的一个队列。函数 add_to_swap_cache()将 page 结构链入相应队列,它的代码位于

mm/swap_state.c中。将主存页面的"换出"与"释放"分两步走的策略显然可以减少抖动发生的可能,并减少系统在页面交换上的开销。

3. 修改过的页面和没有修改的页面

如前所述,引入"两步走"交换策略之后,大大提高系统效率,但是作为产品,Linux的交换策略还可以进一步提升。

首先,在准备换出一个页面时,并不一定要把它的内容写入磁盘。如果自从最近一次换入该页面以后,就没有写过这个页面,那么这个页面的内容与磁盘上相应的页面内容是相同的,可以把这个主存页面看成"干净"的。这样的页面显然不需要写出去了。

其次,就是"脏"页面了。和"干净"页面相对应,"脏"页面就是在内容写出到磁盘上之后,主存页面发生改动的页面。这样的页面不需要立刻就写出去,而可以先将其从页面映射表中断开。经过一段时间,外存对应页面不再使用后,再写出去。这样"脏"页面就成了"干净"页面。"干净"页面可以在cache队列中等到真的有必要回收的时候再释放,回收一个"干净"页面的花费是很小的。

这些已经换出并且处于"释放"或者"半释放"的页面都处于不活跃状态,系统有个函数inactive_shortage()用于统计主存中可供分配或周转的物理页面,它的代码位于include/linux/mm_inline.h中,其中zone->pages_high+inactive_base为系统正常情况下潜在的供应量,而zone->inactive_clean_pages和zone->inactive_dirty_pages分别对应上述处于不活跃状态的"干净"页面和"脏"页面。

内核当中设置了全局性的active_list和inactive_dirty_list两个LRU队列,还在每个页面管理区ZONE中设置了一个inactive_clean_list。根据页面的page结构在这些LRU队列中的位置,就可以知道该页面转入不活跃状态后的时间长短,从而以此考虑是否应该回收。

5.9 本章小结

存储器是计算机系统的重要组成部分。存储管理对主存中的用户区进行管理,其目标是尽可能地提高主存空间的利用率,使主存在成本、速度和规模之间获得较好的平衡。存储管理的基本功能有:主存空间的分配与去配、地址转换、主存空间的共享与保护、主存空间的扩充。

在现代计算机系统中,存储部件采用层次结构来组织,具体可分为寄存器、高速缓存、主存储器、磁盘缓存、磁盘、可移动存储介质等组成,这样在成本、速度和规模等诸多因素中能获得较好的性能价格比。

多道程序设计系统中,为了方便程序编制,用户程序中使用的地址是逻辑地址,而CPU则是按物理地址访问主存,读取指令和数据。为了保证程序的正确执行,需要进行地址转换。地址转换又称为重定位,具体有静态重定位和动态重定位两种方式。采用动态重定位的系统支持程序的浮动。

早期单用户、单任务操作系统中,主存管理采用单用户连续存储管理方式。现代操作系统支持多道程序设计,满足多道程序设计最简单的存储管理技术是分区管理,有固定分区管理和可变分区管理。固定分区管理采用顺序分配算法进行主存空间的分配,采用静态重定位方式将作业装入主存,通过上、下限寄存器实现存储保护。可变分区管理的空间分配算法包括:最先适应、最优适应和最坏适应等算法。回收空间时,检查是否存在与回收区相邻的空闲分区,如果有,则将其合并成为一个新的空闲分区进行登记管理。可变分区管理一般采用动态重定位方式将作业装入主存,通过基址寄存器和限长寄存器等硬件实现存储保护。可变分区管理可以有条件地采用移动技术使分散的空闲区汇集起来容纳新的作业。分区管理中,主存空间不足时,交换技术和覆盖技术可以达到扩充主存的目的。分区管理方式要求作业信息一次性连续装入主存,对空间的要求较高。为了解决这个矛盾,操作系统引入离散存储管理方式。离散存储管理方式主要有页式存储管理、段式存储管理和段页式存储管理。离散存储管理允许将一个作业信息存储在不相邻的主存空间中,通过操作系统建立页表(或段表)数据结构实现逻辑地址空间与物理地址空间的映射,实现地址空间的保护。

　　虚拟存储器的实现借助于大容量的辅助存储器(如磁盘)存放作业信息,操作系统利用作业执行在时间上和空间上的局部性特点把当前需要使用的作业信息装入主存,并且利用页表、段表等数据结构构造一个用户的虚拟空间。操作系统根据中断(如缺页中断、缺段中断)进行处理,选择一种合适的调度算法对主存和辅存中的信息进行调入和调出,尽可能地避免"抖动"现象的发生。虚拟存储管理有请求分页式存储、请求分段式存储和请求段页式存储。请求式分页存储管理的实现需要必要的硬件支持和相应的软件支持,涉及请求分页的页表机制、缺页中断机构、地址变换机构、页面置换算法等。其中页面置换算法主要有:最佳置换算法、先进先出置换算法、最近最少用置换算法、clock 置换算法和最近不常用置换算法等。虚拟存储器的性能与缺页中断率密切相关,系统分配给作业的主存物理块数、页面的大小以及程序的编制方法等对缺页中断率都有影响。

　　Linux 支持虚拟主存,本章最后从 Linux 的请求分页存储管理、多级页表、缺页中断、主存空间的分配与回收以及页面交换机制等方面做了介绍。

视频讲解

习　题　5

　　(1) 试述存储管理的基本功能。

　　(2) 什么是逻辑地址(空间)和物理地址(空间)?

　　(3) 什么是静态链接、装入时动态链接和运行时的动态链接?

　　(4) 什么是重定位? 为什么要引入动态重定位?

　　(5) 试设计和描述最先适应算法的主存分配和回收过程。

　　(6) 在可变分区存储管理方式下,采用移动技术有什么优点? 移动一道作业时,操作系统需要做哪些工作?

　　(7) 主存中的空闲区如图 5-47 所示,现有作业序列及其分别需要的空间依次为:Job1 要求 30KB,Job2 要求 70KB,Job3 要求 50KB。分别使用最先适应、最优适应和最坏适应算法处理这个作业序列,试问哪种算法可以满足分配要求? 为什么?

　　(8) 设某系统中作业 J_1、J_2、J_3 占用主存的情况如图 5-48 所示。今有一个长度为 20KB 的作业 J_4 要装入主存,当采用可变分区分配方式时:

　　① 请列出 J_4 装入前的主存已分配表和未分配表的内容;

　　② 写出装入 J_4 时的工作流程,并说明所采用的分配算法。

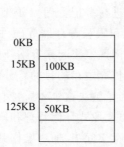

图 5-47　主存中的空闲区示意图

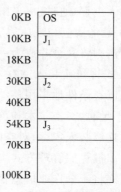

图 5-48　作业占用主存情况

(9) 给定主存空闲分区,按地址从小到大为 100KB、500KB、200KB、300KB 和 600KB。现有用户进程依次分别为 212KB、417KB、112KB 和 426KB：①分别采用最先适应、最优适应和最坏适应算法将它们装入到主存的哪个分区？②哪个算法能最有效地利用主存？

(10) 为什么要引入页式存储管理方法？在这种管理中,硬件提供了哪些支持？

(11) 在页式存储管理中为什么要设置页表和快表？

(12) 在页式存储管理中如何实现多个作业共享一个程序或数据？

(13) 在段式存储管理中如何实现共享？它与页式存储管理的共享有何不同？

(14) 分页式存储管理和分段式存储管理有何区别？

(15) 在具有快表的段页式存储管理系统中,如何实现地址变换？

(16) 在一个分页式存储管理系统中,某作业的页表如下。已知页面大小为 1024B,试将逻辑地址 1011、2148、3000、4000、5012 转化为相应的物理地址。

页　　号	块　　号
0	2
1	3
2	1
3	6

(17) 给定段表如下:

段　　号	段　首　址	段　　长
0	219	600
1	2300	14
2	90	100
3	1327	580
4	1952	96

给定地址为段号和位数,试求出对应的主存物理地址。

①[0,430]；②[3,400]；③[1,1]；④[2,500]；⑤[4,42]。

(18) 一个页式存储管理系统使用 FIFO、OPT 和 LRU 页面替换算法,如果一个作业的页面走向为：

　①　2、3、2、1、5、2、4、5、3、2、5、2；

　②　4、3、2、1、4、3、5、4、3、2、1、5；

　③　1、2、3、4、1、2、5、1、2、3、4、5。

　　当分配给该作业的物理块数分别为 3 和 4 时，试计算访问过程中发生的缺页中断次数和缺页中断率。

　　(19) 在一个请求分页式系统中，假如一个作业共有 5 个页面，其页面调度次序为：1、4、3、1、2、5、1、4、2、1、4、5。若分配给该作业的主存块数为 3，分别采用 FIFO、LRU、clock 页面置换算法，试计算访问过程中所发生的缺页中断次数和缺页中断率。

　　(20) 在一个分页虚存系统中，用户编程空间 32 个页，页长 1KB，主存为 16KB。如果用户程序有 10 页长，若已知虚页 0、1、2、3，已分配到主存 8、7、4、10 物理块中，试把虚地址 0AC5H 和 1AC5H 转换成对应的物理地址。

　　(21) "FIFO 算法有时比 LRU 算法的效果好。"这句话对吗？为什么？"LRU 算法有时比 OPT 算法的效果好？"这句话对吗？为什么？

　　(22) 什么是抖动？产生抖动的原因是什么？

　　(23) 试设计和描述一个请求分页式存储管理的主存页面分配和回收算法。

　　(24) 什么是 Belady 现象？试找出一个产生 Belady 现象的例子。

　　(25) 试全面比较主存空间的连续分配方式和离散分配方式。

　　(26) 试述缺页中断与一般中断的主要区别。

　　(27) 在虚拟存储器管理中，淘汰页面时为什么要进行回写？通常采用什么方式来减少回写次数和回写量？

　　(28) 在请求式页式存储管理中，可采用工作集模型以决定分给进程的物理块数，有如下页面访问序列：

　　……2 5 1 6 3 3 7 8 9 1 6 2 3 4 3 4 3 4 4 4 3 4 4 3……

　　　　|----------|　　|----------|

　　　　　Δt_1　　　　　Δt_2

窗口尺寸 $\Delta = 9$，试求 t_1、t_2 时刻的工作集。

　　(29) 一个程序要将 100×100 数组置初值 0。现假设分配给该程序的主存块数有两块，页面的大小为每页 100 个字，数组中每一行元素存放在一页中。开始时，第一页已经调入主存。若采用 LRU 算法，则下列两种对数组的初始化程序段引起缺页中断次数各是多少？

① for (j = 0;j < 100;j++)
　　for (i = 0;i < 100;i++)
　　　A[i][j] = 0;

② for (i = 0;i < 100;i++)
　　for (j = 0;j < 100;j++)
　　　A[i][j] = 0;

　　(30) 试叙述虚拟存储器的基本原理。如何确定虚拟存储器的容量？

　　(31) 一个进程已分配得到 4 个物理块，每页的装入时间、最后访问时间、访问位 R、修改位 D 如下表所示(所有数字为十进制，且从 0 开始)，当进程访问第 4 页时，产生缺页中断。请分别用 FIFO、LRU 算法确定缺页中断服务程序选择换出的页面。

页　面	块　号	装入时间	最后访问时间	访问位 R	修改位 D
2	0	60	161	0	1
1	1	130	160	0	0
0	2	26	162	1	0
3	3	20	163	1	1

(32) 设某计算机的逻辑地址空间和物理地址空间均为 64KB,按字节编址。若某进程最多需要 6 页数据存储空间,页的大小为 1KB。操作系统采用固定分配局部置换策略为此进程分配 4 个物理块。

页　号	块　号	装入时刻	访　问　位
0	7	130	1
1	4	230	1
2	2	200	1
3	9	160	1

当该进程执行到时刻 260 时,要访问逻辑地址为 17CAH 的数据,请回答下列问题。

① 该逻辑地址对应的页号是多少?

② 若采用先进先出(FIFO)置换算法,该逻辑地址对应的物理地址是多少?请给出计算过程。

③ 若采用时钟(clock)置换算法,该逻辑地址对应的物理地址是多少?请给出计算过程。(假设搜索下一页的指针沿顺时针方向移动,且当前指向 2 号物理块,如图 5-49 所示。)

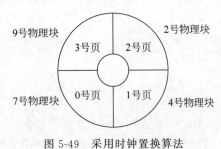

图 5-49　采用时钟置换算法

第 6 章

设备管理

本章首先介绍设备管理的基本功能,介绍了 I/O 系统和缓冲技术;接着讨论独占型设备的分配和回收,并以磁盘为例讨论共享型设备的分配和回收;最后讨论了虚拟设备。本章须重点掌握以下要点:

- 了解设备管理的主要功能;I/O 控制方式以及缓冲区技术;
- 理解设备的分配和回收技术;
- 掌握磁盘组织与管理、磁盘调度算法以及虚拟设备的实现思想和假脱机技术(SPOOLing)。

6.1 设备管理概述

现代计算机系统配置了大量不同类型的外围设备,包括用于实现信息输入、输出和存储功能的设备以及相应的设备控制器。这些设备种类繁多,物理特性和操作方式有很大区别,在运行速度、控制方式、数据表示以及传送单位上存在着很大的差异。因此,计算机系统对外围设备的管理是操作系统中最具有多样性和复杂性的部分。

早期的计算机系统由于速度慢、应用面窄,外围设备主要以纸带、卡片等作为输入/输出介质,相应的设备管理程序也比较简单。进入 20 世纪 80 年代以后,由于个人计算机、工作站以及计算机网络等的发展,外围设备开始走向多样化、复杂化和智能化。用户可以从不同的角度对外围设备进行分类。按照外围设备的从属关系,可以将它们分成系统设备和用户设备。系统设备是指在操作系统安装、配置时,已登记在系统中的标准设备,如各种终端机、磁盘、磁带、显示器等。用户设备是指在操作系统生成时,未进入系统的非标准设备。通常这类设备由用户提供,并通过适当的方式连接到系统,由系统对它们进行管理,如声卡、图像处理系统的图像设备、实时系统中的 A/D 和 D/A 转换器等。按照工作特性可将外围设备分为存储设备和 I/O 设备两类。存储设备又称为辅助存储器,以存储大量信息、实现快速检索为目标,在计算机系统中作为主存的扩充,如磁带机、磁盘机等。I/O 设备又可分为输入设备、输出设备两类,它们负责把外界信息输入计算机,将运行结果从计算机输出,如显示器、打印机、键盘、鼠标等。

现代计算机系统要方便用户使用,就要为用户提供使用外围设备的统一界面,尽可能地提高 I/O 设备的使用效率,发挥系统的并行性。因此,设备管理的主要功能如下。

(1) 实现对外围设备的分配与去配。现代计算机系统拥有种类繁多的外围设备,设备管理系统根据用户进程的 I/O 请求、系统现有的资源情况以及按照某种设备分配策略,为之分配所需要的设备。如果在 I/O 设备和 CPU 之间还存在设备控制器和 I/O 通道时,则需为分配的设备分配相应的控制器和通道。当进程释放这些设备时,应及时回收,以利于下次分配。

(2) 实现外围设备的启动。现代计算机系统不允许用户直接启动外围设备,一方面是减少用户的负担，用户可以不需要了解和掌握 I/O 系统的原理、接口和控制器以及设备物理特性等；另一方面是防止用户错误使用而影响到系统的可靠性。所以，外围设备的启动工作由操作系统统一完成。

（3）实现对磁盘的驱动调度。磁盘是一个共享型设备，允许若干个用户同时对它提出 I/O 请求，但每一时刻只能为一个用户服务，系统必须按照一定的策略选择一个进程为其服务，这项工作称为驱动调度。

（4）实现设备处理。设备处理程序又称为设备驱动程序。其基本任务是用于实现 CPU 和设备控制器之间的通信，即由 CPU 向设备控制器发出 I/O 命令，要求它完成指定的 I/O 操作；反之由 CPU 接受从控制器发来的中断请求，并给予迅速的响应和相应的处理。

（5）实现虚拟设备。为了提高独占型设备的利用率，用共享型设备来模拟独占型设备的工作，把一个物理设备变换为多个对应的逻辑设备，供多个用户共享，以提高设备的利用率和提高作业的执行速度。模拟的独占型设备称为虚拟设备。虚拟设备的存取速度比相应的物理设备的存取速度快，使每个用户都感觉到自己在单独使用该设备。

6.2 I/O 系统

通常把 I/O 设备及其接口线路、控制部件、通道以及管理软件统称为 I/O 系统。主存与外围设备之间的信息传输操作称为 I/O 操作。多道程序设计技术引入后，I/O 操作能力成为计算机系统综合处理能力及性能价格比的重要因素。

6.2.1 I/O 系统结构

典型的 I/O 系统具有四级结构，包括主机、通道、设备控制器和 I/O 设备，如图 6-1 所示。

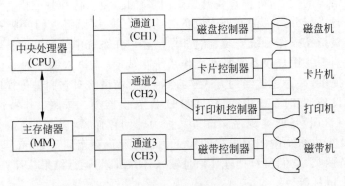

图 6-1 输入/输出系统四级结构

1. I/O 设备

I/O 设备的种类繁多，其重要性能指标有数据传输速率、数据传输单位和设备的共享属性等。用户可以从不同角度对 I/O 设备进行不同分类。

1）按传输速率分类

按传输速率的高低，可以把 I/O 设备分为三类。

（1）第一类是低速设备，其传输速率仅为每秒几个字节到数百个字节，如键盘、鼠标等设备；

（2）第二类是中速设备，其传输速率在每秒钟数千个字节到数万个字节，如行式打印机、激光打印机等；

（3）第三类是高速设备，其传输速率在每秒钟数十万个字节到数十兆字节，如磁带机、磁盘机、光盘机等。

2）按数据交换的单位分类

按设备与主存之间数据交换的物理单位可以将 I/O 设备分为两类。

（1）第一类是块设备，以块为单位与主存交换信息，属于有结构设备，如磁盘（每个盘块的大小为 0.5KB）、磁带等。块设备的基本特征是传输速率较高，通常每秒钟为几兆字节；可寻址，即允许对指定的块进行读/写操作；此外，在 I/O 操作时，常采用直接存储器访问（Direct Memory Access，DMA）方式。

（2）第二类是字符设备，以字符为单位与主存交换信息，属于无结构设备。字符设备种类繁多，如交互式终端、打印机等。字符设备的基本特征是传输速率较低，通常每秒钟为几个字节到数千个字节；不可寻址，即不能指定输入时的源地址以及输出时的目标地址；在 I/O 操作时，常采用中断驱动方式。

3）按设备的共享属性分类

按设备的共享属性可将设备分为三类。

（1）第一类是独占型设备，在一段时间内只能被一个作业独占使用，例如，输入机、磁带机和打印机等。独占型设备通常采用静态分配方式，即在一个作业执行前，将作业需要使用的这类设备分配给作业，在作业执行期间独占该设备，直到作业结束才释放。

（2）第二类是共享型设备，在一段时间内允许几个作业同时使用，例如，磁盘。共享型设备允许多个作业同时使用，即一段时间内多个作业可以交替地启动共享设备，但在每一时刻仍只有一个作业占用。

（3）第三类是虚拟设备，通过虚拟技术用共享型设备来模拟独占型设备的工作。

2．设备控制器

1）接口线路

通常，外围设备并不直接与 CPU 进行通信，而是与设备控制器通信。在设备与设备控制器之间有一个接口，通过数据线、控制线和状态线分别传输数据、控制和状态三种信号，如图 6-2 所示。

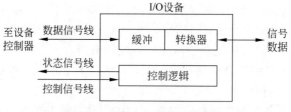

图 6-2　设备与控制器间的接口

（1）数据信号线用于设备和设备控制器之间数据信号的传送。对于输入设备而言，由外界输入的信号经转换后所得到的数据，通常先送入缓冲器，再从缓冲器中通过一组数据信号线传送给设备控制器。对输出设备而言，则是从设备控制器经过数据信号线传来的一批数据，先暂存于缓冲器中，经转换器转换后，再逐个字符地输出。

（2）控制信号线是设备控制器与 I/O 设备之间控制信号的传送通道。该信号规定了设备将要执行的操作,如读操作(指由设备向控制器传送数据)、写操作(指由控制器接收数据)或执行磁头移动等操作。

（3）状态信号线用于传送指示设备当前状态的信号。设备的当前状态有正在读、正在写、设备已完成等。

设备控制器位于 CPU 与设备之间,控制一个或多个 I/O 设备,以实现 I/O 设备和主机之间的数据交换。设备控制器既要与 CPU 通信,又要与设备通信,由它接受从 CPU 发出的命令,并控制 I/O 设备的工作,是 CPU 与 I/O 设备之间的接口,能有效地将 CPU 从设备控制事务中解脱出来。

不同种类设备的控制器是不同的,其复杂性也因设备不同而相差很大。可以把设备控制器分为两类: 控制字符设备的控制器和控制块设备的控制器。设备控制器是一个可编址设备,它含有多少个设备地址,就可以连接多少个同类型设备,并且为它所控制的每一个设备分配了一个地址。微型计算机和小型计算机中的控制器往往做成印制电路卡的形式(常称为接口卡),插入计算机即可控制一个、两个、四个或八个同类型设备。

2）设备控制器的基本功能

设备控制器的基本功能包括以下几方面。

（1）接受和识别命令。设备控制器接受并识别 CPU 向控制器发出的多种不同命令。为此,在设备控制器中应具有相应的控制寄存器,用来存放接收的命令和参数,并对所接收的命令进行译码。例如,磁盘控制器可以接收 CPU 发出的 Read、Write、Format 等 15 条不同的命令,而且有的命令还带有参数,相应地,在磁盘控制器中有多个寄存器和命令译码器等。

（2）数据交换。设备控制器实现 CPU 与控制器、控制器与设备之间的数据交换。CPU 与控制器之间的数据交换是通过数据总线,由 CPU 并行地把数据写入控制器中,或从控制器中并行地读出数据。控制器与设备之间的数据交换则是设备将数据输入到控制器,或从控制器传送到设备。为此,在控制寄存器中必须设置数据寄存器。

（3）表示和报告设备的状态。设备控制器应记录外围设备的工作状态。例如,仅当设备处于发送就绪状态时,CPU 才能启动设备控制器,从设备中读出数据。为此,在设备控制器中应设置一个状态寄存器,其中的每一位表示设备的某一种状态,CPU 通过读入状态寄存器的值,即可掌握该设备的当前状态,做出正确判断,发出操作指令。

（4）地址识别。为了识别不同的设备,系统中的每个设备都有一个唯一的地址,而设备控制器必须能够识别它所控制的每个设备的地址。例如,在 IBM PC 中规定,硬盘控制器中寄存器的地址为 320~32F。为使 CPU 能向(或从)寄存器中正确写入(或读出)数据,必须做到正确识别。为此,在设备控制器中应配置地址译码器。

（5）数据缓冲。为了解决高速的 CPU 与慢速的 I/O 设备之间速度不匹配的问题,在设备控制器中必须设置缓冲器。

（6）差错控制。设备控制器还负责对由 I/O 设备传送来的数据进行差错检测。如果发现在传送中出现错误,则通常将差错检测码置位,并向 CPU 报告。为保证数据的正确性,CPU 重新进行一次传送。

3）设备控制器的组成

设备控制器一般由设备控制器与 CPU 接口、设备控制器与设备接口以及 I/O 逻辑三部分组成,如图 6-3 所示。

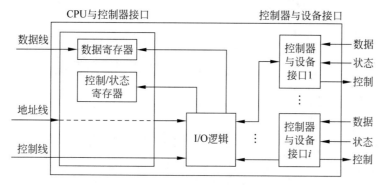

图 6-3 设备控制器的组成

（1）设备控制器与 CPU 的接口。该接口通过数据线、地址线和控制线实现 CPU 与设备控制器之间的通信。数据线通常与数据寄存器、控制/状态寄存器相连接。

（2）设备控制器与设备的接口。一个设备控制器可以有一个或多个设备接口，一个接口连接一台设备，在每个接口中都存在数据、控制和状态三种类型的信号。设备控制器中的 I/O 逻辑根据 CPU 发来的地址信号选择一个设备接口。

（3）I/O 逻辑。设备控制器中的 I/O 逻辑用于实现对设备的控制。通过一组控制线与 CPU 交互，CPU 利用该逻辑向控制器发出 I/O 命令；I/O 逻辑对收到的命令进行译码。当 CPU 要启动一个设备时，一方面将启动命令发送给控制器；同时通过地址线把地址发送给控制器，由控制器的 I/O 逻辑对收到的地址进行译码，再根据所译出的命令对所选设备进行控制。

3. 通道

在 CPU 与 I/O 设备之间增加了设备控制器后，大大减少了 CPU 对 I/O 的干预，但是当主机所配置的外围设备很多时，CPU 的负担仍然很重，为了获得 CPU 与外围设备之间更高的并行工作能力，也为了让种类繁多、物理特性各异的外围设备能以标准的接口连接到系统中，计算机系统在 CPU 与设备控制器之间增设了自成独立体系的通道结构，这不仅使数据的传送独立于 CPU，而且对 I/O 操作的组织、管理及其处理也尽量独立，使 CPU 有更多的时间进行数据处理。通道又称为 I/O 处理器，它具有执行 I/O 指令的能力，并通过执行通道程序来控制 I/O 操作，完成主存和外围设备之间的信息传送。通道技术解决了 I/O 操作的独立性和各部件工作的并行性，实现了外围设备与 CPU 之间的并行操作、通道与通道之间的并行操作、各个通道上的外围设备之间的并行操作，提高了整个系统效率。

具有通道装置的计算机系统，主机、通道、设备控制器和设备之间采用四级连接，实施三级控制，如图 6-1 所示。通常，一个 CPU 可以连接若干通道，一个通道可以连接若干个控制器，一个控制器可以连接若干台设备。

根据信息交换方式的不同，通道可分为三种类型：字节多路通道、数组选择通道和数组多路通道。

1）字节多路通道

字节多路通道是一种以字节为单位采用交叉方式工作的通道。它通常含有许多非分配型子通道，其数量可达数百个，每一个子通道连接一台 I/O 设备，并控制该设备的 I/O 操作，这些子通道按时间片轮转方式共享主通道，如图 6-4 所示。字节多路通道主要用于连接大量的低速外围设备，如软盘输入/输出机、纸带输入/输出机、卡片输入/输入机、控制台打印机等设备。

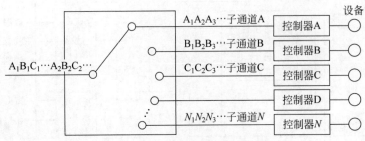

图 6-4　字节多路通道的工作原理

2) 数组选择通道

数组选择通道以块为单位成批传送数据。它只含有一个分配型子通道,在一段时间内只能执行一道通道程序,控制一台设备进行数据传送,致使当某台设备占用该通道后,便一直独占使用,即使无数据传送,通道被闲置,也不允许其他设备使用该通道,直至设备释放该通道为止。可见,数组选择通道可以连接多台高速设备,每次传送一批数据,传送速度高,但通道的利用率很低,如磁带机、磁盘机等设备。

3) 数组多路通道

数组多路通道是将数组选择通道的高传输速率与字节多路通道能使各子通道(设备)分时并行操作的优点相结合而形成的一种新通道。它含有多个非分配型子通道,以分时方式同时执行几道通道程序,因而数组多路通道既具有很高的数据传输速率,又能获得令人满意的通道利用率。该通道已广泛地用于连接多台高、中速的外围设备的场合。数组多路通道的实质是对通道程序采用多道程序设计技术的硬件实现。

由于通道的成本高,在系统中通道数量有限,这往往成为 I/O 的"瓶颈",造成整个系统的吞吐量降低。如图 6-5 所示为单通路 I/O 系统,为了驱动设备 1,必须连通控制器 1 和通道 1。若通道 1 已被其他设备(如设备 2、设备 3 或设备 4)所占用或存在故障,则设备 1 无法启动。这是由于通道不足而造成 I/O 操作中的"瓶颈"现象。解决"瓶颈"问题的最有效办法便是增加设备到主机之间的通路而不增加通道(如图 6-6 所示),即把一个设备连接到多个控制器上,而一个控制器又连接到多个通道上,实现多路交叉连接,即使个别通道或控制器出现故障,也不会使设备和存储器之间没有通路。多通路方式不仅解决了"瓶颈"问题,而且提高了系统的可靠性。

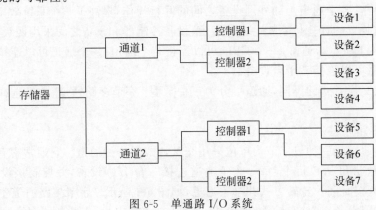

图 6-5　单通路 I/O 系统

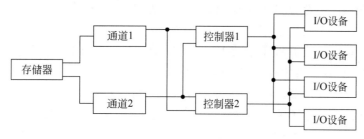

图 6-6　多通路 I/O 系统

在一个计算机系统中，由于外围设备种类繁多，为了获得更高的 I/O 效率，可能同时存在多种类型的通道。如图 6-7 所示为一个 IBM 370 系统的结构，它包括了上述三种类型通道。

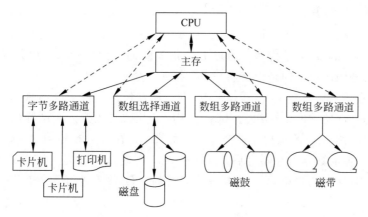

图 6-7　IBM 370 系统结构

4. 总线系统

计算机系统中的各个部件，如 CPU、存储器以及各种 I/O 设备通过总线实现各种信息的传递，如图 6-8 所示。总线的性能通过总线的时钟频率、带宽和相应的总线传输速率等指标来衡量。计算机的 CPU 和主存速率的提高、字长的增加以及新型设备的推出，推动着总线的发展，由早期的 ISA 总线发展为 EISA 总线、VESA 总线以及现在广为流行的 PCI 总线。

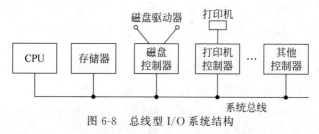

图 6-8　总线型 I/O 系统结构

6.2.2　I/O 控制方式

为了有效地实现物理 I/O 操作，必须通过硬件和软件技术，对 CPU 和 I/O 设备的职能进行合理的分工，以调节系统性能和硬件成本之间的矛盾。

视频讲解

随着计算机技术的发展,I/O 控制方式也在不断地发展。选择和衡量 I/O 控制方式有以下 3 条原则:

(1) 数据传输速度足够高,能满足用户的需要但又不丢失数据;

(2) 系统开销小,所需的处理控制程序少;

(3) 能充分发挥硬件资源的能力,使 I/O 设备尽可能忙,而 CPU 等待时间尽可能少。

按照 I/O 控制器功能的强弱以及和 CPU 之间联系方式的不同,可以把 I/O 设备的控制方式分为 4 类,即直接程序控制方式、中断驱动控制方式、直接存储器访问(DMA)控制方式和通道控制方式。I/O 控制方式发展的目标是尽量减少主机对 I/O 控制的干预,把主机从繁杂的 I/O 控制事务中解脱出来,更多地进行数据处理,提高计算机效率和资源的利用率。它们之间的主要差别在于 CPU 与外围设备并行工作的方式不同、并行工作的程度不同。

1. 直接程序控制方式

直接程序控制方式又称为询问方式,或忙/等待方式。由用户进程直接控制主存或 CPU 和外围设备之间的信息传送。通过 I/O 指令或询问指令测试 I/O 设备的忙/闲标志位,决定主存与外围设备之间是否交换一个字符或一个字。

当用户进程需要输入数据时,通过 CPU 向控制器发出一条 I/O 指令,启动设备输入数据,同时把状态寄存器中的忙/闲状态 busy 置为 1。用户进程进入测试等待状态,在等待过程中,CPU 不断地用一条测试指令检查外围设备状态寄存器中的 busy 位,而外围设备只有在数据送入控制器的数据寄存器之后,才将该 busy 位置为 0,于是处理器将数据寄存器中的数据取出,送入主存指定单元中,完成一个字符的 I/O,接着进行下一个数据的 I/O 操作,如图 6-9 所示。

直接程序控制方式虽然简单,不需要多少硬件的支持,但由于高速的 CPU 和低速的 I/O 设备之间在速度上不匹配,因此,CPU 与外围设备只能串行工作,使 CPU 的绝大部分时间都处于等待是否完成 I/O 操作的循环测试中,造成 CPU 的极大浪费,外围设备也不能得到合理的使用,整个系统的效率很低。直接程序控制方式只适合于 CPU 执行速度较慢且外围设备较少的系统。

2. 中断驱动控制方式

为了减少程序直接控制方式下 CPU 的等待时间以及提高系统的并行程度,系统引入了中断机制。引入中断机制后,外围设备仅当操作正常结束或异常结束时才向 CPU 发出中断请求。在 I/O 设备输入每个数据的过程中,由于无须 CPU 干预,在一定程度上实现了 CPU 与 I/O 设备的并行工作。仅当输入或输出了一个数据时,才需 CPU 花费极短的时间做中断处理,如图 6-10 所示。显然,这样可使 CPU 和 I/O 设备都处于忙碌状态,从而提高了整个系统的资源利用率及吞吐量。例如,从终端输入一个字符的时间约为 100ms,而将字符送入终端缓冲区的时间小于 0.1ms。若采用程序 I/O 控制方式,CPU 约有 99.9ms 的时间处于等待中。采用中断驱动控制方式后,CPU 可利用这 99.9ms 的时间去做其他事情,而仅用 0.1ms 的时间来处理由控制器发来的中断请求。可见,中断驱动控制方式可以成百倍地提高 CPU 的利用率,并且能支持多道程序和设备的并行操作。但是由于 I/O 操作直接由 CPU 控制,每传送一个字符或一个字,都要发生一次中断,仍然占用了大量的 CPU 处理时间,因此可以通过为外围设备增加缓冲寄存器存放数据来减少中断次数。

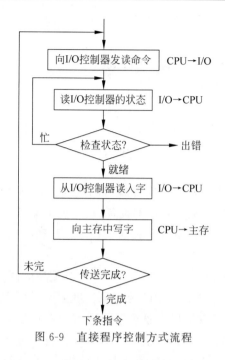

图 6-9　直接程序控制方式流程

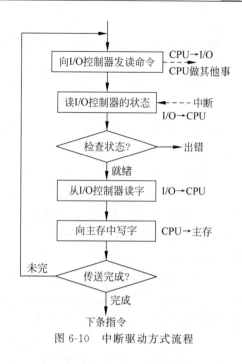

图 6-10　中断驱动方式流程

上述两种方法的特点都是以 CPU 为中心,数据传输通过一段程序来实现,软件的传输手段限制了数据传送的速度。而下面两种方式采用硬件的方法来实现 I/O 的控制。

3. 直接存储器访问控制方式

直接存储器访问控制方式又称 DMA(Direct Memory Access)方式。为了进一步减少 CPU 对 I/O 操作的干预,防止因并行操作设备过多使 CPU 来不及处理或因速度不匹配而造成的数据丢失现象,引入 DMA 控制方式。它不仅设有中断机构,而且增加了 DMA 控制机构。在 DMA 控制器的控制下,采用窃取或挪用总线控制权,占用 CPU 的一个工作周期把数据缓冲器中的数据直接送到主存地址寄存器所指向的主存区域中,在设备和主存之间开辟直接数据交换通道,成批地交换数据,而不必受 CPU 的干预。DMA 控制方式的工作流程如图 6-11 所示。该方式的特点如下。

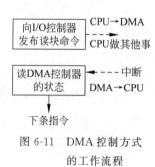

图 6-11　DMA 控制方式的工作流程

(1) 数据传输以数据块为基本单位。

(2) 所传送的数据从设备直接送入主存,或者从主存直接输出到设备上。

(3) 仅在传送一个或多个数据块的开始和结束时才需要 CPU 的干预,而整块数据的传送则是在控制器的控制下完成。

可见,与中断驱动控制方式相比,DMA 方式减少了 CPU 对 I/O 操作的干预,进一步提高了 CPU 与 I/O 设备的并行操作程度。

DMA 的操作全部由硬件实现,不影响 CPU 寄存器的状态。为了实现在主机与控制器之间成块数据的直接交换,在 DMA 控制器中设置了以下 4 类寄存器。

(1) 命令/状态寄存器CR:用于接收从 CPU 发来的 I/O 命令、有关控制信息或设备的状态。

（2）主存地址寄存器 MAR：在输入时，它存放把数据从设备传送到主存的起始目标地址；在输出时，它存放由主存到设备的主存源地址。

（3）数据寄存器 DR：用于暂存从设备到主存或从主存到设备的数据。

（4）数据计数器 DC：存放 CPU 本次将要读或写的字（节）数。

DMA 方式的线路简单，价格低廉，适合高速设备与主存之间的成批数据传输，小型、微型机中的快速设备均采用这种方式，但其功能较差，不能满足复杂的 I/O 要求。

4. 通道控制方式

1）通道控制方式的引入

直接程序控制方式和中断控制方式适合于低速设备的数据传输，而 DMA 方式虽然适合于高速设备的数据传输，但一个 DMA 控制器只能控制少量同类设备，这远远不能满足大型计算机系统的需要。通常，大型计算机需要连接大量的高速和低速设备，通道控制方式可以满足这个要求。

通道控制方式将对一个数据块的读（或写）为单位的干预，减少为对一组数据块的读（或写）及有关的控制和管理为单位的干预，这可以进一步减少 CPU 的干预程度。同时可实现 CPU、通道和 I/O 设备三者的并行操作，从而更加有效地提高整个系统的资源利用率。例如，当 CPU 要完成一组相关的读（或写）操作及有关控制时，只需向 I/O 通道发送一条 I/O 指令，指出其所要执行的通道程序的首址和要访问的 I/O 设备，通道接收该指令后，通过执行通道程序便可完成 CPU 指定的 I/O 任务。

2）通道指令和通道程序

通道程序规定了通道进行一次 I/O 操作应执行的操作及顺序，它由一系列通道指令（Channel Command Word，CCW）构成。通道程序在进程要求传送数据时由系统自动生成。通道指令一般包含被交换数据在主存中占据的位置、传送方向、数据块的长度以及被控制的 I/O 设备的地址信息、特征信息等。例如，IBM 系统的通道指令用双机器字表示，每条通道指令用 8 个字节表示，其格式如下：

0	7 8	31 32	39 40	63
命令码	数据主存地址	标识码	传送字节个数	

其中各部分的含义如下。

（1）命令码：规定了指令所执行的操作。通道操作分为三类：数据传输类（读、反读、写、取状态），通道转移类（转移），设备控制类（如磁带反绕到始点、打印走纸和换页、磁盘搜索和查找等）。

（2）数据主存地址：对于数据传输类命令，数据主存地址指明了数据传输的主存起始地址；对于通道转移类命令，则指定转移地址；对于设备控制类命令，则指出与外围设备有关的控制信息所在的单元。无控制信息时，数据主存地址可省略。

（3）标识码：定义了通道程序的连接方式或表示通道命令的特点，其中，包含通道程序结束位 P 和记录结束标志 R。通道程序结束位 P 表示该通道程序是否结束。P＝0 时，表示本条命令是通道程序的最后一条命令，执行完本条命令后，一次 I/O 操作结束。记录结束表示位 R 表示本条命令是否为本记录的最后一条命令。R＝0 时，表示本命令是处理某记录的最后一条命令。

（4）传送字节数：对于数据传输类命令，指出本命令剩余的传输字节个数，每传送一个字节，传送字节数就减 1，当传送字节个数为 0 时，表示该命令结束。对于非数据传送类命令，需要填上一个非 0 数。

表 6-1 给出一个由三条通道指令组成的简单通道程序。该程序的功能是要求在新的一页第 4 行的位置打印输出一行信息——Operating System。假定用户要求输出的信息已经存放在主存 L 单元开始的区域中，连空格在内共 16 个字符。组织好的通道程序在主存 K 单元开始的区域中。其中，命令码 07 表示"对折页线"（即走到新的一页开始），命令码 EF 表示"走纸 3 行"（即走纸到第 4 行的位置），命令码 F9 表示"打印一行信息"，标识码 60 表示有后续命令。最后一条命令要求打印从 L 单元开始的 16 个字符，打印结束后本操作结束。

表 6-1　由三条通道指令组成的简单通道程序

主存地址	命令码	数据主存地址	标识码	传送字节个数
K	07	000000	60	0001
K+8	EF	000000	60	0001
K+16	F9	L	00	0010

3）I/O 通道的启动与结束

当进程提出 I/O 请求后，操作系统首先分配通道和外设，然后按照 I/O 请求编制通道程序并存入主存，将其起始地址送入通道地址寄存器（CAW），接着 CPU 发出"启动 I/O"指令启动通道工作。启动成功后，通道逐条执行通道程序中的通道指令，控制设备实现 I/O 操作。

CPU 启动通道后，通道的工作过程如下。

① 从主存固定单元取出通道地址寄存器（CAW），根据该地址从主存中取出通道指令，通道执行通道控制字寄存器（CCW）中的通道命令，将 I/O 地址送入 CCW，发出读、写或控制命令，并修改 CAW 使其指向下一条通道指令地址。

② 控制器接收通道发来的命令之后，检查设备状态，若设备不忙，则告知通道释放 CPU，开始 I/O 操作。执行完毕后，如果还有下一条通道指令，则返回步骤①，否则转到步骤③。

③ 通道完成 I/O 操作后，向 CPU 发出中断请求，CPU 根据通道状态字了解通道和设备的工作情况，处理来自通道的中断。

可见，只是在 I/O 操作的起始和结束时，通道向 CPU 发出 I/O 中断申请，把产生中断的通道号、设备号存入中断寄存器，同时形成通道状态字汇报情况，等待处理。CPU 用极短的时间参与控制管理工作，其他时间则处理与 I/O 无关的操作。这样实现了 CPU 与通道、外围设备的并行操作，从而提高了整个系统的利用率。

6.3　缓冲技术

计算机系统中各个部件速度的差异是显而易见的。为了缓解 CPU 与外围设备之间速度不匹配和负载不均衡的问题，同时为了提高 CPU 和外围设备的工作效率，增加系统中各部件的并行工作程度，在现代操作系统中普遍采用了缓冲技术。缓冲管理的主要职责是组织好缓冲区，并提供获得和释放缓冲区的手段。

6.3.1　缓冲的引入

在操作系统中引入缓冲区的主要原因有以下几点。

1. 缓和 CPU 与 I/O 设备间速度不匹配的矛盾

高速的 CPU 与慢速 I/O 设备之间的速度差异很大，CPU 是以微秒甚至微毫秒时间量级进行高速工作，而 I/O 设备则一般以毫秒甚至秒时间量级的速率工作。在不同阶段，系统各部分的负载往往很不平衡。例如，当作业需要打印大批量数据时，由于 CPU 输出数据的速度大大高于打印机的速度，因此 CPU 只能停下来等待。反之，在 CPU 计算时，打印机又因为无数据输出而处于空闲状态。设置缓冲区后，CPU 可以把数据首先输出到输出缓冲区中，然后继续其他工作，同时打印机从缓冲区中取出数据缓慢打印，这样就提高了 CPU 的工作效率，使设备尽可能均衡地工作。

2. 减少对 CPU 的中断频率，放宽对 CPU 中断响应时间的限制

在数据通信中，如果仅有一位数据缓冲接收数据，则必须在每收到一位数据时便中断一次 CPU，进行数据处理，否则缓冲区内的数据将被新传送来的数据"冲"掉。若设置一个具有 8 位的缓冲器，则可使 CPU 被中断的频率降低为原来的 1/8，如图 6-12 所示。这样减少了 CPU 的中断次数和中断处理时间。

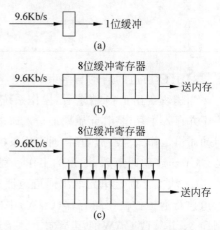

图 6-12　利用缓冲寄存器实现缓冲

3. 提高 CPU 和 I/O 设备之间的并行性

缓冲的引入可显著提高 CPU 与 I/O 设备之间的并行操作程度，提高系统的吞吐量和设备的利用率。例如，在 CPU 与打印机之间设置缓冲区后，可实现 CPU 与打印机之间的并行工作。

根据 I/O 控制方式的不同，缓冲的实现方法有两种：一种方法是采用专用硬件缓冲器，例如，I/O 控制器中的数据缓冲寄存器；另一种方法是在主存中划出一个具有 n 个单元的专用区域，以便存放 I/O 数据。主存缓冲区又称软件缓冲。

对于不同的系统，可以采用不同类型的缓冲区机制。最常见的缓冲区机制有单缓冲机制、能实现双向同时传送数据的双缓冲机制以及能供多个设备同时使用的公共缓冲机制等。

6.3.2　单缓冲

单缓冲是在设备和 CPU 之间设置一个缓冲器，由输入和输出设备共用。设备和 CPU 交换数据时，先把被交换数据写入缓冲器，需要数据的设备或 CPU 从缓冲器中取走数据，如图 6-13 所示。由于缓冲器属于临界资源，所以输入设备和输出设备以串行方式工作，这样一来，尽管单缓冲能匹配设备和 CPU 的处理速度，但是设备和设备之间并不能通过单缓冲达到并行操作。

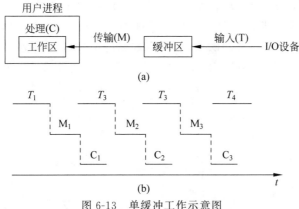

图 6-13　单缓冲工作示意图

6.3.3　双缓冲

双缓冲机制又称为缓冲对换。双缓冲是为 I/O 设备设置两个缓冲区的缓冲技术。在设备输入数据时,可以把数据放入其中一个缓冲区中,在进程从缓冲区中取出数据的同时,将输入数据继续放入另一个缓冲区中。当第一个缓冲区的数据处理完时,进程可以接着从另一个缓冲区中获得数据,同时,输入数据可以继续存入第一个缓冲区,如图 6-14 所示,仅当输入设备的速度高于进程处理这些数据的速度,两个缓冲区都存满时,才会造成输入进程等待。这样,两个缓冲区交替使用,使 CPU 和 I/O 设备的并行性进一步提高,但在 I/O 设备和处理进程速度不匹配时仍不能适应。

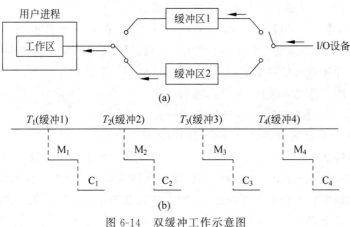

图 6-14　双缓冲工作示意图

显然,双缓冲只是一种用于说明设备和设备、CPU 和设备之间并行操作的简单模型。由于计算机系统中的外围设备较多,而双缓冲也难以匹配设备和 CPU 的处理速度,所以,双缓冲并不能用于实际系统中的并行操作。在现代计算机系统中一般使用多缓冲或缓冲池结构。

6.3.4　多缓冲

系统从主存中分配一组缓冲区组成多缓冲。多缓冲中的缓冲区是系统的公共资源,可供各进程共享,并由系统统一分配和管理。多个缓冲区组织成循环缓冲形式,对于用作输入的循环缓冲,通常是提供给输入进程或计算进程使用。输入进程不断向空缓冲区输入数据,而计算进程则从中提取数据进行计算。循环缓冲如图 6-15 所示,其中每个缓冲区的大小相同,包括用于装输入数据的空缓冲区 R,已装满数据的缓冲区 G 以及计算进程正在使用的现行工作缓冲区 C。指针 nextg 用于指示计算进程下一个可用缓冲区 G,指针 nexti 用于指示输入进程下次可用的空缓冲区 R,指针 current 用于指示计算进程正在使用的缓冲区 C。

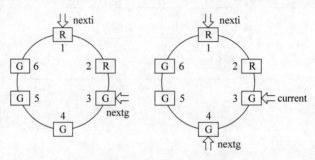

图 6-15 循环缓冲工作示意图

在 UNIX 系统中,不论是块设备管理,还是字符设备管理,都采用多缓冲技术。UNIX 的块设备共设置了 15 个大小为 512B 的缓冲区;字符设备共设置了 100 个大小为 6B 的缓冲区。

6.3.5 缓冲池

一组多缓冲仅适用于某个特定的 I/O 进程和计算进程,当系统较大时,需要设置若干组多缓冲,这不仅消耗大量的存储空间,而且利用率不高。为了提高缓冲区的利用率,公用缓冲池被广泛使用,它由多个可共享的缓冲区组成。

对于既可用于输入又可用于输出的公用缓冲池,根据其使用状况可以分成 3 种缓冲区——空(闲)缓冲区、装满输入数据的缓冲区、装满输出数据的缓冲区。为了便于管理,可将相同类型的缓冲区链接成一个队列,于是可形成以下 3 个队列:

- 由空缓冲区所链接成的空缓冲队列 emq;
- 由装满输入数据的缓冲区所链接成的输入队列 inq;
- 由装满输出数据的缓冲区所链接成的输出队列 outq。

除了 3 种缓冲队列外,系统(或用户进程)从这 3 种队列中申请和取出缓冲区,并进行存数、取数操作,在存数、取数操作结束后,再将缓冲区插入相应的队列。这些缓冲区称为工作缓冲区。在缓冲池中有 4 种工作缓冲区,分别工作在收容输入、提取输入、收容输出和提取输出 4 种工作方式下,如图 6-16 所示。

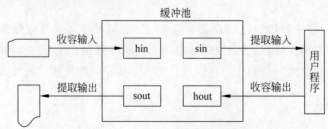

图 6-16 缓冲池的工作缓冲区

这 4 种工作缓冲区为:

- 用于收容设备输入数据的工作缓冲区 hin;
- 用于提取设备输入数据的工作缓冲区 sin;
- 用于收容 CPU 输出数据的工作缓冲区 hout;
- 用于提取 CPU 输出数据的工作缓冲区 sout。

6.4　独占设备的分配

视频讲解

在多道程序设计系统中,不允许用户直接启动外围设备,而必须由系统进行统一分配。当进程向系统提出 I/O 请求时,只要是可能和安全的,设备分配程序按照一定的策略,将设备分配给请求用户(进程)。在有的系统中,还应分配相应的控制器和通道。

6.4.1　设备的逻辑号和绝对号

计算机系统中配置了各种不同类型的外围设备,每一类型外围设备可以有若干台。为了对设备进行管理,计算机系统为每一台设备确定一个编号,以便区分和识别,这个编号称为设备的绝对号。

在多道程序设计系统中,由于用户无法知道当前计算机系统中设备的使用状态,因此,一般用户不直接使用设备的绝对号,用户可以向系统说明所要使用的设备类型。至于实际使用哪一台设备,由系统根据该类设备的分配情况来决定。为了避免使用时产生混乱,用户可以在程序中对自己要求使用的若干台同类型设备给出编号。由用户在程序中定义的设备编号称为设备的逻辑号。这样,用户总是用"设备类""逻辑号"向系统提出使用设备的要求,而系统为用户分配一个绝对号设备供用户使用。

逻辑设备名是由用户命名的,可以更改;而物理设备名(地址)是系统规定的,是不可更改的。设备管理的功能之一就是将逻辑设备名映射为物理设备名。

6.4.2　设备的独立性

设备的独立性也称为设备的无关性,指应用程序独立于具体使用的物理设备,能有效地提高操作系统的可适应性和可扩展性。用户编制程序时,不必指明特定的设备,而是在程序中使用那些用"设备类、逻辑号"定义的逻辑设备,执行程序时,系统根据用户指定的逻辑设备转换成与其对应的具体物理设备,并启动该物理设备工作。于是,用户在编制程序时使用的设备与实际使用哪台设备无关,这种特性称为设备的独立性。具有设备独立性的计算机系统,在设备分配时具有以下优点。

(1)设备分配灵活性强。用户应用程序与外围设备无关,系统增减或变更设备时,程序不必修改,系统只需要从指定的该类设备中找出"好的且尚未分配的"设备进行分配,仅当该类设备中没有相应设备时,进程才会阻塞。

(2)设备分配适应性强,易于实现 I/O 重定向。当用户使用的设备出现故障时,系统可以从同类型设备中找到另一台"好的且尚未分配的"设备进行替换。

(3)更换 I/O 操作的设备而不必改变应用程序的特性称为 I/O 重定向。

操作系统提供了设备独立性后,程序员可利用逻辑设备进行输入/输出,而逻辑设备与物理设备之间的转换通常由操作系统的命令或语言来实现。由于操作系统大小和功能不同,具体实现逻辑设备到物理设备的转换就有差别,一般使用以下方法:利用作业控制语言实现批处理作业的设备转换;利用操作命令实现设备转换;利用高级语言的语句实现设备转换。

设备驱动程序是一个与硬件(或设备)紧密相关的软件。为了实现设备的独立性,往往需要在设备驱动程序之上设置一层软件,称为设备独立性软件,其主要功能如下。

(1) 执行所有设备的公有操作。这些公有操作包括:对独占设备的分配与回收;将逻辑设备名映射为物理设备名;对设备进行保护,禁止用户直接访问设备;缓冲管理;差错控制。由于在 I/O 操作中的绝大多数错误都与设备无关,所以 I/O 操作主要由设备驱动程序处理,而设备独立性软件只处理那些设备驱动程序无法处理的错误。

(2) 向用户层(或文件层)软件提供统一的接口。虽然各种设备内部的具体操作各不相同,但它们向用户提供的接口却是相同的。例如,对各种设备的读操作使用 read,而对各种设备的写操作都使用 write。

6.4.3 独占设备的分配

设备分配方式有两种,即静态分配方式和动态分配方式。静态分配方式是在用户作业开始执行之前,由系统一次性分配该作业所要求的全部设备、控制器和通道。一旦分配之后,这些设备、控制器和通道就一直为该作业所占用,直到该作业被撤销为止。静态分配方式不会出现死锁,但是设备的使用效率低。独占型设备的分配采用静态分配策略。

动态分配方式是指在进程执行过程中根据执行的需要进行分配的方式。当进程需要设备时,通过系统调用指令向系统提出设备请求,由系统按照事先规定的策略给进程分配所需要的设备、控制器和通道,一旦使用完毕,便立即释放。动态分配方式有利于提高设备的利用率,但如果分配策略使用不当,则有可能造成进程死锁。

为了实现设备分配,系统设置了设备控制表、控制器控制表、通道控制表和系统设备表等数据结构,记录相应设备或控制器的状态以及对设备或控制器进行控制所需要的信息。

1. 设备控制表

系统为每类设备配置了一张设备控制表(Device Control Table,DCT),用于记录设备的基本情况,包括设备类型、设备标识符、设备状态(如好/坏、忙/闲、等待/不等待通道)、设备队列队首指针、与设备连接的控制器指针等,如图 6-17 所示。

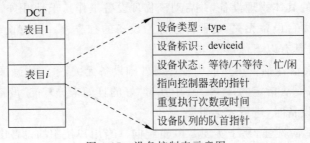

图 6-17 设备控制表示意图

2. 控制器控制表

系统为每一个控制器设置一张控制表,称为控制器控制表(COntroller Control Table,

COCT),用于记录本控制器的使用状态以及与通道的连接情况等,如图 6-18 所示。该表在 DMA 方式的系统中是不存在的。

3. 通道控制表

系统为每一个通道配置了一通道控制表(CHannel Control Table,CHCT),如图 6-19 所示。

控制器标识符：controllerid
控制器状态：忙/闲
与控制器链接的通道表指针
控制器队列的队首指针
控制器队列的队尾指针

图 6-18 控制器控制表 COCT

通道标识符：charmelid
通道状态：忙/闲
与通道链接的控制器表首址
通道队列的队首指针
通道队列的队尾指针

图 6-19 通道控制表 CHCT

4. 系统设备表

系统设备表(System Device Table,SDT)又称为设备类表。整个系统使用一张系统设备表,用于记录已被连接到系统中所有类型设备的基本情况,包括设备类型、设备标识符、拥有同类型设备的数量、DCT 及设备驱动程序的入口地址等,如图 6-20 所示。

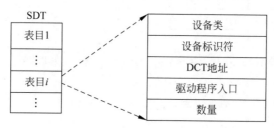

图 6-20 系统设备表 SDT

5. 逻辑设备表

为了实现设备的独立性,系统还必须设置一张逻辑设备表(Logical Unit Table,LUT),用于将应用程序中使用的逻辑设备名映射为物理设备名。该表的每个表目包括逻辑设备名和物理设备名,如图 6-21 所示。在多用户系统中,系统为每个用户设置一张 LUT,并将该表放入进程的 PCB 中。当进程用逻辑设备名请求分配 I/O 设备时,系统为之分配相应的物理设备,并在 LUT 中建立一个表目,填上应用程序中使用的逻辑设备名和系统分配的物理设备名。

逻辑设备名	物理设备名	驱动程序入口地址	系统设备表指针
/dev/tty	3	1024	3
/dev/printer	5	2046	5
…	…	…	…

图 6-21 逻辑设备表

当进程提出 I/O 请求后,首先根据 I/O 请求中的设备名查找 SDT,查找该类设备的 DCT;再根据 DCT 中的设备状态字段,按照一定的算法,选择一台“好的且尚未分配的”设备进行分配,分配后修改设备类表中的现存台数。把分配给作业的设备标志改成"已分配",且填上占用该设备的作业名和作业程序中定义的逻辑号,否则,将该进程的 PCB 插入设备等待队列。

当系统将设备分配给请求进程后,再到 DCT 中找到与该设备连接的 COCT,从 COCT 的状态字段中判断出是否可以将该控制器分配。若不可以,则将该进程的 PCB 挂在该控制器的等待队列上。

通过 COCT 可找出与该控制器连接的 CHCT。根据 CHCT 内的状态字段,判断出该通道是否可以进行分配。若忙,则将该进程的 PCB 挂在该通道的等待队列上。

显然,进程只有在获得设备、控制器和通道三者之后,才能启动设备进行 I/O 操作。设备的分配流程如图 6-22 所示。

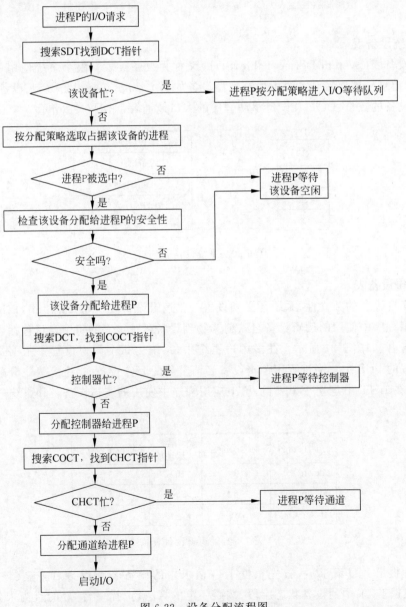

图 6-22 设备分配流程图

6.5 磁盘管理

磁盘存储器是一种高速、大容量的随机存储设备。现代计算机系统均配置了磁盘存储器，并以它为主，存放大量文件和数据。因此，了解磁盘的结构、空间管理和工作原理是十分必要的。

磁盘有软磁盘和硬磁盘。硬磁盘有固态硬盘（即新式硬盘）、机械硬盘（即传统硬盘）、混合硬盘（即基于传统机械硬盘诞生出来的新硬盘）之分。固态硬盘采用闪存颗粒进行存储；机械硬盘则采用磁性碟片进行存储，盘片以坚固耐用的材料为盘基，将磁粉附着在平滑的铝合金或玻璃圆盘基上；混合硬盘则是把磁性硬盘和闪存集成到一起的一种硬盘。绝大多数硬盘都是固定硬盘，被永久性地密封固定在硬盘驱动器中。下面以机械硬盘为例，介绍磁盘的管理。

6.5.1 磁盘结构

磁盘设备由一组盘组组成，可包括一张或多张盘片，每张盘片分正、反两面，每面可划分成若干磁道，各磁道之间留有必要的间隙，每条磁道又分为若干个扇区，各扇区之间留有一定的空隙，每个扇区的大小相当于一个盘块大小。磁盘在存储信息之前，必须进行磁盘格式化。图 6-23 给出了温氏硬盘中一条磁道格式化的情况。其中每条磁道含 30 个固定大小的扇区，每个扇区大小为 600B，其中 512B 用于存储数据，其余字节用于存放控制信息。SYNCH 作为该字段的定界符，具有特定的位图像；CRC 用于段校验。

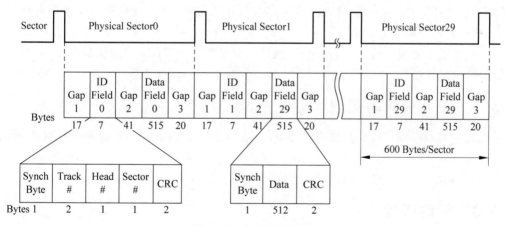

图 6-23　磁盘的格式化

在微型计算机上配置的温氏硬盘和软磁盘一般采用移动磁头结构。一个盘组中的所有盘片被固定在一根旋转轴上，沿着一个方向高速旋转。每个盘面配有一个读/写磁头，所有的读/写磁头被固定在唯一的移动臂上同时移动，如图 6-24 所示。将磁头按从上到下的次序进行编号，称为磁头号。每个盘面上有许多磁道，磁头位置下各盘面上的磁道处于同一个圆柱面上，这些磁道组成了一个柱面。每个盘面上的磁道从 0 开始，由外向里顺序编号，通过移动臂的移动，读/写磁头可定位在任何一个磁道上，可见，移动磁头仅能以串行方式进行读/写。当移动臂移到某一个位置时，所有的读/写磁头处在同一个柱面上，盘面上的磁道号

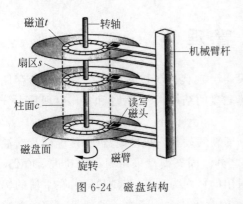

图 6-24 磁盘结构

即为柱面号。每个盘面被划分成若干个扇区,沿与磁盘旋转相反的方向给每个扇区编号,称为扇区号。为了减少移动臂移动所花费的时间,系统存放信息时,并不是按盘面上的磁道顺序存满一个盘面后再存放到下一个盘面,而是按柱面顺序存放,当同一柱面上的磁道存满后,再存放到下一个柱面上。所以,磁盘存储空间的位置由3个参数决定——柱面号、磁头号和扇区号(每个参数均从0开始编号)。而磁盘空间的盘块按柱面(从0号柱面开始)、磁头、扇区顺序编号。

假定在磁盘存储器中用 t 表示每个柱面上的磁道数,用 s 表示每个磁道上的扇区数,则第 i 柱面号、j 磁头号、k 扇区号所对应的块号 b 可用如下公式确定:

$$b = k + s \times (j + i \times t)$$

同样地,根据块号也可以确定该块在磁盘上的位置。在上述假设下,每个柱面上有 $s \times t$ 个磁盘块,为了计算第 p 块在磁盘上的位置,可以令 $d = s \times t$,则有:

i 柱面号 $= [p/d]$

j 磁头号 $= [(p \% d)/s]$

k 扇区号 $= (p \% d \% s)$

第 p 块在磁盘上的位置就可以由 i、j、k 这3个参数确定。

在磁盘中尽管磁道周长不同,但每个磁道上的扇区数是相等的,越靠近圆心时,扇区弧段越短,但其存储密度越高。这种方式显然比较浪费空间,因此现代磁盘则改为等密度结构,这意味着外围磁道上的扇区数量要大于内圈的磁道,寻址方式也改为以扇区为单位的线性寻址。为了兼容老式的3D寻址方式,现代磁盘控制器中都有一个地址翻译器将3D寻址参数翻译为线性参数。

6.5.2 磁盘空间的管理

磁盘空间被操作系统和其他用户共享,大量信息存放在磁盘上,系统需要对磁盘空间进行分配与回收管理。磁盘空间的管理办法主要有(详细内容见第7章):空闲块表法、空闲块链法、位示图法、成组链接法等。

视频讲解

6.5.3 驱动调度

磁盘是目前最典型而使用又最广泛的一种块设备。任何一个对磁盘的访问请求,应给出访问磁盘的存储空间地址:柱面号、磁头号和扇区号。在启动磁盘执行I/O操作时,先把移动臂移动到指定的柱面,再等待指定的扇区旋转到磁头位置下,最后让指定的磁头进行读/写,完成信息传送。启动磁盘完成一次I/O操作所花的时间包括:寻找时间、延迟时间和传送时间。

- 寻找时间(Seek Time)——磁头在移动臂带动下移动到指定柱面所花的时间。
- 延迟时间(Latency Time)——指定扇区旋转到磁头下方所需的时间。
- 传送时间(Transfer Time)——由磁头进行读/写,完成信息传送的时间。

其中,信息的传送时间是相同的,是在硬件设计时固定的,而寻找时间和延迟时间与信息在磁盘上的位置有关。如图 6-25 所示为访问磁盘的操作时间。

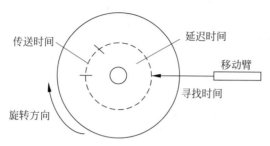

图 6-25 访问磁盘的操作时间

磁盘属于共享型设备,在多道程序设计系统中,同时有若干个访问者请求磁盘执行 I/O 操作,为了保证信息的安全,系统在任一时刻只允许一个访问者启动磁盘执行操作,其余访问者必须等待。一次 I/O 操作结束后,再释放一个等待访问者。为了提高系统效率,降低若干个访问者执行 I/O 操作的总时间(平均服务时间),增加单位时间内 I/O 操作的次数,系统应根据移动臂的当前位置选择寻找时间和延迟时间尽可能小的那个访问者优先得到服务。由于在访问磁盘时间中,寻找时间是机械运动时间,通常为几十毫秒时间量级。因此,设法减小寻找时间是提高磁盘传输效率的关键。系统采用一定的调度策略来决定各个请求访问磁盘者的执行次序,这项工作称为磁盘的驱动调度,采用的调度策略称为驱动调度算法。对于磁盘来说,驱动调度先进行移臂调度,以尽可能地减少寻找时间,再进行旋转调度,以减少延迟时间。

1. 移臂调度

根据访问者指定的柱面位置来决定执行次序的调度称为移臂调度。移臂调度的目标是尽可能地减少 I/O 操作中的寻找时间。常用的移臂调度算法有先来先服务调度算法、最短寻找时间优先调度算法、单向扫描算法、双向扫描算法和电梯调度算法等。

1) 先来先服务调度算法

先来先服务调度算法(First Come First Server,FCFS)是一种最简单的移臂调度算法。该算法只是根据访问者提出访问请求的先后次序进行调度,并不考虑访问者所要求访问的物理位置。例如,现在读/写磁头正在 53 号柱面上执行 I/O 操作,而访问者请求访问的柱面顺序为 98、183、37、122、14、124、65、67,那么,当 53 号柱面上的操作结束后,移动臂将按请求的先后次序先移动到 98 号柱面,最后到达 67 号柱面。如图 6-26 所示为按先来先服务算法决定访问者执行 I/O 操作的次序,移动臂将来回地移动,读/写磁头总共移动了 640 个柱面的距离。

此算法简单且公平。但由于未对寻道进行优化,移动臂来回地移动,致使寻道时间可能比较长。故先来先服务算法仅适合于磁盘 I/O 请求数目较少的场合。

2) 最短寻找时间优先调度算法

最短寻找时间优先调度算法(Shortest Seek Time First,SSTF)总是从若干请求访问者中挑选与当前磁头所在的柱面距离最近、每次寻道时间最短的那个请求进行调度,而不管访问者到达的先后次序。下面还是以先来先服务算法中的那个例子来加以说明。当对 53 号

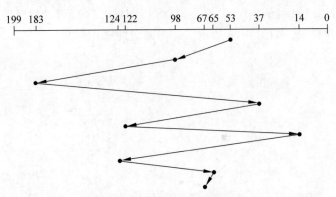

图 6-26　先来先服务调度示意图

柱面的操作结束后，应该先处理 65 号柱面的请求，然后到达 67 号柱面执行操作。随后应处理 37 号柱面的请求而不是 98 号柱面（37 号柱面与 67 号柱面相距 30 个柱面，而 98 号柱面与 65 号柱面相距 31 个柱面），然后操作的次序应该是 14、98、122、124、183。如图 6-27 所示为采用最短寻找时间优先算法决定访问者执行 I/O 操作的次序，读写磁头总共的移动距离为 236 个柱面。

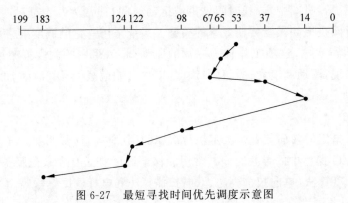

图 6-27　最短寻找时间优先调度示意图

与先来先服务算法相比，该算法大幅度地减少了寻找时间，从而缩短了为各请求访问者服务的平均时间，提高了系统效率。但它并未考虑访问者到来的先后次序，可能存在某进程由于距离当前磁头较远而致使该进程的请求被大大地推迟，即发生"饥饿"现象。

3）单向扫描调度算法

单向扫描调度算法又称循环扫描调度算法。该算法不论访问者的先后次序，总是从 0 号柱面开始向里扫描，依次选择所遇到的请求访问者。移动臂到达盘面的最后一个柱面时，立即带动读/写磁头快速返回到 0 号柱面。返回时不为任何请求访问者服务，返回 0 号柱面后再次进行扫描。在同一个例子中，已假设读/写磁头的当前位置在 53 号柱面，则移动臂从当前位置继续向里扫描，依次响应的等待访问者为 65、67、98、122、124、183 号柱面，此时，移动臂继续向里扫描，直到最内的柱面（图中为 199 号柱面）后，再返回到 0 号柱面，重新扫描时依次为 14、37 号等柱面的访问者服务。如图 6-28 所示为采用单向扫描算法决定访问者执行 I/O 操作的次序，读/写磁头总共的移动距离为 382 个柱面。

该算法虽然考虑了移动臂的移动距离问题，但由于存在一趟空扫描，故系统的效率并未得到很大的提高。

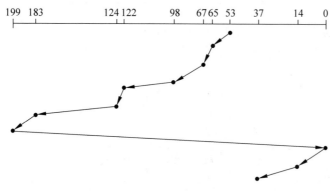

图 6-28　单向扫描调度示意图

4）双向扫描算法

双向扫描调度算法从 0 号柱面开始向里扫描,依次选择所遇到的请求访问者;移动臂到达最后一个柱面时,调转方向从最后一个柱面向外扫描,依次选择所遇到的请求访问者。图 6-29 给出了采用双向扫描算法决定访问者执行 I/O 操作的次序,读/写磁头总共的移动距离为 331 个柱面。

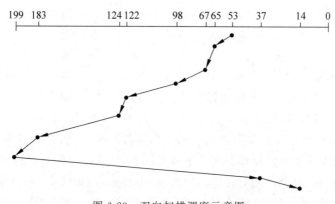

图 6-29　双向扫描调度示意图

双向扫描算法解决了单向扫描算法中的一趟空扫描问题,减少了寻找时间,提高了系统的访问效率,但在每次扫描过程中必须从最外磁道扫描到最内磁道,有可能存在部分空扫描。

5）电梯调度算法

电梯调度算法总是从移动臂当前位置开始,沿着移动臂的移动方向选择距离当前移动臂最近的那个访问者进行调度,若沿移动臂的移动方向暂无访问请求,则改变移动臂的方向再选择。电梯调度算法不仅考虑到请求访问者的磁头与当前磁头之间的距离,而且优先考虑磁头当前的移动方向。其目的是尽量减少移动臂移动所花的时间。

以下仍然以同样的例子来讨论。由于该算法与当前移动臂的移动方向有关,由图 6-30 可以看出,当前移动臂由里向外移动时,读/写磁头共移动了 208 个柱面的距离,如图 6-30(a)所示;当前移动臂由外向里移动时,则读/写磁头共移动了 299 个柱面的距离,如图 6-30(b)所示。

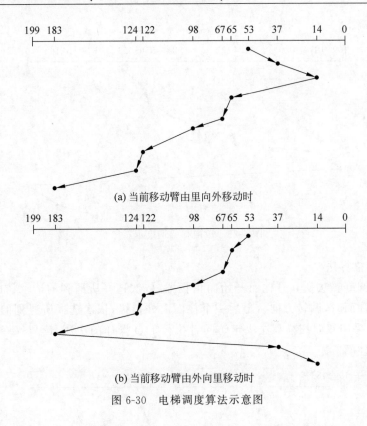

(a) 当前移动臂由里向外移动时

(b) 当前移动臂由外向里移动时

图 6-30　电梯调度算法示意图

　　电梯调度与最短寻找时间优先都是以尽量减少移动臂移动所花的时间为目标，所不同的是：最短寻找时间优先不考虑移动臂的当前移动方向，总是选择距离当前读/写磁头最近的那个柱面的访问者，这样可能会导致某个进程发生"饥饿"现象，移动臂来回改变移动方向；而电梯调度算法总是沿着移动臂的移动方向选择距离当前读/写磁头最近的那个柱面的访问者，仅当沿着移动臂的移动方向无等待访问者时，才改变移动臂的方向。由于移动臂改变方向是机械动作，故速度相对较慢。所以说，电梯调度算法是一种简单、实用且高效的调度算法，能获得较好的寻道性能，又能防止"饥饿"现象，但是实现时需要增加开销，除了要记住读/写磁头的当前位置外，还必须记住移动臂的移动方向。电梯调度算法广泛应用于大、中、小型计算机和网络的磁盘调度。

视频讲解

　　2. 旋转调度

　　1）旋转调度分析

　　在多道程序设计系统中，若干个请求磁盘访问者中可能有这样的请求：要求访问同一个柱面号，但信息不在同磁道上，或者信息位于同一柱面同一磁道的不同扇区。所以，在一次移臂调度将移动臂定位到某一柱面后，允许进行多次旋转调度。旋转调度是指选择延迟时间最短的请求访问者执行的调度策略。

　　进行旋转调度时应分析下列情况：

　　（1）若干等待访问者请求访问同一磁道上的不同扇区；

　　（2）若干等待访问者请求访问不同磁道上的不同编号的扇区；

　　（3）若干等待访问者请求访问不同磁道上具有相同编号的扇区。

对于前两种情况,旋转调度总是让首先到达读/写磁头位置下的扇区先进行传送操作。对于第三种情况,这些扇区同时到达读/写磁头位置下,旋转调度可任意选择一个读/写磁头进行传送操作。例如,有 4 个访问请求者时,它们的访问要求如表 6-2 所示。

表 6-2　旋转调度

请 求 次 序	柱 面 号	磁 头 号	扇 区 号
1	5	4	1
2	5	4	5
3	5	4	5
4	5	2	8

对它们进行旋转调度后,它们的执行顺序可能是 1、2、4、3 或 1、3、4、2。其中,第 2、3 这两个请求都是访问第 5 个扇区,当第 5 个扇区转到磁头位置下方时,只有一个请求可执行传送操作,而另一个请求必须等磁盘再一次将第 5 扇区旋转到磁头位置下方时才可执行。

2) 影响 I/O 操作时间的因素

记录在磁道上的排列方式会影响 I/O 操作的时间。例如,某系统在对磁盘初始化时,把每个盘面分成 8 个扇区,有 8 个逻辑记录存放在同一个磁道上供处理程序使用。处理程序要求顺序处理这 8 个记录,每次请求从磁盘上读一个记录,然后对读出的记录要用 5ms 的时间进行处理,之后再读下一个记录进行处理,直至 8 个记录全部处理结束。假定磁盘的转速为 20ms/周,现把这 8 个逻辑记录依次存放在磁道上,如图 6-31(a)所示。

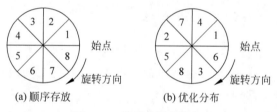

图 6-31　记录的优化分布

显然,在不知道当前磁头位置的情况下,磁头旋转到第一条记录位置时平均需要花费二分之一周,即第一条记录的延迟时间为 10ms,读一个记录要花 2.5ms 的时间。当花了 2.5ms 的时间读出第 1 个记录并花 5ms 时间进行处理后,读/写磁头已经在第 4 个记录的位置。为了顺序处理第 2 个记录,必须等待磁盘将第 2 个记录旋转到读/写磁头位置的下面,即要有 15ms 的延迟时间。于是,处理这 8 个记录所要花费的时间为:

$$8 \times (2.5 + 5) + 10 + 7 \times 15 = 175 (ms)$$

如果把这 8 个逻辑记录在磁道上的位置重新安排,图 6-31(b)是这 8 个逻辑记录的最优分布示意图。当读出一个记录并处理后,读/写磁头正好位于顺序处理的下一个记录位置,可立即读出该记录,不必花费等待延迟时间。于是,按照图 6-31(b)的安排,处理这 8 个记录所要花费的时间为:

$$10 + 8 \times (2.5 + 5) = 70 (ms)$$

可见,记录的优化分布有利于减少延迟时间,从而缩短了输入/输出操作的时间。因此,对于一些能预知处理要求的信息采用优化分布可以提高系统的效率。

此外,扇区的编号方式也会影响 I/O 操作的时间。一般常将盘面扇区交替编号,磁盘组中不同盘面错开命名。假设每盘面有 8 个扇区,磁盘组共有 8 个盘面,则扇区编号如图 6-32 所示。磁盘是连续自转的 I/O 设备,磁盘读/写一条物理记录后,必须经短暂的处理时间后才能开始读/写下一条记录。逻辑记录在磁盘空间的存储具有局部连续性,若在磁盘上按扇区交替编号连续存放,则连续读/写多条记录能减少磁头的延迟时间;同柱面不同盘面的扇区如果能错开命名,则连续读/写相邻的两个盘面逻辑记录时,也能减少磁头延迟时间。

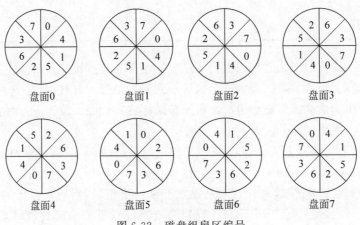

图 6-32　磁盘组扇区编号

6.5.4　提高磁盘 I/O 速度的方法

目前,磁盘的 I/O 速度通常要比主存的访问速度低 4～6 个数量级,因此磁盘 I/O 的速度已经成为计算机系统的瓶颈。为提高磁盘 I/O 的速度,通常为磁盘设置高速缓存,它能显著减少等待磁盘 I/O 的时间。

磁盘高速缓存并非主存和 CPU 之间增设的一个小容量高速存储器,而是指利用主存中的存储空间,暂时存放从磁盘中读出的一系列盘块中的信息。因此,高速缓存是一组在逻辑上属于磁盘,而物理上是驻留在主存中的盘块。高速缓存在主存中可分为两种形式,第一种是在主存中开辟一个单独的存储空间作为磁盘高速缓冲,其大小是固定的,不容易受到应用程序的影响;第二种是把当前所有未利用的主存空间作为一个缓冲池,供请求分页系统和磁盘 I/O 时共享,显然,这种情况下的缓存的大小不再是固定的。

除了磁盘高速缓存技术外,还有一些能有效提高磁盘 I/O 速度的方法也被许多系统采纳。

1. 提前读

用户经常采用顺序方式访问文件的各盘块上的数据,在读当前盘块时,可以预知下次要读出的盘块。因此,可在读当前盘块的同时,提前把下一个盘块数据也读入磁盘缓冲区,当下次要读该盘块中的信息时,由于该数据已经提前读入到缓冲中,便可直接使用数据,而不必再启动磁盘 I/O,这减少了读数据的时间,即提高了磁盘的 I/O 速度。"提前读"功能已被许多操作系统(如 UNIX、OS/2、Windows 等)广泛采用。

2. 延迟写

在执行写操作时,磁盘缓冲器中的数据本来应该立即写回磁盘,但考虑到该缓冲区中的数据不久后可能会再次被本进程或其他进程访问,因此并不立即将该数据写入磁盘,而是将它挂在空闲缓冲区队列的末尾,随着空闲缓冲区的使用,此缓冲区也不断地向队列头移动,直至移至空闲缓冲区队列之首。当再有进程申请缓冲区,且分配了该缓冲区时,才将其中的数据写入磁盘,于是这个缓冲区可作为空闲缓冲区分配。只要存有该数据的缓冲区仍在队列中,任何访问该数据的进程都可直接从中读取数据,而不必再去访问磁盘。这样,可以减少磁盘的 I/O 速度。在 UNIX、OS/2、Windows 中也采用了该技术。

3. 虚拟盘

虚拟盘是指用主存空间去仿真磁盘,又称 RAM 盘。该盘的设备驱动程序可以接受所有标准的磁盘操作,但这些操作的执行不在磁盘上,而是在主存中,操作过程对用户是透明的。虚拟盘是易失性存储器,一旦系统或电源发生故障,或重新启动系统,原来保存在虚拟盘中的数据将会丢失。因此,虚拟盘常用于存放临时文件,如编译程序所产生的目标程序等。虚拟盘与磁盘高速缓存的主要区别在于:虚拟盘内容完全由用户控制,而磁盘高速缓存中的内容是由操作系统控制。

6.6 设 备 处 理

视频讲解

具有通道结构的计算机系统,从启动外围设备到完成 I/O 操作,没有考虑不同类型的物理设备的特性,采用统一的方法进行处理。这种不考虑具体特性(实际上,设备特性已隐含在通道程序中)的处理方法称为设备处理的一致性。

设备处理的一致性技术使得 I/O 操作的处理既简单又不易出错。

设备处理程序通常又称为设备驱动程序,它是 I/O 进程与设备控制器之间的通信和转换程序,是驱动物理设备和 DMA 控制器或 I/O 控制器等直接进行 I/O 操作的子程序的集合。负责设置相应设备有关寄存器的值,启动设备进行 I/O 操作,指定操作的类型和数据流向等。它将 I/O 请求转换后,发送给设备控制器,启动设备执行,同时将设备控制器中记录的设备状态和 I/O 操作完成的情况传送给 I/O 请求者,起着上传下达的作用。由于设备驱动程序与 I/O 设备的硬件特性密切相关,因此,对于不同类型的设备需要配置不同的驱动程序,而设备驱动程序中的一部分必须用汇编语言书写。此外,驱动程序与 I/O 设备所采用的 I/O 控制方式紧密相关,在不同的 I/O 控制方式下,驱动程序启动设备以及中断处理的方式也不同。

为了实现 I/O 进程与设备控制器之间的通信,设备驱动程序应具有以下功能。

① 接收由 I/O 进程发来的命令和参数,并将命令中的抽象要求转换为具体要求。例如,将磁盘块号转换为磁盘的柱面号、磁道号及扇区号。

② 检查用户 I/O 请求的合法性,了解 I/O 设备的状态,传递有关参数,设置设备的工作方式。

③ 发出 I/O 命令。如果设备空闲,便立即启动 I/O 设备去完成指定的 I/O 操作。如果设备处于忙碌状态,则将请求者的请求挂在设备队列上等待。

④ 及时响应由控制器或通道发来的中断请求,并根据其中断类型调用相应的中断处理

程序进行处理。

⑤ 对于设置有通道的计算机系统,驱动程序还应能够根据用户的 I/O 请求自动地构成通道程序。

6.6.1 设备驱动程序的处理过程

设备驱动程序是操作系统与设备交互的唯一模块,一般由生产设备的厂商提供。操作系统对于设备驱动的管理分为两层:上层提供统一的系统调用接口,通过设备表提供的系统调用函数列表进行入口控制;下层通过设备开关表与设备驱动程序直接关联。这样分层处理便于管理和添加新的设备,也使得系统可以使用相同的接口访问所有设备。

设备驱动程序的主要任务是启动指定的设备。为了封装不同设备的细节与特点,操作系统的内核设计成使用设备驱动程序模块的结构,设备驱动程序为 I/O 系统提供了统一的设备访问接口,就像系统调用为应用程序与操作系统之间提供了统一的标准接口那样。

在启动设备之前,必须完成必要的准备工作。设备驱动程序首先检查 I/O 请求的合法性,了解设备状态是否空闲,了解相关传递参数及设置设备的工作方式。然后,向设备控制器发出 I/O 命令,启动 I/O 设备去完成指定的 I/O 操作。设备驱动程序还应及时响应由控制器发来的中断请求,并根据该中断请求的类型,调用相应的中断处理程序进行处理。对于设置了通道的计算机系统,设备驱动程序还应能根据用户的 I/O 请求自动地构成通道程序。

设备驱动程序的处理过程如下。

1. 预置设备

系统在初始或启动设备传输时,预置设备的初始状态,其中包括以下几步。

① 将上层软件对设备的抽象要求转换为具体要求。例如,将抽象要求中的盘块号转换为磁盘中的柱面号、磁道号及扇区号。

② 检查 I/O 请求的合法性。

③ 读出和检查设备的状态。启动设备进行 I/O 操作的前提条件是该设备正处于空闲状态;在启动设备之前,应从设备控制器的状态寄存器中读出设备的状态并进行检查。

④ 传送必要的参数。许多设备(如块设备)在发出启动命令外,还需要传送必要的参数,例如,启动磁盘进行读/写之前,需要将本次传送的字节数和数据应到达的主存始址送入控制器相应的寄存器中。

⑤ 工作方式的设置。有些设备可具有多种工作方式,在启动设备前必须指定。

2. 启动 I/O 设备

在完成预置工作后,设备驱动程序可以向控制器中的命令寄存器传送相应的控制命令,负责启动设备的传送。对于具有通道的 I/O 系统,还将形成通道指令,并启动相应通道。

3. 设备中断处理

负责处理设备(或通道)发出的各种中断,如一次 I/O 完成时的结束中断,I/O 传输过程中的故障中断等。

6.6.2 设备的中断处理

设备中断是外围设备(通道)和 CPU 协调工作的一种手段。设备(通道)借助 I/O 中断请求 CPU 进行干预,CPU 根据产生的 I/O 中断事件了解 I/O 操作的执行情况。中断处理流程如图 6-33 所示。I/O 中断事件或由设备(通道)工作引起,或由外界原因产生。对于不同的中断事件,操作系统应采用不同的处理方法。

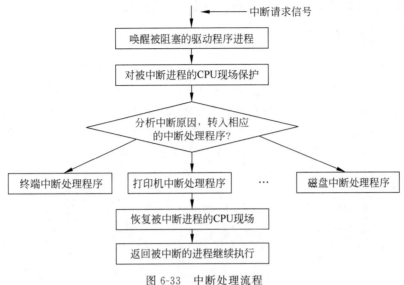

图 6-33　中断处理流程

1. 操作正常结束

当通道状态字(Channel Status Word,CSW)中有通道结束、控制器结束和设备结束时,表示已完成一次 I/O 操作,形成 I/O 操作正常结束的中断事件。

2. 操作异常结束

当在 I/O 传输过程中出现设备故障或设备特殊情况时,形成操作异常结束的 I/O 中断事件。

1)设备故障

如果发现硬件故障,例如,接口错、控制错、通道程序错以及数据错(如校验码不符合)等,则表示设备或通道不正常,出现了设备故障。操作系统对此类事件的处理原则是先组织通道程序复执,若经复执后,故障被排除,则通道可继续执行通道程序;若经多次复执,故障仍未排除,则操作系统在屏幕上输出一些信息,请求人工排除故障。

2)设备特殊情况

各种设备在工作时会出现一些特殊情况(如打印纸用完了,往磁带上写信息时磁带到了末端等),操作系统将分析发生的事件,分别进行处理。

6.7　虚　拟　设　备

对于独占型设备采用静态分配方式,往往不能充分利用设备,不利于提高系统效率。具体表现在以下几方面。

① 占有独占设备的作业只有一部分时间在使用它们,在其余时间,这些设备处于空闲状态。在设备空闲时,不允许其他作业去使用它们,因此,不能有效地利用这些设备。

② 当系统只配有一台独占设备时,就不能接受两个以上要求使用独占设备的作业同时执行,不利于多道并行工作。

③ 这些独占设备大都是低速设备,在作业执行中往往由于等待这些设备的信息传输而延长了作业的执行时间。

为此,现代操作系统提供了虚拟设备的功能来解决这些问题。

6.7.1　脱机外围设备操作

早期采用脱机外围设备操作技术来解决上述系统效率不高的问题。使用两台外围计算机和一台主计算机,其中一台外围计算机专门负责把一批作业信息从读卡机上读取,并记录到输入磁盘上;然后,把含有输入信息的输入磁盘人工地移动到主计算机上,在多道程序环境下,每个作业在执行时不再启动输入机读取信息,而是让作业从磁盘上读取各自的信息,把作业运行的结果写入输出磁盘;最后把存有输出结果的输出磁盘移动到另一台外围计算机上打印输出,如图6-34所示。

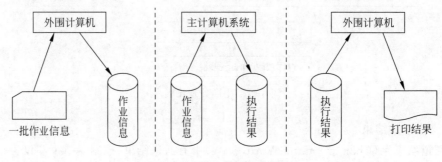

图 6-34　脱机外围设备操作

两台外围计算机并不进行计算,只是将低速 I/O 设备上的数据从一台外围计算机传送到高速磁盘上,或者相反。这种操作是独立于主计算机的,不在主计算机的直接控制下进行,因此称为脱机外围设备操作。

由于脱机外围设备操作中,主计算机只是专门进行计算,而与慢速外围设备打交道的工作交给外围计算机去做,这在一定程度上提高了主计算机的效率,但使用多台外围计算机增加了系统的成本;在主计算机与外围计算机之间来回移动磁盘,增加了操作人员的手工操作,既费时又增加了出错的机会,增加了每个作业的周转时间。

6.7.2　联机同时外围设备操作

视频讲解

现代计算机系统有足够的功能和大容量的磁盘,具有 CPU 与通道的并行工作能力,可以在执行计算的同时进行联机外围操作。事实上,当系统中引入了多道程序技术后,完全可以利用其中的一道程序来模拟脱机输入时的外围计算机功能,把低速 I/O 设备上的数据传送到高速磁盘上;再用另一道程序来模拟脱机输出时外围计算机的功能,把数据从磁盘传送到低速输出设备上。这样,便可在主计算机的直接控制下,实现脱机 I/O 功能。此时的外围操作与 CPU 对数据的处理同时进行,这种在联机情况下实现的同时外围设备操作称为 SPOOLing(Simultaneous Periphernal Operating On-Line),或称为假脱机操作。如图6-35所示为联机同时外围设备操作。

SPOOLing 思想首先在 Manchester 大学的 Atlas 计算机上实现,但该术语却是由 IBM 公司后来给出的。可以看出,SPOOLing 技术是对脱机 I/O 系统的模拟,它必须建立

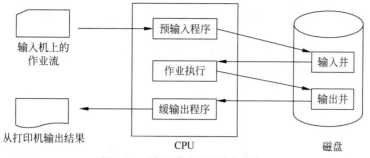

图 6-35　联机同时外围设备操作

在具有多道程序功能的操作系统上,需要有高速的、大容量的随机存储器支持。在磁盘上划出专用存储空间(称为"井"),用以存放作业的初始信息和执行结果。为了便于管理,把"井"分为"输入井"和"输出井"。"输入井"中存入作业的初始信息,"输出井"中存放作业的执行结果。

操作系统中实现联机同时外围设备操作功能的部分也称为 SPOOLing 系统。SPOOLing 系统主要由三部分程序组成,即预输入程序、实现输入井读和输出井写的井管理程序和缓输出程序。

1. 预输入程序

预输入程序把一批作业组织在一起形成作业流,由预输入程序把作业流中每个作业的初始信息由输入设备输入到输入井保存,并填写好输入表,以便在作业执行中要求输入信息时可以随时找到它们的存放位置,以备作业调度。

系统拥有一张作业表,用来登记进入系统的所有作业的作业名、状态、预输入表位置等信息。每个用户作业拥有一张预输入表,用来登记该作业的各个文件的情况,包括设备类、信息长度及存放位置等。

输入井中的作业有四种状态:

(1) 输入状态:作业的信息正从输入设备上预输入。

(2) 收容状态:作业预输入结束并存入输入井后备队伍中,但未被选中执行,故又称后备状态。

(3) 执行状态:作业已被选中运行,运行过程中,它可从输入井中读取数据信息,也可向输出井写信息。

(4) 完成状态:作业已经撤离,该作业的执行结果等待缓输出。

作业表指示了哪些作业正在预输入,哪些作业已经预输入完成,哪些作业正在执行等等。作业调度程序根据预定的调度算法选择收容状态的作业执行,作业表是作业调度程序进行作业调度的依据,是 SPOOLing 系统和作业调度程序共享的数据结构。

2. 井管理程序

作业执行过程中,要求启动输入机(或打印机)读文件信息(或输出结果)时,操作系统根据作业请求,调出井管理程序工作,不必再启动 I/O 设备,而转换成从磁盘的输入井读信息(或把结果写入输出井)。

对系统来说,从"井"中存取信息可以缩短信息的传输时间,从而加快作业的执行。对用户来说,只要保证信息的正确存取即可,至于信息是从"井"中存取还是从独占设备上存取,则无关紧要。由于磁盘是共享型设备,因此从"井"中存取信息可以同时满足多个用户的读/

写要求,使每个用户都感到有供自己独立使用的输入机(或打印机),且速度与磁盘一样快。

井管理程序包括井管理读程序和井管理写程序两部分。

当作业请求从输入机上读文件信息时,就把任务转交给井管理读程序,从输入井中读出信息供用户使用。

当作业请求从打印机上输出结果时,就把任务转交给井管理写程序,把产生的结果保存到"输出井"中。

3. 缓输出程序

缓输出程序负责查看输出井中是否有等待输出的结果信息,若有,则启动打印机把作业的结果文件打印输出。当一个作业的文件信息输出完毕后,将它占用的井区回收,以供其他作业使用。

SPOOLing 系统提高了 I/O 速度,缓和了 CPU 与低速的 I/O 设备之间速度不匹配的矛盾;增加了多道程序的道数,增加了作业调度的灵活性,将独占型设备改造为共享型设备。从宏观上看,虽然十多个进程在同时使用一台独占型设备,而对于每一个进程而言,它们都认为自己独占了一个设备,实现了将独占型设备变换为若干台对应的逻辑设备的功能,即实现了虚拟设备功能。

6.7.3 SPOOLing 应用例子

SPOOLing 是在多道程序系统中处理独占设备的一种方法,这种技术已经广泛应用于许多设备和场合,如早期的读卡机、穿卡机和现在的打印机、网络等。

1. 打印机 SPOOLing 守护进程

对于打印机,尽管可以让用户进程采用打开其设备文件来进行申请和使用,但往往一个进程打开它后可能长达几个小时不使用,这期间其他进程又都无法打印。为解决这个问题,可创建一个特殊的进程——守护进程(daemon),以及一个特殊的目录——SPOOLing 打印目录。在打印一个文件之前,进程首先产生完整的待打印文件,并将其放在 SPOOLing 打印目录下。规定系统中该守护进程是唯一有特权能够使用打印机设备文件的进程。当打印机空闲时,守护进程便启动打印待输出的文件。通过禁止用户直接使用打印机设备文件,解决了上述打印机空占的问题。

2. 网络通信 SPOOLing 守护进程

SPOOLing 技术不仅可用于打印机,还可用于其他场合。例如,在网络上传输文件时,常使用网络守护进程,发送文件前,先将其放在某特定目录下,然后由网络守护进程将其取出,并发送出去。这种文件传送方式的用途之一是 Internet 电子邮件系统。当向某用户发送 E-mail 时,使用一个类似于 send 的程序发出,网络守护进程接收要发的信件,并将其送入一个固定的 SPOOLing 电子邮件目录下等待以后发送。整个 E-mail 邮件系统在操作系统之外都作为一种应用程序运行。

6.8 Linux 设备管理

6.8.1 Linux 设备管理概述

Linux 设备管理主要由系统调用和设备驱动程序组成。系统调用是上层的、与设备无关的软件,它为用户和内核之间提供了一个统一而简单的接口。设备驱动程序是下层的、与设备有直接关系的软件,它直接与相应设备打交道,而且向上层内核提供一组访问接口。Linux 设备管理层次图见图 6-36。

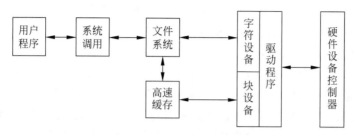

图 6-36 Linux 设备管理层次图

Linux 的所有硬件设备都被看成普通文件,可以通过和普通文件相同的标准系统调用来完成打开、关闭、读取和写入设备等操作。系统中的每个设备都用一种特殊的设备相关文件来表示(device special file),例如系统中第一个 IDE 硬盘表示成/dev/hda。在 Linux 中,对每一个设备的描述是通过主设备号和次设备号来实现的。由同一个设备驱动控制的所有设备具有相同的主设备号,主设备号描述控制这个设备的驱动程序,也就是说,驱动程序与主设备号是一一对应的。次设备号用来区分同一个驱动程序控制的不同设备。Linux 通过使用主、次设备号将包含在系统调用中的设备特殊文件映射到设备的管理程序以及大量系统表格中,如字符设备表——chrdevs。块设备和字符设备的设备特殊文件可以通过 mknod 命令来创建,并使用主、次设备号来描述此设备。

1. 设备分类

Linux 系统调用是应用程序和操作系统内核之间的接口,而设备驱动程序是内核和硬件设备之间的接口。设备驱动程序屏蔽硬件细节,且设备被映射成特殊的文件进行处理。每个设备对应一个文件名,在内核中也对应一个 inode,应用程序可以通过设备的文件名来访问硬件设备。Linux 系统将硬件设备分为两大类——块设备和字符设备,相应地,提供两个标准接口——块设备文件和字符设备文件。块设备支持面向块的 I/O 操作且数据可以被随机访问。I/O 操作通过在内核空间中的 I/O 缓冲区进行,块设备的典型例子是磁盘;字符设备支持面向字符的 I/O 操作,不经过系统 I/O 缓冲区,所以需要管理自己的缓冲区结构。

2. 主设备号与次设备号

设备文件放置在/dev 目录下,它是存放在文件系统中的实际文件,然而,Linux 从 2.3.46 版本起正式引入设备文件系统 devf,所有设备文件作为一个可挂接的文件系统纳入文件系统管理范围。设备文件的 inode 并不对磁盘上的数据块编制,而是包含硬件设备相关信息的一个表示。除文件名和设备类型(字符设备或块设备)外,还有两个主要属性——主设备号和次设备号。通常,主设备号指明唯一设备类型,即标识设备对应的驱动程序类型。它是块设备表或字符设备表中表项的索引。Linux 内核允许多个驱动程序共享主设备号,但是大多数设备仍然按照"一个主设备号对应一个驱动程序"的原则组织;次设备号用于在主设备号相同的设备之间唯一标识特定设备,如两个硬件就可用次设备号区分。在内核中,dev_t 类型保存设备编号。dev_t 是一个 32 位数,其中 12 位标识主设备号,其余 20 位标识次设备号。使用 dev_t 时,开发者应该采用系统提供的一组宏对设备号进行访问。mknod()函数用来创建设备文件,使用该函数需要 4 个参数——设备文件名、设备类型、主设备号及次设备号。用户也可通过 mknod 命令创建设备文件。

3. 设备文件的 VFS 处理

用户通过同一组文件操作函数访问设备文件和普通文件。访问普通文件时,文件系统将用户的操作转换成对磁盘分区中数据块的操作;访问设备文件时,文件系统需要将用户的操作转换成对设备的驱动操作。

在 VFS 中,每个文件都有一个 inode 与之对应。在内核的 inode 结构中有一个名为 i_fop 的成员,其类型为 file_operations。它定义文件的各种操作,用户对文件的操作是通过调用 file_operations 来实现的。为了使用户对设备文件的操作能够转换成对设备的驱动操作,VFS 必须在设备文件打开时改变其 inode 结构中 i_fop 成员的默认值,将该值替换成与该设备相关的具体函数操作。

当用户准备对设备文件进行访问时,文件系统读取设备文件在磁盘上相应的 inode,并存入内存活动 inode 表中。内核将文件的主设备号与次设备号写入 inode 结构中的 i_rdev 字段,并将 i_fop 字段设置成 def_blk_fops(如果为块设备)或 def_chr_fops(如果为字符设备)。通过这样的设置,用户对设备文件的操作便能转换成对设备的驱动操作。

6.8.2　Linux 磁盘 I/O 调度算法

磁盘寻址是整个计算机中最慢的操作之一,尽量缩短磁头移动到特定块上某个位置的时间是提高系统性能的关键。为了优化寻址操作,内核会在提交驱动磁盘之前先执行合并与排序预操作,这种预操作可以极大地提高系统整体性能,在内核中负责提交 I/O 请求的子系统称为 I/O 调度程序。进程调度程序和 I/O 调度程序都是将一个资源虚化并分给多个对象使用。对进程调度程序来说,CPU 被虚化,并被系统中的可运行进程共享,这种虚化的效果是提供给用户多任务和分时操作系统;而 I/O 调度程序虚化磁盘设备,为多个磁盘 I/O 请求服务,以便降低磁盘寻址时间,确保磁盘性能的最优化。

I/O 调度程序工作是管理块设备的请求队列,它决定队列中的 I/O 请求排列顺序,以及在什么时刻派发 I/O 请求到块设备,通过两种方法可以减少磁盘寻址时间——合并与排序。合并指将两个或多个请求结合成一个新请求。若有访问的磁盘扇区和当前请求访问的磁盘扇区相邻,那么,这两个请求就可以合并为一个对单个和多个相邻磁盘扇区操作的新请求。通过合并请求,只需要传递给磁盘一条寻址命令,就可以访问到请求合并前必须多次寻址才能访问完成的磁盘区域,因此合并请求显然能减少启动磁盘 I/O 次数和系统开销。

下面介绍 Linux 系统的 3 种磁盘调度算法。

1. Linux 电梯 I/O 调度算法

在 Linux 2.4 版本中,Linux 电梯调度算法是默认的 I/O 调度算法,它执行合并与排序预处理。当有新请求加入请求队列时,首先会检查其他每个挂起的 I/O 请求是否可以和新 I/O 请求合并,可以执行向前和向后合并。如果新 I/O 请求正好连在一个现存的 I/O 请求前,就是向前合并;相反,如果新 I/O 请求直接连在一个现存的 I/O 请求之后,就是向后合并。实际情况中,向前合并比向后合并要少得多。

如果合并尝试失败,就需要寻找可能的插入点,新 I/O 请求在队列中的位置必须符合请求以扇区方向次序排序的原则。如果找到,新 I/O 请求将被插入到该点;如果没有合适位置,新 I/O 请求就被加入到队列尾部。另外,如果发现队列中有驻留时间过长的 I/O 请求,那么,新 I/O 请求也将被加入到队列尾部,即使插入后还要排序。这样做是为了避免由于访问相近磁盘位置的请求太多而造成访问磁盘其他位置的 I/O 请求难以得到执行机会。不幸的是,这种方法并不很有效,会导致 I/O 请求饥饿现象发生。当一个请求加入到请求队列中时,可能发生四种操作,它们依次是:

(1) 如果 I/O 请求队列中已存在一个对相邻磁盘扇区操作的请求。新 I/O 请求将和这个已经存在的请求合并成一个 I/O 请求。

(2) 如果 I/O 请求队列中存在一个驻留时间过长的请求,新 I/O 请求将插入到队列尾部,以防止其他旧 I/O 请求发生饥饿。

(3) 如果 I/O 请求队列中以扇区方向为序存在合适的插入位置,新 I/O 请求将被插入到该位置,保证队列中的 I/O 请求是以被访问磁盘物理位置为序进行排列的。

(4) 如果 I/O 请求队列中不存在合适的 I/O 请求插入位置,新 I/O 请求将被插入到队列尾部。

电梯调度算法有两个问题:一是由于队列动态更新原因,相距较远的 I/O 请求可能会延迟相当长的时间,导致饥饿;二是由于写请求通常是异步的,而读请求大部分是同步操作,在写一个大文件时,很可能将一个读请求堵塞很长时间,从而阻塞进程。为此,Linux v2.6 增加了两种新磁盘调度算法——时限 I/O 调度算法和预期 I/O 调度算法,尽力确保处理期限到达的 I/O 请求获得响应。

2. 时限 I/O 调度和预期 I/O 调度算法

为克服这些问题,引入时限调度算法,它使用 3 个队列——读 FIFO 队列、写 FIFO 队列和电梯排序队列。每个新 I/O 请求被放置到电梯排序队列中,该队列与前面所述一致。此外,同样的 I/O 请求还被放置在 FIFO 读队列(如果是读请求)或 FIFO 写队列(如果是写请求)中,这样,读和写请求队列维护一个按请求发生时间为顺序的 I/O 请求列表。对每个 I/O 请求都有一个到期时间,对于读请求的默认值为 0.5s,对于写请求的默认值为 5s。通常,I/O 调度程序从排序队列中分派服务,当一个 I/O 请求得到满足时,其将从电梯排序队列头部移走,同时也从对应的 FIFO 队列移走。然而,当 FIFO 队列头部的请求超过其到期时间时,调度程序将从该 FIFO 队列中派遣任务,取出到期 I/O 请求,再加上接下来的队列中的几个请求。当然,任何一个 I/O 请求被服务时,它也从电梯排序队列中移出。所以时限调度算法能克服饥饿和读写不一致问题。

当存在很多同步读请求时,上述策略可能达不到预期效果。典型地,应用程序会在一个读请求得到满足且数据可用后,才会发出下一个读请求。在接受上次读请求的数据和发出下一次读请求之间,有个很小的延迟,利用这个延迟,调度程序可转去服务其他等待的 I/O 请求。由于局部性原理,同一进程的连续读请求会发生在相邻的磁盘块上,如果调度程序在满足一个读请求后能延迟一小段时间,检查附近是否有新的读请求发生,则可以提高整个系统性能,这就是时限调度算法的原理。

预期调度是对时限调度的补充。分派一个读请求时,预期调度程序会将调度程序的执行延迟若干毫秒(取决于配置文件)。在延迟时段中,发出上一条读请求的应用程序有机会发出后续读请求,且该 I/O 请求发生在相同的磁盘区域。如果是这样,新的 I/O 请求会立刻获得服务;如果没有新的 I/O 请求发生,则调度程序继续使用时限调度算法。

3. 完全公平排队 I/O 调度算法

完全公平排队 I/O 调度算法是为专有工作负荷设计的,推荐给桌面系统使用,但它对多种工作负荷均能提供良好性能。

完全公平排队调度程序把进入的 I/O 请求放入特定队列中,这种队列是根据引起 I/O 请求的进程来组织的。来自不同进程的 I/O 请求进入不同的 I/O 请求队列。在每个队列中,刚进入的 I/O 请求与相邻 I/O 请求合并在一起,并进行插入分类,队列由此按扇区方向排序。完全公平排队调度程序的差异在于每个提交 I/O 的进程都有自己的队列。

完全公平排队调度程序以时间片轮转调度 I/O 请求队列,从每个 I/O 请求队列中选取请求数,默认值为 4(可以进行设置),然后进行下一轮调度,这就在进程级提供了公平性,确保每个进程接收公平的磁盘带宽片断。预定的工作负荷是多媒体播放,这种公平算法可以保证音频播放器总能够及时从磁盘再填满它的音频缓冲区。实际上,完全公平排队调度程序在很多场合都能很好地工作。

6.9 本章小结

设备管理在实现各类外围设备和 CPU 进行 I/O 操作的同时,要尽量提高设备与设备、设备与 CPU 的并行性,使得系统效率得到提高;同时,为用户使用 I/O 设备屏蔽硬件细节,提供方便易用的接口。设备管理的功能主要包括外围设备的分配和去配、外围设备的启动、磁盘的驱动调度、设备处理以及虚拟设备。

按照 I/O 控制功能的强弱以及和 CPU 之间联系方式的不同,可以把 I/O 控制方式分为 4 类——直接程序控制方式、中断驱动控制方式、直接存储器访问控制方式和通道控制方式。其中,通道具有执行 I/O 指令的能力,并通过执行通道程序来控制 I/O 操作,完成主存和外围设备之间的信息传送。通道技术实现了外围设备与 CPU 之间、通道与通道之间以及各个通道上外围设备之间的并行操作,提高了整个系统效率。

为了缓解 CPU 与外围设备之间速度不匹配和负载不均衡的矛盾,提高 CPU 和外围设备的工作效率,增加系统中各部件的并行工作程度,现代操作系统普遍采用缓冲技术。常见的缓冲机制有单缓冲机制、能实现双向同时传送数据的双缓冲机制以及能供多个设备同时使用的公共缓冲机制等。

现代计算机系统具有设备的独立性,使得设备分配灵活性强,适应性强,易于实现 I/O 重定向。独占型设备往往采用静态分配方式。系统通过设置设备控制表、控制器控制表、通道控制表和系统设备表等数据结构,记录相应设备或控制器的状态以及对设备或控制器进行控制所需要的信息实现设备的分配。共享型设备的分配则更多地采用动态分配方式。磁盘属于共享型设备,启动磁盘完成一次 I/O 操作所花费的时间包括寻找时间、延迟时间和传送时间。移臂调度的目标是尽可能地减少 I/O 操作的寻找时间。常用的移臂调度算法有先来先服务调度算法、最短寻道时间优先调度算法、电梯调度算法、单向扫描算法和双向扫描算法等。旋转调度是指选择延迟时间最短的请求访问者执行的调度策略。记录在磁道上的排列方式、盘组中扇区的编号方式等都会影响 I/O 操作的时间。通过优化记录的分布,交错编排盘面扇区号等方式可以达到减少延迟时间的目的。

设备驱动程序中包括了所有与设备相关的代码,它把用户提交的逻辑 I/O 请求转化为物理 I/O 操作的启动和执行,如设备名转化为端口地址、逻辑记录转化为物理记录、逻辑操作转化为物理操作等,它对其上层的软件屏蔽所有硬件细节,并向用户层软件提供一个一致性的接口,如设备命名、设备保护、缓冲管理、存储块分配等。

为了提高独占设备的使用效率,创造多道并行工作环境,在中断和通道硬件的支持下,操作系统采用多道程序设计技术合理分配和调度各种资源,实现联机同时外围设备操作。SPOOLing 技术将一个物理设备虚拟成多个虚拟(逻辑)设备,用共享型设备模拟独占型设备,实现了虚拟设备功能。SPOOLing 系统主要由三部分组成——预输入程序、井管理程序和缓输出程序,它已被用于打印控制和电子邮件收发等许多场合。

Linux 设备管理主要由系统调用和设备驱动程序组成,本章最后对 Linux 设备管理进行了概述,介绍了 Linux 的电梯调度算法、时限调度和预期调度算法以及公平排队调度算法等磁盘 I/O 调度算法。

视频讲解

习　题　6

(1) 试述设备管理的基本功能。

(2) 试说明各种 I/O 控制方式及其主要优缺点。

(3) 试说明 DMA 的工作流程。

(4) 简述采用通道技术时,I/O 操作的全过程。

(5) 试叙述引入缓冲的主要原因。其实现的基本思想是什么?

(6) 试叙述常用的缓冲技术。

(7) 何谓设备的独立性? 如何实现设备的独立性?

(8) 用于设备分配的数据结构有哪些? 它们之间的关系是什么?

(9) 目前常用的磁盘调度算法有哪几种? 每种算法优先考虑的问题是什么?

(10) 假设某磁盘共 200 个柱面,编号为 0～199,如果在访问 143 号柱面的请求服务后,当前正在访问 125 号柱面,同时有若干请求者在等待服务。它们依次请求的柱面号为:86,147,91,177,94,150,102,175,130。

请回答:分别采用先来先服务算法、最短寻找时间优先算法、电梯调度算法和单向扫描算法确定实际的服务次序以及移动臂分别移动的距离。

(11) 假定在某移动臂磁盘上,刚刚处理了访问 75 号柱面的请求,目前正在 80 号柱面读信息,并且有下述请求序列等待访问磁盘:

请求次序	1	2	3	4	5	6	7	8
欲访问的柱面号	160	40	190	188	90	58	32	102

试用电梯调度算法和最短寻找时间优先算法分别列出实际处理上述请求的次序。

(12) 磁盘请求以 10、22、20、2、40、6、38 柱面的次序到达磁盘驱动器,如果磁头当前位于柱面 20,若查找移过每个柱面要花费 6ms,试用以下算法计算查找时间:①FCFS;②最短寻找时间优先;③电梯调度算法(正向柱面大的方向移动)。

(13) 除 FCFS 外,所有磁盘调度算法都不公平,如造成有些请求饥饿。试分析:

① 为什么不公平?

② 请提出一种公平性调度算法。

③ 为什么公平性在分时系统中是一个很重要的指标?

(14) 假定磁盘的移动臂现在处于第 8 号柱面,有如下 6 个请求者等待访问磁盘,请列出最节省时间的响应次序。

序　号	柱　面　号	磁　头　号	扇　区　号
1	9	6	3
2	7	5	6
3	15	20	6
4	9	4	4
5	20	9	5
6	7	15	2

(15) 一个软盘有 40 个柱面,查找移过每个柱面花费 6ms。若文件信息块零乱存放,则相邻逻辑块平均间隔 13 个柱面。但经过优化存放后,相邻逻辑块平均间隔 2 个柱面。如果搜索延迟为 100ms,传输速度为每块 25ms,问在这两种情况下传输 100 块文件各需要多长的时间?

(16) 假定某磁盘的旋转速度是每圈 20ms,格式化时,每个盘面分成 10 个扇区,现有 10 个逻辑记录顺序存放在同一个磁道上,处理程序要处理这些记录,每读出一条记录后处理要花费 4ms,然后再顺序读下一条记录进行处理,直到处理完这些记录,请回答:

① 顺序处理完这 10 条记录总共需花费多少时间?

② 请给出一个优化方案,使处理能在最短时间内完成,并计算出优化分布时需要花费的时间。

(17) 试说明设备驱动程序应具备哪些功能?

(18) 何谓虚拟设备? 简述虚拟设备的设计思想。

(19) SPOOLing 系统由哪些部分组成? 简述它们的功能。

(20) 实现虚拟设备的主要条件是什么?

第 7 章

文件管理

操作系统要处理大量的信息,必须解决信息的组织与长期存取的问题。但是由于内存容量有限,且不能长期保存,因此必须以文件的形式存储于外部存储介质中,需要时再设法装入内存。如何方便系统和用户使用外存中的文件?如何保持数据在多用户环境下的安全性和一致性?这些都是操作系统需要解决的问题。现代操作系统提供了文件系统用于存取和管理信息,是操作系统的重要组成部分。文件系统为用户提供了简单、方便、统一的存取和管理信息的方法,以实现文件组织、存取、检索、更新、共享和保护手段,并提供辅存空间的管理和方便用户的快捷操作接口等。通过本章的学习,读者须重点掌握以下要点:

- 了解文件和文件系统,以及 Linux 文件系统;
- 理解文件的共享、保护和保密技术,以及文件的使用过程;
- 掌握文件的组织结构和存取方式、目录管理机制以及典型的辅存空间管理技术。

7.1　文件管理概述

计算机系统处理的大量信息中,有的需要长期保存,有的只是临时使用。信息的存储和检索是一项相当复杂而烦琐的工作。因此,现代操作系统设计了对信息进行管理的功能,称文件管理或文件系统。文件管理的主要工作是管理用户信息的存储、检索、更新、共享和保护。用户把信息组织成文件,交给操作系统统一管理,这样用户可不必考虑文件如何输入系统、在系统中存储的具体位置、如何从系统中最终输出等工作;此外,操作系统还可为用户提供"按名存取"的功能。

7.1.1　文件和文件系统

1. 文件

用户的作业中需要用到各种各样的信息,例如源程序、目标程序、编译程序以及各种实用程序等。文件是一组在逻辑上具有完整意义的相关信息的集合,每个文件都要用一个名字进行标识,称为文件名。例如,一个源程序、一个目标程序、各种语言的编译程序以及实用程序都可被看成一个文件。标识符是用来标识文件的,每一个文件必须要有一个文件名,它通常是由一串 ASCII 码或汉字构成,名字的长度因系统而异。一般的系统把文件名规定为8 个字符,用户利用文件名来访问文件。

一个文件可以是一系列的二进制数、字符、字或记录,它们的含义和命名都是由文件的创建者或所有者用户来定义。一个文件一旦被命名后,就可以单独处理。大多数操作系统设置了专门的文件属性用于文件的管理控制和安全保护,它们虽然不是文件的信息内容,但对于系统的管理和控制是十分重要的。这组属性如下。

(1) 文件的基本属性：文件名字、文件所有者、文件授权者、文件长度等。

(2) 文件的类型属性：如普通文件、目录文件、系统文件、隐式文件、链接文件、设备文件等。也可按文件信息分为 ASCII 码文件、二进制码文件等。

(3) 文件的保护属性：如可读、可写、可执行、可更新、可删除、可改变保护等。

(4) 文件的管理属性：如文件创建时间、最后存取时间、最后修改时间等。

(5) 文件的控制属性：逻辑记录长、文件当前长、文件最大长，以及允许的存取方式标志，关键字位置、关键字长度等。

文件的保护属性用于防止文件被破坏，称为文件保护。它包括两个方面：一是防止系统崩溃所造成的文件破坏；二是防止文件所有者和其他用户的有意或无意的非法操作所造成的文件不安全性。

2. 文件系统

文件系统是操作系统中负责存取和管理文件信息的软件。文件系统由管理文件所需的数据结构(如文件控制块、目录表、存储分配表等)和相应的管理软件以及访问文件的一组操作组成，可管理文件的存储、检索、更新，提供安全可靠的共享和保护手段，并且方便用户使用。

从系统角度看，文件系统的功能是负责文件的存储并对存入的文件进行检索、保护，并对文件存储空间进行组织和分配等。

从用户角度看，文件系统的功能是实现"按名存取"。当用户要求系统保存一个已命名的文件时，文件系统根据一定的格式把该文件存储到存储介质中；当用户要使用文件时，系统根据用户给出的文件名，能够从存储介质中快速找到存储的文件或者文件部分内容。因此，对于文件系统使用者，只要给出文件名就可以方便地存取文件信息，而无须知道这些文件空间存放在什么地方。

7.1.2　文件的分类

为管理和控制文件方便起见，文件系统要能正确识别和区分文件的类型，如果是文件系统所确认的文件类型，则可根据文件类型对文件进行合理的操作。一般地，可把文件类型包含在文件名中，文件名由文件基本名和文件扩展名两部分组成。例如，在 Windows 操作系统中，扩展名为 com、exe 和 bat 的文件都是可直接执行的可执行文件，但是在 Linux 系统中，文件是否能够执行则不取决于文件扩展名，而是与文件内容组成和是否授予了执行权限有关。由于文件众多，常将系统中的文件分成若干类型，由于文件系统管理方法不同，文件分类方法也不同。通常对文件有以下几种主要分类方法。

1. 按文件的性质和用途分类

根据文件的性质和用途不同，可把文件分成系统文件、库文件和用户文件。

(1) 系统文件。该类文件主要由操作系统核心程序、各种系统应用程序等组成，一般不允许对其直接读写和修改，只允许用户通过系统调用来执行。

(2) 库文件。该类文件允许用户对其进行读和执行，但一般不允许修改，如 C 语言子程序库等。

(3) 用户文件。该类文件(如源程序、目标程序和用户数据库等)一般只能被所有者及其被授权的其他用户使用。

2. 按文件的保护级别分类

为了安全起见,可对每个文件规定保护级别。根据限定的使用文件的权限不同,可把文件分成只读文件、读写文件、执行文件和不保护文件。

(1) 只读文件。该类文件只允许授权用户对其执行读操作,系统对于写操作将拒绝执行,并给出错误提示。

(2) 读写文件。该类文件允许授权用户对其进行读写操作,但拒绝其他操作。

(3) 执行文件。该类文件(如 Windows 系统中扩展名为 exe 或者 com 的文件)允许授权用户对其进行执行操作。

(4) 不保护文件。不加任何访问限制的文件,即普通文件。

3. 按信息流向分类

物理设备的特性决定了文件信息的流向。根据信息流向的不同,可把文件分成输入文件、输出文件和输入/输出文件。

(1) 输入文件。该类文件(如读卡机或键盘上的文件)只允许用户对其执行读操作。

(2) 输出文件。该类文件(如打印机上的文件)只允许用户对其进行写操作。

(3) 输入/输出文件。该类文件(如磁盘、磁带上的文件)允许用户对其进行读操作和写操作。

4. 按存放时限分类

根据系统保留文件的时间长短不同,可把文件分成临时文件、永久文件和档案文件。

(1) 临时文件。该类文件是用户在某次操作过程中建立的中间文件,保存在存储介质上,是该用户的私有文件,随着用户撤离系统而消失,因此不能共享。

(2) 永久文件。该类文件是用户经常要使用的文件,可保留文件副本。

(3) 档案文件。该类文件仅保留在作为“档案”的存储介质上,以备查询及恢复。

5. 按文件中的数据形式分类

可把文件分成源文件、目标文件和可执行文件。

(1) 源文件。该类文件一般指利用某种程序设计语言或编辑工具编辑的文件,大多数文件由 ASCII 码构成,可正常显示。

(2) 目标文件。该类文件是在编译、翻译程序或工具的控制下,由源文件转换而来的文件,可在当前环境下执行。

(3) 可执行文件。该类文件允许用户对其直接执行,不需要其他语言或支撑环境的支持。

6. 按文件的性质分类

(1) 普通文件。该类文件是我们平常所说的具有一般格式的文件,包括系统文件、用户文件、库函数文件及实用程序文件。

(2) 目录文件。该类文件是由文件的目录信息构成的特殊文件,是用来维护文件系统结构的文件。对其处理同普通文件。

(3) 特殊文件。该类文件一般指的是系统中的输入/输出设备名,使用时与普通文件相同,都要查找目录、验证使用权限、进行读写等,但必须在设备处理程序的控制下转入到对不同的设备进行操作。

7.1.3 文件系统的功能

文件系统对文件实现统一管理,以方便用户且提供安全可靠的共享和保护手段。从用户角度看,文件系统主要是实现"按名存取"。为能正确实现按名存取,文件系统应具有以下功能。

1. 目录管理

文件目录是实现"按名存取"的一种重要手段。一个好的目录结构应既能方便检索,又能保证文件的安全。

2. 文件的组织

用户按信息的使用和处理方式组织文件,称为文件的逻辑结构或逻辑文件。把逻辑文件保存到存储介质上的工作由文件系统来完成,这样可减轻用户的负担。根据用户对文件的存取方式和存储介质的特性的不同,文件在存储介质上可以有多种组织形式。文件在存储介质上的组织方式称为文件的物理结构或称为物理文件。因此,当用户要求保存文件时,文件系统必须把逻辑文件转换成物理文件;而当用户要求读文件时,文件系统又要把物理文件转换成逻辑文件。

3. 文件存储空间的管理

要把文件保存到存储介质上时,必须记住哪些存储空间已被占用,哪些存储空间是空闲的。文件只能保存到空闲的存储空间中,否则会破坏已保存的信息。当文件没有必要再保留而被删除时,该文件所占的存储空间应释放成为空闲空间。

4. 文件操作

为了保证文件系统正确地存储和检索文件,规定了在一个文件上可执行的操作,这些可执行的操作统称为"文件操作"。文件系统提供的基本文件操作有建立文件、打开文件、读文件、写文件、关闭文件和删除文件等。"文件操作"是文件系统提供给用户使用文件的一组接口,用户调用"文件操作"提出对文件的操作要求。

5. 文件的共享、保护和保密

在多道程序设计的系统中,有些文件(如编译程序、库文件等)是可以共享的。实现文件共享既能节省文件的存储空间,又能减少 I/O 操作次数,从而减少传送文件的时间,当然也同时必须对文件采取安全保护措施,既要防止他人有意或无意地破坏文件,又要避免随意地窃取文件。

7.1.4 文件系统的层次结构

从文件系统的定义和功能可以看出,文件系统实际上就是文件管理的承担者。按照这一定义,可以把文件系统分成三个层次,即最底层的描述层、中间的管理层和最上面的接口层。图 7-1 给出了文件系统的模型。

1. 描述层

描述层负责说明系统中所有文件和文件存储介质的使用状况,具体包括:对单个文件的说明,对由多个文件组织成的目录的说明,对文件存放的存储介质(如磁盘空间)的说明等。

2. 管理层

管理层包括了对文件进行管理的绝大多数手段,因而成为文件系统的最关键部分。管理层又可进一步划分成以下几个层次(这样划分的原因在于文件管理是与 I/O 管理密切相

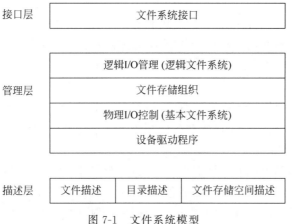

图 7-1　文件系统模型

关的,因为 I/O 的基本目的就是实现信息传输)。

(1) 设备驱动管理层。该层实现最底层的文件管理功能,实际上是 I/O 管理模块的一部分。在文件系统中,由该层负责启动、控制 I/O 以及支持文件传输。从上述角度看,在操作系统设计中,将 I/O 管理与文件管理结合在一起是合理的,许多操作系统都遵循这一设计思路。

(2) 物理 I/O 控制层。该层又称为基本文件系统,具体负责磁盘与内存之间的数据交换。本层只需向设备驱动程序发出传输指令,然后就可以在设备驱动程序的支持下,完成数据的传输。该层无须了解所传输的信息在对应文件的组织方式。

(3) 文件存储组织层。该层负责与文件物理存储相关的管理,具体包括:选定文件所在的设备,磁盘空间(主要是空闲磁盘块)的组织与管理,文件逻辑地址到物理地址的变换(实际上是文件逻辑块号到磁盘物理块号的变换,因为磁盘空间是以磁盘物理块为最小存储单位的)等。

(4) 逻辑 I/O 管理层。该层又称为逻辑文件系统,负责对文件逻辑操作的管理,具体包括文件的检索、文件保护等操作。

3. 接口层

接口层负责为用户使用文件系统提供相应的接口,如命令接口和程序接口。命令接口是用户与文件系统之间直接交互的接口;程序接口通过为用户使用文件系统提供一组系统调用进程,用户在自己的应用程序中调用它们以获得文件系统的相关服务。

因此,文件系统作为文件管理者,覆盖了文件管理模块的所有内容。文件管理在设计与实现时首先要了解文件定义、文件的逻辑和物理构造方式、文件的存储方式和存储介质特性等基础知识,然后弄清楚典型目录结构如何实现按名存取,文件存储空间如何组织,文件如何存储、共享和保护等关键技术的实现方法。

7.2　文件的组织结构和存取方式

文件的组织结构是指文件的构造方式。用户和文件系统往往从两个不同的角度对待同一个文件。

1. 用户的角度

用户从使用的角度出发,按信息的使用和处理方式来组织文件。文件的逻辑结构是用户所观察到的文件组织形式,是用户可以直接处理的数据及结构,它独立于物理特性构造而成。由用户构造的文件称为文件的逻辑结构,又称逻辑文件。

2. 文件系统的角度

文件系统从文件的存储和检索的角度,根据用户对存储介质的特性和文件的存取方式来组织文件,决定用户文件如何存放在存储介质上。这种文件在存储介质上的组织方式称为文件的物理结构,又称物理文件。

文件的物理结构对用户来说是不必关心的,但对文件系统来说却是至关重要的,因为它直接影响存储空间的使用和检索文件信息的速度。把逻辑文件保存到存储介质上的工作由文件系统来实现,这样可减轻用户的负担。根据用户对文件的存取方式和存储介质的特性的不同,文件在存储介质上可以有多种组织方式。

用户按逻辑结构使用文件,文件系统按物理结构管理文件。因此,当用户请求读写文件时,文件必须实现文件的逻辑结构与物理结构之间的转换。

7.2.1 文件的存储介质

1. 存储介质

存储介质是可用来记录信息的媒体。常见的存储介质有磁带、硬磁盘组、软磁盘片、光盘及 U 盘等,当前大量使用的文件存储介质是磁盘。要把信息存储到存储介质上或从存储介质上读取出信息时,必须首先启动相应的磁带机、磁盘驱动器等存储设备。在这里,不应将存储介质和存储设备混为一谈。一般地,存储介质可从存储设备上卸下来,也可把存储介质安装到其他相应的存储设备上,并通过存储设备的驱动实现存储介质上信息的存取。

存储介质的物理单位是"卷"。例如,一盘磁带、一张软盘片、一个硬盘组都可称为一个卷。一个卷上只保存一个文件时,称单文件卷;如果一个卷上保存了多个文件,称多文件卷;若把一个文件保存在多个卷上,则称多卷文件;把多个文件保存在多个卷上,则称多卷多文件。

2. 块

块又称物理记录,是存储介质上由连续信息所组成的一个存储区域。块是辅存与主存之间进行信息交换的基本物理单位,每次总是把一块或几个整数块大小的信息读入主存,或是把主存中的信息写到一块或几块中。块大小的划分应综合考虑用户要求、存储介质类型、信息传输效率等多种因素。对于不同类型的存储介质,块的大小常常各不相同,甚至对于同一类型的存储介质,块的大小也可不同。例如,对磁盘进行格式化时,则将磁盘空间划分成若干扇区,每个磁道上对应的同一扇区中都有相同长度的连续数据存储区域,该区域称为磁盘上的存储数据块。数据块的大小通常在 32~4096B 范围内,在 Linux 系统中,磁盘上的数据块长一都定为 512~4096B;磁带上块的大小可以根据用户的要求来划分,原则上没有限制,有些块很大,有些也很小。但是为了保证可靠性,块的大小应该适中,块长过小时,不易区分有效信息和干扰信息;块长过大时,对产生的误码则难以发现和校正。一般地,磁带上的块以 10~32 768B 大小为宜。

对于磁盘机或磁带机等存储设备,由于启动和停止该设备所发生的机械动作要求,两个相邻物理块之间必须预留一定的间隙空间,该间隙空间是块与块之间的保留区域,不用作记录信息。有时根据这点,可以确定数据块所在的物理位置。

7.2.2　文件的存取方式

用户在一个文件上的操作主要是"读"和"写"过程。当用户要求写一个文件时,文件系统便把用户组织好的逻辑文件保存到存储介质上;当用户要求读一个文件时,文件系统就要从存储介质上取出文件信息,并把它存放到主存中。从对文件信息的存取次序考虑,存取方式有顺序存取、随机存取和按键存取,但主要采用前两种方式。

(1)顺序存取。顺序存取是对文件中的信息按顺序依次进行读写的存取方式。顺序存取是最简单的存取方式,它严格按照文件中的逻辑信息单位排列的逻辑地址顺序依次存取,后一次存取总是在前一次存取的基础上进行,所以不必给出具体的存取位置。

(2)随机存取。随机存取又称直接存取,即可以按任意次序随机地读写文件中的信息。在存取时,必须先确定进行存取时的起始位置,如记录号、字符序号等,然后根据起始位置来直接存取文件中的任意一个记录,而无须存取其前面的记录,或者是根据存取命令直接把读写指针移到欲读写的信息处。磁盘是典型的直接存取设备。

(3)按键存取。按键存取是一种用于复杂文件系统,特别是数据库管理系统中的存取方法。采用按键存取时,文件的存取是根据给定的键或记录名进行的。该存取方法必须先检索到要进行存取的记录的逻辑位置,再将其转换到存储介质上的相应物理地址后进行存取。

文件究竟以何种方式存取,主要取决于两个方面的因素。

1)文件的性质

文件的性质决定了文件的使用,也决定了存取方式的选择。对于流式文件一般采用顺序存取的方式;对于记录式文件一般采用随机存取的方式。例如,一个 C 语言源文件,它由一系列顺序字符组成,编译程序对该源程序编译时,也必须按字符原有的顺序进行存取;而一个数据库表文件则由若干记录组成,适合采用随机存取的方式。

2)存储设备的特性

存储设备的特性既决定了文件存取方式,也与文件采用何种存储结构密切相关。磁带机是一种从磁头的当前位置开始顺序读写的设备,适合顺序存取;磁盘机是一种可按指定的块地址进行信息存取的设备,更适合随机存取。

磁带机适合顺序存取。磁带机每次读写时,总是从磁头的当前位置开始读写磁带上的信息。当磁头读写了第 i 块的信息后,跳过其后的间隙就到达了第 $i+1$ 块的位置,当磁带机继续工作时,一定是顺序读写第 $i+1$ 块的信息。

磁盘机是一种可按指定的块地址进行信息存取的设备。磁盘地址用柱面号、磁头号和扇区号三个参数表示。磁盘机能根据给定的地址移动读写磁头到达指定柱面后,让指定的磁头存取指定扇区上的信息。磁盘既可采用顺序存取方式,又可采用随机存取方式,但在建立文件时,应定义好存取方式,使用文件时必须与预定义的存取方式一致。

7.2.3　文件的逻辑结构

一般情况下,文件系统选择逻辑结构应遵循以下原则。

(1)便于修改,即便于在文件中插入、修改和删除其中的数据。当用户对文件内容修改时,文件的逻辑结构应尽可能减少对已存数据的变动。

(2) 有利于检索效率的提高,即当用户需要对文件进行访问时,文件的逻辑结构应使文件系统在尽可能短的时间内找到所需数据,从而提高访问速度。

(3) 有利于减少文件所占存储空间。

(4) 便于用户操作。

根据上述原则,文件的逻辑结构可分成两大类。

1. 无结构文件

无结构文件又称流式文件。组成流式文件的基本信息单位是字节或字。文件是有逻辑意义的、无结构的一串字符的集合,文件内的信息不可再划分,文件长度是文件所含字节的数目。例如,大量的源程序、库函数及文本文件等采用的就是流式结构。

显然,对于流式文件来说,由于结构简单,管理也很简单,用户可方便地在其上进行各种操作,但要查找其中的某段信息则只能顺序检索,代价较大。因此,一般流式文件只适合于存储在各种慢速字符型存储设备中,如磁带。

2. 有结构文件

有结构文件是指由若干相关记录构成的文件,又称记录式文件。因此,一个记录式文件是由若干逻辑记录组成的,每个逻辑记录都是逻辑上具有独立意义的基本信息单位。记录式文件中的逻辑记录可依次编号,其序号称为逻辑记录号(简称记录号)。因此,一般记录式文件适合于存储在各种高速块存储设备中,如磁盘。

在记录式文件中,每条记录都记录着相同或不同数目的数据项。记录的长度可分为定长和变长两大类。定长记录的长度都相同,所有记录中的数据项都位于记录中的相同位置,具有相同顺序和长度。因此,对于定长记录的处理简单方便,开销小,广泛用于数据处理中。变长记录相比于定长记录而言,各个记录的长度不尽相同。产生变长记录的原因一方面在于记录中所包含的数据项并不相同,也可能是数据项本身的长度不确定,但是在处理记录前,每个记录的长度是可知的。

对于记录式文件,当用户请求文件系统读出或写入一个逻辑记录时,用户可对该记录内的各个数据项进行读写操作。例如,某校计算机专业学生成绩管理文件,在该文件中,每个学生的完整信息可看作一个逻辑记录,每个逻辑记录又由学号、姓名、性别、课程成绩等若干数据项组成,如表7-1所示。

表7-1 逻辑文件示例表

记 录 号	学 号	姓 名	性 别	操作系统成绩	…
1	18080601	张芳	女	86	
2	18080602	钱涵	女	88	
3	18080603	赵靖	男	85	

为了能正确快速地对该文件中的记录进行存取,可对每个逻辑记录设置一个特殊数据项,通过它可以把同一个文件中的各个逻辑记录区分开来,将能够唯一标识某个逻辑记录的数据项称作"主键"。在一个记录式文件中,主键必不可少但并不一定唯一。如表7-1中的"学号"可作为主键,如果"姓名"不重名,也可作为主键。

根据用户和系统管理上的实际需要,可采用多种方式来组织这些记录,从而形成顺序文件、索引文件和索引顺序文件等几类文件。

（1）顺序文件。该文件通常由一系列定长记录按照某种顺序排列而成,每个记录的逻辑地址等于前一个记录的逻辑地址加上前一个记录的长度,因而可用较快的速度查找文件中的记录。

（2）索引文件。当记录的长度不确定时,直接访问记录很难。为解决这一问题,可以为其中的每条记录建立一张索引表,每个记录在索引表中用一个表项登记该记录的索引号、长度和指向该记录的指针,以加快对记录的检索速度。

（3）索引顺序文件。该文件是上述两种文件构成方式的结合,既保留了顺序文件中记录按照某种顺序排列而成的特征,又通过建立索引表来支持对文件的直接访问特征。在建立索引表时,首先将所有记录分组,同组内的记录仍然采用顺序文件的组织方式;然后为所有的组构建一个索引表,每一组在索引表中建立一个表项,用于登记该组中第一条记录的主键值和指向该记录的指针。

（4）直接文件。用户在使用文件中的记录时,直接给出记录的键值,由系统完成从记录键值到记录物理地址的转换。

（5）哈希文件。系统利用哈希函数 Hash()将记录键值转换成相应记录的物理地址,也是目前应用最广泛的一种直接文件。

7.2.4　文件的物理结构

视频讲解

文件的物理结构又称文件的存储结构,它是指文件在辅存上的存储组织形式,与存储介质的存储性能有关。因此,操作系统的文件管理虽然属于软件管理的范畴,但是与辅存管理密切相关。"操作系统"课程中的存储管理多数是指主存管理,其实,主存、辅存和文件管理都是密切相关的。从实际观点看,物理设备的记录与存储设备的特性有关,例如,硬磁盘由柱面、磁头和扇区参数等划分,软磁盘又分单面、双面、单密、双密和高密等种类。

文件在存储介质上的物理组织形式可以有多种,究竟选择哪种取决于存储设备类型、存储空间、响应时间、应用目标等多种因素。常见的文件物理结构有以下 4 种。

1. 顺序结构

一个文件在逻辑上连续的信息存放到存储介质上依次相邻的物理块上,则此文件的物理组织形式称为顺序结构。采用顺序结构的文件称为顺序文件,又称连续文件,如图 7-2 所示为文件的顺序结构。磁带上的文件都采用顺序结构,磁盘上的文件也可采用顺序结构。磁带上的每个文件都有文件头标、文件信息和文件尾标 3 个组成部分。

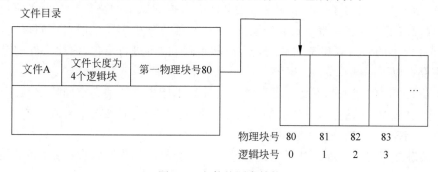

图 7-2　文件的顺序结构

1) 文件头标

文件头标用于标识一个特定的文件,并说明文件的属性,头标的内容包括用户名、文件名、文件的分块数和分块的长度等。

2) 文件信息

文件信息是文件中的主要内容,分别存放在文件的若干数据块中,这些数据块中的信息顺序与逻辑文件中的信息顺序一致。

3) 文件尾标

文件尾标用于标识一个特定文件信息的结束。

文件头标和文件尾标属于控制信息。当用户需要读出磁带上的某个文件时,文件系统就从磁带的始点开始搜索,先读出第一个文件头标,比较用户名和文件名,若确定是用户指定的文件,则读出文件信息;否则让磁头前进到下一个文件的头标位置,再读出该位置上的头标,继续进行比较……直到找到指定的文件。若比较到最后一个文件头标还找不到指定的文件,则表示要找的文件不在该卷磁带上。图 7-3 所示为磁带文件的组织形式。

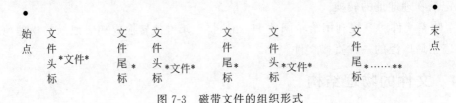

图 7-3　磁带文件的组织形式

为了能方便、快速地检索磁带文件,在磁带上的各类信息之间用一个称作“带标”的特殊字符将其隔开,最后用两个带标表示磁带上的有效信息到此结束。如图 7-3 所示,“＊”表示带标。磁带机工作时能正确识别带标,当文件系统读出一个文件头标并确认是用户指定的文件时,则只要让磁带机前进一个带标,磁头即停在文件的开始位置;然后,用户可顺序读出文件信息。如果文件系统在读文件数据块时,磁带机识别到下一个带标,则磁带机立即暂停工作,文件系统继续读出下一数据块。当读到文件尾标时,表示文件数据块已读完,文件信息结束,这时,让磁带机再前进一个带标,使磁头停在下一个文件头标位置。反之,当文件系统读出一个文件头标并确认不是用户指定的文件时,则只要让磁带机前进并连续经过一个文件尾标和一个带标,就可使磁头停在下一个文件头标位置,并继续搜索。最后,磁带机识别到带标,磁头却没有发现文件头标,说明在文件尾标后连续出现了两个带标,此时磁带上已没有了有效文件,搜索宣告结束。

通常,根据要访问的文件大小计算出该文件需占据的磁带的块数。由于文件是连续存储的,只要确定了文件在磁带上的起始地址,结束地址也就确定了。用户访问该文件时,总是按照文件内容的先后顺序依次访问,不必每次都对内容进行定位,因此文件的存取速度快。但也存在以下问题。

(1) 存储空间的利用率不高。由于顺序文件对于所占据的辅存空间要求是连续的,这样,当一个大的文件无法存入不连续的小的空闲物理块中时,必然会导致存储空间的浪费。若要消除空闲碎片,又需花费大量的时间。

(2) 动态更新文件困难。对顺序文件进行插入和删除操作时,系统每次都必须从文件起始处逐个查找和确定插入位置及删除位置,尤其当文件较大时,情况就更糟糕。

（3）要求确定文件大小。对于辅存而言,要将一个文件存入一个连续的存储区中,必须先知道文件的大小,否则可能会导致文件在一个连续空间存不下。但新建一个文件时却很难事先知道文件的大小。

2. 链接结构

一个文件中的信息可以存放在若干不相邻的物理块中,各块之间通过指针链接,前一个物理块的链接指针指向后一个物理块的起始地址,则此文件的物理组织形式称为链接结构。链接结构是实现非连续存储的一种方法,采用链接结构的文件称为链接文件,又称串联文件。图 7-4 所示为文件的链接结构,磁盘文件可采用该结构。

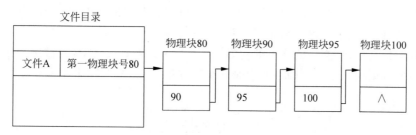

图 7-4 文件的链接结构

链接文件中,每个物理块的最后单元中都不存储文件信息,而是存储物理块之间的链接指针,它指向下一个物理块的块号地址。通常,最后一块中的指针可用特殊空字符"∧"表示文件到此结束。显然,链接文件实现了文件的逻辑记录顺序与物理存储顺序相互独立,使得逻辑上连续的记录在存储空间上可以是任意不连续的物理块,从而解决了顺序结构中存在的问题,大大提高了存储空间的利用率。

采用链接结构建立文件时也不必事先考虑文件的长度,只要存储空间足够大,可在文件的任何位置插入一个记录或删除一个记录。插入记录时,先寻找磁盘上的空闲块用以存放文件数据块,然后修改数据块的链接指针,使新插入的数据块能链接到文件的适当位置上;删除一个记录时只要修改数据块的链接指针,把该记录所占的磁盘数据块从链接文件中脱离出来,并将该磁盘块置成空闲块即可。

文件按链接结构组织好后,用户若要读出该文件,则文件系统首先从文件目录中得到第一个逻辑记录在磁盘上的物理位置,然后读出该数据块信息,并能从该数据块链接指针指向的位置上顺序读出第二个逻辑记录……如此继续,直到读出的数据块指针指向的位置为"∧",此时文件信息已全部读完。从上述过程可以看出,每读出一个记录,总能得到下一个记录的物理存储位置,因此效率明显高于顺序文件。

链接结构虽然解决了顺序结构中的主要问题,但也有其固有的缺点。

（1）链接指针占用了一定的空间。文件中的每个物理块都包括一个链接指针,该指针本身要占据一定空间,而且还将文件中的数据信息相互隔离。显然,这种文件结构就降低了存储空间的利用率,而且在读出一块信息时,并不能马上使用,首先要将其中的指针分离出来,才能保证用户使用信息时的正确性。

（2）不适于随机存取。链接文件一般也只适合于顺序存取,因为存储块通过指针实现链接,只有读出前一物理块信息才能从链接指针中获取下一物理块地址。例如,要想得到第 i 个记录数据块,则必须从文件首块开始,按照指针的先后顺序依次读出前面的 $(i-1)$ 个逻辑记录块,才能得到第 i 个记录的存储物理块位置,然后到指定的位置上读出第 i 个记录……这在本质上仍然是顺序存取。另外,文件记录信息分散存储在不连续的存储块上,要想访问第 i 个记录,必须按照顺序存取方式从头依次查找和跳过前 $(i-1)$ 个记录,这使得查找过程在整个访问中所占比例也较大。

(3)可靠性无法得到保证。文件的存取完全依赖于指针的链接,若指针发生错误或被破坏时,则错误的指针可能指向其他文件的数据块而导致混乱,致使存取过程无法正常进行。

3. 索引结构

索引结构是指系统为每个文件建立一个专用数据结构——索引表,用于指出每个逻辑记录的物理存储位置。索引表本身是一个顺序文件,集中存储了指示每个逻辑记录存储位置的指针,内容包括记录关键字和该记录对应的存储地址(即物理块号),并通常按照关键字值的大小从小到大排列,文件的索引结构如图7-5所示。在索引表中,关键字是包含在每个记录中的主要数据项。索引结构是实现非连续存储的另一种方法,采用索引结构的文件称为索引文件。

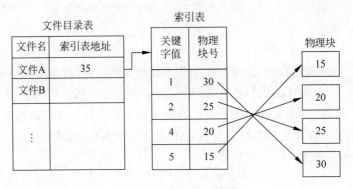

图 7-5　文件的索引结构

采用索引表存取文件时,系统先检查该文件的索引表是否已在主存,若不在主存,则根据文件目录表指示的物理位置将索引表先读入主存。在对索引文件进行访问时,既可采用顺序存取方式,又可采用按关键字进行随机存取的方式。顺序存取时,只要顺序地检查索引表中的登记项,就可按记录存储的物理位置依次读出记录;随机存取时,则根据要访问的记录关键字值的大小,通常采用某种快速检索算法(如二分法)检索索引表,找到该记录的存储地址,然后直接访问该记录。所以,引入索引表能够迅速提高访问文件的速度。

显然,索引文件能方便地实现文件的扩展、记录的插入和删除。若某索引文件有 n 个逻辑记录,同时在相应的索引表中记录了 n 个登记项,当要增加一个记录时,只要先找出一个空闲物理块,然后直接把待插入的记录存入该物理块中,并且在索引表中的适当位置登记该记录的关键字值和存储地址即可;当要删除一个记录时,只要把该记录在索引表中的登记项清"零",并收回该记录所占用的存储物理块,将收回的物理块置成空闲块即可。对索引文件进行修改后,相应的索引表也同时被修改了。为了使以后使用文件时不出现错误,应把修改后的索引表写回磁盘原始位置,并覆盖原始索引表。

由于索引结构既适合顺序存取记录,又可方便地按任意顺序随机存取记录,且很容易实现记录的插入、删除和修改,所以索引结构被广泛应用。但对索引文件存储时,必须额外增加索引表占用的空间和读写索引表的时间。当一个索引文件存储的记录数很大时,相应的索引表也会很长,对索引表本身的检索速度会变得很慢,开销也会过大。为了克服检索索引表速度慢和开销大的缺点,还可以采取建二级直至多级索引表的办法,其中主索引表指出次索引表的位置,次索引表指出该文件按关键字顺序排列的包含若干记录的子集。

4. 直接文件

直接文件是针对记录式文件存储在磁盘上的一种物理存储方式。在直接存取存储设备上,记录的关键字与其物理地址之间可通过某种方式建立起对应关系,利用这种关系实现记录存取的文件称为直接文件。因此,对于直接文件,可根据给定记录的关键字值直接获得指定记录的物理地址,与记录次序无关,即记录关键字值本身就决定了记录的物理地址。组织直接文件的关键在于用什么方法实现记录的关键字值到记录的物理地址的转换。

一般来说,记录的关键字值与记录的物理地址总数并不一定存在一一对应的关系,往往不同关键字值经过变换可能得到相同的物理地址(即产生地址冲突),而有的地址没有关键字值与之对应。因此,直接文件结构好坏的关键在于转换技术,并且还要能处理好物理地址冲突问题。目前最常用的转换技术是哈希技术。该技术通过构造哈希(Hash)函数,将记录的关键字值转换为记录的相应物理地址。在地址分配时,由哈希函数变换得到的通常并非相应记录的物理地址,而是指向文件目录表相应目录项的指针,该目录项内的指针才真正指向相应记录的物理地址。利用哈希函数实现记录存取的直接文件称哈希文件,它是目前使用最为广泛的直接文件。图 7-6 所示为哈希文件的逻辑结构。

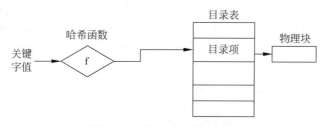

图 7-6　哈希文件的逻辑结构

视频讲解

7.2.5　记录的成组和分解

1. 逻辑记录和块的关系

逻辑记录是按信息在逻辑上的独立含义划分的单位,块是由存储介质上的连续信息所组成的区域,也称物理记录。块是主存和辅存之间进行信息交换的基本单位,且每次总是交换一块或者整数块的信息。由于每个用户的文件都是用户根据自己的需要组织的,因此逻辑记录的大小由文件的性质决定。但是,存储介质上的物理块是根据存储介质的特性划分的,特别是磁盘,其中的物理块大小是在磁盘进行初始化时预先划分好的,因此逻辑记录往往与存储介质上物理块的大小不一致,一个逻辑记录被存放到存储介质上时,可能占用一块或多块,也可能一个物理块包含多个逻辑记录。如果将本书和其中的章节看作文件和文件中的逻辑记录,而册和页则相当于卷和块,前者是逻辑概念,后者是物理概念。一本书可以只是一册,也可以分成上、下册;书中的一个章节可占用一页或者多页,当然也允许一页中包含几个小节的内容。

由此可知,逻辑记录和物理块是两个不同的概念,但两者又有密切联系。由于逻辑记录和物理块的大小并不一定相等，因此，一个逻辑记录可能占用一块或多块，也可能一个物理块包含多个逻辑记录。当逻辑记录比物理块小得多时，把一个逻辑记录写入一个物理块中就会造成存储空间的浪费。为了提高存储空间的利用率，可以考虑把若干个逻辑记录合并成一组再写入一个物理块中，当用户需要访问逻辑记录时，再设法从物理块中分解出来。

2. 记录的成组

把若干个逻辑记录合并成一组存入一个物理块的过程称为记录的成组。采用记录成组的方式存储逻辑记录时，每块中存储的逻辑记录可以有多个。显然，一个物理块中存储的逻辑记录个数越多，存储效率越高。一个物理块中包含的逻辑记录的整数个数称为块因子。

记录的成组在不同存储介质上进行数据转储时很有用。例如，有一批原始数据记录在一叠卡片上，每张卡片最多记录80个字符，为了携带方便，现要把10张卡片数据转存入磁带上，若磁带的记录密度为每英寸800个字符，块与块之间的间隙为0.6in（1in＝2.54cm）。假设每次通过卡片输入机读入一张卡片信息后就立即转存到磁带上，则每个磁带物理块只存储一张卡片数据，即一个存储数据块实际占用磁带长为80/800in＝0.1in，与块间隙空间比为1∶6，显然存储空间的利用率很低，只有14%；若每次通过卡片输入机连续读入10张卡片信息后再集中转存到磁带上，取800个字符为一块，则一个物理块可存储10张卡片的数据，存储数据块与块间隙空间比提高到10∶6，存储空间的利用率为62.5%，得到了极大的提高。

记录的成组操作一般发生在写文件过程中，由于主存与辅存之间的数据交换以块为单位，所以成组操作必须使用主存缓冲区，且缓冲区的大小等于物理块的块因子乘以逻辑记录的长度。如图7-7所示为记录的成组与分解过程示意图。

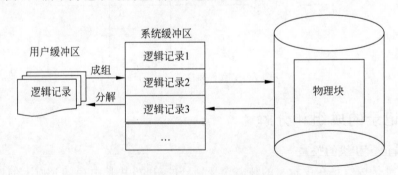

图7-7 记录的成组与分解过程示意图

在上例中，若取块因子数为3，则主存缓冲区的大小为80×3个字符长，即240个字符长。实现时，用户依次在用户缓冲区中逐个准备好逻辑记录内容，然后按照记录的先后顺序依次写入起始地址为K的某个系统缓冲区中，只有当系统缓冲区已满或逻辑记录已写完时，操作系统才响应用户写入磁盘的请求，然后启动磁盘并把3个记录同时写入同一个磁盘物理块中。显然，操作系统对用户前两次的写入请求并不响应。这样记录的成组操作不仅提高了存储空间的利用率，而且还减少了启动外设的次数，大大提高了系统的工作效率。

在实现记录的成组操作时，还应考虑逻辑记录的格式。上述过程中的每个逻辑记录的长度相同，称为"定长记录"；也可以不相同，称为"变长记录"。显然，对于定长记录，按成组方式将逻辑记录存储到存储介质上，除最后一块外，每块中存储的逻辑记录个数都相同；对于变长记录,每个记录的长度可能不相等。每块中存储的逻辑记录个数不确定,但长度是确定的,因此,在进行记录的成组操作时,应在每个逻辑记录前面附加说明记录长度的控制信息。

3. 记录的分解

从一组逻辑记录中把一个个逻辑记录分离出来的操作过程称为记录的分解。记录的分解发生在读文件过程中,由于读写存储介质上的信息以块为单位,而用户处理信息要以逻辑记录为单位,所以当逻辑记录以成组方式存储到存储介质上后,用户要处理必须要进行记录的分解操作。

很显然,记录的分解与成组操作一样也要使用系统缓冲区。当把一个物理块读入系统缓冲区中时,利用记录的分解操作可将一个个逻辑记录从物理块中读出来并进行处理。实现时,当用户要求读一个文件中的某个逻辑记录时,文件系统首先找出该记录所在物理块的位置,然后将含有该记录的物理块读入系统缓冲区,再从中分解出指定的记录,并传送到用户缓冲区中。对于定长记录,只要按照记录的长度就可容易地进行分解;对于变长记录,则要根据附加在记录前说明记录长度的控制信息,计算出用户指定的记录在系统缓冲区中的地址,才能把记录分解出来。

例如,某文件以顺序结构形式存放在磁盘中,该文件有 9 个等长逻辑记录,每个逻辑记录的长度为 256B。文件在磁盘上的起始块号为 88,磁盘物理块长度为 1024B,系统缓冲区数据长度也为 1024B。

(1) 若采用记录成组方式存放该文件时,最合适的块因子应该为 1024/256 个,即 4 个。

(2) 该文件至少要占用磁盘块的数目的整数块 3 块。

(3) 若把文件的第 8 个逻辑记录读入用户区 10000 单元开始区域,则主要过程如下:

首先向系统申请一个系统缓冲区,其起始地址假设为内存的 L 单元,很明显,第 8 个逻辑记录在磁盘上的物理地址即为 89 块,通过计算得到该磁盘块对应的柱面号、磁头号和扇区号;启动磁盘将该物理块读入内存 L 单元的系统缓冲区中;最后将 $L+768B$ 开始的 256B 记录数据传送到用户缓冲区 10000 单元区域。

从以上过程可以看出,记录的成组和分解操作是以增设主存缓冲区和增加成组及分解操作过程的系统开销为代价,来提高存储介质的利用率,并减少启动存储设备的次数。

7.3　目 录 管 理

视频讲解

通常,一个计算机系统中存储了大量文件,为了便于对文件进行存取和管理,每个计算机系统都有一个目录,用于标识系统中的文件及其存储地址,供检索文件时使用。对目录管理的具体要求如下。

(1) 实现按名存取,即用户只须向系统提供所需访问文件的名字,便能快速、准确地找到文件在辅存上的存储位置。按名存取既是目录管理的基本功能,也是文件系统为用户提供的基本服务。

(2) 提高检索目录的速度,即通过合理组织目录结构,加快目录的检索速度,从而提高文件的存取速度。这也是设计大、中型文件系统所追求的主要目标。

(3) 实现文件共享,即在多用户系统中允许多个用户共享一个文件,但须在辅存中保留共享文件的副本,以供不同用户访问,从而提高存储空间的利用率。

(4) 允许文件重名,即允许不同用户按照各自的使用习惯,给不同文件设置相同的文件名称而不产生冲突。

7.3.1 文件目录

1. 文件控制块与目录项

为了能对系统中存储的大量文件进行正确的存取和有效的管理,必须设置一定的数据结构,用于标识文件的有关信息,该数据结构即称为文件控制块。因此,文件控制块可以唯一标识出一个文件,并与文件一一对应。借助文件控制块中存储的文件信息,可对文件进行各种操作。把所有的文件控制块有机地组织在一起,就构成了整个文件目录,即一个文件控制块就是一个文件目录项。一般地说,文件控制块应包含如下内容。

(1) 文件基本信息,包括创建文件的用户名、文件名和文件类型等。用户名用于标识文件的创建者,文件名用于标识文件,在一级目录中用于唯一定义一个文件。

(2) 文件结构信息,包括文件的逻辑结构、文件的物理结构、文件大小、文件在存储介质上的物理存储位置等。对于不同的文件物理结构,有不同的说明。对于顺序结构的文件,应指出用户文件第一个逻辑记录的物理地址及整个文件长度;对于链接结构文件,应指出文件首个逻辑记录的物理地址;对于索引结构文件,则应包括索引表,以指出每个逻辑记录的物理地址及记录长度。

(3) 文件管理信息,包括文件的建立日期和时间、文件上一次被修改的日期和时间、文件保留期限和记账信息等。

(4) 文件存取控制信息,包括文件的可写、只读、可执行和读写等存取权限授予给什么用户(是文件创建者,还是文件创建者所在组,或是一般用户)。

例如,在 MS-DOS 系统中,文件控制块包括文件名和文件扩展名(共 11 个字符)、文件所在第 1 个存储块的块号、文件属性、文件建立日期、建立时间及文件长度等,文件块的总长度为 32 个字节。具体内容如表 7-2 所示。

表 7-2　MS-DOS 系统文件控制块

文 件 名	扩 展 名	属 性	备 用	时 间	日 期	首 块 号	总 块 数

2. 文件目录

文件目录通常用于检索文件,它是文件系统实现按名存取的重要手段。把所有的目录项有机地组织在一起,就构成了文件目录。

当用户要求访问某个文件时,文件系统可顺序查找文件目录中的目录项,通过比较文件名,可找到指定文件的目录项,根据该目录项中给出的有关信息可进行核对使用权限等工作,并读出文件供用户使用。

7.3.2 文件目录结构

文件目录结构的组织情况直接关系到文件存取速度的快慢,也关系到文件共享程度的高低和安全性能的好坏。因此,组织好文件目录是设计好文件系统的重要环节。常用的文件目录结构有一级目录结构、二级目录结构和树形目录结构,复杂的目录结构还包括无环图目录结构。

1. 一级目录结构

最简单的文件目录是一级目录结构——在整个文件系统中只建立一张目录表,所有文件都登记在该目录表中,每个文件占据目录表中的一项(称目录项),每个目录项包括文件名及扩展名、文件的物理地址、文件建立日期和时间、文件长度及文件类型等其他信息。如图 7-8 所示为一级目录结构。

文 件 名	物 理 地 址	日 期	时 间	其 他 信 息
File1				
File2				
File3				
...				

图 7-8 一级目录结构

一级目录结构比较简单,容易实现。整个目录结构就是一张线性表,所有文件都登记在同一个文件目录表中,管理非常方便。

建立一个新文件时,首先顺序查找目录表中的目录项,以确定新文件名与现有文件名不冲突,然后从目录表中找出一个空目录项,并将新文件的相关信息加入其中。

删除一个文件时,先从目录表中找到该文件对应的目录项,从中找到该文件存储的物理地址,对它们进行回收,然后清除所占用的目录项。

一级目录结构虽然能够实现目录管理的基本功能——按名存取,但存在以下几个明显的缺点。

(1)查找速度慢。当系统中管理的文件数量太多时,文件目录表也很大,使得查找一个文件的目录检索时间增加很多。

(2)不允许文件重名。所有文件都登记在同一张目录表中,不可能出现同名的文件。但在多道程序设计中,重名又很难避免。即使在单用户环境下,当文件数量较多时,用户往往也难以记清。

(3)不能实现文件共享。通常,每个用户都有各自的文件命名习惯,应允许不同用户使用不同的文件名访问同一文件。但一级目录结构只能要求所有用户以同一文件名访问同一文件,因而不能实现多道程序设计的文件共享功能,只适合单用户的操作系统。

2. 二级目录结构

为了克服一级文件目录的缺点,可以为每个用户建立一个独立的文件目录表,并记录该用户所属的所有文件的控制块信息,该文件目录表称用户文件目录表,且所有用户文件目录表的结构相似。此外,系统另建立一张文件目录表,记录每个用户的用户名及指向该用户文件目录表起始地址的指针,称主文件目录表。

二级目录结构是由一张主文件目录表和它所管辖的若干张用户文件目录表构成,其中每个用户在主目录表中只占一个目录项,每个用户都管理着自己的用户文件目录表,两张表格的结构相同。二级目录结构是一种多用户环境下常用的目录组织形式,图 7-9 给出了二级目录结构。

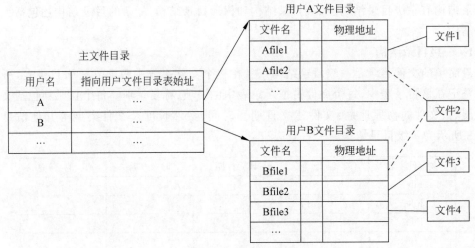

图 7-9 二级目录结构

采用二级目录结构可以方便实现文件访问。当某个用户要建立一个新文件时,若该用户是一个新用户,则操作系统先在主文件目录表中为其分配一个目录项,再分配存储该用户目录表的存储空间并创建用户目录表,然后把用户名及指向该用户目录表起始地址的指针登记到主文件目录表的空目录项中,同时为新建的文件在下一级用户目录表中分配一个空目录项,分配文件存储块并把文件有关信息登记到目录项中。若用户存在,则根据用户名检索主目录表找到该用户的用户目录表,然后判断新文件名与现有文件名是否重名,若不重名,则从用户目录表中找出一个空项,分配文件存储块并将文件相关信息填入其中,否则重新命名后,再完成后续过程。

当某用户要删除一个文件时,先在主目录表中按用户名找到该用户的下一级用户目录表,然后从用户目录表中按文件名找到该文件对应的目录项,从中找到该文件存储的物理地址,然后对它们进行回收,并清除所占用的目录项。如果用户不再需要自己的用户文件目录表,可向系统申请撤销用户目录表。

二级目录结构基本克服了一级目录结构的缺点,具有以下优点。

(1) 提高了查找速度。若系统中管理的所有文件隶属于 n 个用户,每个用户最多管理 m 个文件,采用一级目录结构检索文件时,最多需检索目录项 $m \times n$ 次,如果采用二级目录管理,只需 $(m+n)$ 次。尤其是在 m 和 n 都很大时,可以大幅提高检索速度。

(2) 允许文件重名。不同用户完全可以使用相同的文件名,因为每个用户管理的文件都登记在自己的目录表中,只要用户目录表中的文件名唯一即可,与主目录表无关。例如,用户 user1 和 user2 都可用文件 myfile 来命名自己的文件名,完全与对方无关。

(3) 可实现文件共享。允许不同用户使用不同的文件名访问同一共享文件,但此时的目录结构已经不再是简单的层次结构,而是演变为复杂的环形目录结构。

采用二级目录结构也存在一些问题。该结构虽然能有效地隔离管理多个用户,但只有当用户之间完全无关时,这种隔离才是一个优点;若用户之间需要相互合作共同去完成一个大任务,且一用户又需要随时去访问其他用户的文件时,这种隔离便成了缺点,因为这使得用户不便于共享文件。

3. 树形目录结构

如果允许用户在自己的用户文件目录中根据不同类型的文件建立子目录,则可把二级目录结构推广成多级目录结构。对于大型文件系统,往往采用三级或三级以上的多级目录结构,以方便用户按任务的不同领域、不同层次建立多层次的分目录结构,提高目录的检索速度和文件系统的性能。由于多级目录结构像一棵倒置的有根树,故又称为树形目录结构。图 7-10 给出了树形目录结构,其中用矩形框代表目录,用圆圈代表文件。

与二级目录结构相比,在树形目录结构中,主文件目录作为树的根,只有一个且称为根目录;其他目录按层次分级,可分别称为一级子目录、二级子目录等,但均作为树的结点;数据文件可放于任何一层目录下管理(统称为树叶)。显然,树形目录结构具备二级目录的所有优点,具有检索效率高、允许文件重名、便于文件共享等一系列优点,故被广泛采用,并已成为目前最流行的目录结构。Linux 和 Windows 系统都采用树形目录结构。

1) 绝对路径

在树形目录结构中,从根目录开始访问任何文件,都只有唯一的路径。从根目录出发到某个文件的通路上,所有各级子目录名的顺序组合称为该文件的路径名,又称绝对路径名,Linux 系统中各级子目录名和文件名之间用"/"隔开,而 Windows 系统中则用"\"隔开。用户存取文件时必须给出文件所在的完整路径名,文件系统根据用户指定的路径名检索各级目录,从而确定文件所在的位置。

2) 相对路径

如果每访问一个文件时总是从根目录开始经过若干结点,直到树叶的数据文件,这使得包括所有中间各级子目录名在内的完整路径名就很长,因而查找的时间较长。事实上,每个作业在运行中所要访问的文件大多都局限于某个范围内。因此,用户在一段时间内会经常访问某一子目录下的文件。为了提高文件检索速度和方便用户使用,文件系统就引进了"当前目录"的概念。

当前目录是文件系统向用户提供的当前正在使用的目录。系统初始化启动后,当前目录就是根目录。当前目录可根据需要任意改变,用户也可以用"改变当前目录"命令指定自己当前的工作目录。在图 7-10 中,用户若把/usr 置为当前目录,此时用户若要使用当前目录下的文件,只需从当前目录开始直接到达所需的文件。

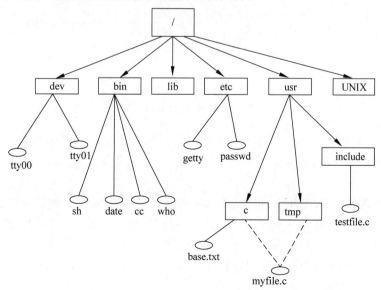

图 7-10　树形目录结构

有了当前目录后，文件系统把路径名分成绝对路径和相对路径。相对路径名是指从当前目录出发到指定文件的路径名。若要检索的文件就在当前目录中，则存取文件时不需指出相对路径，只要指出文件名就行，文件系统将在当前目录中寻找该文件；若不在当前目录中，但在当前目录的下级目录中，则可用相对路径名指定文件，文件系统就从当前目录开始沿着指定的路径查找该文件。因此，使用相对路径名可以减少查找文件所花费的时间。例如当前目录名为 usr，则对于文件 testfile.c 来说：绝对路径名为/usr/include/testfile.c，相对路径名则为./include/testfile.c。两者都指向同一文件。

4. 无环图目录结构

二级目录和树形目录结构均可方便地实现文件分类，建立多层次的分目录结构，但严格意义上是不能实现文件共享。事实上，可能会出现一个同样的文件，用户希望在不同的目录中都能正常访问。在图 7-10 中，文件 myfile.c 既要存放在 c 目录又要存放在 tmp 目录中，正常情况下，在层次目录结构中只能生成两份文件副本，这样显然浪费了存储空间，而且不利于保证副本的一致性。

组织合理的目录结构对于实现文件共享非常重要，因此在这里引入一种无环图目录结构，它允许若干目录共同描述或共同指向共享的子目录及文件，如图 7-11 所示。

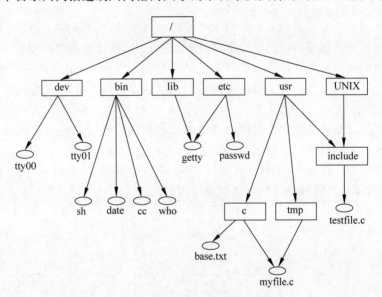

图 7-11　无环图目录结构

由图 7-11 可知，这实际上可被看作在树形目录结构中增加一些未形成环路的链，当需要共享目录或者文件时，只需要建立一个称为链的新目录项，并由此链接指向共享目录或文件。

仅从文件共享而言，无环图目录结构比树形目录结构更加灵活，但目录的管理则更为复杂。例如，对于被两个目录共享的文件 myfile.c 而言，若在创建该文件的目录 c 中简单删除该文件，那么另一个目录 tmp 原来的共享链便指向了一个当前不存在的文件，即仍指向已删文件的物理地址，导致指针悬挂，从而发生错误。另外，如果在不同目录中存放同一文件的文件控制块，则很难保证其一致性。

7.4 辅存空间的管理

日常生活中有很多"空间管理"的场合,例如,旅店的客房管理、仓库的物品管理、商店的货架、书店的书架,甚至个人的抽屉和书架等。空间安排的好坏直接影响到分配和使用的效率。

文件系统不但要对系统中的文件进行管理,而且要为用户新建的文件分配辅存空间,把用户已执行完的文件所占据的辅存空间收回。磁盘是一种具有大容量的辅存空间,它被操作系统和许多用户所共享,用户作业执行期间经常需要在磁盘上存储文件或删除文件,因此,必须对磁盘空间进行有效管理。当用户需要存储文件时,就要为它分配磁盘空间;当用户需要删除文件时,则要收回它所占据的磁盘空间。

为了有效管理磁盘等辅存空间,首先必须定义相应的数据结构记录辅存空间的使用情况,然后选择最合适的存储空间管理方法以提高辅存空间的利用效率。常用的辅存空间的管理方法有空闲块表法、空闲块链法、位示图法和成组链接法。

7.4.1 空闲块表法

1. 空闲块表

系统为每个辅助存储器(如磁盘)各建立一张空闲块表,该表记录辅存上所有空闲存储块的使用情况,连续、相邻的存储块构成一个空闲存储块区,每个空闲块区对应表中的一个登记项,记录一组连续空闲块的首块号和块数等信息。空闲块数为"0"的登记项为空登记项,如图 7-12 所示为空闲块表的示意图。

序号	第一个空闲块号	空闲块数
1	6	10
2	18	15
3	42	60
4	空	0

图 7-12 空闲块表的示意图

2. 存储空间的分配与回收

空闲块表法属于连续分配方式,适合采用顺序结构的文件,可采用最先适应分配算法、最优适应分配算法和最坏适应分配算法,但一般采用最先适应分配算法。辅存空间上的空闲块区的分配和回收过程与主存的可变分区方式类似。当用户创建一个新文件时,系统将为该文件分配一个连续的存储块空间。分配时,系统首先顺序检索空闲块表中的登记项,直到找到第一个能满足文件大小要求的空闲块区,然后将该连续块区分配给用户文件使用,同时修改空闲块表,将剩下的空闲块仍写回到空闲登记项中。

当用户文件从辅存上被删除时,系统将对用户释放的辅存空间进行回收。回收时,根据被删文件的名字查找文件目录中对应的目录项,找到该文件的存储地址并回收,然后考虑回收物理地址是否与空闲块表中的空闲块区相邻,并按照类似主存可变分区的回收方式对相邻块区进行前后合并。

空闲块表法可减少访问辅存的 I/O 操作次数,因此具有较高的分配速度。但该方法在反复分配时会产生较多存储碎片，这也会影响辅存空间的利用率。

7.4.2 空闲块链法

把所有空闲块连接在一起构成空闲块链，分配空间时，从链中取出若干空闲块，回收空间时，则把回收的物理块加入到空闲块链中，这种管理辅存空间的方式不需要额外增加专门记录空闲块分配情况的表格。根据构成链的元素对象的不同，可有两种链表形式：空闲块链表和空闲区链表。

1. 空闲块链表

该种链表是以单个空闲块为基本链表元素，把所有空闲块用指针链接起来，每一个空闲块中都设置了指向下一个空闲块物理地址的指针，所有空闲块就构成了一张空闲块链表。系统设置一个链首指针，指向链中的第一个空闲块，最后一个空闲块中的指针为"∧"，标志该空闲块为链尾，如图7-13所示为空闲块链表的示意图。

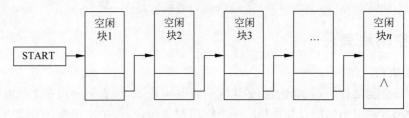

图 7-13　空闲块链表

当用户创建一个新文件而请求分配存储空间时，系统将为该文件分配若干不连续的存储块空间。分配时，系统首先从链首指针开始，顺序分配满足文件要求的若干个物理块给用户，每次分配时，都是把链首指针指向的第一个空闲块分配给用户，然后修改链首指针。

当用户文件从辅存上被删除时，系统将对用户释放的辅存空间进行回收。每次回收时，将被删文件的存储块号顺序插入到空闲块链的末尾，然后修改链尾指针。因此，该方法的分配和回收过程非常简单，容易实现，但一个文件有多少个存储块，就要重复访问辅存多少次，特别是当辅存空间很大时，链表就会变得很长，不易管理。

为了减少访问辅存的I/O次数，可考虑将链表中的每个空闲块结点换成空闲区结点，即将磁盘上的所有空闲区（每个区可包含若干个存储块）链成一条空闲区链。

2. 空闲区链表

空闲区链表以连续空闲块构成的空闲区为基本链表元素，把所有空闲区用指针链接起来，每一个空闲区中除设置一个指向下一个空闲区首地址的指针外，还应标明本空闲区中空闲块的个数，所有空闲区构成了一张空闲区链表。系统设置一个链首指针，指向链中的第一个空闲区，直到最后一个空闲区中的指针为"∧"，标志该空闲区为链尾。

当用户创建一个新文件而请求分配存储空间时，系统将基本按照可变分区类似方式进行分配。分配时，系统从链首指针开始，通常按照最先适应分配算法，顺序分配满足文件要求的若干个存储块给用户。每次分配时，都把链首指针指向的第一个空闲区中的空闲块分配给用户使用，并修改该区中的起始地址和剩余空闲块数，只有当第一空闲区中空闲块用完才修改链首指针。

当用户文件从辅存上被删除时，系统将对用户释放的辅存空间进行回收。每次回收时，

视频讲解

同样也要将与回收区邻接的空闲区与之合并。

与空闲块链表法相比,空闲区链表法的优缺点刚好与前者相反,即分配和回收过程较复杂,但链表长度较短,且访问辅存的次数大大减少,效率更高。

7.4.3　位示图法

1. 位示图

位示图法是一种比较通用的方法。对每个磁盘可以用一张位示图来指示磁盘空间的使用情况,位示图中的每一位与一个磁盘存储块对应,该位的值为 1 时,表示相应块已被占用,为 0 时,表示所对应的块是空闲的。因此,磁盘上的所有存储块都有一个二进制位与之相对应,一个磁盘的分块确定后,根据总块数可以决定所需要的位数,这样,由所有存储块对应的位构成的集合称为位示图。为了表示方便,位示图通常可描述成一个二维数组 map:

```
int map[M][N];
```

其中,在位示图中把 N 个二进制位组织成一个字,即根据系统特点,定义一个足够大的字,字长为 N,一共 M 个字。因此,$(M-1) \times N$ 表示所有位的个数,即整个磁盘总的存储块数,并用一个字单独存放剩余空闲块总数。若位示图的字长为 64,则一个总共有 6400 块的磁盘位示图结构如图 7-14 所示。

字号＼位号	0 位	1 位	2 位	3 位	4 位	5 位	6 位	7 位	8 位	9 位	10 位	…	62 位	63 位
0 字	0	1	1	0	0	0	1	1	0	1	1	…	1	1
1 字	0	0	0	0	1	1	0	1	0	0	0	…	0	1
2 字	0	1	1	0	1	1	0	1	0	0	0	…	0	0
3 字	0	1	1	1	1	1	0	1	0	0	1	…	1	1
⋮	⋮	⋮	⋮	⋮	⋮	⋮	⋮	⋮	⋮	⋮	⋮	⋮	⋮	⋮
98 字	0	1	0	0	1	1	0	1	0	0	0	…	0	0
99 字	0	0	1	1	0	1	1	0	1	0	1	…	0	1
100 字	剩余空闲块数													

图 7-14　磁盘位示图结构

2. 存储空间的分配

采用位示图对磁盘存储空间进行分配时,可以分三个阶段完成。

(1)当用户创建一个新文件时,根据文件的大小,系统顺序扫描位示图,若图中剩余的空闲块总数大于文件长度,则从中找出一组值为 0 的二进制空闲位进行分配。

(2)将所找到的二进制空闲位逐个转换成与之相对应的用柱面号、磁头号、扇区号标识的某个磁盘存储块号,即物理块号。转换成的磁盘物理块号为:

块号＝(字号－起始字号)×字长＋(位号－起始位号)＋起始块号

然后将物理块号表示成磁盘上对应的物理地址为:

柱面号＝((块号－起始块号)/柱面长)＋起始柱面号

磁头号＝(((块号－起始块号)%柱面长)/每个磁道上的扇区数)＋起始磁头号

扇区号＝(((块号－起始块号)%柱面长)%每个磁道上的扇区数)＋起始扇区号

这里,柱面长=磁头数×每个磁道上的扇区数,/表示整除,%表示取余数,字、位、块、柱面、磁头和扇区等参数的起始编号既可为0,也可为1。为了计算方便,一般都可设置默认起始编号为0,这样,上述计算公式中就可删除起始编号,简化了计算过程。

(3) 将文件存入磁盘指定的存储块上,同时修改位示图,将找到的空闲二进制位的值置1表示占用,并修改剩余的空闲块总数。

【例1】 若一个硬盘共有16383个柱面,每个柱面上有16个磁道(即包括16个磁头),每个磁道划分成63个扇区,位示图是由字长为64位的二进制位构成。给定字、位、块、柱面、磁头和扇区等的起始编号均为0。假设现在要将位示图中字号50和位号20位对应的空闲块分配给用户使用,则可以很容易确定磁盘上的物理块地址。

柱面长=16×63=1008,即每个柱面上含1008个扇区数据。

磁道长=63,即每个磁道含63个扇区数据。

块号=50×64+20=3220。

柱面号=3220/1008=3。

磁头号=(3220%1008)/63=3。

扇区号=(3220%1008)%63=7。

于是,系统便把文件存放到磁盘的3号柱面上的3号磁头所指向的7号扇区的物理块中。

上例中,若字、位、块、柱面、磁头和扇区等的起始编号均为1,则在确定对应磁盘上的物理块地址时,每次计算时都要考虑起始编号,求解过程如下:

块号=(50-1)×64+(20-1)+1=3156。

柱面号=(3156-1)/1008+1=4。

磁头号=((3156-1)%1008)/63+1=3。

扇区号=((3156-1)%1008)%63+1=6。

于是,系统便把文件存放到磁盘的4号柱面上的3号磁头所指向的6号区的物理块中。

3. 存储空间的回收

采用位示图对磁盘存储空间进行回收时,也可以分三个阶段完成。

(1) 当用户删除一个文件时,根据要回收的磁盘柱面号、磁头号和扇区号对应的具体物理地址,计算出磁盘物理块号:

块号=(柱面号-起始柱面号)×柱面长+

(磁头号-起始磁头号)×磁道长+(扇区号-起始扇区号)+起始块号。

(2) 将回收的磁盘物理块号转换成位示图中对应的字号和位号:

字号=(块号-起始块号)/字长+起始字号。

位号=(块号-起始块号)%字长+起始位号。

(3) 修改位示图,将计算出的二进制位的值清0,并修改剩余的空闲块总数。

【例2】 给定字号和位号的起始编号均为0,块号、柱面号、磁头号和扇区号等的起始编号均为1。若硬盘的结构不变,假设现在要将磁盘上的7柱面上的5磁头指向的3扇区的物理块回收,则在确定对应位示图中字号和位号时也要特别小心,每次计算时都要考虑起始编号的不同,求解过程如下:

物理块号=(7-1)×1008+(5-1)×63+(3-1)+1=6303。

字号=(6303-1)/64+0=98。

位号＝（6303－1）％64＋0＝30。

即将位示图中字号 98 位号 30 对应位置 0。

上例中,若给定字号和位号的起始编号均为 1,而块、柱面、磁头和扇区等的起始编号均为 0,则也可以确定位示图中的相应位置:

物理块号＝（7－0）×1008＋（5－0）×63＋（3－0）＋0＝7374。

字号＝（7374－0）/64＋1＝116。

位号＝（7374－0）％64＋1＝15。

即将位示图中字号 116 位号 15 对应位置 0。

用位示图管理磁盘空间,占用的空间很小,因此可将位示图直接装入主存,从而减少了频繁启动磁盘的次数。另外,实现算法也较容易,只须根据文件的大小快速找到值为 0 的空闲位,并将其置 1 即可。

7.4.4　成组链接法

空闲块表法和空闲块链法都只适合小型文件系统,否则会使空闲块表和空闲块链太长。成组链接法既能克服两者的不足,又可集两种方法的优点于一身,是现代大型文件系统采用的典型方法。

1. 空闲块组链

成组链接法将辅存空间的所有空闲块分成若干组。为了方便管理,每组中管理的空闲块数选取适当值 N,每一组的第一个空闲块中登记下一组空闲块对应的物理块号和空闲块数,登记最后一组空闲块号和块数的那个空闲块中的第 2 单元填 0,表示该块中指出的块号是最后一组的块号,空闲块链到此结束,余下不足 N 块的那部分空闲块的块号及块数登记在一个专用块中。这样,每组中第一个块指针可链接而成一个链,称空闲块组链。一般地,可将所有块组设置成堆栈结构,栈底存放第一个空闲块号,栈顶存放最后一个空闲块号。若每组中管理的空闲块数 N 为 100,则空闲块成组链接示意图如图 7-15 所示。

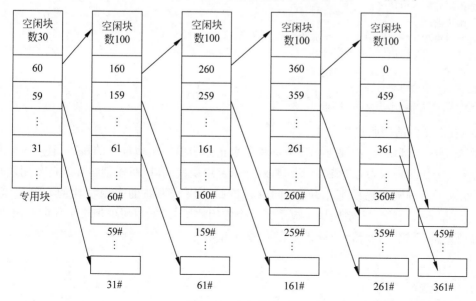

图 7-15　空闲块链组

从图 7-15 中可以看出,60♯～31♯共 30 个空闲块放在专用块组中,块组中的 60♯号空闲块为该块组栈的栈底,登记了下一个空闲块组的空闲块总数 100 和具体物理块号 160♯～61♯。依此类推,160♯空闲块为第一个普通块组栈的栈底,登记了下一组空闲块的空闲块总数 100 和具体物理块号 260♯～161♯,倒数第二组的 360♯空闲块中登记了最后一组空闲块的空闲块总数 100 和具体物理块号 459♯～361♯,其中第二单元填 0,表明该块中指出的块号是最后一组的块号,空闲块链到此结束。这样将各块组的第一个空闲块号链接而成一条块组链。与其他块组相比,第一个专用块组中的物理块数少于 100,最后一组的有效物理块数只有 99 块(分别是 459♯～361♯),0 号栈底块中存放空闲块链的结束标志。

该链既方便查找,又可减少为修改指针而启动磁盘的次数。

2. 存储空间的分配过程

系统初始化时,先把专用块内容读到主存,指针指向专用块堆栈的栈顶,每当用户提出存储空间的分配请求时,系统只需直接查找和调用主存中的专用块进行分配。

分配块时,直接在主存专用块堆栈中可以找到哪些块是空闲的。首先取出栈顶指针指向的第一个空闲块号(栈顶块),即图 7-15 中的 31♯,并把该块对应的存储物理地址分配给用户文件使用;然后栈顶指针下移一位,每分配一块后,空闲块数减 1。若指针指向专用块的栈底块号时(空闲块数为 1),即图 7-15 中的 60♯,由于该块是当前栈中的最后一个块,并记录了下一空闲块组的全部空闲块号,因此在把该块分配出去之前,应先执行一次 I/O 操作,把登记在该块中的内容(即下一组的块号及块数)从磁盘读入主存,并登记到新的专用块堆栈中,然后再把该块分配给用户使用。

若初始化时系统已把专用块读入主存 L 单元开始的区域中,则分配一个空闲块的算法如下:

> 查 L 单元内容(即空闲块数);
> 若空闲块数>1,则 $i=L+$ 空闲块数(i 为主存地址单元);
> 从 i 单元得到一空闲块号;
> 把该块分给申请者;
> 空闲块数减 1.
> 若空闲块数 = 1,则取出 $L+1$ 单元内容(一组的第一块块号或 0);
> 若其值 = 0,无空闲块,申请者等待;
> 否则其值 ≠ 0,把该块内容复制到新的专用块;
> 把该块分给申请者使用;
> 把专用块内容读到主存 L 开始的区域.

3. 存储空间的回收过程

当归还一物理块时,只要把归还块的块号登记到当前专用块堆栈的栈顶,且空闲块数加 1。若当前专用块的块数已到 N 块时,则表示专用块栈已满,只需把主存当前专用块栈中的 N 个块号写到刚归还的那个块中,同时将该归还块作为新的专用块栈的栈底(即第一块)。此时,原来的第一个空闲块组成了第二个空闲块组,而专用块则记录了新的空闲块组。假设初始化时系统已把专用块读入主存 L 单元开始的区域中,则归还一个空闲块的回收算法如下:

> 取出 L 单元的空闲块数;
> 若空闲块数＜N,则空闲块数加 1;

$j = L +$ 空闲块数(j 为主存地址单元)；

归还块号填入 j 单元.

若空闲块数 $= N$,则把主存中登记的信息写入归还块中；

把归还块号填入 $L + 1$ 单元中；

将 L 单元的空闲块数置成 1.

采用成组链接后,系统采用离散方式管理空间,内存专用块占用空间小,分配和回收物理块时,在主存中查找和修改,只是在一组空闲块分配完成或空闲的物理块构成一组时才启动磁盘读写,降低了启动磁盘的次数。因此,成组链接比单块链接方式的效率更高。

7.5　文件的使用

文件在存储介质上的存储结构不仅与存储设备的物理特性有关,还与用户如何使用文件有关。文件系统中提供了对文件的各种操作,这些操作可以方便、灵活地使用文件及文件系统,其形式分别为系统调用或命令。因此,为了正确实现对文件的存储和检索等过程,用户必须按照系统规定的操作要求来使用文件。

7.5.1　主存打开文件表

文件存储在辅存空间中,当要访问某个文件时,必须从辅存上读入主存。从程序局部性执行理论可知,一个文件被访问后,可能还要反复被多次访问。为了防止每次访问都执行 I/O 操作,降低系统效率,各系统都提供了主存打开文件表供系统调用,其中,为整个系统提供一张系统打开文件表,为每个用户提供一张用户打开文件表。

1. 系统打开文件表

该表放在主存中,用于保存已打开文件的文件控制块信息、文件号、共享计数及修改标志等内容,如图 7-16 所示。

文件控制块信息	文件号	共享计数	修改标志
...	...	...	...

图 7-16　系统打开文件表

2. 用户打开文件表

该表保存文件描述符、打开方式、读写指针及系统打开文件表入口地址等内容。用户每一次执行进程且需要访问该文件时,就把用户打开文件表的位置记录到进程控制块中,同时利用该表中的系统打开文件表入口地址找到要访问的文件信息,以备访问。如图 7-17 所示。

文件描述符	打开方式	读写指针	系统打开文件表入口地址
...	...	...	...

图 7-17　用户打开文件表

从两张表的结构可知,用户打开文件表指向系统打开文件表。若多个进程共享同一个文件时,则多个用户打开文件表必须对应于系统打开文件表的同一入口地址。两张表的对应关系图如图 7-18 所示。

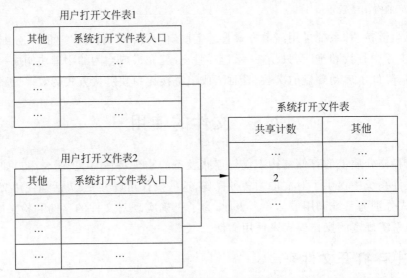

图 7-18　文件表之间的对应关系

视频讲解

7.5.2　文件基本操作

文件系统提供给用户使用文件的一组接口,用户通过调用"文件操作"提出对文件的基本操作要求。文件系统提供的基本文件操作有 6 种。

1. 建立文件操作

当用户想要建立一个新文件并存储到存储介质上时,首先必须调用文件系统提供的建立文件操作命令向系统提出"建立"要求。用户在调用此操作命令时,通常要向系统提供如下常用参数:用户名、文件名、存储设备类型及编号、文件属性和存取控制信息等。

建立文件操作的实质是建立文件控制块的过程,目的是建立系统与文件的联系。在二级文件目录结构下,其基本步骤如下。

① 检查建立参数的合法性,若合法则按照用户名检索主文件目录表,找到用户文件目录表。

② 检查用户文件目录表中有无重名文件,若无则在目录表中空闲位置处建立一个空的文件控制块(即目录项)。

③ 为新文件分配必要的外部存储空间。

④ 将用户提供的参数及分配到的外部空间物理地址填入文件控制块中。

⑤ 返回一个文件描述符。

2. 打开文件操作

用户要使用一个已经存放在辅存上的文件前,第一步必须调用文件系统提供的打开文件操作命令,以向系统提出"打开"要求。用户在调用此操作命令时,一般也要向系统提供如下常用参数:用户名、文件名、存储设备类型及编号、打开方式及口令等。

打开文件操作是指系统将文件的有关信息从辅存读入主存文件目录表的一个表目中，并将文件的编号返回给用户，从而为用户访问具体文件做好准备。在树型文件目录结构下，其基本步骤如下。

① 根据文件路径名查找文件目录树，找到该文件的文件控制块。

② 根据打开方式、共享说明和用户身份检查访问合法性。

③ 根据文件号检索系统打开文件表，看文件是否已打开。若已打开，则将表中的共享计数值加 1，否则将辅存中的文件控制块等信息填入系统打开文件表空表项，共享计数置为 1。

④ 在用户打开文件表中取一空表项，填写打开方式等，并指向系统打开文件表对应的表项。

文件打开后，用户便可直接向系统提出若干读写操作请求，不需重复打开，这样可大大提高对文件的操作速度。一般地，通过打开命令打开文件的方式称为显式打开方式，但有些系统中也可通过读写命令隐含地向系统提出打开要求，称隐式打开方式。

3. 读文件操作

文件的读和写是文件系统中最重要也是最基本的操作。读文件是指把文件中的数据从辅存空间读入主存数据区域中的操作，但一般须先执行打开文件操作。用户在调用此操作命令时，须提供一些主要参数。若该文件采用随机方式存储，则参数包括文件名、起始逻辑记录号及记录数、数据读入的主存起始地址等；若采用顺序方式，则参数中不需包含起始逻辑记录号，将记录数换成字节数即可。

基本步骤如下。

① 根据文件名查找文件目录，确定该文件在目录中的位置及存储地址。

② 根据隐含参数中的进程控制块信息和该文件的存取权限数据，检查访问的合法性。

③ 根据文件控制块参数中指出的存储方式、起始地址和长度等信息，确定对应的存储块号和块数。

④ 根据确定的起始块号和块数，一次性或分成多次将所有数据读入主存区域。

4. 写文件操作

当用户要求插入、添加或更新文件内容，并把修改后的内容存入存储物理块时，可以执行写操作，但一般须先执行打开文件操作或建立文件操作。除增加了辅存空间参数外，写文件操作与读文件类似，同样也须先查目录，根据找到的文件控制块信息，将主存数据区中的数据写入物理块中。

5. 关闭文件操作

若用户不再需要对主存中的文件进行其他操作，可以执行关闭操作将文件关闭，从而切断与该文件的联系，向系统归还对该文件的使用权。用户不能再对关闭后的文件进行读写操作（除非该文件重新打开），这样就有效地保护了文件，避免了误操作。若主存中有多个文件都被打开，则关闭时需指定要关闭哪个文件。关闭文件操作的参数与打开文件操作类似，其基本步骤如下。

① 查找用户打开文件表，删除该表中对应表项。

② 检索系统打开文件表，将该文件对应表项中的共享计数值减 1，若减后的值为 0，表明已无用户再需使用该文件，直接删除该表项。

③ 若系统打开文件表中该文件对应表项内容被用户修改过,则在删除该表项前必须要把该表项内容写回文件目录表的相应文件控制块中。

6. 删除文件操作

当一个文件完成了任务且不再被需要时,可将它从文件系统中删除。该操作只需提供完整的文件路径名参数,其主要步骤如下。

① 根据文件路径名查找文件目录树,找到该文件的文件控制块。

② 根据该文件控制块信息,回收该文件所占据的辅存空间。

③ 删除该文件控制块对应的文件目录树中的目录项。

执行删除文件操作前,必须注意以下事项。

(1) 删除该文件前,应先关闭该文件。

(2) 若此文件对另一文件执行了链接访问,则应先将被链接文件中的"链接数"减 1。

(3) 只有当被删除文件的"当前用户数"为 0 时,该文件才能被删除。

7.5.3 文件访问过程

当前绝大多数操作系统都提供了以上几种文件基本操作,但它们只是文件使用过程中的一个基本操作。因此,只有将上述基本操作组合起来才能完成有效的文件访问和管理过程。

为了保证对文件的正确管理和文件信息的安全可靠,避免共享文件被几个用户同时访问而造成的混乱,文件的使用应遵循一定的操作步骤。

从文件系统的功能可以看出,文件的具体访问包括对文件的插入、修改、删除、检索、更新及排序等,但它们基本上都是由最主要的以下 3 个文件访问过程转变而来。

1. 读文件

当需要从一个文件中读取数据时,一般应顺序执行以下 3 个基本操作:

(1) 打开文件操作;

(2) 读文件操作;

(3) 关闭文件操作。

通过"打开文件",验证了用户对文件的使用权,并为用户做好读文件前的准备工作。通过反复执行"读文件"可读入用户所需的数据。当用户访问结束后,再通过"关闭文件",向系统归还该文件的使用权,至此,读文件过程结束。

2. 写文件

当用户需要新建一个文件并把其中的数据写入辅存空间时,应顺序执行下面 3 个基本操作:

(1) 建立文件操作;

(2) 写文件操作;

(3) 关闭文件操作。

通过"建立文件",也验证了用户对文件的使用权,并为用户做好写文件前的准备工作。通过反复执行"写文件"可把用户新建的数据存入辅存空间。当用户访问结束后,再通过"关闭文件",向系统归还该文件的使用权,至此,写文件过程结束。

3. 删除文件

与上述两个过程不同,若用户有权对某个文件执行删除操作,则只需调用"删除文件"这个基本操作就可完成。一个文件被删除后,其所占用的存储空间被系统收回。

为了方便用户,有的系统提供了一种隐式使用文件的方法,允许用户不必调用"打开文件""建立文件"和"删除文件"的操作,而直接调用"读文件"或"写文件"操作,但文件系统仍必须做这些工作。当用户要求使用一个未被打开或未被建立的文件时,文件系统必须先"打开文件"或"建立文件",然后执行"读文件"或"写文件"。当用户使用了一个文件 A 后又要再使用文件 B,文件系统必须先关闭文件 A,再打开或建立文件 B,然后再对文件 B 进行读写操作。

视频讲解

7.6 文件的共享

现代操作系统都提供了文件共享手段,如语言编译程序、常用的库函数等。文件共享是指允许两个或更多用户同时使用同一个文件。这样,在系统中仅仅只需要保存共享文件的一个副本,这不仅可以节省大量辅存空间和主存空间,减少 I/O 操作次数,为用户访问文件提供了极大的方便,大大减少了用户工作量,而且也是多道程序设计中完成共同任务所必需的。因此,共享是衡量文件系统性能好坏的主要标志。

但为了系统的可靠性和文件的安全性,文件的共享必须得到控制。在当前计算机系统中,既要为用户提供共享文件的便利,又要充分注意到系统和文件的安全性和保密性。

如何实现文件的共享是文件共享的主要问题。下面主要介绍当前常用的几种链接共享文件方法和实现技术。

7.6.1 目录链接法

在树形目录结构中,当有多个用户需要经常对某个子目录或文件进行访问时,用户必须在自己的用户文件目录表中对欲共享的文件建立相应的目录项——称之为链接。链接可在任意两个子目录之间进行,因此链接时必须特别小心,链接后的目录结构已不再是树形结构,而成为了网状复杂结构,文件的查找路径名也不再唯一,如图 7-19 所示为基于文件目录法共享文件。

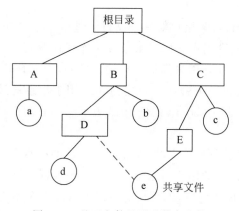

图 7-19 基于文件目录法共享文件

在图 7-19 中,如何建立 D 目录与 E 目录之间的链接呢? 由于在文件目录项中记录了文件的存储地址和长度,因此链接时,只须将共享文件 e 的存储地址和长度复制到 D 的目录项中即可。

引入了目录链接方式后,文件系统的管理就变得复杂了。由于链接后的目录结构变成了网状结构图,要删除某个共享文件时,情况就变得特别复杂,必须考虑目录链接情况。如果被删除的共享文件还有其他子目录指向了它,则链接指针会指向一个不复存在的目录项,从而引起文件访问出错。另外,由于目录项中只记录了当前链接时共享文件的存储地址和长度,若之后其中一个用户要对共享文件进行修改并向该文件添加新内容时,则该文件的长度也必然随之增加。但是增加的文件存储块只记录在执行了修改的用户目录项中,其他共享用户目录项中仍只记录了原内容,从而这部分新增内容是不能被其他用户共享的,这显然不能满足我们的共享需求。

7.6.2 索引结点链接法

为了解决目录链接共享方式中存在的问题,就不能将共享文件的存储地址、长度等文件信息记录在文件目录项中。可以考虑放在索引结点中,目录项中只存放文件名及指向索引结点的指针,如图 7-20 所示为基于索引结点法共享文件。

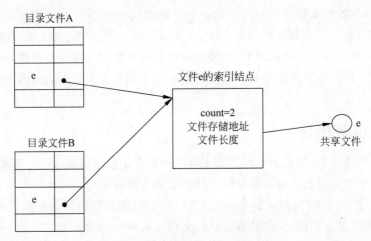

图 7-20 基于索引结点法共享文件

从图 7-20 中可以看出,若某用户对共享文件 e 进行了修改,所引起的文件内容的改变全部存入 e 的索引结点,共享用户文件目录项并不作任何改变。因此,引入索引结点后,共享文件内容不管作任何改变,共享用户都是可见的。另外,为了有效管理共享文件,在该文件对应的索引结点中应该设置一个链接计数器 count,用于记录链接到本索引结点文件上的用户目录项的个数。图 7-20 中 count 的值为 2,表示一共有两个用户共享该索引结点指向的共享文件。

例如,当用户 A 创建了一个新文件,A 便是该文件的所有者,此时 count 为 1。当用户 B 要共享此文件时,只需在 B 的用户目录中添加一目录项,同时设置一个指针指向该文件的索引结点。这时,count 的值增加到 2,但所有者仍为 A。若 A 不再需要该文件时,他必须一直等待 B 使用完而且不再需要时才能删除该文件;否则索引结点必然随着共享文件的删除而删除,致使 B 目录项中的指针悬空,此时,若 B 正在使用该文件,必将半途而废。因此,采用此共享方式可能会导致共享文件所有者为等待其他用户完成而付出高昂的代价。

7.6.3　符号链接法

为了使用户 B 能共享用户 A 创建的文件 e,也可以由用户 B 通过调用系统过程 link 来创建一个新文件,类型为系统定义的 Link 型,取名为 f,并把 f 记录到 B 用户的目录项中,从而实现 B 的目录项与文件 f 的链接。在 B 用户创建的链接文件 f 中,只包含了被链接的文件 e 的路径名,该路径名又称为符号链。这种基于符号链的链接方式称为符号链接。

利用符号链接方式可以实现文件共享。当用户 B 要访问共享文件 e 时,只要从目录项中读取文件 f,操作系统获取该文件后,根据文件 f 中的符号链值(即文件 e 的路径名)去读取文件 e,从而实现了用户 B 共享文件 e。

与基于索引结点的链接方式相比,该方式优点突出,主要体现在以下两方面。

1) 避免了指针悬空

该方式实现文件共享时,只有共享文件所有者才拥有指向其索引结点文件的指针,其他共享用户只有该文件的路径名。因此,符号链接方式不会发生指针悬空现象,因为当共享文件的所有者把该文件删除后,该文件对应路径也不复存在,其他用户试图通过符号链再去访问时,会因系统找不到该文件而使访问失败,此后再将符号链删除当然不会产生错误。

2) 实现网络环境下任意文件的共享

由于符号链接仅仅记录了共享文件的路径名,因此在局域网甚至在因特网中,只要提供该文件所在计算机的网络地址和计算机中的路径名,连入该网络中的世界上任何地点的计算机中的文件都可以实现共享。

基于符号链的共享方式也有不足之处。当其他用户通过符号链读取共享文件时,都是把查找共享文件路径的过程交给系统完成,而系统将根据路径名再去检索文件目录,直到找到该共享文件的索引结点。因此,每次访问共享文件时,都可能要多次读取辅存,增加了辅存的访问频率,从而使得每次访问的开销过大。此外,每个共享用户都要建立一个符号链接——由于该链接实际上是一个文件,仍要耗费部分辅存空间。

7.7　文件的保护与保密

文件系统中为文件提供了保护和保密措施。文件保护是指防止用户由于错误操作导致的数据丢失或破坏;而文件保密是指文件本身不得被未经授权的用户访问。

现代操作系统中提供了大量的重要文件供用户共享使用,给人们的工作和生活带来了极大的好处和方便,但同时也存在着潜在的安全隐患。影响文件系统安全的主要因素有。

(1) 人为因素,即由于使用者有意或无意的行为,使文件系统中的数据遭受破坏或丢失。

(2) 系统因素,即由于系统出现异常情况,特别是系统存储介质出现故障或损坏时,造成数据受到破坏或丢失。

(3) 自然因素,即由于不可抗拒的自然现象或事件导致存储介质或介质上的数据遭受破坏。

为了确保文件系统的安全，可针对上述原因采取以下相应措施。

(1) 通过存取控制机制来防止人为因素造成的文件不安全性。

(2) 通过磁盘容错技术来防止系统故障造成的文件不安全性。

(3) 通过备份技术来防止自然因素造成的文件不安全性。

7.7.1 存取控制

文件系统中的文件在共享时，既存在保护问题，又存在保密问题。这两者都涉及每个用户对文件的访问权限，即文件的存取控制权限。常见的文件存取权限一般有以下几种。

(1) E：表示可执行。

(2) R：表示可读。

(3) W：表示可写。

(4) —：表示不能执行任何操作。

通常实现文件存取控制有多种方案，这里介绍其中几种主要方案。

1. 存取控制矩阵

存取控制矩阵是一个二维矩阵，第一维列出了全部用户，另一维则列出了系统中的所有文件，如图 7-21 所示。在矩阵中，若第 i 行第 j 列的值为 1，则表示用户 i 被允许访问文件 j；若为 0，则表示用户 i 不允许访问文件 j。

存取控制矩阵在定义上很简单，实现却比较难，因为若系统管理的核准用户及共享文件太大时，该二维矩阵将占据很大的存储空间，且只能标出是否允许用户访问。若要在矩阵中标识每个用户对文件的具体访问权限，则可将存取控制矩阵修改为在每列中标识出该用户所获得的文件实际存取权，如图 7-22 所示。

文件 用户	文件 1	文件 2	文件 3	文件 4	文件 5	文件 6	⋯	文件 n
用户 1	1	1	1	0	0	0	⋯	1
用户 2	0	0	0	0	1	1	⋯	1
用户 3	1	1	1	0	0	1	⋯	1
⋮	⋮	⋮	⋮	⋮	⋮	⋮	⋮	⋮
用户 n	0	0	1	1	1	1	⋯	1

图 7-21 存取控制矩阵

文件 用户	文件 1	文件 2	文件 3	文件 4	文件 5	文件 6	⋯	文件 n
用户 1	E	R	ER	RW	—	ERW	⋯	RW
用户 2	ER	RW	ER	R	—	ERW	⋯	ERW
用户 3	ERW	RW	R	—	R	ER	⋯	R
⋮	⋮	⋮	⋮	⋮	⋮	⋮	⋮	⋮
用户 n	E	R	ER	R	RE	—	⋯	RW

图 7-22 具有访问控制权的存取控制矩阵

2．存取控制表

存取控制矩阵可能会由于太大而无法实现,特别是某个文件可能只是把访问权赋予部分特定的用户,那么存取控制矩阵将会产生大量空白项,导致空间浪费。一个改进的办法是按用户对文件的访问权限的差别对用户进行分类,然后将访问权限直接赋予各类用户,而不必考虑每个用户。通常可分为以下几类用户。

(1) 文件所有者：表示创建该文件的用户,显然每个文件的所有者只能是一个用户。

(2) 同组用户：与文件所有者同属于某一特定小组,同一小组中的用户一般都应当与该文件有关。

(3) 其他用户：与文件所有者不在同一个小组中的用户,因此与该文件的关系不大。

按用户类别赋予存取权限时,可将存取控制矩阵改造为按列划分权限,即为每个文件建立一张存取控制表,在每个文件存取控制表中只存储了被赋予了 3 种存取权限中至少一种用户类名,不必考虑所有的用户名。显然,与存取控制矩阵相比,存取控制表大大减少了所需的存储空间,提高了空间的利用率。存取控制表如图 7-23 所示。

文件 ＼ 用户	文件所有者	同组用户	其他用户
文件 1	ERW	ER	R
文件 2	ERW	R	ER
⋮	⋮	⋮	⋮
文件 n	ERW	ERW	—

图 7-23　存取控制表

改进存取控制矩阵对于文件访问权限的另一个办法是把各个文件的存取权限合并起来,直接放在文件控制块内部给予说明,无须额外地存放存取控制表的存储空间。实现时,只需在文件控制块中指出 3 类用户的名字,同时还需指出每类用户分配的访问权限。由于所有核准用户只分成三大类,因此,每个文件的所有 3 种存取权限只需用一个 9 位的二进制位来表示。这 9 种权限位分成三种,每类用户用三位表示,如图 7-24 所示。从图 7-24 中可以看出,文件所有者拥有全部访问权,同组用户只能读和执行,但不能修改和写,从而拒绝其他用户进行访问。Linux 系统就是采用此存取方式管理文件权限。

图 7-24　存取控制位

3．设置口令

为了保护文件不被破坏,另一个简便的方法是文件所有者为每个文件设置一个使用口令,并写入文件控制块中。凡是要求访问该文件的用户都必须先提供使用口令,若用户输入的口令与文件控制块中的口令相一致,该用户才可以使用文件。当然,用户在使用时必须遵照文件所有者分配的存取控制权限进行访问。

口令一般是由字母、数字或字母和数字混合而成的。为了方便记忆，文件所有者通常把口令设置成如生日、住址、电话号码及某人或宠物的名字等，并且设置的口令很短，这样的口令很容易被攻击者猜中。此外，口令保存在文件中，系统管理员可以设法获取所有文件的口令，从而使可靠性变得很差。当文件所有者将口令告诉其他用户后，就无法拒绝该用户继续使用该文件，否则只有更改口令，但同时必须通知所有相关用户。

4. 文件加密

鉴于口令的不足，另一个方法是对重要文件进行编码，把文件内容翻译成密码形式进行保存，使用时再对内容进行解密。编码时，通常简单的做法是当用户创建并存入一个文件时，利用一个代码键来启动一个随机发生器产生一系列随机数，然后由文件系统将这些相应的随机数依次加入文件内容中，从而翻译成密码；译码时，顺序减去这些随机数，文件就还原成正常形式，可以正常使用。

对于文件加密时采用的编码和译码方法，文件所有者只告诉允许访问的用户，系统管理员和其他用户并不知道，这样文件信息不被窃取，但这种方法会大大增加文件编码和译码的开销。

7.7.2　容错技术

对文件系统而言，它必须保证在系统硬件、软件发生故障的时候，文件也不会遭到破坏，即保证文件的完整性。因此，文件系统应当提供适当的机构，以保存所有文件的副本，一旦发生系统故障毁坏文件，可通过另一副本将文件恢复。同时，文件系统还要有抵御和预防各种物理性破坏和人为破坏的能力，以提高文件系统的可靠性。

容错技术是通过在系统中设置冗余部件的方法，来提高系统完整性和可靠性的一种技术。磁盘容错技术则是通过增加冗余的磁盘驱动器、磁盘控制器等方法来提高磁盘系统完整性和可靠性的典型技术。目前，该技术广泛应用于中小型机系统和网络系统中，可大大提高和改善磁盘系统的可靠性，从而构成实际上稳定的磁盘存储系统。磁盘容错技术也称为系统容错技术，可分为三个等级。一级磁盘容错技术主要用于防止磁盘表面发生缺陷所引起的数据丢失；二级磁盘容错技术则用于防止磁盘驱动器故障和磁盘控制器故障所引起的系统不能正常工作；三级容错技术则主要用于高可靠的网络系统。

1. 一级容错技术

一级容错技术是最早出现的也是最基本的磁盘容错技术，主要用于防止因磁盘表面发生缺陷所造成的数据丢失，主要通过采取双目录和双文件分配表、热修复重定向和写后读校验等手段提高文件系统可靠性。

1）双目录和双文件分配表

文件目录表和文件分配表是管理文件的重要数据结构，记录了文件的属性、文件的存储地址等重要信息。这两种表一旦被破坏，将导致存储空间的部分或所有文件成为不可访问的，从而导致文件丢失。为了防止此情况发生，可在磁盘不同区域或不同磁盘上分别建立文件目录表和文件分配表，即双文件目录表和双文件分配表，其中一份作为备份。当磁盘表面出现缺陷造成文件目录表和文件分配表损坏时，系统会自动启动备份，以保障数据仍可访问，同时将损坏区标识出来并写入坏块表中，然后再在磁盘其他区域建立新的文件目录表和文件分配表作为新的备份。采用此手段后，系统每次启动时，都必须对主表与备份表进行检查,以验证一致性。

2）热修复重定向

一般来说,只有当磁盘损坏严重或完全不能使用时,才考虑更换新盘,当磁盘表面出现部分损坏时,可采取补救措施防止将数据写入损坏的物理块中,使得该磁盘能继续使用。热修复重定向措施就是其中一种补救措施。该技术是将磁盘的一小部分容量作为热修复重定向区,专门存储因缺陷磁盘物理块而待写的数据,并对该区中的所有数据进行登记,以便日后访问。以后当需要访问该数据块时,系统就不再到有缺陷的磁盘块区读取数据,而是转向热修复重定向区对应的磁盘物理块。

3）写后读校验

写后读校验是另一项配套补救措施。为了保证所有写入磁盘的数据都能写入到完好的物理块中,可以在每次从主存缓冲区向磁盘中写入一个物理块后,又立即从磁盘上读出该数据,并放入另一个主存缓冲区中,然后比较两个缓冲区的数据是否一致,若一致,系统便认为写入成功可继续后续操作;否则,系统认为该磁盘块已损坏,并将应写入的数据写入热修复重定向区,同时将损坏块标识出来写入坏块表中。

2. 二级容错技术

一级容错技术一般只能防止磁盘表面损坏造成的数据丢失。若磁盘驱动器发生故障,则数据无法写入磁盘,仍可能造成数据丢失。为避免在这种情况下产生数据丢失,可采取磁盘镜像和磁盘双工等二级容错技术。

1）磁盘镜像

磁盘镜像技术是指在同一个磁盘控制器下增设一个完全相同的磁盘驱动器,如图 7-25 所示。

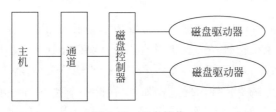

图 7-25 磁盘镜像

采用磁盘镜像方式工作时,每次在向主磁盘写入数据后,都要采用写校验方式再将数据写入备份磁盘上,从而使得两个磁盘上的数据内容及位置完全相同,即备份磁盘就是主磁盘的镜子。因此,当主磁盘驱动器发生故障时,只要备份磁盘驱动器能正常工作,系统所需的数据经过切换后仍然可以访问到,从而不会导致数据丢失。但当一个磁盘驱动器发生故障时,必须立即发出警告且尽快修复,以便恢复磁盘镜像功能。

磁盘镜像技术虽然实现了容错功能,但磁盘的访问速度并未得到提高,相反,却使磁盘空间的利用率下降了 50%。

2）磁盘双工

磁盘镜像技术虽然可有效解决在一台磁盘驱动器发生故障时的数据保护问题,但是如果控制两个磁盘驱动器的磁盘控制器发生故障或连接主机与磁盘控制器的连接通道发生故障时,则两个磁盘驱动器将同时失效,磁盘镜像功能也随之失效。

由于磁盘镜像功能的不足,可引入磁盘双工技术。所谓磁盘双工,是指将两个磁盘驱动器分别连接到两个不同的磁盘控制器上,同时使两个磁盘镜像成对,如图 7-26 所示。

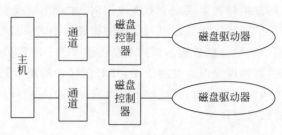

图 7-26　磁盘双工

采用磁盘双工技术时,文件服务器同时将数据写入两个处于不同磁盘控制器下的磁盘上,从而与磁盘镜像技术一样可使两个磁盘内容完全相同。若某个通道或磁盘控制器发生故障时,另一个磁盘仍然正常工作,这样就不会造成数据丢失,但同时也必须立即发出警告并尽快修复,以恢复磁盘双工功能。此外,采用磁盘双工技术时,每个磁盘都有独立的通道,因此存储时可同时将数据写入两个磁盘,读取时,可采取分离搜索技术从响应快的通道上读取数据,从而加快了磁盘的存取速度。磁盘镜像和磁盘双工技术是目前经常使用的、行之有效的数据保护手段,但技术都比较复杂。

3. 廉价磁盘冗余阵列

廉价磁盘冗余阵列(Redundant Arrays of Inexpensive Disk,RAID)是一种广泛应用于大、中型系统和网络中的高级容错技术。磁盘阵列是利用一台磁盘阵列控制器统一管理和控制一组磁盘驱动器,一组磁盘驱动器通常包含数十个磁盘,从而组成一个高度可靠的、快速的大容量磁盘系统。

为了提高对磁盘的访问速度,可把交叉存取技术应用到磁盘存储系统中。在该系统中,有若干台磁盘驱动器,系统把每一个盘块中的数据分别存储到各个不同磁盘中的相同位置。当要将一个盘块中的数据传送到内存时,则采用并行传输方式,将各个盘块中的子盘块数据同时向内存传输,可大大减少传输时间。例如,要存储一个含 N 个子盘块的文件,可以将文件中第 1 个数据子块放到第 1 个磁盘中;将第 2 个数据子块放到第 2 个磁盘中;……,将第 N 个数据子块放到第 K 个磁盘中。当要读取上述数据时,则采取并行读取方式,同时从第 $1 \sim K$ 个磁盘中读出 N 个数据子块,这样读写速度比从单个磁盘读出速度提高了($N-1$)倍。磁盘并行交叉存取方式如图 7-27 所示。

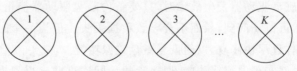

图 7-27　磁盘并行交叉存取方式

RAID 在刚推出时分成 6 级,即 RAID 0～5 级,后来又增加了 RAID 6 级和 RAID 7 级。

1) RAID 0 级

该级只提供了并行交叉存取,虽然可以提高磁盘读写速度,但无冗余校验功能,致使磁盘系统的可靠性并不好,因此只要其中有一个磁盘损坏,便会造成不可弥补的数据丢失。

2) RAID 1 级

该级具有磁盘镜像功能,可利用并行读写特性,将数据分块并同时写入主盘和镜像盘,故比传统磁盘镜像速度快,但磁盘利用率只有 50%,因此它是以牺牲磁盘容量为代价的。

3) RAID 3 级

该级具有并行传输功能,由于采用了一台奇偶校验盘来完成容错功能,因此比磁盘镜像减少了所需要的冗余磁盘数。

4) RAID 5 级

该级磁盘阵列具有独立传送功能,每个驱动器都有各自独立的数据通道,可独立进行读、写操作,无专门的校验盘。在该级中,完成校验功能的信息以螺旋方式散布在所有数据盘上,常用于 I/O 比较频繁的事务处理。

5) RAID 6 级和 RAID 7 级

这两级阵列都是强化了的磁盘阵列。在 RAID 6 级中设置了一个专用的、可快速访问的异步校验盘,该校验盘具有独立的数据访问通道;RAID 7 级则是对 RAID 6 级的进一步改进,使得该阵列中所有磁盘都具有较高的传输速率,性能也是各级中最高的,是目前最高档的磁盘阵列,但价格较高。

相比于前两种容错技术,RAID 自面世以来很快便流行起来,因为 RAID 具有以下明显的优点。

(1) 高可靠性。RAID 最大的特点是可靠性高,除了 0 级外,其余几级 RAID 都采用了容错技术。当阵列中某一磁盘损坏时,并不会造成数据丢失,因为它既可实现磁盘镜像,又可实现磁盘双工,还可实现其他冗余方式,所以此时可根据其他未损坏磁盘中的信息来恢复已损坏盘中的信息。很明显,与单磁盘相比,RAID 的可靠性要高很多。

(2) 磁盘读写速度快。由于 RAID 采用并行交叉存取方式,理论上可将磁盘读写速度提高到磁盘数目的倍数。

(3) 性价比高。利用 RAID 技术实现大容量高速存储器时,其体积与具有相同容量和速度的大型磁盘系统相比,仅仅只是后者的 1/3,价格也是后者的 1/3,但可靠性却更高。

7.7.3 数据转储

虽然磁盘系统的容量通常都很大,但仍不可能将所有信息都装入其中,因此磁盘在运行一段时间后就可能装满;文件系统中,不论是硬件或是软件都可能发生错误和损坏;自然界的一些自然现象,如雷电、水灾和火灾等,也可能会导致磁盘损坏,电压不稳会引起数据奇偶校验错误。因此,为了使系统中重要数据万无一失,应该对保存在存储介质上的文件采取一些保险措施,使得磁盘上的大部分数据转存到后备存储系统中。下面介绍几种常用的措施。

1. 建立副本

建立副本是指把同一个文件保存到多个存储介质上。当某个介质上的文件被破坏时,仍然可用其他存储介质上的备用副本来替换。目前,常用作建立副本的存储介质是硬盘、光盘和 U 盘。

1) 硬盘

硬盘是目前最常用的副本存储介质,建立副本时可采用两种方式。一种是利用移动硬盘作为副本系统,该方法的最显著的优点是速度快、副本保存期长。另一种方式是配置大容量磁盘机,每个磁盘机由两个大容量硬盘组成,每个硬盘都划分成两个区,其中一个用作建立副本的备份区,每隔一段时间就将正常数据区中的数据复制到备份区中,也可在必要时将备份区中的数据恢复。该方法不仅速度快,而且还有容错功能,即当任何一个磁盘出现故障时,都不会导致数据丢失。

2) 光盘

CD-ROM 的特性决定了其很难作为副本介质,可用作建立副本的光盘主要有 WORM(Write-Once,Read-Many)光盘和可擦除光盘,前者只可写一次,后者可反复读写。光盘容量较大,保质期长达几十年,其单位容量的存储费用适中,但速度比硬盘慢。

3) U盘

U盘是最近几年来广泛用作建立副本的存储介质,其读写速度与硬盘相仿,但比硬盘要小巧得多,适合携带。特别是随着 U 盘容量越来越大型化,它现已成为最常用的副本介质。

以上建立副本的措施实现简单,但系统开销大,并且当文件进行更新时必须更新所有副本,这也增加了系统的负担。因此,上述措施仅适用于容量较小且重要的文件。

2. 定期转储

另一种保险措施是采用定期转储手段——定时或定期将文件转储到其他存储介质上,使重要文件有多个副本。常用的转储方法主要有两种。

1) 海量转储

海量转储是指定期把存储介质上的所有文件转储到后援大容量存储器中,如磁带。该方法实现简单,并且转储期间系统会重新组织存储介质上的文件,将介质上不连续存放的文件重新组织成连续文件,并存入备份存储介质中。

2) 增量转储

增量转储是指每隔一段时间,把系统中所有被修改过的文件及新文件转储到后援大容量存储器中。实现时,系统通常要对修改过的文件和新文件做标记,用户退出后,将列有这些文件名的表传给系统进程并完成转储过程。与海量转储相比,增量转储只转储修改过的文件,减少了系统开销。文件被转储后,一旦系统出现故障,就可以用转储文件来恢复系统,提高了系统可靠性。

7.8 Linux 文件系统

Linux 系统的一个重要特征就是支持和兼容多种不同的文件系统,如 EXT、EXT2、EXT3、EXT4、FAT、NTFS,以及 MINIX、MSDOS、WINDOWS 等操作系统支持的文件系统。目前,Linux 主要使用的文件系统是 EXT2、EXT3 和 EXT4。

Linux 最早的文件系统是 Minix 所用的文件系统,它所受限制很大而且性能低下。1992 年,出现了第一个专门为 Linux 设计的文件系统,称为扩展文件系统 EXT,但性能并未改善。直到 1993 年 EXT2 被设计出来并添加到 Linux 中,它才成为系统的标准配置。EXT3 是 EXT2 的升级版本,加入了记录数据的日志功能。EXT4 是 EXT3 文件系统的后继版本,在 Linux 2.6 内核版本中发布。

当 Linux 引进 EXT 文件系统时有了一个重大的改进：真正的文件系统从操作系统和系统服务中分离出来，在它们之间使用了一个接口层——虚拟文件系统（Virtual File System，VFS）。VFS 为用户程序提供一个统一的、抽象的、虚拟的文件系统界面，这个界面主要由一组标准的、抽象的、有关文件操作的系统调用构成。

7.8.1　Linux 中常见文件系统格式

在 Linux 操作系统里有 EXT2、EXT3、EXT4、Linux swap 和 VFAT 这 5 种格式。

1）EXT2

EXT2 是 Linux 系统中标准的文件系统。这是 Linux 中使用最多的一种文件系统，它是专门为 Linux 设计的，拥有极快的速度和极小的 CPU 占用率。EXT2 既可以用于标准的块设备（如硬盘），也可应用在软盘等移动存储设备上。

2）EXT3

EXT3 在保有 EXT2 的格式之下再加上日志功能。EXT3 是一种日志式文件系统（Journal File System），其最大特点在于它会将整个磁盘的写入动作完整地记录在磁盘的某个区域上，以便需要时回溯追踪。当某个过程中断时，系统可以根据这些记录直接回溯并重整被中断的部分，且重整速度非常快。该分区格式广泛应用在 Linux 系统中。

3）EXT4

EXT4 是第四代扩展文件系统，是 Linux 系统下的日志文件系统，是 EXT3 文件系统的后继版本。EXT4 给日志数据添加了校验功能，该功能可以很方便地判断日志数据是否损坏。而且 EXT4 将 EXT3 的两阶段日志机制合并成一个阶段，在增加安全性的同时提高了性能。

4）Linux swap

这是 Linux 中一种专门用于交换分区的 swap 文件系统。Linux 使用这一整个分区作为交换空间。一般来说，这个 swap 格式的交换分区是主内存的 2 倍。在内存不够时，Linux 会将部分数据写到交换分区上。

5）VFAT

VFAT 称为长文件名系统，这是一个与 Windows 系统兼容的 Linux 文件系统，支持长文件名，可以作为 Windows 与 Linux 交换文件的分区。

7.8.2　虚拟文件系统

Linux 系统的最大特点之一是能支持多种不同的文件系统。每一种文件系统都有自己的组织结构和文件操作函数，相互之间差别很大，为此，必须使用一种统一的接口，这就是虚拟文件系统（Virtual File System，VFS）。通过 VFS 将不同文件系统的实现细节隐藏起来，因而从外部看上去，所有的文件系统都是一样的。VFS 是物理文件系统与服务例程之间的一个接口层，它对 Linux 的每个文件系统的所有细节进行抽象，使得不同的文件系统在 Linux 内核以及系统中运行的进程看来都是相同的。

VFS 的功能主要有：记录可用的文件系统的类型；将设备同对应的文件系统联系起来；处理一些面向文件的通用操作；涉及针对文件系统的操作时，VFS 把它们映射到与控制文件、目录以及 inode 相关的物理文件系统。

1. VFS 系统结构

Linux 的 VFS 结构如图 7-28 所示,inode 是 Linux 的索引结点,每一个索引结点和一个文件相对应,其中包含了一些与该文件相关的信息,VFS Inode Cache 是 VFS 提供的索引结点缓存,VFS Directory Cache 是 VFS 提供的目录缓冲,它们都是为了提高访问的速度。

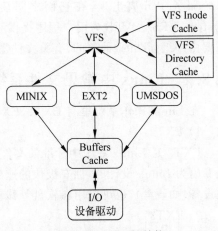

图 7-28 VFS 的结构

如图 7-29 所示为 VFS 和实际文件系统之间的关系,可以看出,用户程序(进程)通过有关文件系统操作的系统调用进入系统空间,然后经由 VFS 才可使用 Linux 系统中具体的文件系统。这个抽象的界面主要由一组标准、抽象的有关文件操作构成,以系统调用的形式提供给用户程序,如 read()、write()和 seek()等。所以,VFS 必须管理所有同时安装的文件系统,它通过使用描述整个 VFS 的数据结构和描述实际安装的文件系统的数据结构来管理这些不同的文件系统。不同的文件系统通过不同的程序来实现其各种功能。VFS 定义了一个名为 file_operations 的数据结构,这个数据结构成为 VFS 与各个文件系统的界面。

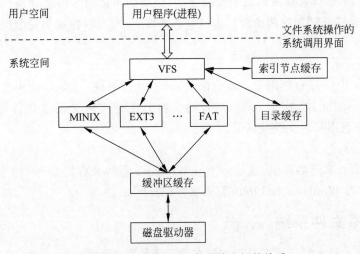

图 7-29 VFS 和实际文件系统之间的关系

2. VFS 超级块

VFS 和 EXT2 文件系统一样也使用超级块和索引结点来描述和管理系统中的文件。每个安装的文件系统都有一个 VFS 超级块,其中包含以下主要信息:

(1) Device,设备标识符:表示文件系统所在块设备的设备标志符。这是存储文件系统的物理块设备的设备标识符,如系统中第一个 IDE 磁盘/dev/hda1 的标识符是 0x301。

(2) Inode pointers,索引结点指针:这个 mounted inode 指针指向文件系统中第一个 inode。而 covered inode 指针指向此文件系统安装目录的 inode。根文件系统的 VFS 超级块不包含 covered 指针。

（3）Blocksize，数据块大小：文件系统中数据块的字节数。以字节记数的文件系统块大小，如 1024 字节。

（4）Superblock operations，超级块操作集：指向一组超级块操作例程的指针，VFS 利用它们可以读写索引结点和超级块。

（5）File System type，文件系统类型：这是一个指向已安装文件系统的 file_system_type 结构的指针。

（6）File System specific，文件系统的特殊信息：指向文件系统所需要信息的指针。

需要说明的是，VFS 超级块的结构比 EXT2 文件系统的超级块简单，VFS 中主要增加的是超级块操作集，它用于对不同文件系统进行操作，对于超级块本身并无作用。

3. VFS 索引结点（VFS Inode）

VFS 中每个文件和目录都有且只有一个 VFS 索引结点。VFS 索引结点仅在系统需要时才保存在系统内核的内存及 VFS 索引结点缓存中。

VFS 索引结点包含的主要内容有：所在设备的标识符、唯一的索引结点号码、模式（所代表对象的类型及存取权限）、用户标识符、有关的时间、数据块大小、索引结点操作集（指向索引结点操作例程的一组指针）、计数器（系统进程使用该结点的次数）、锁定结点指示、结点修改标识，以及与文件系统相关的特殊信息。

4. Linux 文件系统的逻辑结构

Linux 系统中每个进程都有两个数据结构来描述进程与文件相关的信息。其中一个是 fs_struct 结构，它包含两个指向 VFS 索引结点的指针，分别指向 root（即根目录节点）和 pwd（即当前目录节点）；另一个是 files_struct 结构，它保存该进程打开文件的有关信息，如图 7-30 所示。每个进程能够同时打开的文件至多是 256 个，分别由 fd[0]～fd[255]表示的指针指向对应的 file 结构。

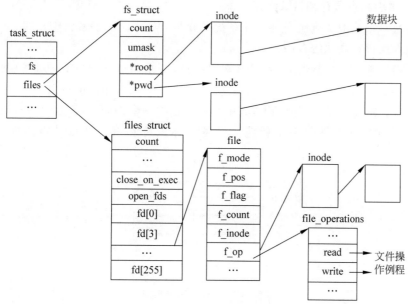

图 7-30　Linux 文件系统的逻辑结构

Linux 系统进程启动时自动打开三个文件，即标准输入、标准输出和标准错误输出，它们的文件描述字分别是 0、1 和 2。如果在进程运行时进行输入/输出重定向，则这些文件描述字就指向给定的文件，而不是标准的终端输入/输出。

每当进程打开一个文件时，就从 files_struct 结构中找一个空闲的文件描述字，使它指向打开文件的描述结构 file。对文件的操作要通过 file 结构中定义的文件操作例程和 VFS 索引结点的信息来完成。

5. 文件系统的安装与拆卸

Linux 文件系统可以根据需要随时装卸，从而实现文件存储空间的动态扩充。在系统初启时，往往只安装有一个文件系统，即根文件系统，其文件主要是保证系统正常运行的操作系统代码文件，以及若干语言编译程序、命令解释程序和相应的命令处理程序等构成的文件。根文件系统一旦安装成功，则在整个系统运行过程中是不能卸下的，它是系统的基本部分。此外，还有大量的用户文件空间。

其他文件系统（例如由软盘构成的文件系统）可以根据需要（如从硬盘向软盘复制文件），作为子系统动态地安装到主系统中。经过安装之后，主文件系统与子文件系统就构成一个有完整目录层次结构的、容量更大的文件系统。例如，要将/dev/sdb1 设备上的 EXT3 文件系统挂载到目录/opt 上，则可以通过 mount -t ext3 /dev/sdb1/opt 命令完成。若要使 Linux 系统自动挂载到文件系统，则必须修改系统配置文件/etc/fstab，修改后通过执行 mount -a 命令即可在当前生效。

若干子文件系统可以并列安装到主文件系统上，也可以一个接一个地串联安装到主文件系统上。已安装的子文件系统不再需要时，也可从整个文件系统上卸下来，恢复到安装前的独立状态。若要将上述挂载的文件系统卸载，可以通过 umount/opt 命令完成，但如果该文件系统处于 busy 状态，则不能卸载该文件系统，必须先确定哪些进程正在使用该文件系统，然后 kill 它们。

6. VFS 索引结点缓存和目录缓存

为了加快对系统中所有已安装文件系统的存取，VFS 提供了索引结点缓存，把当前使用的索引结点保存在高速缓存中。

为了能很快地从中找到所需的 VFS 索引结点，可采用散列（Hash）方法。其基本思想是，VFS 索引结点在数据结构上被链入不同的散列队列，具有相同散列值的 VFS 索引结点在同一队列中；通过设置一个散列表，其中每一项包含一个指向 VFS 索引结点散列队列的头指针。散列值是根据文件系统所在块设备的标识符和索引结点号码计算出来的，如图 7-31 所示。

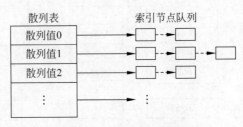

图 7-31 散列结构示意图

　　为了加快对于常用目录的存取,VFS 还提供一个目录高速缓存。当实际文件系统读取一个目录时,就把目录的详细信息添加到目录缓存中,下一次查找该目录时,系统就可以在目录缓存中找到此目录的有关信息。VFS 采用 LRU 算法来替换缓存中的目录项,其思想是把最近最不经常使用的目录项替换掉。

7.8.3　EXT2 文件系统

　　EXT2 文件系统支持标准 UNIX 文件类型,例如普通文件、目录文件、特别文件和符号链接等。EXT2 文件系统可以管理很大的分区。以前内核代码限制文件系统的大小为 2GB,现在 VFS 把这个限制提高到 4TB。因此,现在使用大磁盘而不必划分多个分区。EXT2 文件系统支持长文件名,最大长度为 255 个字符,如果需要还可以增加到 1012 个字符,而且还可使用变长的目录表项。EXT2 文件系统为超级用户保留了一些数据块,约为 5%。这样,在用户进程占满整个文件系统的情况下,系统管理员仍可以简单地恢复整个系统。

　　除了标准的 UNIX 功能外,EXT2 文件系统还支持在一般 UNIX 文件系统中没有的高级功能,如设置文件属性、支持数据更新时同步写入磁盘的功能、允许系统管理员在创建文件系统时选择逻辑数据块的大小、实现快速符号链接,以及提供两种定期强迫进行文件系统检查的工具等。

1. EXT2 文件系统的物理结构

　　与其他文件系统一样,EXT2 文件系统中的文件信息都保存在数据块中。对于同一个 EXT2 文件系统而言,所有数据块的大小都相同,例如 1024B。但是,不同的 EXT2 文件系统中数据块的大小也可以不同。EXT2 文件系统的物理构造形式如图 7-32 所示。

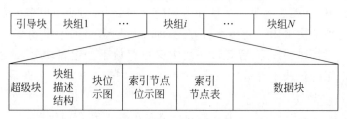

图 7-32　EXT2 文件系统的物理构造形式

　　EXT2 文件系统分布在块结构的设备中,文件系统不必了解数据块的物理存储位置,它保存的是逻辑块的编号。块设备驱动程序能够将逻辑块号转换到块设备的物理存储位置。

　　EXT2 文件系统将逻辑块划分成块组,每个块组重复保存着一些有关整个文件系统的关键信息,以及文件和目录的数据块。系统引导块总是介质上的第一个数据块,只有根文件系统才有引导程序放在这里,其余一般文件系统都不使用引导块。

　　使用块组对于提高文件系统的可靠性有很大好处,由于文件系统的控制管理信息在每个块组中都有一份副本,因此,文件系统意外出现崩溃时,可以很容易地恢复。另外,由于在有关块组内部,索引结点表和数据块的位置很近,在对文件进行 I/O 操作时,可减少硬盘磁头的移动距离。

2. 块组的构造

　　从图 7-32 中可以看出,每个块组重复保存着一些有关整个文件系统的关键信息,以及通过索引结点找到文件和目录的数据块。每个块组中包含超级块、块组描述结构、块位示图、索引结点位示图、索引结点表和数据块。

3. 索引结点

索引结点(Inode)又称为 I 节点,每个文件都有唯一的索引结点。EXT2 文件系统的索引结点起着文件控制块的作用,利用这种数据结构可以对文件进行控制和管理。每个数据块组中的索引结点都保存在索引结点表中。数据块组中还有一个索引结点位示图,它用来记录系统中索引结点的分配情况,即哪些节点已经分配出去了,哪些节点尚未分配。

索引结点有盘索引结点(如 EXT2_inode)和内存索引结点(如 inode)两种形式。盘索引结点存放在磁盘的索引结点表中,内存索引结点存放在系统专门开设的索引结点区中。

所有文件在创建时就分配了一个盘索引结点。当一个文件被打开,或者一个目录成为当前工作目录时,系统内核就把相应的盘索引结点复制到内存索引结点中;当文件被关闭时,就释放其内存索引结点。

盘索引结点和内存索引结点的基本内容是相同的,但二者存在很大差别。盘索引结点包括文件模式、描述文件属性和类型主要内容。内存索引结点除了具有盘索引结点的主要信息外,还增添了反映该文件动态状态的项目,例如,共享访问计数、表示在某一时刻该文件被打开以后进行访问的次数。

4. 多重索引结构

普通文件和目录文件都要占用盘块存放其数据。为了方便用户使用,系统一般不应限制文件的大小。如果文件很大,那么不仅存放文件信息需要大量盘块,而且相应的索引表也必然很大。在这种情况下,把索引表整个放在内存是不合适的,而且不同文件的大小不同,文件在使用过程中很可能需要扩充空间。

单一索引表结构已无法满足灵活性和节省内存的要求,为此引出多重索引结构(又称多级索引结构)。这种结构采用了间接索引方式,即由最初索引项中得到某一盘块号,该块中存放的信息是另一组盘块号;而后者每一块中又可存放下一组盘块号(或者是文件本身信息)。这样在最末尾的盘块中存放的信息一定是文件内容。EXT2 文件系统就采用了多重索引方式,如图 7-33 所示。

图 7-33 的左部是索引结点,其中含有对应文件的状态和管理信息。一个打开文件的索引结点放在系统内存区,与文件存放位置有关的索引信息是索引结点的一个组成部分,它是由直接指针、一级间接指针、二级间接指针和三级间接指针构成的数组。

5. EXT2 中的目录项

在 EXT2 文件系统中,目录文件包含有下属文件与子目录的登记项。创建一个文件时,就构成一个目录项,并添加到相应的目录文件中。一个目录文件可以包含很多目录项,每个目录项(如 EXT2 文件系统的 EXT2_dir_entry_2)包含的信息如下。

(1) 索引结点号,文件在数据块组中的索引结点号码,即检索索引结点表数组的索引值。

(2) 目录项长,记载该目录项占多少字节。

(3) 名字长,记载相应文件名的字节数。

(4) 文件类,用一个数字表示文件的类型,例如,可以用 1 表示普通文件,2 表示目录,3 表示字符设备文件,4 表示块设备文件等。

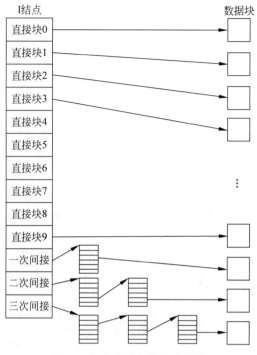

图 7-33 索引结点结构示意图

（5）文件名，不包括路径的文件基本名的最大长度为 255 个字符。

7.8.4 日志文件系统

文件系统是操作系统最重要的一部分，每种操作系统都有自己的文件系统，且直接影响着操作系统的稳定性和可靠性。Linux 系统下的文件系统通常有两种类型，即日志文件系统和非日志文件系统。EXT2 文件系统是由 Linux 早期版本开发的，没有日志功能，是非日志文件系统。为了提高文件系统的稳定性和可靠性，对 EXT2 文件系统的一个改进是增加了日志功能的 EXT3 以及 EXT4 文件系统，用户在安装 Linux 时，可以根据需要选择安装。

非日志文件系统在工作时，不对文件系统的更改进行日志记录。典型的非日志文件系统给文件分配磁盘空间和写文件操作的活动如下。

文件系统通过为文件分配文件块的方式把数据存储在磁盘上。每个文件在磁盘上都会占用一个以上的磁盘扇区，文件系统的工作就是维护文件在磁盘上的存放，记录文件占用了哪些扇区，另外，扇区的使用情况也要记录在磁盘上。文件系统在读写文件时，首先找到文件使用的扇区号，然后从中读出文件内容；如果要写文件，文件系统首先找到可用扇区，进行数据追加，同时更新文件扇区的使用信息。

这种非日志文件系统存在不少问题。如果系统刚将文件的磁盘分区占用信息（表示为 Metadata）写入磁盘分区中，还没有来得及将文件内容写入磁盘，此时，如果系统断电，就会造成文件内容仍然是旧内容，而分区 Metadata 却是新内容。日志文件系统可以解决这类问题。

1. 日志文件系统设计思想

日志文件系统是在非日志文件系统的基础上，加入文件系统更改的日志记录。该系统的设计思想是：跟踪记录文件系统的变化，并将变化内容记入日志。日志文件系统在磁盘分区中保存有日志记录，写操作首先对记录文件进行操作，若整个写操作由于某种原因（如系统掉电）而中断，系统重启时，会根据日志记录来恢复中断前的写操作。这个过程只需要几秒钟到几分钟。

2. 日志文件系统工作过程

在日志文件系统中，所有文件系统的变化、添加和改变都记录到"日志"中，每隔一段时间，文件系统会将更新后的 Metadata 及文件内容写入磁盘，之后删除这部分日志，重新开始新日志记录。日志文件系统使得数据、文件变得安全，但是系统开销增加了。每一次更新和大多数的日志操作都需要写同步，这需要更多的磁盘 I/O 操作。从日志文件的原理出发，应当在那些需要经常写操作的分区上使用日志文件系统，因为可以更好地保证数据和文件的安全和一致性。

Linux 系统中可以混合使用日志文件系统或非日志文件系统。日志增加了文件操作的时间，但从文件安全性角度出发，磁盘文件的安全性得到了极大的提高。

7.9　本章小结

现代操作系统都设计了对文件进行管理的功能，文件管理的主要工作是完成文件的读、写、修改、删除、检索、更新、共享和保护等操作，这些操作都由文件系统统一提供。文件从不同角度出发可构造出文件的逻辑结构和物理结构，文件系统在将不同的逻辑结构文件存储成相应的物理结构文件时，应根据存储介质特性、使用的存取方法和性能要求来决定，为了提高存储空间的利用率可引入了记录的成组和分解技术。

文件目录是实现按名存取的主要工具，文件系统的基本功能之一就是负责文件目录的建立、维护和检索，常用的文件目录结构有一级目录、二级目录和多级目录，复杂的目录结构还包括无环图目录，现代操作系统一般使用树形目录结构对文件进行管理。

当把文件保存到存储介质上时，必须为其分配存储空间。为了有效地管理辅存空间，可从空闲块表、空闲块链、位示图和成组链接方法中选择最合适的存储空间管理方法以提高辅存空间的利用率。为了正确实现对文件的存储和检索等过程，用户必须按照系统规定的基本操作要求来使用文件。常见的文件基本操作有打开文件、建立文件、读文件、写文件、关闭文件和删除文件。

文件共享不仅帮助诸多用户完成共同任务，而且还可以节省大量的辅存空间，主要通过目录链接、基于索引结点的链接和符号链接三种链接技术实现文件共享。文件共享在为用户带来好处和方便的同时，也存在诸多安全隐患。对于用户来说，文件的保护和保密是至关重要的，可以分别采取存取控制机制、磁盘容错技术和数据转储备份技术等方法着手提高文件的安全性。

Linux 作为一种典型操作系统，通过 EXT2、EXT3 等文件系统提供计算机对文件和文件夹进行操作处理的各种标准和机制，并使用 VFS 文件系统作为统一的接口，以支持对不同文件系统的管理。

视频讲解

习　题　7

（1）什么是文件？

（2）文件系统应具有哪些功能？

（3）文件系统提供的主要文件操作有哪些？

（4）文件系统可分成几个层次？简述每层的主要功能。

（5）什么是文件的逻辑结构？它有哪几种组织形式？

（6）什么是文件的物理结构？它有哪几种组织形式？

（7）解释下列术语并说明它们之间的关系：存储介质、卷、块、文件。

（8）选择存取方式时主要考虑的因素有哪些？

（9）总结文件的存取方法、文件的存储结构和存储设备类型之间的关系。

（10）试比较顺序文件和链接文件各自的优点和缺点。

（11）什么是索引文件？为什么要引入多级索引文件？

（12）什么是记录的成组？采用这种技术有什么优点？

（13）什么是记录的分解？采用这种技术有什么优点？

（14）已知某用户文件共 10 个逻辑记录，每个逻辑记录的长度为 480 个字符，现把该文件存放到磁带上，若磁带的记录密度为 800 字符/英寸，块与块之间的间隙为 0.6 英寸，请回答以下问题。

① 求解不采用记录成组操作时磁带空间的利用率。

② 求解采用记录成组操作且块因子为 5 时，磁带空间的利用率。

③ 若要使磁带空间利用率不少于 80%，至少应以多少个逻辑记录为一组？

④ 当按上述方式把文件存放到磁带上后，用户要求每次读一个逻辑记录存放到工作区。当对该记录处理后，又要求把下一个逻辑记录读入工作区，直至 10 个逻辑记录处理结束。系统应如何为用户服务？

（15）什么是"按名存取"？文件系统如何实现文件的按名存取？

（16）为了实现按名存取，文件目录应包括哪些内容？

（17）文件目录在何时建立？它在文件管理中起什么作用？

（18）比较一级目录和二级目录的优点和缺点。

（19）什么是绝对路径？什么是相对路径？

（20）简述文件控制块的主要功能，它应包含哪些内容？

（21）辅存空间的管理方法有哪几种？

（22）试比较空闲块表法和空闲块链表各自的特点。

（23）试简述成组链接法中专用块组的作用。

（24）文件系统提供的主要文件操作有哪几个？

（25）使用文件系统时，通常要显式地进行打开和关闭操作，为什么？

（26）删除文件时为什么不要执行打开操作？

（27）何为文件共享？文件共享有哪些主要方法？

（28）链接法共享文件主要采取哪几种实现技术？试比较每种实现技术的特点。

(29) 影响文件系统安全的主要因素有哪些?

(30) 试比较文件保护和文件保密这两种技术的区别。

(31) 常见的文件存取权限一般有哪几种?

(32) 磁盘容错技术可以分成哪几个等级?

(33) 与一级磁盘容错技术相比,二级容错技术有什么优点?

(34) 数据转储技术通常采用的措施有哪几种?

(35) 若一个硬盘上共有5000个磁盘块可用于存储信息,若由字长为32位的字构造位示图,求:

① 位示图共需多少个字?

② 若某文件被删除,它所占据的盘块块号分别为12、16、23和37,文件删除后,位示图如何修改?

(36) 若一个硬盘共有100个柱面,每个柱面上有15个磁头,每个磁道划分成8个扇区。现有一个含有6000个逻辑记录的文件,逻辑记录的大小与扇区大小一致,该文件以顺序结构的形式存放到磁盘上。磁盘柱面、磁头、扇区的编号均从0开始,逻辑记录的编号从1开始。文件信息从0柱面、0磁头、0扇区开始存放,求:

① 该文件的第5000个逻辑记录应放在哪个柱面、哪个磁头和哪个扇区上?

② 36柱面12磁头5扇区中存放了该文件的第几个逻辑记录?

(37) 虚拟文件系统VFS的结构如何? 其作用和功能是什么?

(38) Linux文件系统中的EXT3是什么?

(39) 何谓VFS超级块?

(40) Linux文件系统的安装与拆卸过程是怎样的?

第 8 章

作业管理与用户接口

现代操作系统都提供了多用户工作环境,众多用户可以在操作系统的支持下完成系统的各种应用任务。本章主要从用户使用和系统管理两个方面出发,讨论用户如何将各种作业任务提交到计算机系统中,再设法通过各级调度并进入处理器运行,然后将处理得到的运行结果进行输出。本章重点掌握以下要点:

- 了解作业的基本概念和 Linux 系统提供的典型接口;
- 理解批处理作业和交互式作业的管理过程,以及操作系统提供给用户的各种接口;
- 掌握单道批处理作业和多道批处理作业的主要调度算法。

8.1 作业管理概述

1. 作业

用户在一次解题过程中要求计算机所做工作的集合称为一个作业。

在计算机上运行用户作业时,通常要经历以下 4 步。

(1) 编辑,即采用某种高级语言按一定算法编写源程序,将源程序通过某种手段(如键盘输入)送入计算机内;

(2) 编译,即调用上述高级语言的编译程序,对源程序进行编译,产生目标代码程序;

(3) 连接装配,即将目标代码及调用的各种库代码连接、装配成一个可执行程序;

(4) 运行,即将可执行程序装入内存,并提供程序运行时所需数据,然后运行程序并产生运行结果。

2. 作业步

任何一个作业都要经过若干加工步骤才能得到结果。作业的每一个加工步骤称为一个"作业步"。每个作业步都对应于一个程序的执行,各作业步之间相互联系,并在逻辑上顺序执行,前一个作业步的输出信息往往作为后一个作业步的输入,如图 8-1 所示。

从图 8-1 中可以看出,该作业经过编译、连接装配和运行三个步骤后得到运行结果。运行时,作业通过执行"编译程序"对源程序进行编译,并产生若干目标程序代码,并可以把编译中产生的出错信息或编译进展及结果信息作为输出信息告诉操作员;接着通过执行"链接程序"将上一步产生的目标程序及其系统子程序、库函数等连接装配成可执行的目标执行程序,必要时也可产生一些输出信息;最后通过将执行程序装入系统主存运行,并把产生的结果输出。实际上每个作业所经历的加工步骤可以是不同的,如果已经存在一个可执行程序,则没有必要重新进行编译,直接运行即可得到结果信息。

3. 作业控制方式

"作业控制方式"是指用户根据操作系统提供的手段来说明作业加工步骤的方式。作业

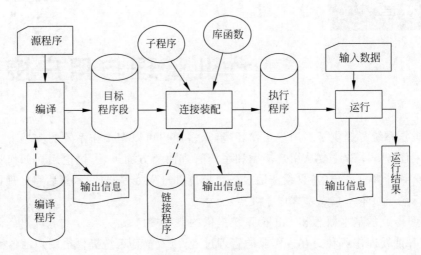

图 8-1　作业控制过程

控制方式有两种——批处理控制方式和交互式控制方式。

1) 批处理控制方式

采用批处理控制方式控制作业执行时,用户使用操作系统提供的"作业控制语言"将作业执行的控制意图编写成一份"作业控制说明书",连同该作业的源程序和初始数据一同提交给计算机系统,操作系统将按照用户说明的控制意图来控制作业的执行。于是,在作业执行过程中,用户不必在计算机上进行干预,一切由操作系统按作业控制说明书的要求自动地控制作业执行。

采用该方式对作业进行控制时,其控制意图是事先在脱机情况下说明的,不必联机输入,且采用这种控制方式的作业完全由操作系统自动控制执行。因此,该控制方式又称为自动控制方式或脱机控制方式。很明显,该控制方式适合成批处理作业,在成批处理作业时,操作系统将按各作业的作业控制说明书中的要求,分别控制相应的作业按指定的步骤去执行。

采用批处理控制方式的作业称为"批处理作业",又称为"脱机作业"。

2) 交互式控制方式

采用交互式控制方式控制作业执行时,用户使用操作系统提供的"操作控制命令"来表达对作业执行的控制意图。执行时,用户逐条输入命令,操作系统每接到一条命令,就根据命令的要求控制作业的执行,一条命令所要求的工作做完后,操作系统把命令执行情况通知用户,并且让用户输入下一条命令,以控制作业继续执行,直至作业执行结束。

采用交互方式时,在作业执行过程中,操作系统与用户之间需不断交互信息,用户必须在联机方式下通过对计算机的直接操作来控制作业的执行。因此,交互式控制方式又称为联机控制方式。交互方式适合终端用户使用,终端用户通过终端设备把操作控制命令传送给操作系统,操作系统也通过终端设备把命令执行情况告知用户,最终从终端上输出结果。

采用交互式控制方式的作业称为"交互式作业",又称"联机作业"。对于来自终端的作业也称为"终端作业"。

8.2　批处理作业的管理

根据作业进入系统的过程,可将作业管理功能分成三部分。

(1) 作业输入:把作业装入辅存输入井中,并按照进入输入井的先后顺序形成后备作业队列的过程。

(2) 作业调度:按某种调度策略选择后备作业队列中的若干作业装入主存运行的过程。

(3) 作业控制:在操作系统控制下,用户如何组织其作业并控制作业进入处理器运行的过程。

8.2.1　批处理作业输入

在采用批处理控制方式的计算机系统中,每个用户根据自己的实际要求来组织批处理作业,并把准备好的作业提交给计算机系统,操作系统完成将该批处理作业向系统成批输入。

1. 作业控制语言

每个批处理作业都包括源程序、初始数据和作业控制说明书三部分,其中作业控制说明书是用作业控制语言书写的,它刻画了用户对作业的基本情况描述和资源需求描述,规定了用户对作业执行的控制要求。作业基本情况描述一般含用户名、作业名、使用的编程语言名称、允许的最大处理时间等;作业的资源需求描述包括需求的主存大小、外设种类及台数、处理器优先数、所需运行时间、需求库函数等;作业执行的控制要求一般包括作业的控制方式、作业步的执行顺序、作业的异常处理等。

作业控制语言(Job Control Language,JCL)是由若干作业控制语句组成的集合,每个控制语句除了包含表示特征的关键字外,还有指示控制要求的若干参数。在脱机工作方式下,系统提供作业控制语言将作业的控制要求编写成作业控制说明书的形式,并通过作业控制说明书对作业实施运行控制。不同计算机系统的作业控制语言格式不尽相同,各有特点,但大都提供以下主要功能:

(1) 作业的提交;

(2) 控制作业和作业步的执行;

(3) 各种软硬件资源的使用。

2. 作业控制块

为了管理和调度作业,在多道批处理系统中,应为每个作业设置一个作业控制块(Job Control Block,JCB),如同进程控制块是进程在系统中存在的标志一样,作业控制块是批处理作业在系统中存在的标志,其中存有系统对于作业进行管理所需要的全部信息,它们保存于辅存存储区域中。作业控制块中所包含的信息数量及内容因系统而异,但一般应包含作业名、作业状态、作业类别、作业优先数、作业控制方式、资源需求量、进入系统时间、开始运行时间、运行时间、作业完成时间和所需主存地址及外设种类及台数等。

1) 作业控制块的建立

当作业开始由输入设备输入到辅存的输入井时,系统输入程序即为其建立一个作业控制块,并对其进行初始化。初始化的大部分信息取自作业控制说明书,其他部分信息如作业进入系统时间和作业开始运行时间等则由资源管理器给出。

2) 作业控制块的使用

需要访问作业控制块的程序主要有系统输入程序、作业调度程序、作业控制程序和系统输出程序等。

3) 作业控制块的撤销

当作业完成后,其作业控制块由系统输出程序撤销,作业控制块被撤销后,其作业也不复存在。

3. 作业表

每个作业都有一个作业控制块,所有作业的作业控制块就构成了一个作业表。作业表存放在辅存固定区域中,其长度是固定的,它限制了系统所能同时容纳的作业数量。系统输入程序、作业调度程序、系统输出程序都需要访问作业表,因而存在互斥问题。作业表结构如表 8-1 所示。

表 8-1 作业表结构

JCB1	JCB2	...	JCBi	...	JCBn

4. 批处理作业的建立

作业建立的前提条件是首先要向系统申请获得一个空的作业表项和足够的输入井空间。建立时,一个作业必须将作业所包括的全部程序和数据输入到辅存中保存起来,并建立该作业对应的作业控制块。因此,作业的建立过程包括两个阶段:建立作业控制块阶段和作业输入阶段。

1) 作业控制块的建立

建立作业控制块的过程就是申请和填写一张包含空白表项的作业表的过程。由于操作系统所允许的作业表的长度是固定的,即作业表中存放的作业控制块的个数是确定的,因此当作业表中无空白表项时,系统将无法为用户建立作业,作业建立将会失败。

2) 作业的输入

批处理作业的输入是将作业的源程序、初始数据和作业控制说明书通过输入设备输入到辅存并完成初始化的过程。作业输入时,操作系统通过"预输入命令"启动 SPOOLing 系统中的"预输入程序"工作,就可以把作业信息存放到输入井中。预输入程序根据作业控制说明书中的作业标识语句可以区分各个作业,把作业登记到作业表中,并把作业中的各个文件存到输入井中。这样,就完成了作业的输入工作,被输入的作业处于"后备状态",并在输入井中等待处理。采用 SPOOLing 系统的输入方式时,由于辅存中的输入井空间大小是有限的,因此若输入井中无足够的空间存放该作业,作业建立仍然会失败。

视频讲解

8.2.2 批处理作业调度

1. 作业调度程序

由于主存容量有限,在输入井中等待处理的作业一般不能同时全部装入内存,那应该怎样从中选择一部分作业先装入并让它们执行呢?操作系统将会根据多道程序设计的要求,通过作业调度过程从输入井中选择若干作业装入主存并进入处理器运行。作业调度的主要功能是根据作业控制块中的信息,首先审核系统是否满足用户作业的资源需求,然后按某种调度策略(即调度算法)从外存输入井中的后备作业队列中选取作业装入主存,并为选中的作业创建相应的进程,分配所需的各种软硬件资源,再将新创建的进程插入进程就绪队列中,为作业进入 CPU 运行做好准备。完成作业调度功能的控制程序称为作业调度程序。通常作业调度程序要完成下述工作。

(1) 按照某种调度算法从后备作业队列中选取作业。

(2) 为被选中的作业分配必要的主存和外设资源。因此,作业调度程序在挑选作业过程中要调用存储管理程序和设备管理程序中的某些功能。

(3) 为选中的作业开始运行做好一切准备工作,包括修改作业状态为运行态、为运行作业创建进程、构造和填写作业运行时所需要的有关表格(如作业表)等。

(4) 在作业运行完成或由于某种原因需要撤离系统时,作业调度程序还要完成作业的善后处理工作,包括将分给它的全部资源进行回收,为输出必要信息编制输出文件,撤销该作业的全部进程和作业控制块等,最终将其从现有作业队列中删除。

2. 作业状态

作业从提交到系统直到它完成后离开系统前的整个活动可划分为若干阶段。作业在每个阶段所处的状态称为作业的状态。通常作业的状态分成 4 种。

(1) 提交状态。一个作业处于用户手中,并经过输入设备进入到外存输入井,系统为其建立作业控制块,这时的作业处于提交状态。

(2) 后备状态。对于已经进入输入井的作业,系统将它插入到输入井后备队列中,等待作业调度程序调度运行,这时的作业处于后备状态,也称收容状态。

(3) 运行状态。一个处于后备状态的作业,一旦被作业调度程序选中并装入主存,系统就为它分配必要的软硬件资源,然后建立相应的进程并插入到进程就绪队列中。这时的作业处于运行状态。

(4) 完成状态。作业完成其全部运行过程并释放其占有的全部资源而正常结束或异常终止时,作业就处于完成状态。此时作业调度程序对该作业进行一系列善后处理,并退出系统。

作业状态的转换是在其生命周期中的连续过程,对应的作业状态转换图如图 8-2 所示。

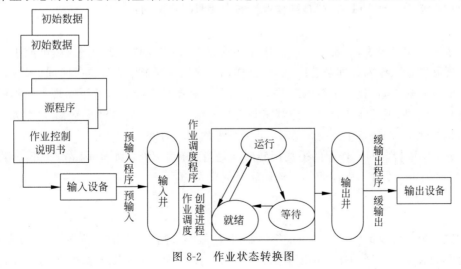

图 8-2　作业状态转换图

3. 作业调度的影响因素

每个用户都希望自己的作业尽快执行且执行过程中尽可能不被中断,完成时间尽可能早。就计算机系统而言,既要考虑用户的个别需求,又要有利于整个系统效率和系统吞吐量的提高。因此,系统在执行作业调度过程时,应该综合考虑多方面的因素,主要考虑的因素如下。

(1) 公平性:公平对待每个用户,让用户满意,不能无故或无限制地拖延某一用户作业的执行。

(2) 均衡使用资源:由于每个用户作业所需资源差异很大,因此需注意系统中各资源的均衡使用,使同时装入主存的作业在执行时尽可能利用系统中的各种资源,从而极大提高资源的使用率。

(3) 提高系统吞吐量:通过缩短每个作业的周转时间,实现在单位时间内尽可能为更多的作业服务,从而提高计算机系统的吞吐能力。

(4) 平衡系统和用户需求:用户满意程度的高低与系统效率的提高是一对相互矛盾的因素,每个用户都希望自己的作业立即投入运行并很快获得运行结果,但必须考虑系统整体性能的提高,有时难以满足用户需求。

上述因素也许不能兼顾,应根据系统的设计目标来决定优先考虑的调度因素。

4. 作业调度的性能指标

对于批处理系统而言,作业调度的性能受多项指标影响,主要的性能指标如下。

(1) CPU 利用率。CPU 利用率是 CPU 的有效运行时间与总的运行时间之比。因此,其比值越大,CPU 的利用率越高。

(2) 吞吐能力。吞吐能力是指单位时间内完成作业的数量。因此,完成的数量越多,其吞吐能力越强。

(3) 周转时间。作业的周转时间是指从作业被提交进入输入井开始,到作业执行完成的这段时间间隔。每个作业的周转时间都应包括 4 个部分:作业在输入井后备队列中等待作业调度的时间,进入主存后创建的进程在进程就绪队列中等待进程调度的时间,进程占据 CPU 执行的时间,以及进程等待 I/O 操作完成的时间。若设 T_{c_i} 为作业 i 的完成时间,T_{s_i} 为作业被提交进入输入井的时间,则作业 i 的周转时间定义为:

$$T_i = T_{c_i} - T_{s_i}$$

对于每个用户来说,总希望自己的作业尽快完成,即希望周转时间 T_i 尽可能小。最理想的情况是刚进入输入井即被选中执行,这样,T_i 就几乎等于作业的执行时间。显然,作业的周转时间越短,作业就越早被调度并运行。但是,在批处理控制方式下实现多道程序设计作业并行工作时,不可能让每个用户都得到理想的结果。从系统的角度考虑,并不关注单个用户的执行效率,而是整个系统的效率,即系统平均周转时间。

(4) 平均周转时间。作业的平均周转时间是指所有作业的周转时间的平均值。若作业 i 的周转时间定义为 T_i,则作业的平均周转时间定义为:

$$T = \frac{1}{n} \sum_{i=1}^{n} T_i$$

对这个公式涉及的 n 个作业中,长作业对 T 值的影响大,而短作业对 T 值的影响小。周转时间的大小与选择的作业调度算法密切相关。很显然,对于系统来说,通过选择合适的调度算法,使进入系统的作业平均周转时间越短越好,相应的系统效率也就越高。

（5）平均带权周转时间。由于系统中的短作业所占比例更大,为了增加短作业对 T 值的影响,引入平均带权周转时间的概念。若作业 i 的带权周转时间定义为作业的周转时间与作业的运行时间之比,即

$$W_i = T_i / tr_i$$

其中,tr_i 为作业 i 占据 CPU 的运行时间,则作业平均带权周转时间定义为:

$$W = \frac{1}{n} \sum_{i=1}^{n} W_i$$

批处理系统设计的目标是减少作业的平均周转时间及平均带权周转时间,设法提高系统的吞吐量,并兼顾用户的容忍程度,从而使系统运行效率最高。一般认为,T 和 W 越小,系统对作业的吞吐量越大,系统的性能就越高。

5. 批处理作业调度阶段

视频讲解

在多道程序系统中,一个作业被提交后,必须经过处理器调度才能获得处理器并运行。对于批处理作业而言,通常至少要经历作业调度和进程调度两个阶段后,才能获得处理器。而对于交互式作业,则一般只需进行进程调度即可。因此,对于批处理作业的调度,系统必须先进行作业调度创建好进程,才能进行进程调度。一般地,作业调度是批处理作业运行的前提,称高级调度;进程调度是作业调度的后续,称低级调度。由于作业调度往往发生在一个批处理作业执行完毕,另一个需要调入主存时,因此作业调度周期较长且速度慢、花费时间长;而进程调度频率快、速度快且花费时间短。此外,在分时系统或具有虚拟存储器的操作系统中,为了提高内存利用率和作业吞吐量,特意引进了中级调度。

1）高级调度

高级调度又称作业调度。在多道批处理操作系统中,作业是用户要求计算机系统完成的一项相对独立的工作,通过预输入过程提交的作业被输入到磁盘输入井中,并保存在一个批处理后备作业队列中。高级调度将按照系统预定的作业调度算法,把后备队列作业中部分满足其资源要求的作业调入主存,为装入作业创建新的进程,并分配所需资源,为作业做好运行前的准备工作并启动它们运行,当作业完成后,还为它做好善后工作。在批处理操作系统中,作业首先进入系统在辅存上的后备作业队列等候调度,因此,作业调度是必须的,它执行的频率较低,并和到达系统的作业的数量与速率有关。

2）低级调度

高级调度按一定的调度算法从输入井后备队列中选择那些所需资源能够得到满足的作业装入主存,使作业有机会去占用处理器执行。但是,一个作业能否占用处理器以及什么时候占用处理器则必须由低级调度来决定。

低级调度的主要功能是按照某种原则决定就绪队列中的哪个进程能获得处理器,并将处理器出让给它进行工作,该调度策略的优劣直接影响到整个系统的性能,因而,这部分代码应当精心设计,并常驻内存工作。

所以,高级调度选中了一个作业并把它装入主存时,就应为该作业创建一个进程,若有多个作业被装入主存储器,则应同时存在多个进程。这些新建进程的初始状态为就绪状态,然后由低级调度来选择当前可占用处理器的就绪进程,在进程运行中,如果由于某种原因状态发生变化,当它让出处理器时,低级调度再选另一个作业的就绪进程去运行。

由此可见,只有作业调度与进程调度相互配合,才能实现多道作业的并发执行。

3) 中级调度

高级调度完成作业装入主存并创建相关作业进程,低级调度选择当前可占用处理器的就绪进程,中级调度则决定主存中所能容纳的进程个数。

图 8-3 给出了批处理作业的三级调度层次关系,其中,作业状态用矩形框标识,进程状态用椭圆框标识,箭头标识状态的变更过程。

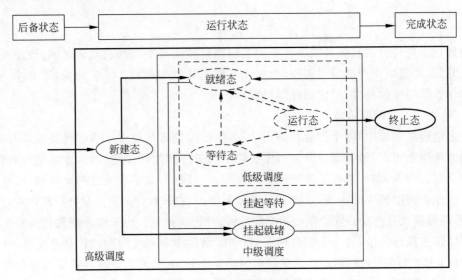

图 8-3　三级调度层次关系

从图 8-3 中可以看出:当高级调度发生在作业装入时,作业的状态由后备状态变更为运行状态。该调度过程决定一个进程能否被创建;或者是创建后能否置成就绪状态,以参与竞争处理器资源获得运行;或者当高级调度发生在进程终止运行时,作业的状态由运行状态变更为完成状态,并对该作业进行一系列善后处理,然后退出系统;正常中级调度反映到进程状态上就是挂起和解除挂起,它根据系统当前负荷的情况决定停留在主存中的进程数;低级调度则决定哪一个就绪进程占有 CPU 运行。此外,高级调度涉及的范围为粗实线框部分,中级调度涉及的范围为细线实体框部分,低级调度涉及的范围为细虚线框部分。

8.2.3　批处理作业控制

一个批处理作业被作业调度程序选中后,操作系统将按照作业控制说明书中所规定的控制要求去控制作业的执行。

1. 批处理作业的执行

一个批处理作业往往要分几个作业步来执行。一般来说,按照作业步的顺序控制作业的执行,一个作业步执行结束后,就顺序取下一个作业步继续执行,直到最后一个作业步完成,整个作业就执行结束。这时,系统收回作业所占资源且撤销该作业,作业执行的结果在输出井中等待输出。

当作业被选中转为运行态时,作业调度程序为其建立一个作业控制进程,由该进程具体控制作业运行。作业控制进程主要负责控制作业的运行,具体解释执行作业说明书的每一个作业步,并创建子进程来完成该步骤。一个作业步的处理过程又可细分为以下几个阶段:

①　建立子进程;

②　为该子进程申请系统资源和外设资源等;

③　访问该作业的作业控制块;

④　子进程执行结束并释放其占有的全部资源;

⑤　撤销子进程等。

怎样才能完成作业步的执行呢? 不同的作业步要完成不同的工作时,都要由不同的程序去解释、执行。一般来说,根据作业控制说明书中的作业步控制语句中参数指定的程序,把相应的程序装入主存,然后创建一个相应的作业步进程,把它的状态设置为“就绪”。当被进程调度程序选中运行时,该进程就执行相应的程序,完成该作业步功能。当一个作业步的进程执行结束时,需要向操作系统报告执行结束的信息,然后撤销该进程,再继续取下一个作业步的控制语句,控制作业继续执行。当取到一个表示作业结束的控制语句时,操作系统收回该作业占有的全部主存和外围设备等资源,然后让作业调度再选取下一个可执行的作业。

如果作业执行到某个作业步时发生了错误,则要分析错误的性质。如果是某些用户估计到的错误,且用户已在作业控制说明书中给出了处理办法,系统应按用户的说明转向指定的作业步继续顺序执行,直至作业执行结束。作业的执行流程如图 8-4 所示。

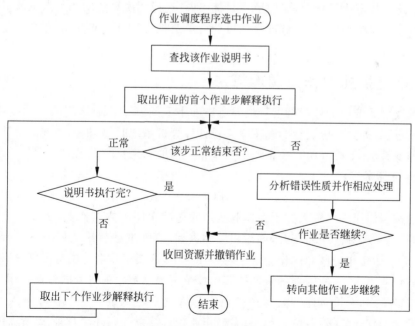

图 8-4　作业的执行流程

2. 批处理作业的终止与撤销

从图 8-4 可以看出,当一个批处理作业顺利执行完作业说明书中所有作业步时,作业正常终止;若执行中遇到诸如非法指令、运算溢出和主存地址越界等无法继续执行的错误时,作业将异常终止。作业正常终止时,会向系统发出正常终止的信息,然后等待被系统撤销;

异常终止时,也会向系统发出异常终止的信息,然后等待被系统撤销。

系统撤销一个作业的主要过程如下:

① 报告用户作业是正常终止还是异常终止,若是正常终止,则把结果输出;

② 回收作业占据的全部资源,包括主存空间、外设及打开的数据文件等;

③ 释放该作业的作业控制块;

④ 撤销该作业。

每当一个作业运行终止而被撤销后,系统又会再进行下一次作业调度,然后重复上述过程,直至全部作业调度完毕。

8.3　批处理作业调度算法

作业调度算法是指依照某种原则或策略从后备作业队列中选取作业的方法。一个作业调度算法的选取是与它的系统设计目标相一致的。理想的作业调度算法既能提高系统效率,又能使进入系统的作业及时地得到计算结果。尽管不同的计算机系统可以采用不同的调度原则和调度算法,但都必须遵循一个基本原则——系统现有的尚未分配的资源可以满足被选中作业的资源请求。只有这样才能避免作业因得不到所需资源而无法继续执行的现象发生,从而缩短作业的周转时间,保证系统有较强的吞吐能力。但是,有时现有资源既能满足作业 A 的要求,也能满足作业 B 的要求时,却不能同时满足两个作业的要求,这时到底选择哪个? 这直接取决于作业调度算法,目标不同,选择调度算法的侧重点也就不同。

根据操作系统的性质,作业调度算法可分为单道批处理作业调度算法和多道批处理作业调度算法。

8.3.1　单道批处理作业调度算法

单道批处理系统中的作业调度算法要解决的主要问题是作业之间的自动接续,减少操作员的干预过程,提高系统资源的利用率。设计计算机系统时,应根据系统的设计目标来决定采用的调度算法,下面介绍目前常用的一些作业调度算法。

1. 先来先服务算法

视频讲解

先来先服务(First Come First Server,FCFS)算法是一种较简单的作业调度算法,即每次调度都是按照作业进入输入井后备作业队列的先后次序来挑选作业,优先将最先进入队列的作业调入主存,分配所需资源,创建相应的进程,放入进程就绪队列准备运行。但要注意,不是先进入后备作业队列的作业就一定被先选中,这要根据资源的分配情况来决定。一个先进入的作业 A,若它所需要的资源或其中部分资源已被之前进入的作业占用且未归还,则该作业将被推迟,调度程序会另外选择在作业 A 之后进入的另一个作业进入,从而使资源能得到满足的作业先被调度执行。只有当作业执行结束并归还了作业 A 所需的资源后,此时作业调度程序又要选择作业时,作业调度程序仍按照进入输入井的先后次序选择作业,刚刚被推迟的作业才有可能优先被选中。

【例 1】　在一个单道系统中,有 4 个作业要执行,每个作业进入后备队列的时间、运行时间已在表 8-2 中列出,假设系统现有的其他各类资源都能满足任何一个作业的请求,且忽略系统调度所花费的时间和 I/O 访问时间,计算作业平均周转时间和平均带权周转时间。

从表 8-2 中容易看出,只要处理器空闲,每个作业在任何时间都能被选中进入主存并占有处理器运行,作业依次按照进入时间的先后次序运行。根据表 8-2 可知:JOB1 进入即开始运行,至 10:00 结束,周转时间即为运行时间 120min,带权周转时间为 1;JOB2 从 8:50 开始等待,直到 JOB1 结束时才开始运行,周转时间为 120min,带权周转时间为 2.4;JOB3 则等到 JOB2 结束时才开始运行,周转时间为 120min,带权周转时间为 12;而 JOB4 则必须等到 JOB3 结束时才开始运行,周转时间为 90min,带权周转时间为 4.5。由此得到:

作业平均周转时间=(120+120+120+90)/4=450/4=112.5(min);

作业平均带权周转时间=(1+2.4+12+4.5)/4=19.9/4=4.975;

作业被调度的先后次序依次为:JOB1、JOB2、JOB3、JOB4。

表 8-2   作业表

作 业 名	进 入 时 间	运行时间/min
JOB1	8:00	120
JOB2	8:50	50
JOB3	9:00	10
JOB4	9:50	20

全部结果如表 8-3 所示。

表 8-3   FCFS 调度算法运行结果

作业名	进入时间	运行时间/min	开始时间	完成时间	周转时间/min	带权周转时间
JOB1	8:00	120	8:00	10:00	120	1
JOB2	8:50	50	10:00	10:50	120	2.4
JOB3	9:00	10	10:50	11:00	120	12
JOB4	9:50	20	11:00	11:20	90	4.5
作业平均周转时间 T=112.5min 作业平均带权周转时间 W=4.975					450	19.9

FCFS 调度算法是一种非剥夺式调度算法,容易实现,体现了公平,但效率不高,只顾及作业等候时间,而没有考虑作业要求服务时间的长短。显然这不利于短作业而优待了长作业,或者说有利于 CPU 繁忙型作业而不利于 I/O 繁忙型作业。从表 8-3 中可以看出,当运行时间长的作业先进入输入井而被选中执行时,就可能使计算时间短的作业长期等待。这样,不仅使这些用户不满意,而且使运行时间短的作业周转时间变长,从而使平均周转时间变长,系统的吞吐能力降低,系统效率也降低。

显然,先来先服务调度算法利于长作业,不利于短作业,而大多数的作业是 I/O 繁忙的短作业,所以先来先服务算法作为主调度算法是不合理的。

2. 短作业优先算法

短作业优先(Shortest Job First,SJF)算法是指操作系统在进行作业调度时总是以作业运行时间长短作为标准进行调度,总是从后备作业队列中选取运行时间最短的作业装入主存运行。作业调度时,依据在输入井中的作业提出的运行时间为标准,优先选择运行时间短且资源能得到满足的作业。

该调度算法是一种非剥夺式调度算法,克服了 FCFS 偏爱长作业的缺点,易于实现,可

视频讲解

以照顾到实际上占作业总数绝大部分的短作业,使它们能比长作业优先调度执行。实现时,后备作业队列按作业相应优先数(在所需资源都能满足时,运行时间短的优先数高)由高到低的顺序排列,当作业进入后备队列时,要按该作业优先数放置到后备队列相应的位置即可。

【例 2】 在其他假设条件不变的前提下,我们仍对例 1 进行分析比较,仅仅把作业调度算法由先来先服务算法改为短作业优先算法。

同样由表 8-2 可知:JOB1 进入输入井时无其他作业等待即开始运行,至 10:00 结束,周转时间及带权周转时间与先来先服务算法得到结果相同;在 JOB1 结束前,分别有JOB2、JOB3 和 JOB4 都进入输入井后备队列等待作业调度,此时我们应该考虑这几个作业的长短程度。执行时间最短的 JOB3 首先在 10:00 被选中并开始运行,JOB2 和 JOB4 仍然等待;由于与 JOB2 相比,JOB4 更短,则两个作业均等到 JOB3 让出处理器时,JOB4 被先选中开始运行;而 JOB2 虽然在 8:50 就进入输入井后备队列,但是只能等到其他所有作业结束运行时才最后开始运行。全部运行结果如表 8-4 所示,作业调度的先后次序依次为:JOB1、JOB3、JOB4、JOB2。

表 8-4　SJF 调度算法运行结果

作业名	进入时间	运行时间/min	开始时间	完成时间	周转时间/min	带权周转时间
JOB1	8:00	120	8:00	10:00	120	1
JOB3	9:00	10	10:00	10:10	70	7
JOB4	9:50	20	10:10	10:30	40	2
JOB2	8:50	50	10:30	11:20	150	3
作业平均周转时间 $T=95\text{min}$ 作业平均带权周转时间 $W=3.25$					380	13

从表 8-4 中可以看出,SJF 算法是非抢占式的,平均作业周转时间比 FCFS 要少,故它的调度性能比 FCFS 好。该调度算法强调了资源的充分利用,有效地降低了作业的平均等待时间,使得单位时间内处理作业的个数最大,保证了作业吞吐量最大。但该算法也应注意下列几个不容忽视的问题。

(1) 由于该算法是以用户估计的运行时间为标准,这就要求用户对自己的作业需要运行的时间预先作出估算,并在作业控制说明书中加以说明,这也成为该算法的主要缺点。因为这个估计值很难精确,如果程序员给出的估计值过低,系统就可能提前终止该作业;特别有些用户为了使自己的作业能优先执行,可能故意把运行时间估计得低一些,致使该算法不一定能真正做到短作业优先调度。为了避免这一现象,若作业执行时间超过所估计的时间,则可加价收费。

(2) 该算法完全未考虑作业的紧迫程度,因而不能保证部分紧迫程度特别强的作业及时得到运行。

(3) 忽视了作业等待时间。由于系统可能不断接受新作业进入后备队列,而作业调度又总是选择计算时间短的作业投入运行。因此,如果新进入的作业估计的运行时间比较短,将会使进入时间较早但要求运行时间较长的作业出现饥饿现象,对长作业极为不利。

(4) 尽管减少了对长作业的偏爱,但由于缺少剥夺机制,对于分时、实时处理仍然很不理想。

3. 响应比最高者优先算法

由于 FCFS 算法仅仅以进入输入井后备队列的先后次序为标准去考虑作业的调度过程,忽略了作业的运行时间,可能使后进入的诸多短作业的等待时间过长;而 SJF 算法恰好与 FCFS 算法相反,仅仅只考虑了作业的执行时间,而忽略了等待时间,同样可能又使计算时间长的作业等待时间也过长。因此,上述两种算法都有比较明显的局限性。为了兼顾上述两种算法的优点,克服了它们各自的缺点,引入响应比最高者优先算法。

响应比最高者优先算法(Highest Response Ratio First,HRRF)是介于这两种算法之间的一种折中的策略,既考虑了作业等待时间,又考虑了作业的运行时间,这样既照顾了短作业又不使长作业的等待时间过长,改进了调度性能。缺点是每次计算各道作业的响应比会有一定的时间开销,需要估计期待的服务时间,性能要比 SJF 略差。

采用 HRRF 算法进行调度时,必须对输入井中的所有作业计算出各自的响应比,从资源能得到满足的作业中选择响应比最高的作业优先装入主存运行。响应比的定义为:

$$响应比 = \frac{作业等待时间 + 作业运行时间}{作业运行时间} = \frac{作业响应时间}{作业运行时间}$$

作业从进入输入井到执行完成就是该作业的响应过程,因此该作业的响应时间就是作业的等待时间与运行时间之和。从响应比公式可以看出:

(1) 若作业的等待时间相同,则运行时间越短的作业,其响应比越高,因而该算法有利于短作业;

(2) 若作业的运行时间相同,则作业的等待时间越长,其响应比越高,因而该算法实现的是"先来先服务";

(3) 对于长作业,作业的响应比随等待时间的增加而提高,当其等待时间足够长时,其响应比便可提升到很高,不至于发生饥饿现象。

【例 3】　在其他假设条件不变的前提下,仍对例 1 进行分析,也仅仅把作业调度算法由先来先服务算法改为响应比最高者优先算法。

同样地,由表 8-2 可知:

JOB1 进入输入井即开始运行,至 10:00 结束;在 JOB1 结束时,分别有 JOB2、JOB3 和 JOB4 都进入输入井后备队列等待作业调度,此时应综合考虑这 3 个作业的响应比值(准确地说,应该是预期响应比,因为只有发生调度才变为真正响应),它们的响应比分别为:

JOB2 的响应比 $= \dfrac{70+50}{50} = 2.4$;

JOB3 的响应比 $= \dfrac{60+10}{10} = 7$;

JOB4 的响应比 $= \dfrac{10+20}{20} = 1.5$。

显然,先选择 JOB3 运行,剩余两个作业仍处于等待状态;当 JOB3 在 10:10 结束运行时,JOB2 和 JOB4 的响应比分别变更为:

JOB2 的响应比 $= \dfrac{80+50}{50} = 2.6$;

JOB4 的响应比 $= \dfrac{20+20}{20} = 2$。

此时应选择 JOB2 运行;JOB4 一直等到 JOB2 结束时才最后一个运行。由此可以得到作业调度的先后次序依次为:JOB1、JOB3、JOB2、JOB4,全部结果如表 8-5 所示。

表 8-5　HRRF 调度算法运行结果

作业名	进入时间	运行时间/min	开始时间	完成时间	周转时间/min	带权周转时间
JOB1	8:00	120	8:00	10:00	120	1
JOB3	9:00	10	10:00	10:10	70	7
JOB2	8:50	50	10:10	11:00	130	2.6
JOB4	9:50	20	11:00	11:20	90	4.5
作业平均周转时间 $T=102.5$min 作业平均带权周转时间 $W=3.775$					410	15.1

从表 8-5 中可以看出,该调度算法结合了先来先服务算法与最短作业优先算法这两种方法,兼顾了运行时间短和等候时间长的作业,公平且吞吐量大。但该算法较复杂,调度前,要先计算出各个作业的响应比,并选择响应比最大的作业投入运行,从而增加了系统开销。

通过比较表 8-3、表 8-4 和表 8-5 的全部结果可知,采用短作业优先算法得到的作业平均带权周转时间系数值最小。

4. 优先数调度算法

为了照顾紧迫程度高的作业,使之在进入输入井后备队列中时便获得优先处理,引入优先数调度算法。该算法为每个作业确定一个优先数,根据优先数的不同让作业排成多个队列,调度时从后备队列中优先选取资源能满足且优先数最高的作业装入主存运行。当几个作业的优先数相同时,对这些具有相同优先数的作业再按照"先来先服务"的原则进行调度。

作业优先数的确定原则可参照下列两条:

(1) 对于某些时间要求紧迫的作业赋予较高的优先数;

(2) 为了充分利用系统资源,对于 I/O 量较大的作业给予较高的优先数,对于 CPU 量大的作业给予较低的优先数。

作业优先数的确定方法有多种,既可由用户来提出自己作业的优先数;又可由操作系统根据作业的缓急程度、作业估计的运行时间、作业的类型、作业资源申请情况等因素综合考虑,分析这些因素在实现系统设计目标中的影响,决定各因素的比例,综合得出作业的优先数。有的系统还可以根据作业在输入井中的等待时间动态地改变其优先数。可通过提高等待时间长的作业优先数,以缩短作业的周转时间和平均周转时间。

5. 分类调度算法

分类调度算法又称均衡调度算法,该算法根据系统运行情况和作业对资源的需求先将作业进行分类,然后由作业调度程序轮流从不同的作业类中去挑选作业,尽可能使得使用不同资源的作业同时执行。这样不仅可以力求均衡地利用各种系统资源,发挥资源使用效率,使系统的各种资源都在"忙碌",而且可以减少作业等待使用相同资源的时间,从而加快作业的执行。

因此,根据作业执行性质的不同,可将待处理作业分成如下队列:

• 队列 1:计算量大的作业;

• 队列 2:I/O 量大的作业;

视频讲解

- 队列 3：计算量与 I/O 量均衡的作业。

调度时，在三个队列中各取一些作业装入主存，这样在主存中的作业有的使用处理器，有的使用外部设备，从而使得系统的各种资源能得到均衡利用。

8.3.2 多道批处理作业调度算法

在单道批处理系统中，作业运行的时候，占用了所有的计算机资源。因此，作业在运行过程中，当使用处理机时，外部设备就要等待；反之，访问外部设备时，处理机也要等待。由于现代操作系统都支持多道程序设计技术，因此系统可以让多个满足装入要求的作业同时装入计算机系统，从而可以让这些作业分别使用处理器运行，或者访问外部设备完成数据的输入和输出，这样就可以大大提高系统资源的利用率。

多道批处理作业调度算法也基本类似。为了与单道批处理作业调度过程相区别，特别引入若干综合案例进行对比分析，以便更好地突出多道算法在提高系统资源利用率方面的优势。

【综合实例 1】 若某系统采用可变分区方式管理主存中的用户空间，供用户使用的最大主存空间为 100KB，主存分配算法为最先适应分配法，系统配有 4 台磁带机，一批初始作业如表 8-6 所示。

表 8-6 初始作业表

作业名	进入时间	运行时间/min	主存需求量/KB	磁带机需求量/台
JOB1	8：00	40	35	3
JOB2	8：10	30	70	1
JOB3	8：15	20	50	3
JOB4	8：35	10	25	2
JOB5	8：40	5	20	2

该系统采用多道程序设计技术，对磁带机采用静态分配，忽略设备工作时间和系统进行调度所花的时间，进程调度采用先来先服务算法。请给出分别采用"先来先服务调度算法""最短作业优先算法"和"响应比最高者优先算法"选中作业执行的次序以及作业的平均周转时间和平均带权周转时间。

分析：由于主存采用可变分区分配方式，且允许移动作业汇聚空闲分区，只要主存空闲空间总量大于作业需要，主存就可满足作业对主存的需求（必要时通过移动技术汇聚）；由于磁带机采用静态分配方式，则只有系统剩余的磁带机数大于或等于作业的申请数才能满足。这两个条件是作业调度必须满足的前提条件。

另外，由于该系统采用多道程序设计技术，因此，每次调度作业时，若有多个作业同时满足调度条件，则可同时选中多个作业装入主存，然后创建相应进程插入就绪队列中。由于忽略了设备工作时间和系统进行调度所花费的时间，可认为一个作业一旦获得处理器后连续工作，可在给出的作业运行时间内执行完并让出处理器给下一个作业执行，这样作业调度可选择下一个批处理作业。

（1）采用先来先服务调度算法的作业执行过程。

当第一个作业进入系统后就开始调度，首先在 8：00 进行作业调度，由于此时只有 JOB1 进入系统，作业调度程序只能选择 JOB1 装入主存并立即通过进程调度进入 CPU 运行。

8：10时，JOB2进入了系统，系统剩余的主存资源不能满足该作业的要求，此时JOB2不能被作业调度装入主存，只能等待。

8：15时，JOB3进入系统，由于磁带机数量不足，也只能等待。

8：35时，JOB4进入系统，磁带机数量仍不足，同样只能等待。

8：40时，JOB1结束运行，释放其占有的主存和磁带机资源，此时JOB2、JOB3、JOB4和JOB5都在等待作业调度，但按照先来先服务的顺序，JOB2先进行作业调度装入主存并立即通过进程调度进入CPU运行，系统此刻剩余的主存和磁带机资源分别为30KB和3台；JOB3要求的主存资源得不到满足，仍然等待；JOB4要求的资源可以得到满足，由于该系统采用多道程序设计技术，因此也同时进行作业调度装入主存，系统现有的主存和磁带机资源数修改为5KB和1台；JOB5要求的资源得不到满足，也仍然等待。此时，主存中存在两个作业JOB2和JOB4，但JOB4一直要等到JOB2执行结束让出CPU，才能执行进程调度进入CPU执行。

9：10时，JOB2执行结束，释放磁带机和主存资源。此时，主存中只有作业JOB4，系统现有的空闲磁带机和主存资源分别为75KB和2台，无法满足JOB3对磁带机的需求；JOB5被作业调度选中装入主存，但要等待CPU调度。

9：20时，JOB4执行结束。此时，主存中只有一个作业JOB5，系统现有的空闲磁带机和主存资源分别为80KB和2台，仍然无法满足JOB3的资源需求。因此，JOB3必须一直等到JOB5执行结束才能通过作业调度装入主存并进入CPU执行。

9：25时，JOB5执行结束，系统现有的资源恢复到初始状态，满足了JOB3的需求，作业调度程序直接选择JOB3装入主存并通过进程调度进入CPU运行。

详细调度次序及平均周转时间如表8-7所示。

表 8-7　FCFS 调度算法运行结果

作业次序	进入时间	运行时间/min	作业调度	进程调度	完成时间	周转时间/min	带权周转时间
JOB1	8：00	40	8：00	8：00	8：40	40	1
JOB2	8：10	30	8：40	8：40	9：10	60	2
JOB4	8：35	10	8：40	9：10	9：20	45	4.5
JOB5	8：40	5	9：10	9：20	9：25	45	9
JOB3	8：15	20	9：25	9：25	9：45	90	4.5
作业平均周转时间 $T=56\text{min}$ 作业平均带权周转时间 $W=4.2$						280	21

从表8-7中可知，作业的调度和执行次序为JOB1、JOB2、JOB4、JOB5、JOB3；作业平均周转时间为56分钟；作业平均带权周转时间系数为4.2。

（2）采用短作业优先调度算法的作业执行过程。

第一个作业进入系统后，执行过程与先来先服务算法相同，后续进入系统的4个作业也必须等待JOB1结束时才能开始调度。

8：40时，JOB1结束运行，释放其占有的主存和磁带机资源，此时JOB2、JOB3、JOB4和JOB5都满足作业调度条件，但按最短作业优先调度的顺序，JOB5先通过作业调度装入主存并立即进行进程调度进入CPU运行，系统此时的空闲磁带机和主存资源分别为80K和2台；JOB4要求的资源可以得到满足，因此也同时被选中装入主存，系统剩余的空闲磁带机和主存资源修改为 55K 和 0 台,JOB3 和 JOB2 要求的资源得不到满足,都仍然等待其他作业释放。此时,主存中存在两个作业 JOB5 和 JOB4。

8:45 时,JOB5 执行结束释放磁带机和主存。此时,主存中只有一个作业 JOB4,系统现有的空闲磁带机和主存资源分别为 75KB 和 2 台,无法满足 JOB3 对磁带机的需求,JOB2 则被作业调度程序选中装入主存,但要等待 JOB4 运行结束才能被 CPU 调度。

8:55 时,JOB4 执行结束释放磁带机和主存。此时,主存中只有一个作业 JOB2,系统现有的空闲磁带机和主存资源分别为 30KB 和 3 台,无法满足 JOB3 对磁带机的需求,JOB3 仍要继续等待 JOB2 执行结束,才能通过作业调度装入主存并进入 CPU 执行。

9:25 时,JOB2 执行结束,系统现有的资源恢复到初始状态,满足了 JOB3 的需求,作业调度程序直接选择 JOB3 装入主存并立即通过进程调度进入 CPU 运行。

调度次序及平均周转时间如表 8-8 所示。

表 8-8　SJF 调度算法运行结果

作业次序	进入时间	运行时间/min	作业调度	进程调度	完成时间	周转时间/min	带权周转时间
JOB1	8:00	40	8:00	8:00	8:40	40	1
JOB5	8:40	5	8:40	8:40	8:45	5	1
JOB4	8:35	10	8:40	8:45	8:55	20	2
JOB2	8:10	30	8:45	8:55	9:25	75	2.5
JOB3	8:15	20	9:25	9:25	9:45	90	4.5
作业平均周转时间 $T=46\text{min}$ 作业平均带权周转时间 $W=2.2$						230	11

从表 8-8 可知,作业的调度和执行次序为 JOB1、JOB5、JOB4、JOB2、JOB3;作业平均周转时间为 46 分钟;作业平均带权周转时间为 2.2。

(3)采用响应比最高者优先调度算法的作业执行过程。

JOB1 进入系统后执行过程与前两种算法相同,后续进入系统的 4 个作业同样必须等待 JOB1 结束时才能开始调度。

8:40 时,JOB1 运行结束,主存和磁带机资源同样恢复到初始值,此时 JOB2、JOB3、JOB4 和 JOB5 都满足作业调度条件。根据响应比最高者优先调度算法,先计算出各个作业的响应比:

$$JOB2\ 的响应比 = \frac{30+30}{30} = 2;$$

$$JOB3\ 的响应比 = \frac{25+20}{20} = 2.25;$$

$$JOB4\ 的响应比 = \frac{5+10}{10} = 1.5;$$

$$JOB5\ 的响应比 = \frac{0+5}{5} = 1。$$

JOB3 的响应比最高,因此 JOB3 先被调度,系统现有的空闲磁带机和主存资源分别为 50K 和 1 台,同时再对照其他作业的需求与系统现有资源数,发现剩下作业要求的资源都无法得到满足,因此都仍然等待 JOB3 执行完并释放资源。

9：00时，JOB3执行结束，系统资源数恢复初始值，此时JOB2、JOB4和JOB5都满足作业调度条件。仍先计算JOB2、JOB4和JOB5的响应比：

$$JOB2\ 的响应比 = \frac{50+30}{30} = 2.67；$$

$$JOB4\ 的响应比 = \frac{25+10}{10} = 3.5；$$

$$JOB5\ 的响应比 = \frac{20+5}{5} = 5。$$

JOB5的响应比最高，因此JOB5先进行作业调度并立即通过进程调度进入CPU运行，系统现有的空闲磁带机和主存资源分别为80KB和2台；对于响应比较高的JOB4，其作业的资源需求也可得到满足，因此也同时进行作业调度，系统此刻剩余的空闲磁带机和主存资源分别为55KB和0台；响应比最低的JOB2对磁带机需求得不到满足，只能等待。此时，主存中存在两个作业JOB5和JOB4。

9：05时，JOB5执行结束释放磁带机和主存。此时，主存中只有一个作业JOB4，系统现有的空闲磁带机和主存资源分别为75KB和2台，可以满足JOB2对主存的需求，并通过作业调度装入主存。

9：15时，JOB4执行结束，系统现有的资源恢复到初始状态，满足了JOB2的需求，并立即通过进程调度进入CPU运行。

调度次序及平均周转时间如表8-9所示。

表8-9　HRRF调度算法运行结果

作业次序	进入时间	运行时间/min	作业调度	进程调度	完成时间	周转时间/min	带权周转时间
JOB1	8：00	40	8：00	8：00	8：40	40	1
JOB3	8：15	20	8：40	8：40	9：00	45	2.25
JOB5	8：40	5	9：00	9：00	9：05	25	5
JOB4	8：35	10	9：00	9：05	9：15	40	4
JOB2	8：10	30	9：05	9：15	9：45	95	3.17
作业平均周转时间 $T=49$min 作业平均带权周转时间 $W=3.08$						245	15.42

从表8-9可知，作业的调度和执行次序为JOB1、JOB3、JOB5、JOB4、JOB2；作业平均周转时间为49min；作业平均带权周转时间为3.08。

【综合实例2】　有一个多道程序设计系统，仍采用可变分区方式管理主存中的用户空间，但不允许移动已在主存中的任何作业。假设用户可使用的最大主存空间为100KB，主存分配算法为最先适应分配法，作业序列如表8-10所示。

表8-10　初始作业表

作业名	进入时间	运行时间/min	主存需求量/KB
JOB1	8：06	42	55
JOB2	8：20	30	40
JOB3	8：30	24	35
JOB4	8：36	15	25
JOB5	8：42	12	20

该系统采用多道程序设计技术,忽略设备工作时间和系统进行调度所花费的时间,进程调度也仍采用先来先服务算法。请分别给出采用"先来先服务调度算法""最短作业优先算法"和"响应比最高者优先算法"选中作业执行的次序以及作业的平均周转时间和平均带权周转时间。

分析: 由于主存采用可变分区分配方式时,不允许移动已在主存中的任何作业,则只有单个主存空闲分区容量大于作业需求量时,主存才可满足作业的需求。这个条件是作业调度必须满足的前提条件。其他分析过程同综合实例 1 的分析过程。

(1)采用先来先服务调度算法的作业执行过程。

8:06 时,JOB1 首先进入系统,作业调度程序直接选择 JOB1 装入主存并运行,此时系统现有的主存空闲分区为 45KB。

8:20 时,JOB2 进入系统,立即由作业调度装入主存,但需等待 CPU 运行。此时,主存中存在两个作业,系统剩余的主存空闲分区为 5KB。

8:20~8:48 时,由于 JOB1 和 JOB2 都在运行,此时系统剩余的资源只有 5KB,无法满足 JOB3、JOB4 和 JOB5 中任何作业对主存的需求,三个作业都只能等待。

8:48 时,JOB1 执行结束并释放 55KB 主存,此时主存存在两个不相邻的空闲分区,容量分别为 55KB 和 5KB。JOB3、JOB4 和 JOB5 都满足作业调度条件,先选择 JOB3 进行作业调度;在调度 JOB3 的同时,系统剩余的资源虽然还有 25K,但分布在两个不相邻的分区中,大小分别是 20KB 和 5KB,因此只能选择 JOB5 进行作业调度,JOB4 仍然等待。此时,主存中存在三个作业,分别为 JOB2、JOB3 和 JOB5,且 JOB2 在 CPU 中运行,此时系统剩余的资源只有 5KB。

9:18 时,JOB2 执行结束,释放 40K 主存空间,此时可以装入 JOB4。主存中存在 3 个作业,分别为 JOB3、JOB5 和 JOB4,JOB3 在 CPU 中运行。

9:42 时,JOB3 执行结束,主存中存在两个作业——JOB5 和 JOB4,JOB5 在 CPU 中运行。

9:54 时,JOB5 执行结束,最后一个 JOB4 进入 CPU 中运行,直至 10:09 结束。

调度次序及平均周转时间如表 8-11 所示。

表 8-11 FCFS 调度算法运行结果

作业次序	进入时间	运行时间/min	作业调度	进程调度	完成时间	周转时间/min	带权周转时间
JOB1	8:06	42	8:06	8:06	8:48	42	1
JOB2	8:20	30	8:20	8:48	9:18	58	1.93
JOB3	8:30	24	8:48	9:18	9:42	72	3
JOB5	8:42	12	8:48	9:42	9:54	72	6
JOB4	8:36	15	9:18	9:54	10:09	93	6.2
作业平均周转时间 $T=67.4$min 作业平均带权周转时间 $W=3.63$						337	18.13

从表 8-11 可知,作业的调度和执行次序为 JOB1、JOB2、JOB3、JOB5、JOB4;作业平均周转时间为 67.4min;作业平均带权周转时间为 3.63。

(2)采用短作业优先调度算法的作业执行过程。

8:06 时,JOB1 进入系统并立即被装入主存运行。

8：20时，JOB2进入系统也立即被装入主存，但需等待CPU运行。此时，主存中存在两个作业。

8：20~8：48时，系统剩余的资源只有5KB，无法满足JOB3、JOB4和JOB5中任何作业对主存的需求，三个作业同样只能等待。

8：48时，JOB1执行结束并释放55KB主存，主存存在两个不相邻的大小分别为55KB和5KB的空闲分区，系统首先选择最小等待作业JOB5进行作业调度；在调度JOB5的同时，系统剩余资源40KB，但分布在两个不相邻的分区中，大小分别是35KB和5KB，系统选择JOB4调度，JOB3仍然等待。此时，主存中存在三个作业，分别为JOB2、JOB5和JOB4，JOB2在CPU中运行。

9：18时，JOB2执行结束，释放40KB主存空间，此时可以装入JOB3。主存中仍存在3个作业，分别为JOB3、JOB5和JOB4，JOB5在CPU中运行。

9：30时，JOB5执行结束，主存中存在两个作业——JOB3和JOB4，JOB4在CPU中运行。

9：45时，JOB4执行结束，最后一个JOB3进入CPU中运行，直至结束。

调度次序及平均周转时间如表8-12所示。

从表8-12可知，作业的调度和执行次序为JOB1、JOB2、JOB5、JOB4、JOB3；作业平均周转时间为63.2min；作业平均带权周转时间为3.13。

表 8-12　SJF 调度算法运行结果

作业次序	进入时间	运行时间/min	作业调度	进程调度	完成时间	周转时间/min	带权周转时间
JOB1	8：06	42	8：06	8：06	8：48	42	1
JOB2	8：20	30	8：20	8：48	9：18	58	1.93
JOB5	8：42	12	8：48	9：18	9：30	48	4
JOB4	8：36	15	8：48	9：30	9：45	69	4.6
JOB3	8：30	24	9：18	9：18	10：09	99	4.13
作业平均周转时间 $T=63.2$min 作业平均带权周转时间 $W=3.13$						316	15.66

（3）采用响应比最高者优先调度算法的作业执行过程。

8：06时，JOB1直接被装入主存运行。

8：20时，JOB2被装入主存，但需等待CPU运行。此时，主存中存在两个作业。

8：20~8：48时，JOB3、JOB4和JOB5分别进入并进行等待。

8：48时，JOB1执行结束释放55KB主存，主存存在两个不相邻的空闲分区，容量分别为55KB和5KB。三个等待作业都满足作业调度条件，根据响应比最高者优先调度算法，容易计算出各个作业的响应比：

$$JOB3\ 的响应比 = \frac{18+24}{24} = 1.75；$$

$$JOB4\ 的响应比 = \frac{12+15}{15} = 1.8；$$

$$JOB5\ 的响应比 = \frac{6+12}{12} = 1.5。$$

　　首先选择响应比最大的 JOB4 进行调度,此时,系统剩余的资源有 35KB,且分布在两个不相邻的分区中,大小分别是 30KB 和 5KB;虽然 JOB3 的响应比 JOB5 大,但系统只有同时选择 JOB5 调度,JOB3 继续等待。此时,主存中存在三个作业,分别为 JOB2、JOB4 和 JOB5,且 JOB2 在 CPU 运行。

　　9:18 时,JOB2 执行结束,释放 40KB 主存空间,此时可以装入 JOB3。主存中仍存在三个作业,分别为 JOB4、JOB5 和 JOB3,JOB4 在 CPU 中运行。

　　9:33 时,JOB4 执行结束,主存中存在两个作业,分别为 JOB5 和 JOB3,JOB5 在 CPU 中运行。

　　9:45 时,JOB5 执行结束,JOB3 进入 CPU 中运行直至结束。

　　调度次序及平均周转时间如表 8-13 所示。

表 8-13　HRRF 调度算法运行结果

作业次序	进入时间	运行时间/min	作业调度	进程调度	完成时间	周转时间/min	带权周转时间
JOB1	8:06	42	8:06	8:06	8:48	42	1
JOB2	8:20	30	8:20	8:48	9:18	58	1.93
JOB4	8:36	15	8:48	9:18	9:33	57	3.8
JOB5	8:42	12	8:48	9:33	9:45	63	5.25
JOB3	8:30	24	9:18	9:18	10:09	99	4.13
作业平均周转时间 T=63.8min 作业平均带权周转时间 W=3.22						319	16.11

　　从表 8-13 可知,作业的调度和执行次序为 JOB1、JOB2、JOB4、JOB5、JOB3;作业平均周转时间为 63.8 分钟;作业平均带权周转时间为 3.22。

【综合实例 3】　有五个批处理作业 1、2、3、4、5,分别在 0、1、3、5、6 时刻到达系统。假设它们的预计运行时间分别为 3、5、2、3、2,它们的优先数分别为 5、3、1、2、6(设 1 为最低优先数)。该系统采用多道程序设计技术,且作业在执行过程中不进行 I/O 处理和系统调用,请分别采用"先来先服务调度算法""最短作业优先调度算法""优先数调度算法"和"时间片轮转调度算法"这四种算法(前三种算法均为非剥夺式调度算法,第四种算法的时间片长度为 2 个时间单位),计算所有作业的平均周转时间和带权平均周转时间。忽略进程切换产生的系统开销。

　　作业序列如表 8-14 所示。

表 8-14　初始作业表

作　业　名	到　达　时　间	运行时间/min	优　先　数
JOB1	0	3	5
JOB2	1	5	3
JOB3	3	2	1
JOB4	5	3	2
JOB5	6	2	6

　　分析:由于题中的 5 个作业均未要求主存容量,且不进行 I/O 操作。因此,每个作业到

达系统后均可直接装入主存执行,系统需要执行的仅仅是进程调度过程。题目忽略进程切换产生的系统开销,因此计算时只需考虑每个进程占用 CPU 的时间。

(1) 采用先来先服务调度算法的作业执行过程。

0 时刻:JOB1 到达系统,即刻由进程调度装入 CPU 运行 3 个时间单位至 3 时刻结束。

1 时刻:JOB2 到达系统,等待进程调度。

3 时刻:JOB1 运行结束,JOB3 到达系统,由于 JOB2 先到达系统,所以 JOB2 进入 CPU 运行 5 个时间单位至 8 时刻结束,JOB3 等待进程调度。

5 时刻:JOB4 到达系统,此时,JOB3、JOB4 都等待进程调度。

6 时刻:JOB5 到达系统,此时,JOB3、JOB4 和 JOB5 都等待进程调度。

8 时刻:JOB2 运行结束,切换最先进入系统的 JOB3 进入 CPU 运行 2 个时间单位至 10 时刻结束,JOB4 和 JOB5 仍然等待进程调度。

10 时刻:JOB3 运行结束,切换 JOB4 进入 CPU 运行 3 个时间单位至 13 时刻结束,JOB5 继续等待进程调度。

13 时刻:JOB4 运行结束,切换 JOB5 进入 CPU 运行 2 个时间单位至 15 时刻结束。

15 时刻:JOB5 运行结束。

调度次序及平均周转时间如表 8-15 所示。

表 8-15　FCFS 调度算法运行结果

作业次序	到达时间	运行时间/min	等待时间	完成时间	周转时间/min	带权周转时间
JOB1	0	3	0	3	3	1
JOB2	1	5	2	8	7	1.4
JOB3	3	2	5	10	7	3.5
JOB4	5	3	5	13	8	2.7
JOB5	6	2	7	15	9	4.5
作业平均周转时间 $T=6.8$min 作业平均带权周转时间 $W=2.62$					34	13.1

(2) 采用最短作业优先调度算法的作业执行过程。

0 时刻:JOB1 到达系统,即刻进入 CPU 运行至 3 时刻结束。

1 时刻:JOB2 到达系统,等待。

3 时刻:JOB1 运行结束,JOB3 到达系统,由于 JOB3 运行时间更短,所以 JOB3 进入 CPU 运行至 5 时刻结束,JOB2 继续等待。

5 时刻:JOB3 运行结束,JOB4 到达系统,但运行时间比 JOB2 短,所以立即进入 CPU 运行至 8 时刻结束,JOB2 继续等待。

6 时刻:JOB5 到达系统,此时,JOB2 和 JOB5 都处于等待状态。

8 时刻:JOB4 运行结束,将短作业 JOB5 切换进入 CPU 运行至 10 时刻结束,JOB2 仍然等待。

10 时刻:JOB5 运行结束,将 JOB2 切换进入 CPU 运行至 15 时刻结束。

调度次序及平均周转时间如表 8-16 所示。

表 8-16　SJF 调度算法运行结果

作业次序	到达时间	运行时间/min	等待时间	完成时间	周转时间/min	带权周转时间
JOB1	0	3	0	3	3	1
JOB3	3	2	0	5	2	1
JOB4	5	3	0	8	3	1
JOB5	6	2	2	10	4	2
JOB2	1	5	9	15	14	2.8
作业平均周转时间 $T=5.2$min 作业平均带权周转时间 $W=1.56$					26	7.8

（3）采用优先数调度算法的作业执行过程。

0 时刻：JOB1 到达系统，同样运行至 3 时刻结束。

1 时刻：JOB2 到达系统，等待。

3 时刻：JOB1 运行结束，JOB3 到达系统，系统选择优先数更大的 JOB2 进入 CPU 运行至 8 时刻结束，JOB3 等待。

5 时刻：JOB4 到达系统，此时，JOB3、JOB4 都处于等待状态。

6 时刻：JOB5 到达系统，JOB3、JOB4 和 JOB5 都等待。

8 时刻：JOB2 运行结束，切换优先数最高的 JOB5 进入 CPU 运行至 10 时刻结束，JOB3 和 JOB4 仍然等待。

10 时刻：JOB5 运行结束，切换优先数更高的 JOB4 进入 CPU 运行至 13 时刻结束。

13 时刻：JOB4 运行结束，最后切换 JOB3 进入 CPU 运行至 15 时刻结束。

调度次序及平均周转时间如表 8-17 所示。

表 8-17　优先数调度算法运行结果

作业次序	到达时间	运行时间/min	等待时间	完成时间	周转时间/min	带权周转时间
JOB1	0	3	0	3	3	1
JOB2	1	5	2	8	7	1.4
JOB5	6	2	2	10	4	2
JOB4	5	3	5	13	8	2.7
JOB3	3	2	10	15	12	6
作业平均周转时间 $T=6.8$min 作业平均带权周转时间 $W=2.62$					34	13.1

（4）采用时间片轮转调度算法的作业执行过程。

为简单起见，假设采用基本时间片，每个进程使用完一个时间片后未结束，则直接排到当前队列的末尾等待下一轮调度。

0 时刻：JOB1 到达系统，即刻进入 CPU 运行一个时间片长，即 2 个时间单位。

1 时刻：JOB2 到达系统，插入到就绪队列等待调度。

2 时刻：JOB1 运行时间片用完，但未结束，因此退出 CPU 并插入到就绪队列 JOB2 后面；JOB2 得到一个时间片长并开始运行。

3 时刻：JOB3 到达系统，插入到就绪队列 JOB1 后等待。

4 时刻：JOB2 运行时间片用完，因未结束，则退出并插入到就绪队列 JOB3 后面；此时，JOB1 得到一个时间片长，但只需运行 1 个单位时间就提前结束。

5 时刻：JOB4 到达系统并插入到就绪队列 JOB2 后面；此时，JOB3 得到一个时间片长，并开始运行。

6 时刻：JOB5 到达系统并插入队列 JOB4 后；此时，JOB3 仍在运行，其他 3 个都等待。

7 时刻：JOB3 运行结束，切换至 JOB2 运行一个时间片，JOB4 和 JOB5 仍然等待。

9 时刻：JOB2 运行完时间片，退出并插入到队列 JOB5 后，切换至 JOB4 运行一个时间片。

11 时刻：JOB4 运行完时间片，退出并插入到队列 JOB2 后，切换至 JOB5 运行一个时间片。

13 时刻：JOB5 运行结束，切换 JOB2 进入 CPU 运行 1 个时间单位至 14 时刻结束。

14 时刻：JOB2 运行结束，切换 JOB4 进入 CPU 运行 1 个时间单位至 15 时刻结束。

采用时间片轮转调度算法的所有作业执行过程如图 8-5 所示。

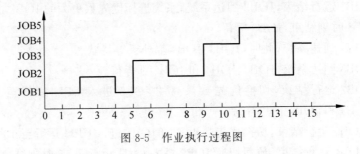

图 8-5　作业执行过程图

视频讲解

调度次序及平均周转时间如表 8-18 所示。

表 8-18　时间片轮转调度算法运行结果

作业次序	到达时间	运行时间/min	等待时间	完成时间	周转时间/min	带权周转时间
JOB1	0	3	2	5	5	1.7
JOB3	3	2	2	7	4	2
JOB5	6	2	5	13	7	3.5
JOB2	1	5	8	14	13	2.6
JOB4	5	3	7	15	10	3.3
作业平均周转时间 $T=7.2\text{min}$ 作业平均带权周转时间 $W=2.62$					39	13.1

8.4　交互式作业的控制与管理

交互式作业是采用交互控制方式的作业，即用户使用操作系统提供的操作控制命令直接对作业提出控制要求，用户输入一条命令后，系统立即解释执行并及时给出应答。用户根据作业执行情况决定输入的下一条命令，以控制作业的继续执行。

交互式作业的最大特点体现为交互性，即采用人机对话的方式工作。用户能从系统给出的应答中及时掌握作业的执行情况，以决定下一个作业步应该做什么，也可从系统给出的应答中及时发现作业执行中的问题并予以纠正，能方便地实现对程序的联机调试和修改。

在使用分时操作系统的计算机系统中,终端用户通过终端设备输入终端作业的程序和数据,且直接在终端设备上输入各种命令,来表达对终端作业的控制意图,系统把终端作业的执行情况通过终端设备通知到用户,最终从终端设备上输出结果。

8.4.1 交互式作业的控制

对交互式作业采用交互式控制方式。对于交互式作业来说,用户一般都是通过控制台或终端输入操作控制命令直接控制作业的执行,其中在个人计算机上输入键盘控制命令,而在分时系统上则输入终端控制命令。此时,用户既可以一次输入一条命令,也可以编写成批命令文件并执行,输入的命令由命令解释程序解释执行,如此反复地通过人机对话方式控制作业的执行。

1. 操作控制命令

用户输入操作控制命令控制作业的执行是最常用的一种控制方式。不同的计算机系统提供给用户使用的命令可能有所不同,但命令的格式基本都相同,即每条命令都包括请求"做什么"的命令名和要求"怎么做"的命令参数。命令的一般格式为:

命令名　参数 1,参数 2,…,参数 n

命令格式中的命令名是必不可少的,它是完成指定功能的根本标识;而参数则包括了完成功能时所需的各种信息,因而可以部分或全部省略。

2. 菜单方式

通过输入操作控制命令来控制作业的执行时,用户必须熟记各种命令。菜单技术是控制作业执行的另一种技术,它可为用户提供较好的使用界面或接口,就像菜馆点菜那样方便,故此得名。当某一程序具有若干可供用户选择的功能项时,一般都采用交互式的菜单技术进行处理。首先,程序提供可完成的各种功能名,用户根据实际需要选择希望实现的功能名;然后,程序分析用户的输入或选择,并调用不同的功能模块进行处理。

菜单技术为用户提供了较大方便,用户不必事先记住各种功能命令,而只要根据屏幕上的菜单提示进行选择,所以对于不太熟悉操作控制命令的用户来说特别方便。但是,习惯了命令方式的人会觉得一层层点菜单太麻烦。因此,现在有些系统又将菜单与命令方式并存,在提供操作控制命令的同时,也把命令组成菜单方式,这样,用户可以选择任意一种或两种方式同时控制作业的执行。

3. 视窗方式

随着 20 世纪 90 年代视窗图形操作系统成为主流以来,图形接口也成为比较流行的交互式操作控制方式。图形接口采用了图形化操作界面,用非常容易识别的各种形象化的图标将系统的各项功能、各种应用程序和文件等直观地表现出来。因此,用户只需通过鼠标、菜单和对话框来完成相应的操作,而完全不必记住命令名及格式,从而把用户从烦琐且单调的命令操作中解放出来,同时也使计算机的基本操作变得简单、高效且有趣。

视窗方式与菜单方式一样,只是用户表达其需求的方式不同而已,它们所完成的功能与命令方式完全一样。

8.4.2 交互式作业的管理

在分时操作系统控制下,终端用户一般均采用"时间片轮转"的方法使每个终端作业都能在一个"时间片"的时间内去占用处理器执行,当一个时间片用完后,必须让出处理器给另一个终端作业占用处理器。这样,可保证从终端用户输入命令到计算机系统给出应答只是很短的时间,使终端用户感到满意。

终端用户在各自的终端上仍以交互式的方式控制终端作业的执行。一般地,控制终端作业的执行大致分成四个阶段,即终端的连接、用户注册、作业控制和用户退出。

1. 终端的连接

任何一个终端用户要使用计算机系统时,必须先使终端设备与计算机系统在线路上接通。终端设备有近程终端和远程终端两种。直接与计算机系统连接的终端是近程终端。当该终端设备接通电源后,终端就与计算机系统在线路上接通了;借助于租用专线或交换线连接到计算机系统上的终端为远程终端,该终端加电后,用户还需通过电话拨号进行呼叫直至接通。当终端与计算机系统在线路上接通后,计算机系统会在终端上显示信息并告诉用户。

2. 用户注册

当终端与计算机系统在线路上接通后,用户必须向系统登录。用户首先输入"登录"命令,向系统申请执行一个作业,系统会询问用户名、作业名、口令和资源需求等,经过识别用户、核对口令,且资源能得到满足时,系统会在终端上显示"已登录"和进入系统的时间等信息,这时,系统将接受该终端作业并完成用户的注册过程。若用户名错、口令不对或资源暂时不能满足时,则系统在终端上显示"登录不成功",并给出登录失败的原因。

注册成功的终端用户可从终端输入作业的程序和数据,也可使用系统提供的终端控制命令控制作业执行。用户每输入一个命令后,由系统解释执行且在终端上显示有关信息,由用户决定下一步命令,直到作业完成。

用户的登录和注册过程可看作是对终端作业的作业调度。

3. 作业控制

一个注册成功的终端用户既可从终端输入作业的程序和数据,又可使用系统提供的终端控制命令控制作业执行。

4. 用户退出

当终端用户的作业执行结束且不再需要使用终端时,用户可输入"退出"命令来请求退出系统。系统接收命令后,就收回该用户所占的资源,让其退出,同时在终端上显示"退出时间"或"使用系统时间",以使用户了解使用系统的时间及应付的费用。当然,用户退出系统后,可重新进入系统。

8.5　操作系统与用户的接口

视频讲解

操作系统是用户与计算机系统之间的接口,用户在操作系统的帮助下,可以安全、可靠、方便、快速地使用计算机系统中的各类资源,从而解决自己的问题。为了方便地使用操作系统,操作系统向用户提供了"操作系统与用户之间的接口",该接口支持用户与操作系统进行交互操作,即用户通过用户接口向操作系统提出服务请求,操作系统则通过用户接口将服务结果返回给用户。

操作系统向用户提供了两种典型的接口,以便用户与操作系统之间建立联系。一种是操作系统为用户提供的各种操作命令或作业控制语言,用户可以利用这些操作命令或作业控制语言来组织作业的工作流程和控制作业的运行。另一种是操作系统为用户提供的一组系统功能调用接口,用户可以在源程序一级使用这些系统调用,请求操作系统提供的服务(如请求使用各种外部设备进行信息传输、向系统申请资源等)。在现代操作系统中,为进一步方便用户使用计算机,又普遍增加了一种图形用户接口,如图 8-6 所示。

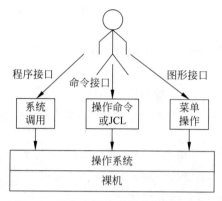

图 8-6　用户和操作系统间的三种接口

8.5.1　命令接口

操作系统为用户对作业组织和运行进行全过程控制提供了命令接口(又称作业级接口)。命令接口通过在用户和操作系统之间提供高级通信来控制程序执行,即用户通过输入设备(包括键盘、鼠标、触摸屏等)发出一系列操作控制命令告诉操作系统执行所需的功能。根据作业控制方式的不同,可将命令接口又分成联机命令接口和脱机命令接口。

1. 联机命令接口

联机命令接口也称交互式命令接口,是为联机用户提供的调用操作系统功能,请求操作系统为其服务的手段,它由一组键盘操作命令及命令解释程序组成,用于完成联机作业的控制。在这种方式下,用户使用操作系统提供的键盘操作命令来直接控制作业的执行。执行时,用户可通过键盘输入命令,操作系统中的终端处理程序每接到一条命令,就将它显示在终端屏幕上,然后交付命令解释程序进行分析,最后按照命令的要求控制作业的执行。系统每执行完一条命令所要求的工作后,就把命令执行情况通知用户,且让用户决定下一步操作,直至作业执行结束。由此可见,联机命令接口包括一组联机命令、终端处理程序和命令解释程序。

用户输入的联机命令通常以命令名开始,命令名本身标志着要执行的操作,但命令名后常常要提供若干参数以指明具体要操作的对象。在命令名和各参数之间,需要用分隔符分隔开,分隔符常用空格、逗号或分号表示;参数后还可带有可选项,该项常用方括号括起来。由此可见,命令的一般格式为:

```
Command arg1,arg2,…,argn,[option 1,…option k]
```

为了能向用户提供多方面的服务,通常操作系统都能向用户提供几十条甚至一二百条不同类型的联机命令,这些命令按照功能的不同可分成下面几类:

(1) 文件操作类,该类命令主要用于管理和控制终端用户的文件,比较典型的应用有复制、删除和移动文件,比较、显示文件的内容,重新命名文件及搜索文件中指定的内容(如指定字符或者特定位置行等);

(2) 目录操作类,该类命令主要用于目录的新建、删除、显示、改变路径名、目录清单列表、建立搜索路径、显示目录路径等;

(3) 磁盘操作类,该类命令用于磁盘格式化、磁盘复制、磁盘比较、磁盘备份、磁盘检查等;

(4) 系统访问类,该类命令用于设置系统日期和时间、清除屏幕显示内容、设置磁盘卷标和系统提示符等;

(5) 权限管理类:该类命令用于控制用户访问系统和读、写、执行有关文件的权限;

(6) 其他命令:该类命令可用于通信操作、管道操作、I/O 操作等。

2. 脱机命令接口

联机命令接口使用户可以直接参与控制作业执行,大大方便了用户。但是,当用户反复输入众多命令时,既浪费了不必要的时间,而且也容易出错。显然,在这种情况下,把对作业的控制过程交给计算机完成,就高效方便多了。

脱机命令接口又称批处理命令接口,它是专为批处理作业的用户提供的,利用作业控制语言(Job Control Language,JCL)中的命令来完成脱机作业的控制。JCL 由一组作业控制卡、作业控制语句或作业控制操作命令组成。由于批处理作业的用户不能直接与自己的作业进行交互控制,只能使用操作系统提供的"作业控制语言"将对作业执行的控制意图编写成"作业控制说明书"并提交给计算机系统,然后由操作系统按照作业控制说明书的要求来自动控制作业的执行,用户无法在计算机上进行干预,只能等待作业执行结束。

当批处理作业运行时,系统调用 JCL 语句处理程序或命令解释程序,对作业控制说明书中的作业控制命令逐条进行解释执行,若作业在执行中出现错误,系统也同样根据作业控制说明书中的控制要求进行干预。因此,作业将一直在作业控制说明书的控制下执行,直至遇到作业结束语句时,系统才停止该作业的执行。可见,JCL 为用户的批作业提供了作业一级的接口。

现代操作系统中,往往都提供了脱机命令接口和联机命令接口。

8.5.2 程序接口

程序接口是由提供给编程人员使用的系统调用命令组成的。编程人员允许在运行程序中,利用系统调用在程序这一级提出的资源申请和功能服务,从而获得操作系统的底层服务,使用或访问系统的各种软硬件资源。

操作系统提供的系统功能调用从低级的汇编语言级的接口,发展到高级语言中提供的操作系统服务。用户在使用高级语言编程时,可以利用操作系统提供的丰富的系统功能调用来请求系统资源,进行进程控制和通信,完成信息的处理等工作。

1. 系统调用

操作系统的基本服务是通过系统功能调用来实现的。系统调用是操作系统为用户程序提供的一种服务,由若干不同功能的子程序组成,用户程序在执行时可以调用这些子程序。由操作系统提供的这些子程序称为"系统功能调用"程序,或简称"系统调用"。"系统调用"

是在核心态下执行的程序。

系统调用是用户所需要的功能,有些是比较复杂的,硬件不能直接提供,只能通过软件的程序来实现;而有些功能可由硬件完成,并设有相应的指令,如启动外设工作,就没有用于输入/输出的硬指令。但配置了操作系统后,对系统资源的分配及控制不能由用户干预,而必须由操作系统统一管理。所以,对于这类功能,也需有相应的控制程序来实现。

2. 系统调用分类

不同的操作系统提供的系统调用不完全相同,但大致都包括以下几类。

1) 文件管理类

这类系统调用数量较多,主要包括新建文件、打开文件、读文件、写文件、关闭文件、删除文件、创建目录、建立文件及目录的索引结点、移动文件的读写指针、改变文件的属性等。

2) 进程控制类

进程控制的有关系统调用包括进程创建、进程撤销、进程阻塞、进程唤醒、进程激活、进程挂起、进程调度、进程优先级控制等。线程控制类系统调用与进程控制类似,也包括线程的创建、调度和撤销等。

3) 进程通信类

该类系统调用主要用于进程之间的消息传递,包括建立和断开通信连接、发送和接收消息、传送状态信息、连接和断开远程设备等。

4) 存储管理类

这类系统调用包括作业装入时请求分配主存空间的始址和大小、作业撤销时归还主存空间的始址和大小等。

5) 设备管理类

这类系统调用包括进程执行中请求分配有关外围设备、进程执行结束时归还有关外围设备、启动相关设备操作、设备重定向、设备属性获取及处置等。

6) 程序控制类

执行中的程序可以请求操作系统中止其执行或返回到程序的某一点再继续执行。操作系统要根据程序中止的原因和用户的要求做出处理。因而这类系统调用包括正常结束、异常结束、返回断点及返回指定点等。

7) 信息维护类

这类系统调用包括设置日期时间、获取日期时间、设置文件属性及获取文件属性等。

3. 系统调用执行过程

现代计算机系统硬件提供一条"访管指令",该指令可以在用户态下执行。用户编制程序使用系统调用请求操作系统服务时,编译程序将其转换成目标程序中的"访管指令"以及一些参数。目标程序执行时,当 CPU 执行到"访管指令"时,产生自愿性中断,操作系统(在核心态下)接过控制权,并分析"访管指令"中相关参数,让对应的"系统调用"子程序为用户服务;完成系统调用后,操作系统将 CPU 状态改变为用户态,返回到用户程序继续执行。其执行过程可大致分成以下三个阶段。

1) 设置系统调用参数

系统调用参数传递到寄存器中,其传递方式有两种。

(1) 是直接将参数传递到相应的寄存器中。该方式最简单,MS-DOS 就采用该方式,通过 MOV 指令将各个参数送入相应的寄存器中。但由于寄存器数量有限,所以限制了该方式设置参数的数量。

(2) 先将系统调用所需参数放入一张参数表中,然后再将参数表的指针放在某个规定的寄存器中。Linux 就采用该方式,其中的参数表中最多允许 10 个。

2) 系统调用命令的一般性处理

在设置了系统调用参数后,便可执行系统调用命令。不同的系统可采用不同的方式来进行一般性处理,但一般都是首先保护 CPU 现场,将程序状态字 PSW、程序计数器等压入堆栈,然后将用户定义的参数传递到指定的地方保存起来。

为了使不同的系统调用能方便地转向相应的命令处理程序,可在系统中配置一张系统调用入口表。表中的每个表目都对应一条系统调用命令,它包含有该系统调用自带参数的数目、系统调用命令处理程序的入口地址等。因此,操作系统可利用调用参数去查找该表,即可找到相应命令处理程序的入口地址,从而转向执行它。

3) 系统调用具体过程

不同的计算机提供的系统调用的格式和功能号的解释都不同,但都具有以下共同特点:每个系统调用对应一个功能号,要调用操作系统的某一特定例程,必须在执行访管指令时给出对应的功能号;按功能号实现调用的过程大体相同,都是由软件通过功能号的解释分别转入对应的例行子程序。图 8-7 给出了系统调用具体过程。

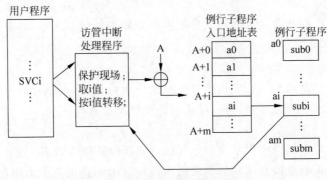

图 8-7　系统调用具体过程

用户执行程序时,需要请求操作系统在服务时就安排一条系统调用命令。当程序执行到这条命令时,首先发生一个中断,系统状态由用户态转换为核心态,操作系统的访管中断处理程序获得控制权,并按照系统调用的功能号,借助例行子程序入口地址表转到相应的例行程序去执行。在完成了用户所需的系统调用服务功能后,退出中断,返回到用户程序的断点继续执行。

8.5.3　图形接口

随着计算机技术、多媒体技术的发展,操作系统提供的接口在形式上和功能上发生了很大的变化,已经不再局限于常用的命令接口和程序接口了。命令接口要求用户使用时必须熟悉和牢记各种命令的名称、功能和使用格式,此外还要求用户按照规定的格式准确地从键盘输入。显然,这种输入不仅不方便,而且还要花费较多的时间。程序接口则限制了用户使用。

现代操作系统为用户提供了一个更友好的、更直观的、易懂的、图文并茂的,且具有一定智能的运行环境,接口发展方向更倾向于可视化、集成化和智能化,用户可以通过文字、图像、声音等媒体,以及键盘、鼠标、扫描仪、声音装置等部件来驱动操作系统提供的命令和用户扩充的自定义命令,从而能够轻松、方便地使用计算机。目前,图形化使用界面主要是菜单驱动方式、图形驱动方式和面向对象技术的大集合。以下介绍前两种方式。

1. 菜单驱动方式

菜单驱动方式是面向屏幕的交互方式,它将键盘命令在屏幕中体现出来。系统将所有的命令和能提供的操作,用类似饭店的菜单分类,每类菜单再按窗口在屏幕上列出。用户可以根据屏幕菜单的提示,像点菜那样选择某个命令或者操作来通知系统去完成指定的工作过程。系统菜单的类型有很多种,例如典型的下拉菜单、上推菜单、弹出菜单等。这些菜单模式都是基于一种窗口模式,其中每一级菜单都是一个小窗口,在菜单中显示的是系统命令和相应控制功能。

2. 图形驱动方式

图形驱动方式也是一种面向屏幕的图形菜单交互方式。图符也称图标,是一种很小的图形符号,代表着操作系统中的相应命令、系统服务、操作功能及各类资源。例如,小剪刀代表剪贴操作,显微镜代表显示比例等。采用图形化的命令驱动方式时,当需要启动一种系统命令、系统服务、操作功能及请求某个系统资源时,可以简单选择代表它的图标,并借助鼠标等标记输入设备(当然也可以采用键盘),采用单击、双击或拖曳方式,完成命令和操作的选择与执行。

图形化用户界面是一种良好的人机交互界面,可形成一个图文并茂的图形操作环境,Windows 和 Linux 操作系统都为用户提供了这类良好的图形接口。

8.6 Linux 系统接口

Linux 系统提供两种接口,分别是操作接口和程序接口,它们遵循 POSIX 标准,与UNIX 系统完全兼容。Linux 的操作接口包括操作命令和图形用户界面 X-Windows。

8.6.1 Linux 命令接口

Linux 系统为普通用户和程序员提供通用的标准接口和界面,所有命令都按功能的不同进行分类,命令的格式与 DOS 系统类似,部分命令的功能还兼容。

1. Linux 系统的常用命令

1) 目录清单列表命令 ls

格式为:

```
ls [选项] [目录名或文件名]
```

ls 是英文单词 list 的简写,其功能为列出指定目录下的清单或指定文件信息,当未给出目录名或文件名时,就显示当前目录的信息。该命令是用户最常用的命令之一。

典型选项——l,表示以长格式来显示文件的详细信息。这个选项最常用。

每行列出的信息依次是文件类型与权限、链接数、文件属主、文件属组、文件大小、建立或最近修改的时间、文件名。对于符号链接文件，显示的文件名之后有"->"和引用文件路径名；对于设备文件，其"文件大小"字段显示主、次设备号，而不是文件大小。

用ls - l命令显示的信息中，开头是由10个字符构成的字符串，其中第一个字符表示文件类型，它可以是下述类型之一：

－　普通文件；

d　目录；

l　符号链接；

b　块设备文件；

c　字符设备文件。

后面的9个字符表示文件的访问权限，分为3组，每组3位。第一组表示文件属主的权限，第二组表示同组用户的权限，第三组表示其他用户的权限。每一组的3个字符分别表示对文件的读、写和执行权限。各权限如下所示：

r　读；

w　写；

x　执行，对于目录表示进入权限；

－　没有设置权限。

例如，用长格式列出某个目录下所有的文件。

```
$ ls - l /home/user
-- rw------ 1 root root 4628 Jun 2 11:34 mbox
lrwxrwxrwx 1 root root 14 Jul 29 03:08 mount ->/mnt
drwxrwxr - x 4 root root 1024 Jul 23 03:43 ptr/
- rw-- r-- r- 1 root root 483997 Jul 15 17:31 sobsrc.tgz
drwxr - xr - x 2 root root 1024 Mar 6 22:32 tmp/
```

2）子目录建立命令 mkdir

格式为：

```
mkdir [选项] 子目录名
```

该命令在当前目录下创建一个子目录，但要求创建目录的用户在当前目录中具有写权限，并且子目录名不能是当前目录中已有的目录或文件名称。

主要选项参数-p可以是一个路径名称。此时若路径中的某些目录尚不存在，根据选项，系统将自动建立那些尚不存在的目录，即一次可以建立多个目录。

例如，在当前目录中建立 inin 和 inin 下的/mail 目录，也就是连续建两个目录，其命令如下：

```
$ mkdir - p ./inin/mail/
```

该命令的执行结果是在当前目录中创建嵌套的目录层次 inin/mail，权限设置为文件只有读、写和执行权限。

3）改变当前目录命令 cd

格式为：

```
cd [directory]
```

该命令将当前目录改变至 directory 所指定的目录。若没有指定 directory,则回到用户的主目录。为了改变到指定目录,用户必须拥有对指定目录的执行和读权限。

例如:假设用户当前目录是/home/user,现需要更换到/bin 目录中,则执行

```
$ cd /bin
```

此时,用户可以执行 pwd 命令来显示当前工作目录。

4) 文件复制命令 cp

格式为:

```
cp [选项] 源文件或目录 目标文件或目录
```

该命令把指定的源文件复制到目标文件或把多个源文件复制到目标目录中,功能非常强大。

选项−i 会在覆盖目标文件之前将给出提示,要求用户确认,只有回答 y 时,目标文件才被覆盖,这样可防止用户在不经意的情况下用 cp 命令破坏另一个文件。因此,建议用户在使用 cp 命令复制文件时,最好使用 i 选项。例如:

```
$ cp - i exam1.c /usr/wang/shiyan1.c
```

该命令将文件 exam1.c 复制到/usr/wang 这个目录下,并改名为 shiyan1.c;若不希望重新命名,可以使用下面的命令:

```
$ cp exam1.c /usr/ang/
```

5) 文件删除命令 rm(或 rmdir)

格式为:

```
rm [选项] 文件 …
```

该命令能删除一个目录中的一个或多个文件或目录,也可以将某个目录及其下所有文件及子目录均删除,对于链接文件,只是删除了链接,原有文件均保持不变。

−r　指示 rm 将参数中列出的全部目录和子目录均递归地删除。

−i　进行交互式删除。

使用 rm 命令要格外小心。因为一个文件一旦被删除,是不能恢复的。例如,用户在输入 cp、mv 或其他命令时,不小心误输入了 rm 命令,当用户按了 Enter 键并认识到自己的错误时,已经太晚了,文件已经没有了。为了防止此种情况的发生,可以使用 rm 命令中的 i 选项来确认要删除的每个文件。如果用户输入 y,文件将被删除。如果输入任何其他字符,文件将被保留。若用户要删除文件 test 和 example,系统会要求对每个文件进行确认,假设用户最终决定删除 example 文件,保留 test 文件,则命令:

```
$ rm - i test example
Remove test ?n
Remove example ?y
```

6) 改变访问权限命令 chmod

格式为:

chmod [who] [+ | −] [mode] 文件名

chmod 命令是非常重要的,它用于改变文件或目录的访问权限,用户用它控制文件或目录的访问权限。该命令含有两个关键的参数 who 和 mode。其中,操作对象 who 可是下述字母中的任一个或者它们的组合:

u　表示"用户(user)",即文件或目录的属主。

g　表示"同组(group)用户",即与文件属主同组的所有属组。

o　表示"其他(others)用户"。

a　表示"所有(all)用户",它是系统默认值。

操作符号"＋"和"−"表示添加和删除某个权限。

设置 mode 所表示的权限可用同上的"r""w""x"字母任意组合。

在一个命令行中,可给出多个权限方式,其间用逗号隔开。例如命令:

Chmod u + x + r, g + r,o + r example

使同组和其他用户对文件 example 有读权限,而文件属主则具有读和执行权限。

7) 更改文件或目录的属主和属组 chown

格式为:

chown　用户文件或组文件

该命令也很常用,用于更改某个文件或目录的属主和属组,即将指定文件的拥有者改为指定的用户或组。例如,root 用户把自己的一个文件复制给用户 user,为了让用户 user 能够存取这个文件,root 用户应该把这个文件的属主设为 user,否则,用户 user 无法存取这个文件。相应命令为:

$ chown user shiyan.c

8) 清除屏幕命令 clear

格式为:

clear

该命令非常简单,类似于 DOS 系统中的 cls 命令,无任何选项,用于清除屏幕中显示的内容。

2. 终端处理程序

配置在终端上的终端处理程序,主要用于实现人机对话,其主要功能包括以下五个方面。

1) 接收字符

接收用户从终端上输入的字符是终端处理程序最基本的功能,然后再将接收的字符传送给用户程序。该功能有两种实现方式:

(1) 面向字符方式。该方式下,驱动程序只接收从终端输入的字符,然后将该字符不加修改地传送给用户程序,因此通常是一串未经加工的 ASCII 码。用户一般不喜欢该种方式。

(2) 面向行方式。该方式下,终端处理程序将接收到的字符暂存在行缓冲中,并可对行内字符进行编辑,只是在收到行结束符后,才将一行正确的信息传送给命令解释程序。

2) 字符缓冲

字符缓冲暂存从终端键入的字符,典型的字符缓冲方式有两种。

(1) 公用字符缓冲方式。在该方式下,系统不必为每个终端都设置专用的缓冲区,只需要一个公用的缓冲池,每个缓冲区在池中的大小相同。当有终端数据输入时,可先向缓冲池申请一个空的缓冲区来接收字符;只有当缓冲区装满后才申请另一个缓冲区。这样直到全部输入完毕,然后利用链接指针将这些装有输入数据的缓冲区链接成一个链。当字符被传送给用户程序后,便将该缓冲区从链中移出。显然,利用公用缓冲池方式可有效提高缓冲的利用率。

(2) 专用缓冲方式。与第一种方式不同,该方式为每个终端设置一个缓冲区,用于暂存用户键入的字符,缓冲区的长度适中,通常约为 200 个字符。该方式适合于单用户机或用户很少的多用户机。当终端用户数较多时,需要的缓冲区数可能很大,但每个缓冲区的利用率并不高。

3) 回送显示

回送显示即回显,是指每当用户从键盘输入一个字符后,终端处理程序便将该字符传送到屏幕显示。有些终端的回显由硬件实现,其速度较快,但往往会引起麻烦。有些场合不该回显,例如当用户输入口令时,为防止口令被盗用,显然是不该回显的。另外,用硬件实现回显还缺乏灵活性,因此现在更多使用软件实现回显,可在用户需要时才回显,同时还可方便地进行字符变换,如将小写字母变换成大写字母。当用户将输入的字符送屏幕回显时,驱动程序应在屏幕适当的位置上显示;当光标到达一行的最后一个位置时,应自动返回到下一行的开始位置;当输入的字符超过一行的字符数时,应自动转入下一行的开始位置。

4) 屏幕编辑

终端处理程序提供了若干编辑键实现屏幕编辑如下。

(1) 字符删除键,允许将用户输入的字符删除(但有些系统则利用退格键)。当用户输入该键时,处理程序不将刚输入的字符送入字符队列,而是从字符队列中移出其前一个字符。

(2) 行删除键,用于删除刚输入的一行字符。

(3) 插入键,用于在光标处插入一个字符或一行字符。

(4) 光标移动键,即键盘中自带的上、下、左、右移动键。

此外,还有屏幕上卷和下移键等。

5) 特殊字符处理。

终端处理程序还提供了对若干特殊字符进行处理的功能,这些特殊字符包括:

(1) 中断字符。当用户在运行程序中出现异常情况时,用户可通过输入中断字符来中止程序的运行。大多系统都是利用 Break 键、Delete 键、Ctrl+C 等键作为中断字符。当终端处理程序接收到用户输入的中断字符后,应该向该终端上的所有进程发送一个要求进程终止的软中断信号,这些进程收到该软中断信号后,便终止执行。因此对中断字符的处理比较复杂。

(2) 停止上卷字符。当用户输入此字符后,终端处理程序应使正在上卷的屏幕暂停上卷,以方便用户仔细观察屏幕内容。一般地,系统通常利用 Ctrl+S 键来停止屏幕上卷。

（3）恢复上卷字符。一般地，系统通常利用 Ctrl＋Q 键来使停止上卷的屏幕恢复上卷，即当终端处理程序接收到该字符后，便恢复屏幕的上卷功能。但需要注意，Ctrl＋S 和 Ctrl＋Q 字符并不被存储，而是被用去设置终端数据结构中的某个标志。每当终端试图输出时，都必须先检查该标志，若该标志已被设置，便不再把字符传送至屏幕。

3. 命令解释程序

操作系统提供的最重要的系统程序是命令解释程序，其主要功能是接受和执行一条由用户提供的对作业进行加工处理的要求，它通常保存一张命令名字（动词）表，其中记录着所有操作命令及其处理程序的入口或有关信息。当一个新的批作业启动，或新的交互用户登录系统时，系统就自动地执行命令解释程序，它负责读入控制卡或命令行，并做出相应解释和执行。

命令解释程序的实现有两种常见方式。一种是它自身包含了命令的执行代码，于是在收到命令后，便转向该命令处理代码区执行，在执行过程中常常会使用"系统调用"帮助完成相应功能。在这种情况下，提供命令的数目就决定了命令解释程序功能的大小。另一种是全部命令都由专门的"系统程序"实现，它自身不含命令处理代码，也不进行处理，而仅仅把这条命令对应的命令处理文件装入内存执行。例如，输入命令：

```
delete G
```

该命令解释程序将寻找名字为 delete 的命令处理文件，把它装入内存并将参数 G 传给它，由这个文件中的代码执行相应操作。因而，与 delete 命令相关的功能全部由 delete 命令文件代码决定，而与命令解释程序无关。这样一来，可以把命令解释程序做得很小，添加命令也很方便，只要创建一个实现新命令功能的命令处理文件即可。这种方法也有缺点，由于命令处理程序是独立的系统程序，因而，参数传递会增加难度。所以，很多操作系统把两者结合起来，列目录、查询状态这类简单命令由命令解释程序处理，而像编译、编辑这样的复杂命令则由独立的命令处理文件完成。

下面讨论命令解释程序的处理过程。操作系统做完初始化工作后，便启动命令解释程序，它输出命令提示符，等待键盘中断到来。每当用户输入一条命令（暂存在命令缓冲区）并按回车换行时，申请键盘中断。CPU 响应后，将控制权交给命令解释程序，接着读入命令缓冲区内容，分析命令、接受参数。若为简单命令，则立即转向命令处理代码执行。否则查找命令处理文件，装入内存并传递参数，将控制权交给其执行。命令处理结束后，再次输出命令提示符，等待下一条命令。

Shell 俗称操作系统的"外壳"，负责用户与 Linux 操作系统之间的沟通，把用户输入的指令解释给操作系统执行，并将系统返回的信息进行解释，它提供了用户与 Linux 之间交互的接口。

Linux 中的 Shell 有两层含义——由 Shell 命令组成的 Shell 命令语言；该命令语言的解释程序。所以，Shell 是接收用户命令且执行命令的程序。Shell 是用户登录之后 Linux 第一个运行的程序。Linux 把它作为一个用户进程，称 Shell 进程。前面学习过的联机命令执行就可以通过 Shell 来实现的。

当用户注册成功后，就处于 Shell 的控制下，然后 Shell 以交互的方式为用户服务。每当 Shell 准备好接收一条命令时，就会显示一个系统提示符，用户就在 Shell 的系统提示符后输入一条 Shell 命令；然后系统根据输入的命令找出该命令的解释程序，解释程序执行完命令后，Shell 又显示提示符，等待用户再次输入下一条命令。

8.6.2　Linux 程序接口

Linux 系统与用户的程序接口通过系统功能调用实现，是管理程序提供的服务界面，通过统一的调用方式，来实现对这些功能的调用。本文主要讨论的是 Linux 的系统调用实现机制。

1. Linux 系统功能调用过程

在 Linux 系统中，系统调用通过异常类型实现。异常是由当前正在执行的进程产生，主要是执行 int 0X80 指令而产生的中断，产生的效果是系统自动将用户态切换为核心态来处理该事件，执行系统调用处理程序。Linux 系统调用过程如图 8-8 所示。

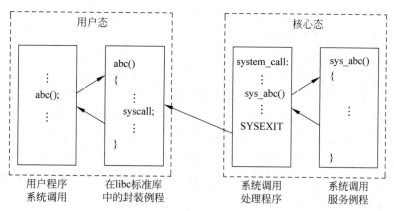

图 8-8　Linux 系统调用过程示意图

下面以 getuid 系统调用为例，进一步说明系统调用的过程，如图 8-9 所示。在系统调用过程中，eax 作为传递参数的寄存器，在进入系统调用时，用来传递系统调用号；在服务例程返回时，用来传递服务例程的返回值。

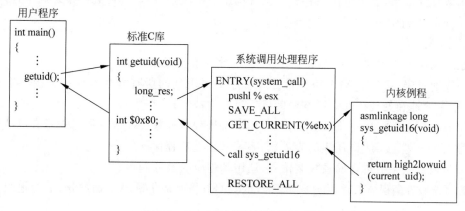

图 8-9　getuid 系统调用过程示意图

从图中可以看出，Linux 内核在处理用户系统调用时，需要做的工作有以下几个方面。

1）系统调用初始化

系统初始化时要对中断向量表进行初始化，当用户每次执行指令 int 0X80 时，系统将控制转移到系统调用程序 system_call 中进行处理。

2）系统调用进入

通过软中断指令的执行引发软件中断，由用户态转入核心态，转向由系统调用处理程序执行。

3）系统调用执行

系统调用处理程序根据用户程序传来的系统调用号，在系统调用表找到内核处理函数，进行相应的处理。

4）系统调用返回

系统调用处理完毕后，通过 syscall 返回。在返回前，程序会检查一些变量，根据这些变量跳转到相应的地方进行处理。当需要返回到用户空间之前，需要用宏 RESTORE_ALL 恢复环境。

2. Linux 系统功能调用实现机制

1）Linux 系统调用的进入

Linux 系统的软中断指令是 int 0x80 汇编指令，执行该指令后会发生中断，处理机的状态就由用户态自陷到核心态，int 0x80 指令使用的异常向量是 128，该异常向量包含了内核系统调用处理程序的入口地址。在内核初始化时，已将系统调用处理程序的入口地址送入向量 128 的中断描述符表的表项中，设置地址为内核开始的地方，段内偏移则指向系统调用处理程序 system_call()。当应用程序请求操作系统服务，发出 int 0x80 指令时，就会从用户态自陷到核心态，并从 system_call() 开始执行系统调用处理程序。当系统调用处理完毕后，通过 iret 汇编语言指令返回到用户态。

2）系统调用号和系统调用表

在 Linux 中，每个系统调用都赋予了一个唯一的系统调用号，用户空间的进程通过系统调用号指明要执行的具体调用。

系统调用表则记录内核中所有已注册过的系统调用，它是系统调用的跳转表，实际上是一个函数指针数组，表中依次保存所有系统调用的函数指针，以方便总的系统调用处理函数 system_call 进行索引。

3）系统调用处理程序

系统调用处理程序是 system_call()，该函数的主要工作如下。

首先通过宏 SAVE_ALL 将异常处理程序中要用到的所有寄存器保护到内存堆栈中，其中，指令地址和处理机状态已在中断进入过程中被保护。

接着进行系统调用正确性检查，如对用户态进程传递来的系统调用号进行有效性检查，若该号大于或等于系统调用表的表项数，系统调用处理程序就终止。

然后根据 eax 中包含的系统调用号，调用其相应的服务例程。

当系统服务例程结束时，通过宏 RESTORE_ALL 恢复寄存器，最后通过 iret 指令返回。

8.7　本章小结

用户要求计算机系统完成的任务是以作业的形式出现的，对作业的管理也就成为保证实现用户目标的关键技术。

批处理作业的管理主要包括作业输入、作业调度和作业控制过程。系统输入程序为每个批处理作业建立一个作业控制块,通过预输入过程输入并保存到输入井的后备作业队列中。整个作业调度阶段需要经历三个阶段,作业调度(高级调度)从后备作业队列中选择若干作业装入主存并创建相应就绪进程,然后由进程调度(低级调度)选择当前可占用处理器的就绪进程进入处理器运行,中级调度则决定主存中能容纳的进程个数,操作系统按照作业控制说明书中所规定的控制要求去控制作业的执行,直到结束并撤销。在作业调度的三个阶段中,高级调度是关键,理想的调度算法既能提高系统效率,又能使进入系统的作业及时得到计算结果。通过详细对比批处理作业的 FCFS、SJF、HRRF 等调度算法实例可以发现,SJF 调度算法综合性能最佳。

交互式作业的管理过程以交互式方式控制终端作业的执行,历经终端的连接、用户注册、作业控制和用户退出四个阶段。

为了使用户能够快速有效地访问计算机系统资源,操作系统向用户提供了三种典型接口——作业级接口、程序级接口和图形接口。用户可以利用这些接口,向系统提交完成的任务。系统在接收到用户任务后,将其组织成作业,然后让其进入系统执行,从而完成用户的最终需求。作业级接口用于完成用户作业的组织和控制过程,提供了联机命令和脱机命令两种控制方式,书中详细介绍了联机控制命令的用法;程序级接口则提供用户进行系统调用的需要;图形接口则为用户提供了图形化的操作界面,用各种非常容易识别的图标将系统的各项功能、各种应用程序和文件直观地表示出来。

本章最后介绍了 Linux 系统的典型接口。

视频讲解

习　题　8

(1) 解释作业和作业步。

(2) 在计算机上运行一个用户作业通常要经过哪几个作业步?

(3) 操作系统提供哪些手段控制和管理作业?

(4) 用户交付计算机运行的作业有哪几种?

(5) 作业管理功能包括哪几个部分?

(6) 什么是 JCL 和 JCB? 分别列举说明它们的主要内容和作用。

(7) 什么是作业调度程序? 简述作业调度程序的主要功能。

(8) 作业的状态分成哪几种? 简述各种状态之间是如何转换的。

(9) 什么是作业调度? 影响作业调度的主要因素有哪些?

(10) 简述作业、进程和程序三者的关系。

(11) 简述作业调度包括的主要性能指标。

(12) 批处理作业调度要经历哪几个阶段?

(13) 简述作业调度与进程调度的关系。

(14) 简述批处理作业三级调度层次关系。

(15) 批处理作业调度有哪几种调度算法?

(16) 试比较先来先服务、短作业优先和响应比最高者优先这三种算法的特点。

(17) 在单道批处理系统中,有 4 个作业到达输入井和需要的计算时间如下表所示,现分别采用先来先服务调度算法、最短作业优先算法和响应比最高者优先算法,忽略作业调度所花的时间。当第一个作业进入系统后就可开始调度。

作 业	入井时间	计算时间/min	开始时间	完成时间	周转时间	带权周转时间
JOB1	8:00	120				
JOB2	8:30	30				
JOB3	9:00	6				
JOB4	9:30	12				

① 请填充表中空白处。

② 4个作业的执行次序为＿＿＿＿＿＿＿＿＿＿＿＿。

③ 4个作业的平均周转时间和带权平均周转时间分别为＿＿＿＿＿＿＿＿＿＿＿＿。

(18) 单道批处理系统中,下列3个作业分别采用先来先服务调度算法、最短作业优先算法和最高响应比优先算法进行调度,哪一种算法性能较好?并完成下表。

作业	提交时间	计算时间	开始时间	完成时间	周转时间	带权周转时间
JOB1	10:00	2:00				
JOB2	10:10	1:00				
JOB3	10:25	0:25				
平均作业周转时间 $T=$						
作业带权平均周转时间 $W=$						

(19) 操作系统向用户提供了哪几种接口?

(20) 根据作业控制方式的不同,可将命令接口分成哪几种?

(21) 简述操作系统提供的系统调用功能类型。

(22) 简述系统调用执行过程包括的主要阶段。

(23) 批处理作业是如何控制执行的?

(24) 终端用户的注册和退出过程各起什么作用?

(25) 简述系统调用的主要执行过程。

(26) 有一个具有两道作业的批处理系统,作业调度采用短作业优先的调度算法,进程调度采用以优先数为基础的抢占式调度算法,如下表所示的作业序列中,作业优先数即为进程优先数,优先数越小优先级越小。

作 业 名	到 达 时 间	估计运行时间/min	优 先 数
A	10:00	40	5
B	10:20	30	6
C	10:30	50	4
D	10:40	20	3

① 列出所有作业进入系统时间及完成时间。

② 计算平均周转时间和带权平均周转时间。

(27) 若某系统采用可变分区方式管理主存中的用户空间,供用户使用的最大主存空间为 100KB,主存分配算法为最先适应分配法,系统配有 4 台磁带机,一批作业如下表所示。

作业名	进入时间	运行时间/min	主存需求量/KB	磁带机需求量
JOB1	10：00	40	35	3 台
JOB2	10：10	30	70	1 台
JOB3	10：15	20	50	3 台
JOB4	10：35	10	25	2 台
JOB5	10：40	5	20	2 台

该系统采用多道程序设计技术,对磁带机采用静态分配,忽略设备工作时间和系统进行调度所花费的时间,进程调度采用先来先服务算法。请给出分别采用先来先服务调度算法、最短作业优先算法和响应比最高者优先算法选中作业执行的次序,以及作业的平均周转时间和带权平均周转时间。(假设不允许移动已在主存中的任何作业。)

(28) 有一个多道程序设计系统,仍采用可变分区方式管理主存中的用户空间,但允许移动已在主存中的任何作业。假设用户可使用的最大主存空间为 100KB,主存分配算法为最先适应分配法,作业序列如下表所示。

作 业 名	进 入 时 间	运 行 时 间/min	主存需求量/KB
JOB1	10：06	42	55
JOB2	10：20	30	40
JOB3	10：30	24	35
JOB4	10：36	15	25
JOB5	10：42	12	20

该系统采用多道程序设计技术,忽略设备工作时间和系统进行调度所花费的时间,进程调度仍采用先来先服务算法。请分别给出采用先来先服务调度算法、最短作业优先算法和响应比最高者优先算法分别选中作业执行的次序,以及作业的平均周转时间和带权平均周转时间。

参考文献

[1] 孟静.操作系统教程:原理和实例分析[M].北京:高等教育出版社,2001.
[2] 邹恒明.计算机的心智:操作系统之哲学原理[M].2版.北京:机械工业出版社,2012.
[3] 黄志洪,余伟坤.Linux操作系统[M].北京:冶金工业出版社,2003.
[4] TANENBAUM A,WOODHULL A.操作系统:设计与实现(上册)[M].2版.北京:电子工业出版社,2015.
[5] TANENBAUM A,WOODHULL A.操作系统:设计与实现(下册)[M].2版.北京:电子工业出版社,2015.
[6] SILBERSCHZTZ A,GALVIN P,GAGNE G.实用操作系统概念[M].北京:高等教育出版社,2001.
[7] HARRIS J A.操作系统学习指导与习题解答[M].北京:清华大学出版社,2010.
[8] 曾平,李春葆.操作系统——习题与解析[M].北京:清华大学出版社,2001.
[9] 曹先彬,陈香兰.操作系统原理与设计[M].北京:机械工业出版社,2009.
[10] 汤小丹,梁红兵,哲凤屏,等.计算机操作系统[M].4版.西安:西安电子科技大学出版社,2014.
[11] 汤子瀛,哲凤屏,汤小丹.计算机操作系统[M].西安:西安电子科技大学出版社,1996.
[12] STALLINGS W.操作系统:精髓与设计原理(英文版)[M].5版.北京:电子工业出版社,2006.
[13] SILBERSCHATZ A,GALVIN P Baer,GAGNE G.操作系统概念[M].郑扣根,译.7版.北京:高等教育出版社,2011.
[14] Abraham Silberschatz,Peter B.Galvin.操作系统概念[M].9版.北京:机械工业出版社,2018.
[15] Andrew S.Tanenbaum,Herbert Bos.现代操作系统[M].4版.陈向群,译.北京:机械工业出版社,2017.
[16] 孟庆昌,张志华.操作系统原理[M].2版.北京:机械工业出版社,2017.
[17] 王之仓,俞惠芳.计算机操作系统[M].北京:机械工业出版社,2015.
[18] 李建伟,吴江红.实用操作系统教程[M].2版.北京:清华大学出版社,2016.
[19] 张尧学等.计算机操作系统教程[M].4版.北京:清华大学出版社,2013.
[20] 左万历,周长林.计算机操作系统教程[M].3版.北京:高等教育出版社,2010.
[21] 谢旭升,朱明华,张练兴,等.操作系统教程[M].北京:机械工业出版社,2012.
[22] 谢旭升,朱明华,张练兴,等.计算机操作系统[M].2版.武汉:华中科技大学出版社,2008.
[23] 谢旭升,朱明华,张练兴,等.计算机操作系统[M].武汉:华中科技大学出版社,2005.
[24] 费翔林.操作系统教程[M].5版.北京:高等教育出版社,2014.
[25] 刘乃琦.操作系统原理、设计及应用[M].北京:高等教育出版社,2008.
[26] 庞丽萍.计算机操作系统[M].北京:人民邮电出版社.2010.
[27] 朱明华,张练兴,李宏伟,柯胜男.操作系统原理与实践[M].北京:清华大学出版社,2019.